高等职业教育系列教材

三菱 FX_{3U} 系列 PLC 编程技术与应用

第2版

张静之　刘建华　陈　梅　编著

机械工业出版社

本书以三菱 FX_{3U} 系列 PLC 典型应用为主线编写，共分 7 章，第 1 章为可编程序控制器概述，第 2 章为三菱 FX_{3U} 系列 PLC 的硬件，第 3 章为基本指令系统及编程，第 4 章为步进顺控指令及编程，第 5 章为典型功能指令在编程中的应用，第 6 章为模拟量控制和通信；第 7 章为 PLC 应用系统设计。每章内容各有侧重点，读者可以由浅入深、由简入繁地进行学习。书中的典型案例均配套了教学视频和仿真运行监控系统。

本书既可作为高等职业院校、职业本科院校自动化类相关专业的教材，也可作为相关职业技能的培训教材。此外，还可以作为相关工程技术人员的参考书籍。

本书配有二维码微课视频、电子课件、习题解答等资料，教师可登录 www.cmpedu.com 免费注册、审核通过后下载，或联系编辑索取（微信：13261377872，电话：010-88379739）。

图书在版编目（CIP）数据

三菱 FX3U 系列 PLC 编程技术与应用 / 张静之，刘建华，陈梅编著．-- 2 版．-- 北京 ：机械工业出版社，2025. 4. --（高等职业教育系列教材）. -- ISBN 978-7-111-77847-9

Ⅰ. TM571.61

中国国家版本馆 CIP 数据核字第 2025BT0965 号

机械工业出版社（北京市百万庄大街 22 号　邮政编码 100037）

策划编辑：李文轶　　　　责任编辑：李文轶

责任校对：韩佳欣　张　征　　责任印制：刘　媛

北京富资园科技发展有限公司印刷

2025 年 7 月第 2 版第 1 次印刷

184mm×260mm · 16.25 印张 · 413 千字

标准书号：ISBN 978-7-111-77847-9

定价：66.00 元

电话服务	网络服务
客服电话：010-88361066	机 工 官 网：www.cmpbook.com
010-88379833	机 工 官 博：weibo.com/cmp1952
010-68326294	金 书 网：www.golden-book.com
封底无防伪标均为盗版	机工教育服务网：www.cmpedu.com

Preface 前言

党的二十大报告指出，“坚持把发展经济的着力点放在实体经济上，推进新型工业化，加快建设制造强国、质量强国、航天强国、交通强国、网络强国、数字中国。实施产业基础再造工程和重大技术装备攻关工程，支持专精特新企业发展，推动制造业高端化、智能化、绿色化发展。”PLC 技术作为自动化技术与新兴信息技术深度融合的关键技术，在工业自动化领域发挥着广泛而重要的作用。

本书的第 1 版是《三菱 FX_{2N}系列 PLC 应用技术》，于 2010 年出版，因采用“理实一体，一题多解”的编写方式，受到广大读者的欢迎。于 2018 年改版升级为《三菱 FX_{2N}系列 PLC 应用技术 第 2 版》与《三菱 FX_{3U}系列 PLC 编程技术与应用》两个版本。其中《三菱 FX_{2N}系列 PLC 应用技术 第 2 版》获 2021 年上海市高职院校优秀教材一等奖，“十四五”首批上海市职业教育规划教材；《三菱 FX_{3U}系列 PLC 编程技术与应用》入选 2021 年国家级技工教育规划教材。为了顺应行业发展、技术进步和教学需要，本书以《三菱 FX_{3U}系列 PLC 编程技术与应用》为基础进行改版升级。

本书有机融入具有时代先进性的“劳动教育”“工匠精神”“科技发展”和“国际化科创”等元素，并融入了继电控制、电子技术和计算机技术内容，以增强学生在科创项目、学科竞赛、技能大赛中的竞争力。

本书依据高职高专电气自动化、机电一体化等专业人才培养目标，与相关的技术岗位能力衔接，以三菱 FX_{3U}系列 PLC 典型应用为主线，合理匹配理论和实践内容比例，按照高职高专学生的认知过程，从最简单的单输入/输出实例切入：纵向形成点（知识点+应用实例）一线（控制逻辑和算法难度逐步递增）一面（综合物流仓储系统设计）的深入方式，引导学生进行探索式学习；横向采用“一题多解”的编程方法，拓宽编程思路，提升系统解决方案；同时配合微课视频等立体化数字资源，实现理论与实践并行、知识与技能融合。

本书结合电工国家职业技能标准，将企业工程应用、技能鉴定、技能竞赛等内容转化成典型实例，并配有仿真运行监控系统，来实时反映实践操作结果，满足基于生产过程的工艺分析、硬件设计与安装、软件设计、远程运行调试和系统检测的教学与实操需求。仿真系统有效地解决了学校实验室、实训中心配套设施问题，也具有经济性和安全性的优势。

本书按照“三教”改革要求，科学系统地介绍了 PLC 工作原理、硬件资源、基本指令、步进顺控指令、典型功能指令、模拟量的控制、联网通信和应用系统设计等。考虑到读者的不同需求，各章节内容安排有所侧重，前 5 章的内容与维修电工国家职业技能标准（高级）的要求相融合，后 2 章满足技师和技能竞赛的实训教学需求。

本书由上海工程技术大学张静之、刘建华和上海电机学院陈梅编著，张静之负责统稿。其中，第 1 章由陈梅老师编写，第 2~4 章由张静之老师编写，第 5~7 章由刘建华老师编写。全书的二维码教学资源由张静之老师和刘建华老师制作。在编写过程中，参考了一些书刊并引用了一些资料，难以一一列举，在此一并对作者们表示衷心的感谢。

由于编者水平有限，错误在所难免，恳请使用本书的师生和读者提出宝贵的意见。

编　者

目 录 Contents

第 1 章 可编程序控制器概述

1.1 PLC 的产生与发展

1.1.1 PLC 的产生与定义

1. PLC 的产生

在 PLC（可编程序控制器）问世以前，工厂自动化控制主要是以“继电-接触器控制系统”为主，即由继电器、接触器、按钮、开关等为主要器件所组成的逻辑控制系统。作为常用电气自动控制系统的一种，它具有结构简单、成本低、抗干扰能力强、故障检修方便、运用范围广的特点，因此至今仍应用于工业自动控制领域。

1968 年，美国最大的汽车制造商——通用汽车公司（GM 公司）建议把计算机通用、灵活、功能完善的特点与“继电-接触器控制系统”简单易懂、使用方便、生产成本低的特点结合起来，于是提出了新一代控制器的设想，即著名的“GM 十条”：

1）编程简单方便，可在现场修改程序。

2）硬件维护方便，采用插件式结构。

3）可靠性高于继电-接触器控制装置。

4）体积小于继电-接触器控制装置。

5）可将数据直接送入计算机。

6）成本上可与继电-接触器控制装置竞争。

7）可以输入交流 115 V。

8）可输出 115 V/2 A 以上交流，能直接驱动电磁阀、交流接触器等。

9）扩展时，只需要对原系统进行很小的改动。

10）用户程序存储器容量至少可以扩展到 4 KB。

根据以上要求，数字设备公司（DEC 公司）在 1969 年首先研制出世界上第一台可编程序控制器，型号为 PDP-14，并在通用汽车公司的自动生产线上试用成功。从此这项技术在其他工业控制领域迅速发展起来，受到了世界各国工业控制企业的高度重视。我国从 1974 年开始可编程序控制器的研制，1977 年开始投入工业应用。今天，可编程序控制器已经实现了国产化，并大量应用在进口和国产设备中。

早期可编程序控制器采用存储程序指令完成顺序控制，仅具有逻辑运算、计时、计数等顺序控制功能，用于开/关量的控制，通常称为 PLC（Programmable Logic Controller）。20 世纪 70 年代，随着微电子技术的发展，PLC 功能增强，不再局限于当初的逻辑运算，因此称为 PC（Programmable Controller）。但它与个人计算机（PC）重复，为加以区别，仍简称 PLC。

2. PLC 的定义与分类

国际电工委员会（IEC）曾对 PLC 做了如下定义：“可编程序控制器是一种数字运算操作的电子装置，专为在工业环境下应用而设计。它采用可编程序的存储器，用来在其内部存储执行逻辑运算、顺序控制、定时、计数和算术运算等操作的指令，并通过数字式和模拟式的输入和输出控制各种类型的机械或生产过程。可编程序控制器及其有关的外围设备，都应遵循工业控制系统整体性、易扩展的原则设计。”

通常，PLC 可根据 I/O 点数、结构形式、功能等进行分类。

按 I/O 点数，PLC 可分为小型、中型、大型等。I/O 点数在 256 点以下的为小型 PLC，其中，I/O 点数小于 64 点的为超小型或微型 PLC。I/O 点数在 256 点以上、2048 点以下的为中型 PLC。I/O 点数在 2048 以上的为大型 PLC，其中，I/O 点数超过 8192 点的为超大型 PLC。

按结构形式，PLC 可分为整体式、模块式、紧凑式等，如图 1-1、图 1-2 和图 1-3 所示。整体式 PLC 是将电源、CPU、I/O 接口等部件都集中装在一个机箱内，具有结构紧凑、体积小、价格低等特点。模块式 PLC 是将 PLC 各组成部分分别做成若干个单独的模块，如 CPU 模块、I/O 模块、电源模块（有的含在 CPU 模块中）以及各种功能模块。紧凑式 PLC 则是各种单元、CPU 自成模块，但不安装基板，各单元一层一层地叠装，它结合了整体式结构紧凑和模块式独立灵活的特点。

图 1-1 整体式 PLC 结构形式

图 1-2 模块式 PLC 结构形式

按功能，PLC 可分为低档、中档、高档等。低档 PLC 具有逻辑运算、定时、计数、移位以及自诊断、监控等基本功能，还可有少量模拟量输入/输出、算术运算、数据传送和比较、通信等功能。中档 PLC 除具有低档 PLC 功能外，还增加更强的模拟量输入/输出、算术运算、数据传送和比较、数制转换、远程 I/O、子程序、通信联网等功能。有些还增设中断、PID 控制等功能。高档 PLC 除具有中档 PLC 功能外，还增加带符号算术运算、矩阵运算、位逻辑运算、二次方根运算及其他特殊功能函数运算、制表及表格传送等功能。高档 PLC 机还具有更强的通信联网功能。

1.1.2　PLC 的特点

图 1-3　紧凑式 PLC 结构形式

PLC 是专为工业环境应用而设计制造的微型计算机，它并不针对某一具体工业应用，而是有着极强的通用性，这与它的突出特点以及优越性能是分不开的，归纳起来，PLC 主要具有以下特点。

（1）可靠性高、抗干扰能力强

为了更好地适应工业生产环境中高粉尘、高噪声、强电磁干扰和温度变化剧烈等特殊情况，PLC 对硬件采用屏蔽、滤波、电源调整与保护、隔离、模块式结构等一系列硬件抗干扰措施，对软件采取了故障检测、信息保护与恢复、设置警戒时钟——WDT（看门狗）、加强对程序的检查和校验、对程序及动态数据进行电池后备等多种抗干扰措施。PLC 在出厂抗干扰试验中，要求能承受幅值为 1000 V、上升时间为 1 ns、脉冲宽度为 1 μs 的干扰脉冲。一般 PLC 平均故障间隔时间可达几十万至上千万小时，若制成系统亦可达 4 万至 5 万小时甚至更长时间。

（2）编程简单，使用方便

目前，大多数 PLC 仍采用继电控制形式的“梯形图编程方式”，既继承了传统控制电路的清晰直观，又符合大多数工厂企业电气技术人员的读图习惯及编程水平，非常容易被接受和掌握。梯形图语言中编程元件的符号和表达方式与继电器控制电路原理图相当接近，因此电气技术人员很快就能掌握梯形图编制控制程序。PLC 同时还可使用功能图、语句表等编程语言。

（3）通用性强、灵活性好、功能齐全

PLC 的各种硬件装置配置齐全，可以组成能满足各种要求的控制系统，用户不必自己再设计和制作硬件装置。硬件确定以后，用户在生产工艺流程改变或生产设备更新的情况下，不必改变 PLC 的硬件设备，只需改编程序就可以满足要求。因此，PLC 在工厂自动化中被大量采用。现代 PLC 不仅有逻辑运算、计时、计数、顺序控制等功能，还具有数字和模拟量的输入/输出、功率驱动、通信、人机对话、自检、记录显示等功能，既可控制一台生产机械、一条生产线，又可控制一个生产过程。

（4）安装简单，调试维护方便

由于 PLC 采用软件取代继电器控制系统中大量的中间继电器、时间继电器、计数器等器件，使控制柜设计安装时接线工作量大为减少。同时，PLC 的用户程序可以在实验室进行模拟调试，更减少了现场的调试工作量。PLC 的低故障率、较强的监视功能和结构模块化等，使维修也极为方便。

（5）体积小、能耗低、性价比高

PLC 是将微电子技术应用于工业设备的产品，其结构紧凑、坚固、体积小、重量轻、功耗低、抗干扰能力强、易于装入设备内部，是实现机电一体化的理想控制设备。目前以 PLC 作为控制器的 CNC（Computer Numerical Control，计算机数字控制机）设备和机器人装置已成为典型。随着集成电路芯片功能的增强、价格的降低，PLC 硬件价格也一直在不断下降。虽然 PLC 的软件价格在系统中所占的比重在不断提高，但是，由于缩短了整个工程项目的进度，提高了工程质量，使 PLC 具有较高的性价比。

综上所述，PLC 的优越性能使其在工业上得到迅速普及。目前，PLC 在家庭、建筑、电力、交通、商业等众多领域得到了广泛的应用。

1.1.3 PLC 的发展

经过了几十年的更新发展，从单机自动化到工厂自动化，从机器人、柔性制造系统到工业局部网络，PLC 正以迅猛的发展势头渗透到工业控制的各个领域。从 1969 年第一台 PLC 问世至今，它的发展大致可以分为以下几个阶段：

1970~1980 年：PLC 的结构定型阶段。在这一阶段，以微处理器为核心的 PLC 结构形成，得到了市场的认可，并迅速发展推广。PLC 的原理、结构、软件、硬件趋向统一与成熟，PLC 的应用领域由最初的小范围、有选择地使用到逐步向机床、生产线扩展。

1981~1990 年：PLC 的普及阶段。在这一阶段，PLC 的生产规模日益扩大，价格不断下降，PLC 被迅速普及。各 PLC 生产厂家产品开始系列化，并且形成了 I/O 点型、基本单元加扩展块型、模块化结构型这三种延续至今的基本结构模型。PLC 的应用范围开始向顺序控制的全领域扩展。比如三菱公司本阶段的主要产品有 F、F1、F2 小型 PLC 系列产品，K/A 系列中、大型 PLC 产品等。

1991~2000 年：PLC 的高性能与小型化阶段。在这一阶段，随着微电子技术的进步，PLC 的功能日益增强，PLC 的 CPU 运算速度大幅度提高、位数不断增加，适用于各种特殊控制的功能模块不断被开发出来，PLC 的应用范围由单一的顺序控制向现场控制拓展。此外，PLC 的体积大幅度缩小，出现了各类微型化 PLC。三菱公司本阶段的主要产品有 FX 小型 PLC 系列、AIS/A2US/Q2A 系列、大型 PLC 系列等。

2001 年至今：PLC 的高性能与网络化阶段。在本阶段，为了适应信息技术的发展与工厂自动化的需要，PLC 的各种功能不断增强。一方面，PLC 在继续提高 CPU 运算速度、增加位数的同时，开发了适用于过程控制、运动控制的特殊功能与模块，使 PLC 的应用范围开始涉及工业自动化的全部领域。另一方面，PLC 的网络与通信功能也得到迅速发展，PLC 不仅可以连接传统的编程设备与输入/输出设备，还可以通过各种总线构成网络，为工厂自动化奠定了基础。

目前，PLC 的发展趋势主要体现在规模化、高性能、多功能、模块智能化、网络化、标准化等几个方面，随着科学技术的进步，面对不同的应用领域、不同的控制需求，PLC 还将有更大的发展。

1. 产品规模向大、小两个方向发展

大型化是指大中型 PLC 向大容量、智能化和网络化发展，使之能与计算机组成集成控制系统，对大规模、复杂系统进行综合性的自动控制。现已有 I/O 点数达 14336 点的超大型 PLC，它使用 32 位微处理器、多 CPU 并行工作和大容量存储器。小型 PLC 由整体结构向小型模块化结构发展，使配置更加灵活，为了市场需要已开发了各种简易、经济的超小型微型 PLC，最小配置的 I/O 点数为 8~16 点，以适应单机及小型自动控制的需要。

2. 向高性能、高速度、大容量的方向发展

PLC 的扫描速度是衡量 PLC 性能的一个重要指标。为了提高 PLC 的处理能力，要求

PLC 具有更快的响应速度和更大的存储容量。目前，有的 PLC 的扫描速度可达每千步程序用时 0.1 ms 左右。在存储容量方面，有的 PLC 可达几十兆字节。为了扩大存储容量，有的公司使用了磁泡存储器或硬盘。

3. 向模块智能化方向发展

分级控制、分布控制是增强 PLC 控制功能、提高处理速度的一个有效手段。智能模块是以微处理器和存储器为基础的功能部件，它们可独立于主机 CPU 工作，分担主 CPU 的处理任务。主机 CPU 可随时访问智能模块，修改控制参数，这样有利于提高 PLC 的控制速度和效率，简化设计和编程工作，提高动作可靠性和实时性，满足复杂控制的要求。为满足各种控制系统的要求，目前已开发出许多功能模块，如高速计数模块、模拟量调节（PID 控制）模块、运动控制（步进、伺服、凸轮控制等）模块、远程 I/O 模块、通信和人机接口模块等。

4. 向网络化方向发展

加强 PLC 的联网能力是实现分布式控制、适应工业自动化控制和计算机集成制造系统发展的需要。PLC 的联网与通信主要包括 PLC 与 PLC 之间、PLC 与计算机之间以及 PLC 与远程 I/O 之间的信息交换。随着 PLC 和其他工业控制计算机组网构成大型控制系统以及现场总线的发展，PLC 将向网络化和通信的简便化方向发展。

5. 向标准化方向发展

生产过程自动化的要求在不断提高，为提高兼容性，在通信协议、总线结构、编程语言等方面需要一个统一的标准。国际电工委员会为此制定了国际标准 IEC 61131-3。该标准由总则、设备性能和测试、编程语言、用户手册、通信、模糊控制的编程、可编程序控制器的应用和实施指导等八部分和两个技术报告组成。几乎所有的 PLC 生产厂家都表示支持 IEC 61131-3，并开始向该标准靠拢。

1.2 PLC 的组成及工作原理

1.2.1 PLC 的基本组成

PLC 是专为工业环境下的应用而设计的工业计算机，其基本结构与一般计算机相似，为了便于操作、维护、扩充功能、提高系统的抗干扰能力，其结构组成又与一般计算机有所区别。

PLC 系统通常由基本单元、扩展单元、扩展模块及特殊扩展模块组成，如图 1-4 所示。

基本单元内设 CPU、存储器、I/O 和电源等，是 PLC 的主要部分，可独立工作。扩展单元内设电源，用于扩展 I/O 点数。扩展模块用于增加 I/O 点数和 I/O 点数比例，内无电源，由基本单元和扩展单元供电。扩展单元、扩展模块内无 CPU，需和基本单元一起才能工作。特殊功能单元是一些特殊用途的装置。

PLC 有许多品种和类型，其硬件结构基本上与微型计算机相同，如图 1-5 所示。

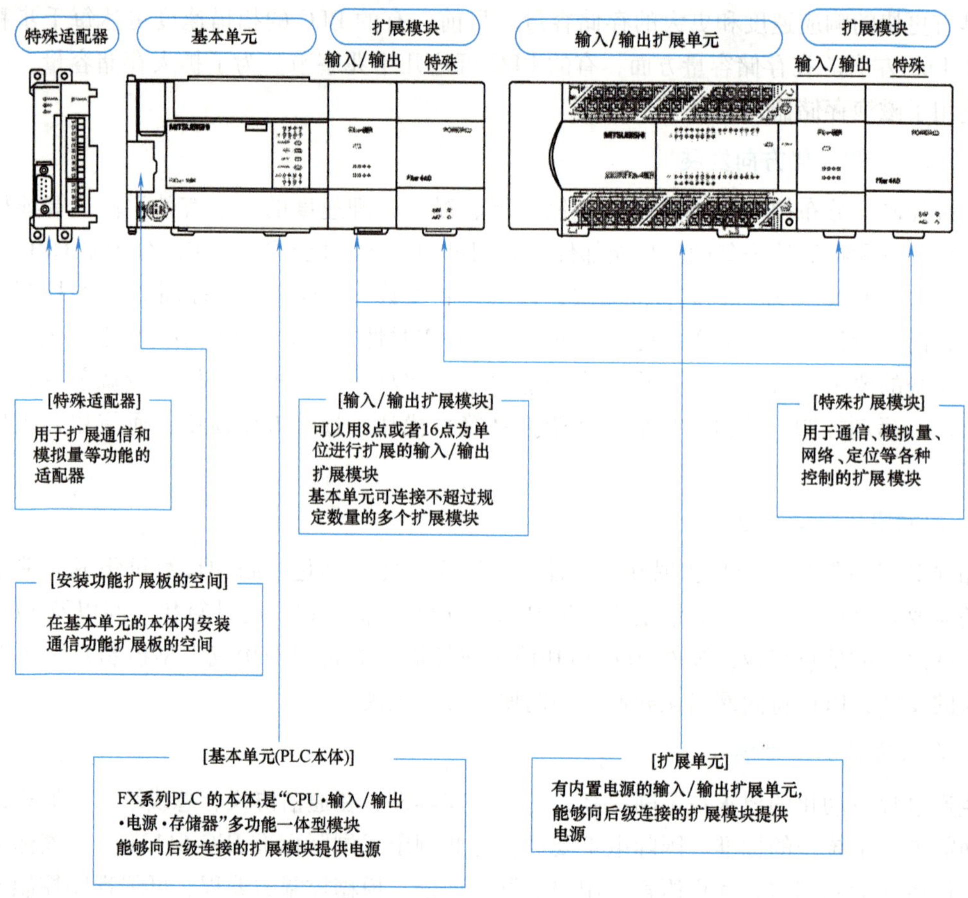

图 1-4　PLC 系统组成

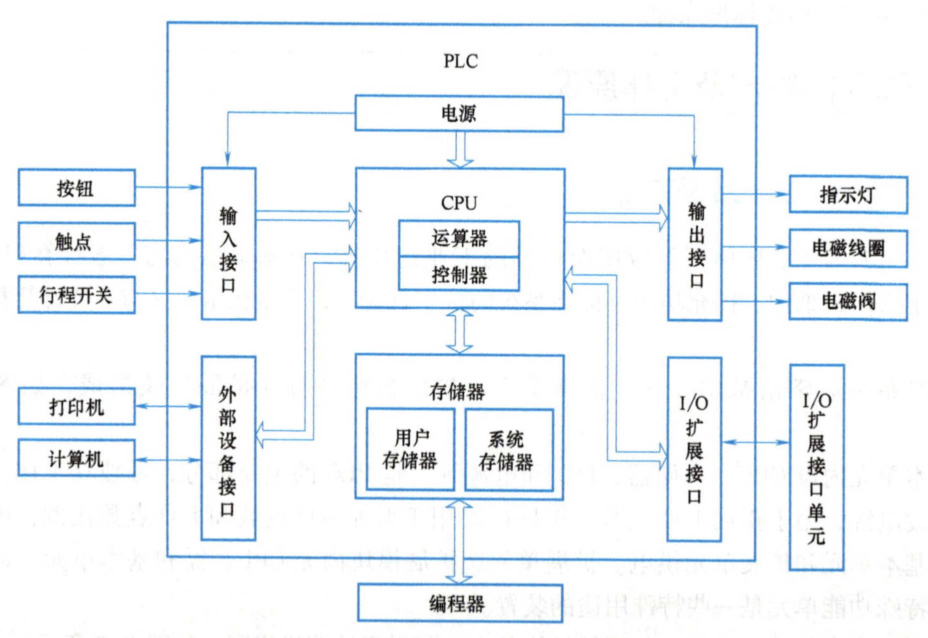

图 1-5　PLC 的组成

1. 中央处理器（CPU）

CPU 是 PLC 的核心部件，在 PLC 中的作用与人体的神经中枢类似，整个 PLC 的工作过程都是在 CPU 的统一指挥和协调下进行的。CPU 用扫描的方式读取输入装置的状态或数据，在生产厂家预先编制的系统程序控制下，完成用户程序所设计的逻辑或算术运算任务，并根据处理结果控制输出设备实现输出控制。

不同型号、规格的 PLC 使用的 CPU 类型也不同，通常有三种：通用微处理器（如 8086、80286、80386 等），单片机芯片（如 8031、8096 等），位片式微处理器（如 AMD-2900 等）。PLC 大多采用 8 位或 16 位微处理器，PLC 的档次越高，CPU 的位数就越多，运算速度就越快，功能指令就越强。中小型 PLC 常采用 8 位至 16 位微处理器或单片机，大型 PLC 多采用高速位片式微处理器，具有双 CPU 或多 CPU 系统。

2. 存储器

PLC 内的存储器按用途可以分为系统程序存储器和用户程序存储器两种。系统程序存储器用来存放由 PLC 生产厂家编写好的系统程序，它关系到 PLC 的性能，因此被固化在只读存储器 ROM（PROM）内，用户不能访问和修改。系统程序使 PLC 具有一定的功能，能够完成设计者规定的各项工作。用户程序存储器主要用来存储用户根据生产工艺的控制要求编制的程序，包括输入/输出状态、计数、计时等内容。为了便于读出、检查和修改，用户程序一般存于 CMOS（互补金属氧化物半导体）的静态随机存取存储器 RAM 中，用锂电池作为后备电源，以保证掉电时存储内容不丢失。锂电池使用周期一般是 3 年，日常使用中必须留心。

为了防止干扰对 RAM 中程序的破坏，当用户程序经过运行，正常且不需要改变后，则将其固化在光可擦写只读存储器 EPROM 中，在紫外线连续照射 20 min 后，就可将 EPROM 中的内容消除，加高电平（12.5 V 或 24 V）可把程序写入 EPROM 中。近年来使用广泛的是一种电可擦写只读存储器 EEPROM，它不需要专用的写入器，只需用编程器就能对用户程序内容进行“在线修改”，使用可靠方便。

3. 输入/输出（I/O）接口

输入/输出接口是 PLC 与现场输入/输出设备或其他外部设备之间的连接部件。PLC 通过输入接口把工业设备或生产过程的状态或信息（如按钮、各种继电器触点、行程开关和各种传感器等信息）读入 CPU。输出接口是将 CPU 处理的结果通过输出电路驱动输出设备（如指示灯、电磁阀、继电器和接触器等），如图 1-6 所示。I/O 的类型主要有开关量输入/输出接口和模拟量输入/输出接口。

4. 外部设备接口

PLC 的外部设备主要有编程器、操作面板、文本显示器和打印机等。编程器接口是用来连接编程器的，PLC 本身通常是不带编程器的，为了能对 PLC 编程及监控，PLC 上专门设置有编程器接口，通过这个接口可以连接各种形式的编程装置。触摸屏和文本显示器不仅用于显示系统信息，还可以用于操作控制单元，它们可以在执行程序的过程中修改某个量的数值，也可直接设置输入或输出量，以便立即启动或停止一台外部设备的运行。打印机可以把过程参数和运行结果以文字形式输出。外部设备接口可以把上述外部设备与 CPU 连接，以完成相应的操作。

除上述一些外部设备接口外，PLC 还设置了存储器接口和通信接口。存储器接口是为扩展存储区而设置的，用于扩展用户程序存储区和用户数据参数存储区，用户可以根据使用的需要

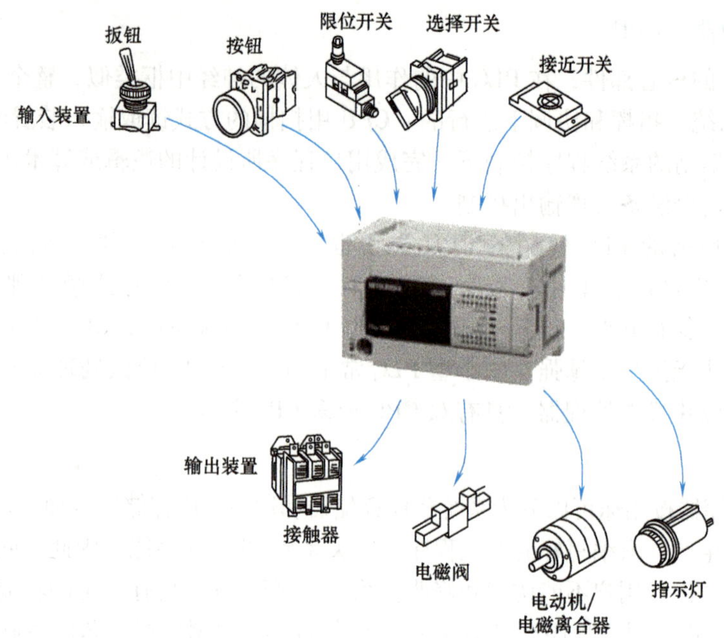

图 1-6 PLC 通过 I/O 接口连接现场输入/输出设备

扩展存储器。通信接口是为在微机与 PLC、PLC 与 PLC 之间建立通信网络而设立的接口。

5. I/O 扩展接口

I/O 扩展接口用于扩展输入/输出单元，它使 PLC 的控制规模配置更加灵活，这种扩展接口实际上为总线形式，可以配置开关量的 I/O 单元，也可配置模拟量和高速计数等特殊 I/O 单元及通信适配器等。

6. 电源

PLC 内部配有一个专用开关式稳压电源，可将 PLC 外部连接的电源电压转化为 CPU、存储器、输入/输出接口等电路工作所需的直流电源，并为外部输入元件提供 24 V 直流电源。需要注意的是，PLC 负载的电源是由用户另外提供的。

1.2.2 PLC 的循环扫描原理

PLC 的工作原理与微型计算机有很多相似性，两者都是在系统程序的管理下，通过运行应用程序完成用户任务，达到控制目的。但是 PLC 与微型计算机的程序运行方式有较大的不同，PLC 运行程序时，会从第一条用户程序开始，在无跳转的情况下，按顺序逐条执行用户程序，直到 END 指令结束，然后从头开始执行，并周而复始，直到停机或从运行状态切换到停止状态。

我们把 PLC 执行程序的方式称为循环扫描工作方式。每扫描完一次程序就构成了一个扫描周期。另外，在用户程序扫描过程中，CPU 执行的是循环扫描，并用周期性地集中采样、集中输出的方式来完成。PLC 的循环扫描工作流程图如图 1-7 所示。

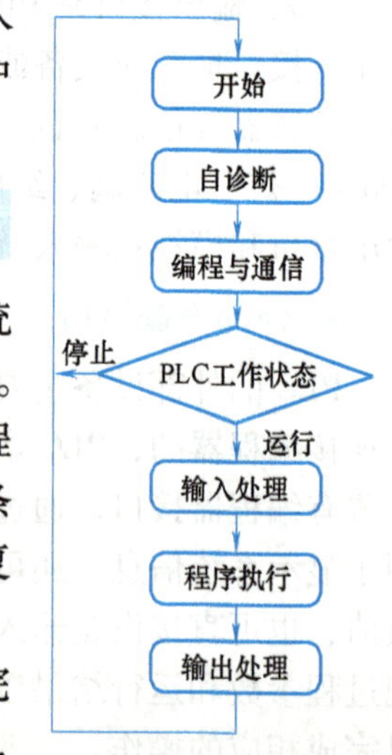

图 1-7 PLC 的循环扫描工作流程图

每个循环周期的时间长度随 PLC 的性能和程序不同而有所差别，一般为十几毫秒。PLC 的扫描工作过程可分为输入处理、程序执行和输出刷新三个阶段，如图 1-8 所示。

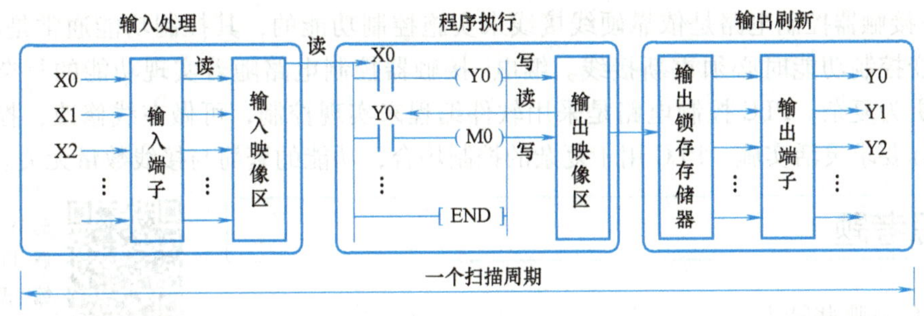

图 1-8　PLC 的扫描工作过程

1）输入处理阶段。也称输入采样阶段，PLC 以扫描方式顺序读入所有输入端子（不论输入端接线与否）的状态和数据，并将通断（1 或 0）状态存入相应的输入映像寄存器单元内，输入采样结束后，转入用户程序执行和输出刷新阶段。在这两个阶段中，即使输入状态和数据发生变化，输入映像区中相应单元的状态和数据也不会改变。只有在下一个扫描周期的输入采样阶段才能重新把输入状态存入相应的输入映像寄存器，这种方式称为集中采样。

2）程序执行阶段。在程序执行阶段，PLC 按照先上后下、先左后右的顺序依次扫描用户程序。并根据读入的输入/输出状态，进行逻辑运算，然后将运算的结果存入相应的输出映像寄存器。

3）输出刷新阶段。在一个扫描周期内，用户程序执行结束后，PLC 就会进入输出刷新阶段。在这个阶段里，PLC 将输出映像寄存器中的通断状态送到输出锁存存储器，再通过输出电路驱动相应的外部执行部件（如继电器、接触器等），然后又返回去进行下一个周期的循环扫描。在一个扫描周期内，只在输出刷新阶段才将输出状态从输出映像寄存器中输出，对输出接口进行刷新，在其他阶段里输出状态一直保存在输出映像寄存器中，这种方式称为集中输出。

1.2.3　PLC 与继电-接触器控制电路的区别

1. 在组成器件方面

继电-接触器控制电路是由各种真正的硬件继电器组成，硬件继电器触头易磨损。而 PLC 梯形图则由许多所谓软继电器组成。这些软继电器实质上是存储器中的每一位触发器，可以置“0”或置“1”，且无磨损现象。

2. 在工作方式方面

继电-接触器控制电路工作时，电路中硬件继电器都处于受控状态，凡符合条件可吸合的硬件继电器都处于吸合状态，受各种制约条件不应吸合的硬件继电器都同时处于断开状态，属于“并行”的工作方式。PLC 梯形图中各个软继电器都处于周期循环扫描工作状态，受同一条件制约的各个软继电器的线圈工作和它的触点的动作并不同时发生，属于“串行”的工作方式。

3. 在元件触点数量方面

继电-接触器控制电路的硬件触点数量是有限的，一般只有 4~8 对。PLC 梯形图中软继电器的触点数量无限，在编程时可无限次使用。

4. 在控制电路实施方式方面

继电-接触器控制电路是依靠硬线接线来实施控制功能的，其控制功能通常是不变的，当需要改变控制功能时必须重新接线。继电-接触器控制电路随着实现功能的复杂程度提高，接线更为复杂。PLC 控制电路是采用软件编程来实现控制，可做在线修改，控制功能可根据实际要求灵活实施。PLC 用于复杂的控制场合，功能的繁简与接线数量无关。

1.3 思考题

码 1-1 知识拓展-PLC 常用的编程语言

1. PLC 有哪些特点？
2. 简述 PLC 的定义。
3. PLC 与继电-接触器控制系统之间有哪些差异？
4. 简述可编程序控制器的发展阶段。
5. 简述 PLC 的基本组成部分。
6. 试说明 PLC 的工作过程。

第 2 章 三菱 FX_{3U} 系列 PLC 的硬件

2.1 认识三菱 FX_{3U}系列 PLC

2.1.1 FX_{3U}系列 PLC 的面板

我们经常用 PLC 进行控制，实现电路的控制功能。三菱 FX_{3U} 系列 PLC 为小型叠装式 PLC，如图 2-1 所示。

图 2-1　三菱 FX_{3U} 系列 PLC

图 2-2 所示为三菱 FX_{3U} 系列 PLC 的面板，主要包含上盖板、电池盖板、连接特殊适配器用的卡扣、功能扩展板部分的空盖板、模式转换开关、连接外围设备接口、安装 DIN 导轨用的卡扣、型号显示、显示输入用的指示灯、端子排盖板、连接扩展设备用的连接器盖板、显示运行状态的指示灯、显示输出用的指示灯。

存储器盒安装在上盖板的下方。使用 FX_{3U} -7DM（显示模块）时，将这个盖板换成 FX_{3U} -7DM 附带的盖板。电池盖板下方为电池，更换电池时需要打开这个盖板。

写入（成批）顺控程序和停止运算时，模式转换开关置为 STOP 状态（开关拨动到下方），执行运算处理（机械运行）时，模式转换开关设置在 RUN 状态（开关拨动到上方）。

如图 2-3 所示打开端子排盖板可见电源端子、输入（X）端子、输出（Y）端子及端子名称。

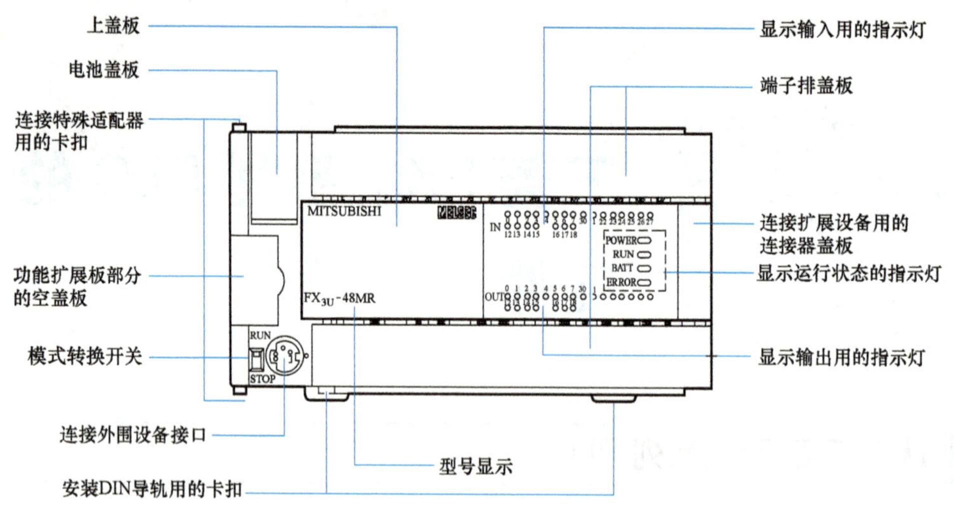

图 2-2 三菱 FX_{3U}系列 PLC 的面板

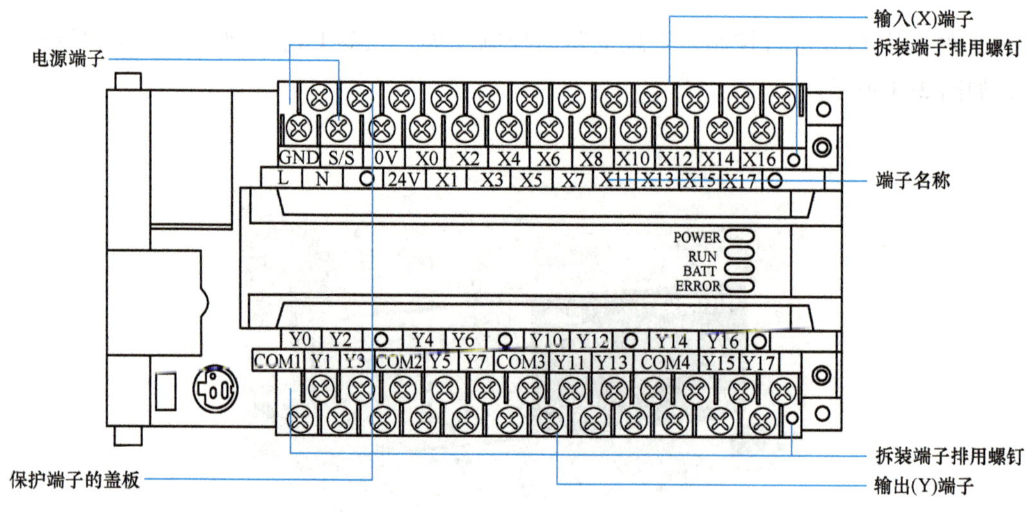

图 2-3 打开端子排盖板的情况

1. PLC 的型号

三菱 FX 系列 PLC 基本单元的型号标注和含义如图 2-4 所示。基本单元是内置了 CPU、存储器、输入/输出方式和电源的产品。

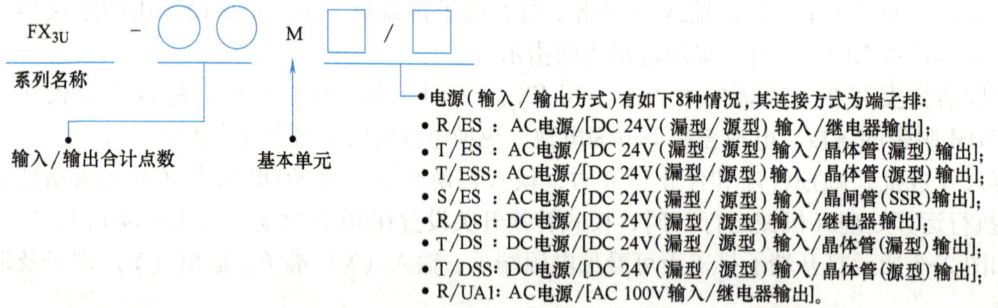

图 2-4 三菱 FX 系列 PLC 基本单元的型号标注和含义

三菱 FX 系列 PLC 输入/输出扩展单元是内置了电源回路和输入/输出方式，用于扩展输入/输出的模块和产品，可以给连接在其后的扩展设备供电。扩展单元型号标注和含义如图 2-5 所示。

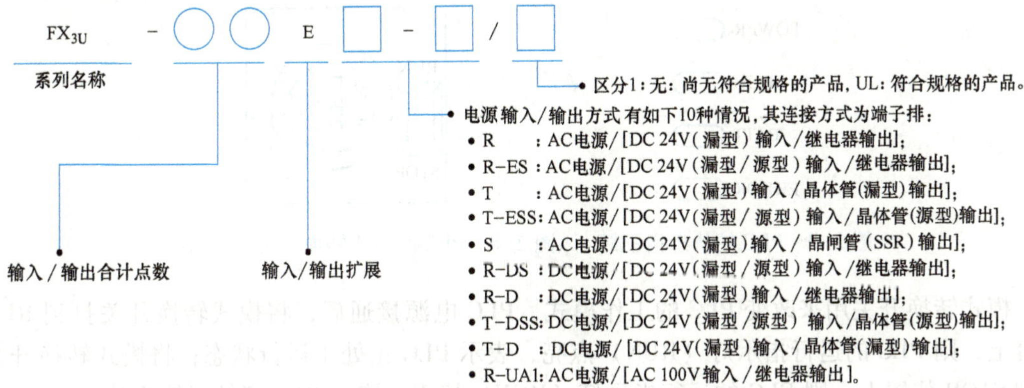

图 2-5　扩展单元型号标注和含义

三菱 FX 系列 PLC 输入/输出扩展模块是内置了输入或输出方式，用于扩展输入/输出的模块，可以连接在基本单元或者输入/输出扩展单元上使用。输入/输出扩展模块型号标注和含义如图 2-6 所示。

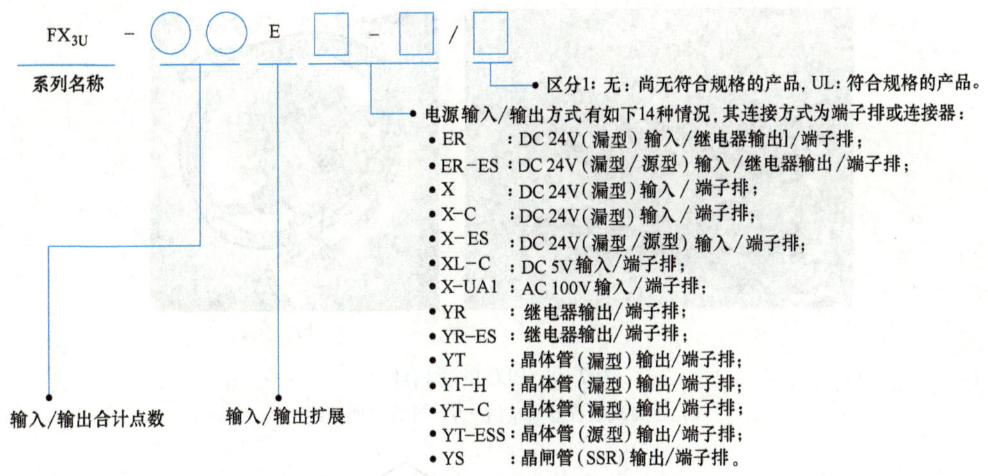

图 2-6　输入/输出扩展模块型号标注和含义

2. PLC 的状态指示灯

如图 2-7 所示，PLC 提供四盏指示灯，来反映 PLC 当前的工作状态。其含义如表 2-1 所列。

表 2-1　PLC 的状态指示灯含义

指示灯	指示灯的状态与当前运行的状态
POWER 电源指示灯（绿灯）	PLC 接通 220 V 交流电源后，该灯点亮，正常时仅有该灯点亮，它表示 PLC 处于编辑状态
RUN 运行指示灯（绿灯）	当 PLC 处于正常运行状态时，该灯点亮
BATT 内部锂电池低电压指示灯（红灯）	如果该指示灯点亮，说明锂电池电压不足，应更换
ERROR 出错指示灯（红灯）	如果该指示灯闪烁，说明程序错误 CPU 错误时该指示灯常亮

3. 模式转换开关与通信接口

PLC 的模式转换开关与通信接口如图 2-8 所示。

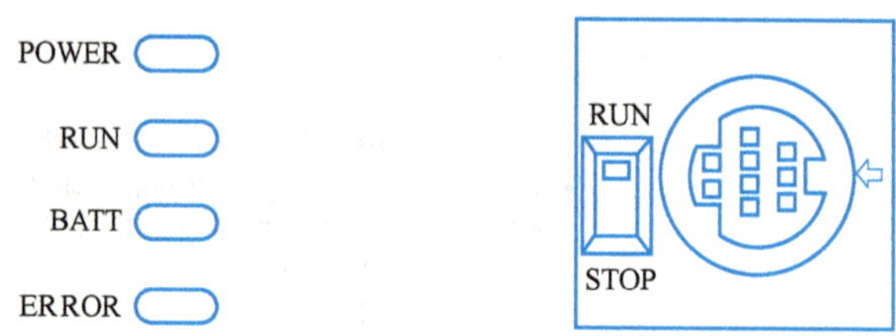

图 2-7 PLC 的状态指示灯　　图 2-8 PLC 的模式转换开关与通信接口

模式转换开关用来改变 PLC 的工作模式，PLC 电源接通后，将模式转换开关打到 RUN 位置上，则 PLC 的运行指示灯（RUN）点亮，表示 PLC 正处于运行状态；将模式转换开关打到 STOP 位置上，则 PLC 的运行指示灯（RUN）熄灭，表示 PLC 正处于停止状态。

通信接口用来连接手持式编程器或计算机，保证 PLC 与手持式编程器或计算机的通信。通信线一般有手持式编程器通信线和计算机通信线两种，如图 2-9 所示。通信线与 PLC 连接时，务必注意通信线接口内的“针”与 PLC 上的接口正确对应后才可将通信线接口用力插入 PLC 的通信接口，以免损坏接口，如图 2-10 所示。

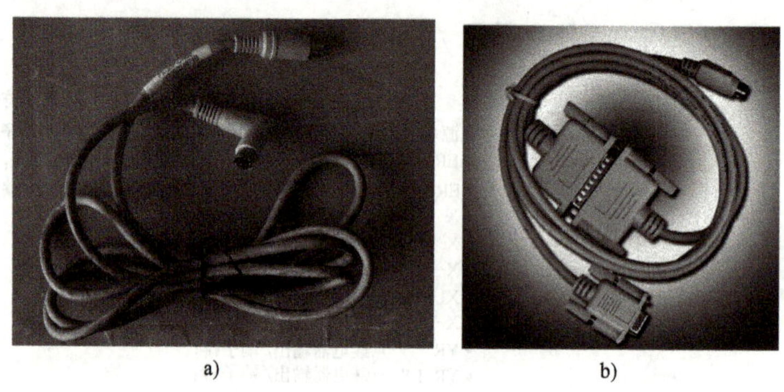

图 2-9 PLC 的通信线

a）手持式编程器通信线 b）计算机通信线

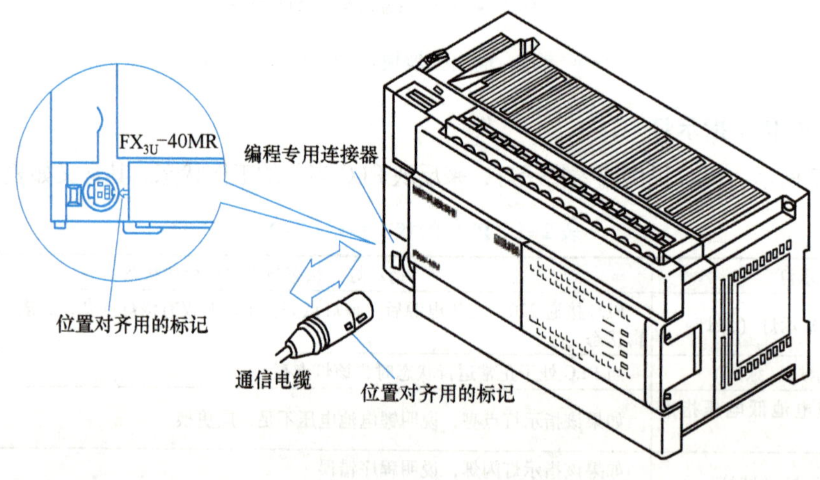

图 2-10 通信线与 PLC 连接

4. PLC 的电源端子、输入端子与输出端子

PLC 的电源端子、输入端子与输出端子如图 2-11 所示。

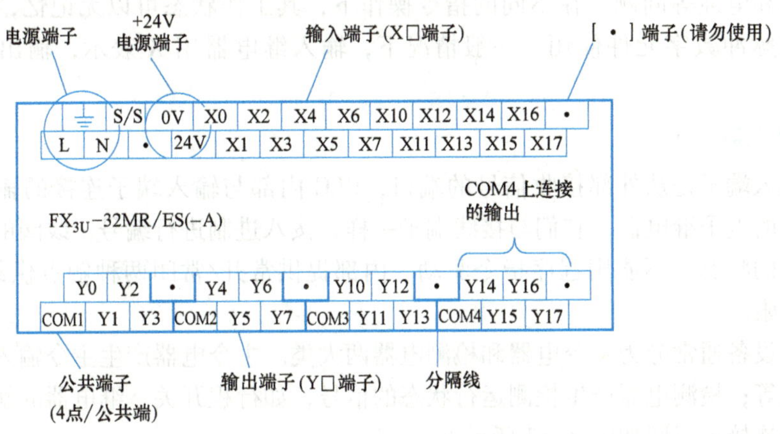

图 2-11　PLC 的电源端子、输入端子与输出端子

电源端子：AC 电源型为［L］、［N］端子，通过这部分端子外接 PLC 的外部电源（AC 220 V）。DC 电源有［⊕］、［⊖］端子。

输入公共端子 S/S：在外接传感器、按钮、行程开关等外部信号元件时必须接的一个公共端子。

+24 V 电源端子：AC 电源型为［0 V］、［24 V］端子。DC 电源型中没有供给电源。关于外部接线，请务必参考后述的电源接线说明。PLC 自身为外部设备提供的直流 24 V 电源多用于三端传感器，如图 2-12 所示。

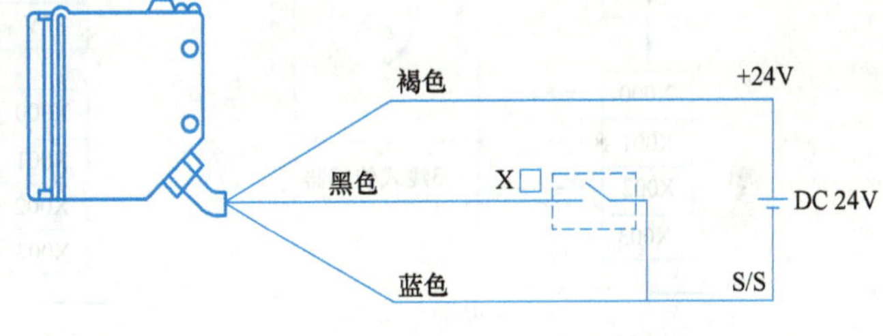

图 2-12　三端传感器与 PLC 端子接线示意图

X□端子：为输入（IN）继电器的接线端子，是将外部信号引入 PLC 的必经通道。

［.］端子：带有“.”符号的端子表示该端子未被使用，不具有功能。

输出公共端子 COM：标有 COM1 等字样的端子为 PLC 输出公共端子，是 PLC 连接交流接触器线圈、电磁阀线圈、指示灯等负载时必须连接的一个端子。其中，Y0～Y3 共用 COM1，Y4～Y7 共用 COM2，Y10～Y13 共用 COM3，Y14～Y17 共用 COM4，Y20～Y27 共用 COM5。对于共用一个公共端子的同一组输出，必须用同一电压类型和同一电压等级，但不同的公共端子组可使用不同的电压类型和电压等级。

在负载使用相同电压类型和等级时，则将 COM1、COM2、COM3、COM4 用导线短接起来就可以了。

Y□端子：标有 Y□等字样的端子为 PLC 输出（OUT）继电器的接线端子，是将 PLC 指令执行结果传递到负载侧的必经通道。

2.1.2　FX_{3U}系列 PLC 的输入/输出继电器

PLC 内部提供给用户使用的输入/输出继电器都称为元件，这些元件都可以用程序（即

软件）来指定，故又称为软元件，它们与真实元件不同，一般称它们为“软继电器”。这些“软继电器”的工作线圈没有工作电压等级、功耗大小和电磁惯性等问题，触点没有数量限制、机械磨损和电蚀等问题。在不同的指令操作下，其工作状态可以无记忆，也可以有记忆，还可以作脉冲数字元件使用。一般情况下，输入继电器用 X 表示，输出继电器用 Y 表示。

1. 输入继电器（X）

PLC 的输入端子是从外部接收信号的端口，PLC 内部与输入端子连接的输入继电器 X 是用光电隔离的电子继电器，它们与接线端子一样，按八进制进行编号，线圈的通断取决于 PLC 外部触点的状态，不能用程序指令驱动。内部提供常开/常闭两种触点供编程时使用，且使用次数不限。

外部输入设备通常分为主令电器和检测电器两大类。主令电器产生主令输入信号，如按钮、转换开关等；检测电器产生检测运行状态的信号，如行程开关、继电器的触点、传感器等。输入回路连接示意图如图 2-13 所示。

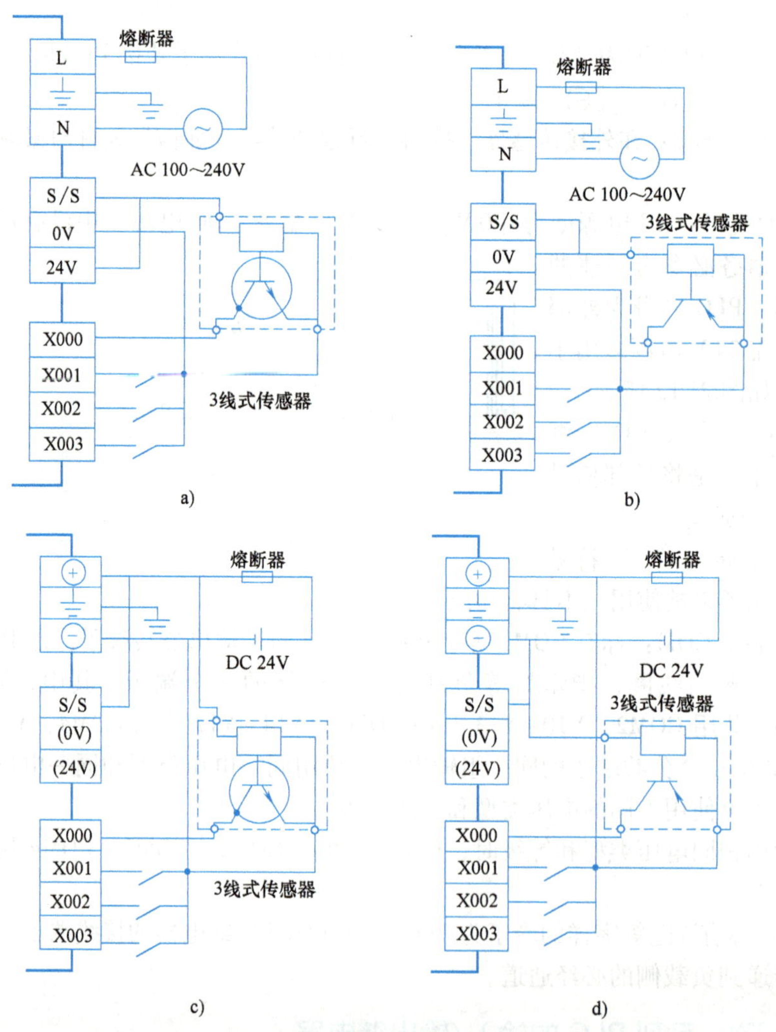

图 2-13 输入回路的连接

a）AC 电源漏型输入 b）AC 电源源型输入 c）DC 电源漏型输入 d）DC 电源源型输入

根据开关量输入接口所使用外信号电源的不同分为直流输入电路、交流输入电路类型，其原理图如图 2-14、图 2-15 所示。无论 PLC 输入接口采用哪种形式，其内部编程使用的输入继电器都用 X 表示。

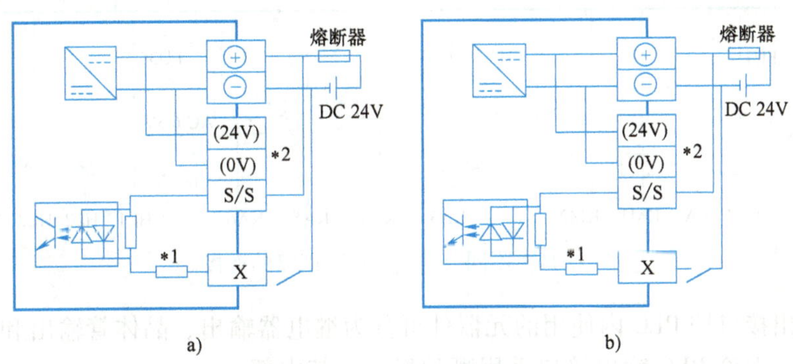

图 2-14　直流输入电路原理图
a）漏型输入接线　b）源型输入接线

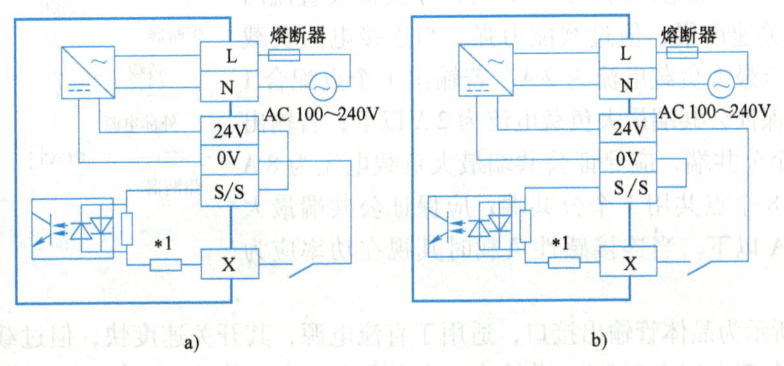

图 2-15　交流输入电路原理图
a）漏型输入接线　b）源型输入接线

2. 输出继电器（Y）

PLC 的输出端子是向外部负载输出信号的端口。输出继电器的线圈通断由程序驱动，输出继电器也按八进制编号，其外部输出主触点接到 PLC 的输出端子上供驱动外部负载使用，内部提供常开/常闭触点供程序使用，且使用次数不限。

外部输出设备通常分为驱动负载和显示负载两大类。驱动负载，如接触器、继电器、电磁阀等；显示负载，如指示灯、数字显示装置、电铃、蜂鸣器等。输出回路是 PLC 驱动外部负载的回路，PLC 通过输出点将负载和驱动电源连接成一个回路，负载的状态由 PLC 输出点进行控制。负载的驱动电源规格根据负载的需要和 PLC 输出接口类型、规格进行选择。

输出公共端的类型通常是若干输出端子构成一组，共用一个输出公共端，各组的输出公共端用 COM1、COM2……表示，各组公共端之间相互独立，可使用不同的电源类型和电压等级负载驱动电源，如图 2-16 所示。图中，Y0～Y3 共用 COM1，使用的负载驱动电源为 AC 220 V；Y4～Y7 共用 COM2，使用的负载驱动电源为 DC 24 V；Y10～Y13 共用 COM3，使用的负载驱动电源为 AC 6.3 V。

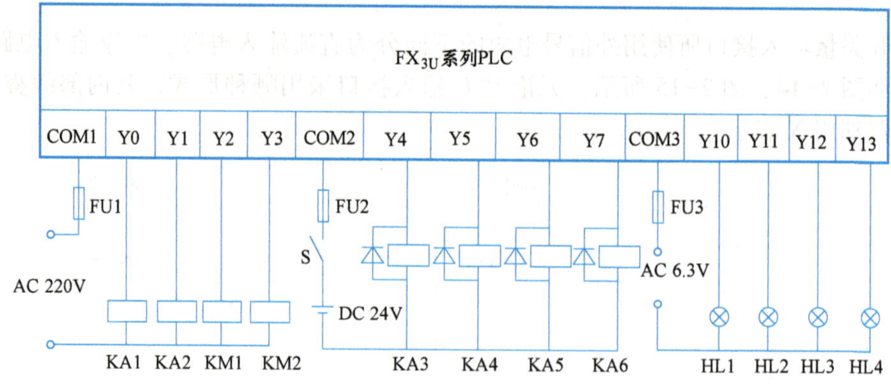

图 2-16 不同公共端组输出回路的连接

开关量输出接口按 PLC 内使用的元器件可分为继电器输出、晶体管输出和双向晶闸管输出三种类型。无论 PLC 输出接口采用哪种形式，其内部编程使用的输入继电器都用 Y 表示。

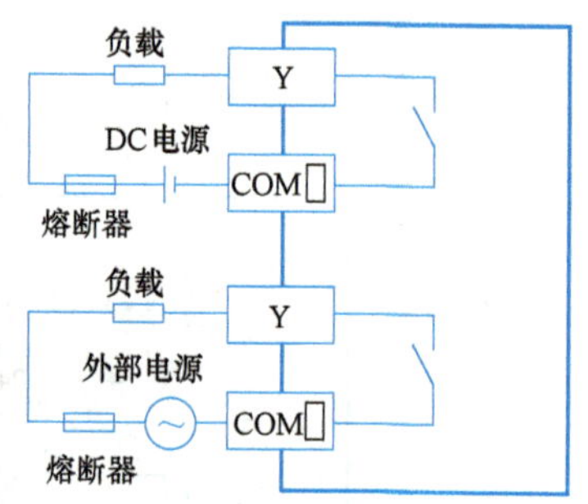

图 2-17 继电器输出接口

图 2-17 所示为继电器输出接口，可用于交流及直流两种电源，其开关速度慢，但过载能力强。当连接电阻负载时，每个输出点最大负载电流为 2 A。若输出 1 个点配合 1 个公共端，应保证公共端最大负载电流为 2 A 以下；若输出 4 个点共用 1 个公共端，应保证公共端最大负载电流为 8 A 以下；若输出 8 个点共用 1 个公共端，应保证公共端最大负载电流为 8 A 以下。当连接感性负载时其视在功率应为 80 V · A。

图 2-18 所示为晶体管输出接口，适用于直流电源，其开关速度快，但过载能力差，每个输出点最大负载电流为 0.5 A。若输出 1 个点配合 1 个公共端，应保证公共端最大负载电流为 0.5 A 以下；若输出 4 个点共用 1 个公共端，应保证公共端最大负载电流为 0.8 A 以下；若输出 8 个点共用 1 个公共端，应保证公共端最大负载电流为 1.6 A 以下。

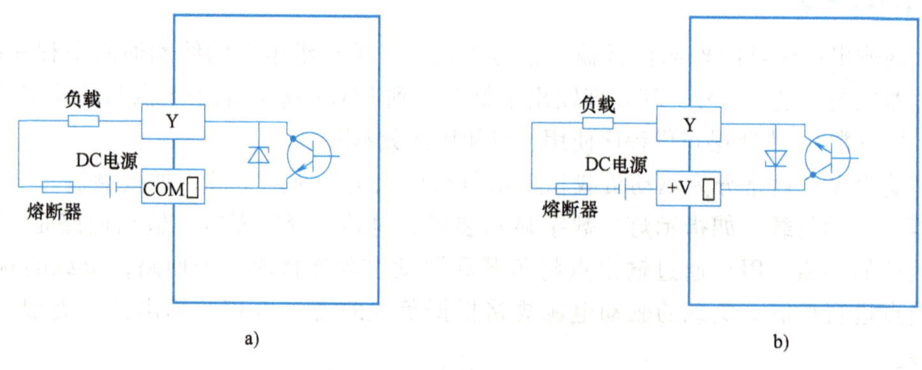

图 2-18 晶体管输出接口

a）漏型输出接线 b）源型输出接线

图 2-19 所示为双向晶闸管输出接口，适用于交流电源，其开关速度快，但过载能力差。输出 1 个点配合 1 个公共端时应保证最大负载电流为 0.3 A 以下；若输出 4 个点共用 1

个公共端，应保证公共端最大负载电流 0.8 A 以下；若输出 8 个点共用 1 个公共端，应保证公共端最大负载电流 0.8 A 以下。

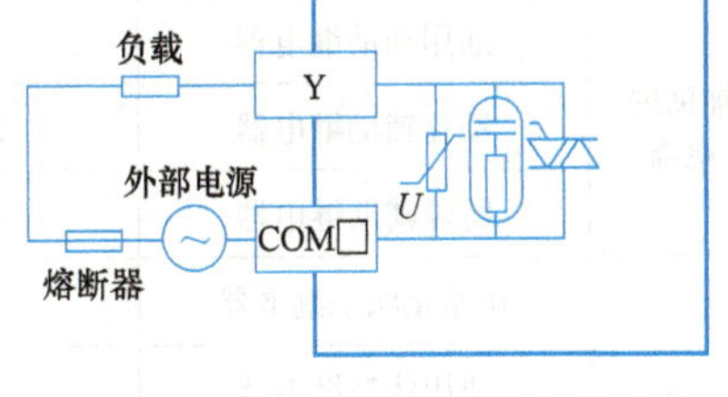

图 2-19　双向晶闸管输出接口

2.1.3　FX_{3U} 与 FX_{2N} 的差异

三菱 FX_{3U} 系列 PLC 是在市场产品小型化、大容量存储、高性价比的需求下开发出来的第三代微型可编程序控制器。它在诸多方面进行了增强。

首先，FX_{3U} 系列 PLC 的基本功能得到了大幅度的提升。

1）CPU 处理速度达到了 0.065 μs/基本指令。

2）内置了高达 64 K 步的大容量 RAM 存储器。

3）大幅度增加了内部软元件的数量。

其次，FX_{3U} 系列 PLC 中集成了业界最高水平的多种功能。

1）内置了高性能的显示模块，在上面可以显示英、日、汉和数字，最多能够显示 4 行半角 16 个字符（全角 8 个字符）。通过该模块还可以进行软元件的监控、测试，时钟的设定，存储器卡盒与内置 RAM 间程序的传送、比较等多项操作。此外，该显示模块还可以从本体上拉出并安装到控制柜的面板上。

2）内置了 3 轴独立、最高 100 kHz 的定位功能并增加了新的定位指令：带 DOG 搜索的原点回归（DSZR）和中断单速定位（DVIT），从而使得定位控制功能更为强大。

3）内置 6 点同时 100 kHz 的高速计数功能。

4）内置了 CC-Link/LT 主站功能，可以轻松实现小点数的省配线网络。

另外，FX_{3U} 系列 PLC 还专门强化了通信功能，其内置编程口不仅可以实现 115.2 kbit/s 的高速通信，而且最多可以同时使用 3 个通信口（包括编程口在内）；新增了模拟量适配器，包括模拟量输入适配器、模拟量输出适配器和温度输入适配器，这些适配器不占用系统点数，且使用方便。其中通过使用高速输出适配器可以实现最多 4 轴、最高 200 kHz 的定位控制，通过使用高速输入适配器可以实现最高 200 kHz 的高速计数。FX_{2N} 与 FX_{3U} 基本性能对照表见表 2-2。

表 2-2　FX_{2N} 与 FX_{3U} 基本性能对照表

项　目		FX_{2N}	FX_{3U}
最大 I/O 点数		256	348
机型		20 种	15 种
指令条数	基本指令	27 条	
	步进指令	2 条	
	功能指令	132 条	209 条
指令速度	基本指令	0.08 μs/条	0.065 μs/条
	功能指令	1.52 μs/条～数百 μs/条	0.642 μs/条～数百 μs/条
编程语言		梯形图、指令表，可以用步进梯形图指令生成顺序控制指令	
程序容量		内置 8 K 步 EEPROM	内置 64 K 步 EEPROM

（续）

<table>
<tr><th colspan="2">项　目</th><th>FX_{2N}</th><th>FX_{3U}</th></tr>
<tr><td rowspan="3">辅助继电器</td><td>通用辅助继电器</td><td colspan="2">500 点，M0~M499</td></tr>
<tr><td>锁存辅助继电器</td><td>2572 点，M500~M3071</td><td>7180 点，M500~M7679</td></tr>
<tr><td>特殊辅助继电器</td><td>256 点，M8000~M8255</td><td>512 点，M8000~M8511</td></tr>
<tr><td rowspan="4">状态继电器</td><td>初始化状态继电器</td><td colspan="2">10 点，S0~S9</td></tr>
<tr><td>通用状态继电器</td><td colspan="2">490 点，S10~S499</td></tr>
<tr><td>锁存状态继电器</td><td>400 点，S500~S899</td><td>3496 点，S500~S899，S1000~S4095</td></tr>
<tr><td>报警状态继电器</td><td colspan="2">100 点，S900~S999</td></tr>
<tr><td rowspan="5">定时器</td><td>100 ms 非积算定时器</td><td colspan="2">200 点，T0~T199</td></tr>
<tr><td>10 ms 非积算定时器</td><td colspan="2">46 点，T200~T245</td></tr>
<tr><td>1 ms 非积算定时器</td><td>无</td><td>256 点，T256~T512</td></tr>
<tr><td>100 ms 积算定时器</td><td colspan="2">6 点，T250~T255</td></tr>
<tr><td>1 ms 积算定时器</td><td colspan="2">4 点，T246~T249</td></tr>
<tr><td rowspan="4">内部计数器</td><td>16 位通用加计数器</td><td colspan="2">100 点，C0~C99</td></tr>
<tr><td>16 位锁存加计数器</td><td colspan="2">100 点，C100~C199</td></tr>
<tr><td>32 位通用加减计数器</td><td colspan="2">20 点，C200~C219</td></tr>
<tr><td>32 位锁存加减计数器</td><td colspan="2">15 点，C220~C234</td></tr>
<tr><td rowspan="4">高速计数器</td><td>1 相无启动复位输入</td><td colspan="2">6 点，C235~C240</td></tr>
<tr><td>1 相带启动复位输入</td><td colspan="2">5 点，C241~C245</td></tr>
<tr><td>2 相双向高速计数器</td><td colspan="2">5 点，C246~C250</td></tr>
<tr><td>A/B 相高速计数器</td><td colspan="2">5 点，C251~C255</td></tr>
<tr><td rowspan="5">数据寄存器</td><td>通用数据寄存器</td><td colspan="2">16 位 200 点，D0~D199</td></tr>
<tr><td>锁存数据寄存器</td><td colspan="2">16 位 312 点，D200~D511</td></tr>
<tr><td>文件寄存器</td><td colspan="2">7000 点，D1000~D7999</td></tr>
<tr><td>特殊寄存器</td><td>16 位 256 点，D8000~D8255</td><td>16 位 512 点，D8000~D8511</td></tr>
<tr><td>变址寄存器</td><td colspan="2">16 位 16 点，V0~V7 和 Z0~Z7</td></tr>
<tr><td rowspan="4">指针</td><td>跳转和子程序调用</td><td>128 点，P0~P127</td><td>4096 点，P0~P4095</td></tr>
<tr><td>输入中断</td><td colspan="2">6 点，I00□~I30□</td></tr>
<tr><td>定时器中断</td><td colspan="2">3 点，I6☆☆~I8☆☆</td></tr>
<tr><td>计数器中断</td><td colspan="2">6 点</td></tr>
<tr><td colspan="2">使用 MC 和 MCR 的嵌套层数</td><td colspan="2">8 点，N0~N7</td></tr>
<tr><td rowspan="3">常数</td><td>十进制（K）</td><td colspan="2">16 位：-32768~+32767　32 位：-2147483648~+2147483647</td></tr>
<tr><td>十六进制（H）</td><td colspan="2">16 位：0~FFFF　32 位：0~FFFFFFFF</td></tr>
<tr><td>浮点数</td><td colspan="2">32 位：$\pm(1.175\times10^{-38} \sim 3.403\times10^{38})$</td></tr>
</table>

2.2 GX Developer 编程软件的应用

GX Developer 编程软件可以生成涵盖所有三菱电机公司 PLC 设备的软件包，可以为 FX、A、QnA、Q 系列 PLC 生成程序。这里主要介绍 GX Developer 软件如何进行用户程序的创建、编辑、下载及监控操作，其相应命令的基本步骤如下。

（1）运行软件

双击桌面上如图 2-20 所示的图标，出现如图 2-21 所示初始界面。

图 2-20　GX Developer 编程软件快捷方式图标

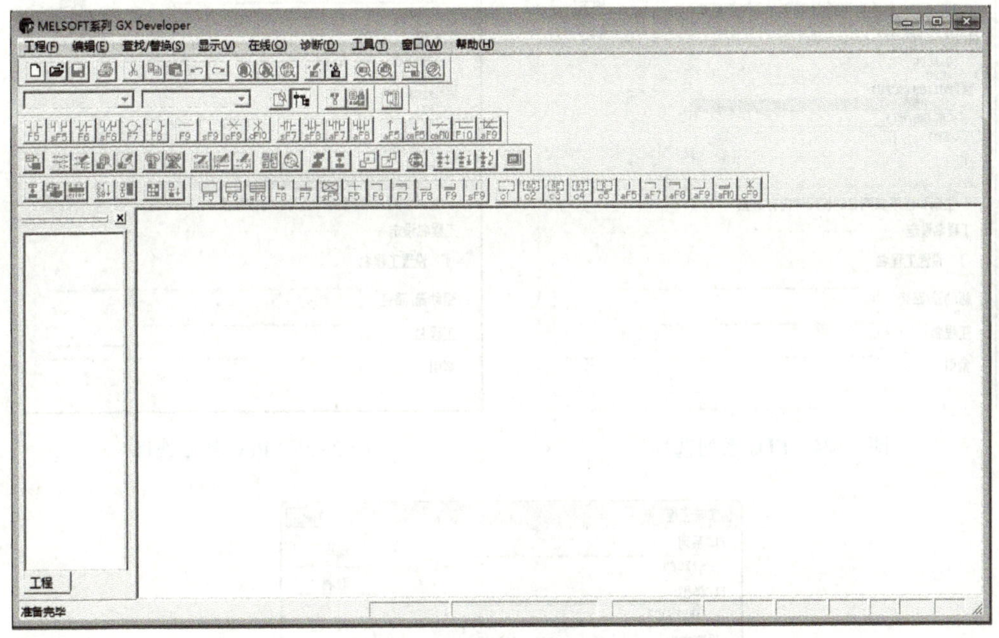

图 2-21　初始界面

（2）新建程序文件

单击图 2-21 所示界面中的“工程”菜单，出现如图 2-22 所示“工程”菜单的各命令项，选择“创建新工程”命令。此时弹出的“创建新工程”对话框如图 2-23 所示。

（3）系列与机型选择

在图 2-23 所示界面中，可选择 PLC 系列与 PLC 类型，如图 2-24 和图 2-25 所示。选择完成后界面如图 2-26 所示。单击“确定”按钮，出现如图 2-27 所示编程界面。

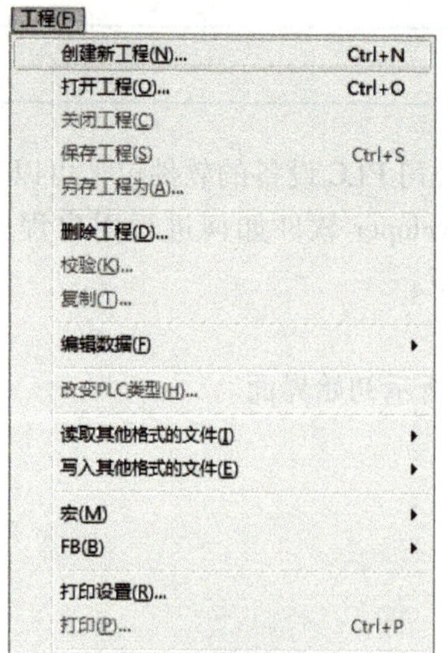

图 2-22　“创建新工程”命令

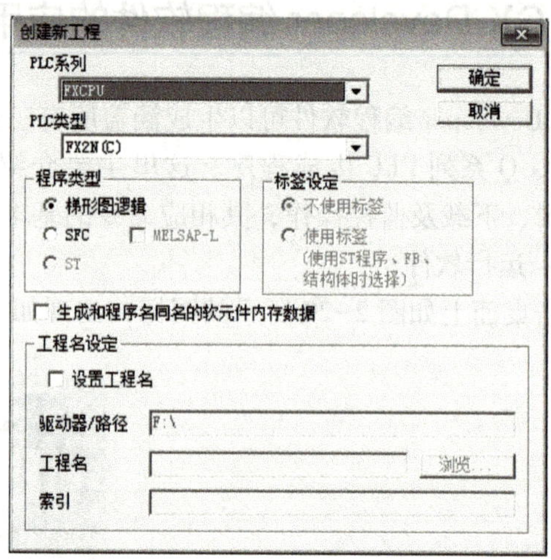

图 2-23　“创建新工程”对话框

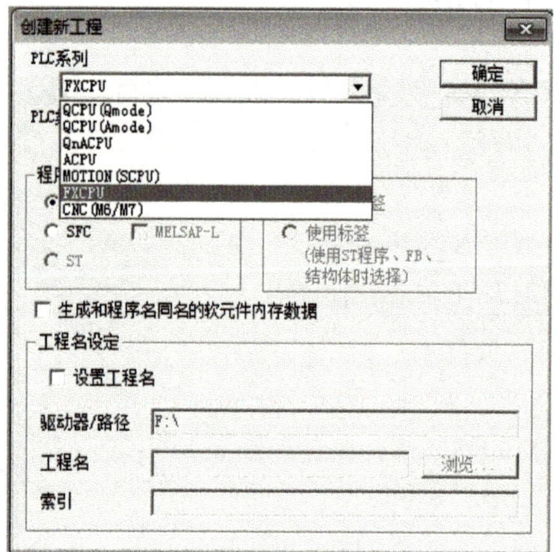

图 2-24　PLC 系列选择

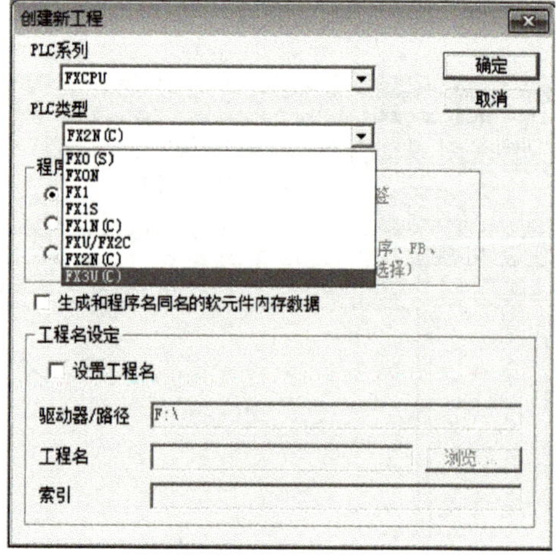

图 2-25　PLC 类型选择

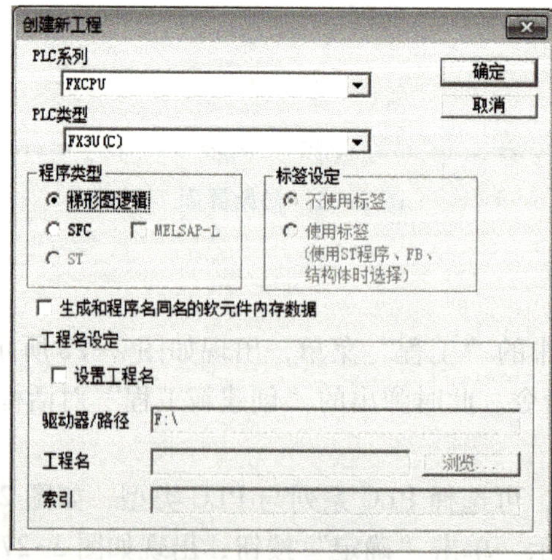

图 2-26　PLC 选择完成

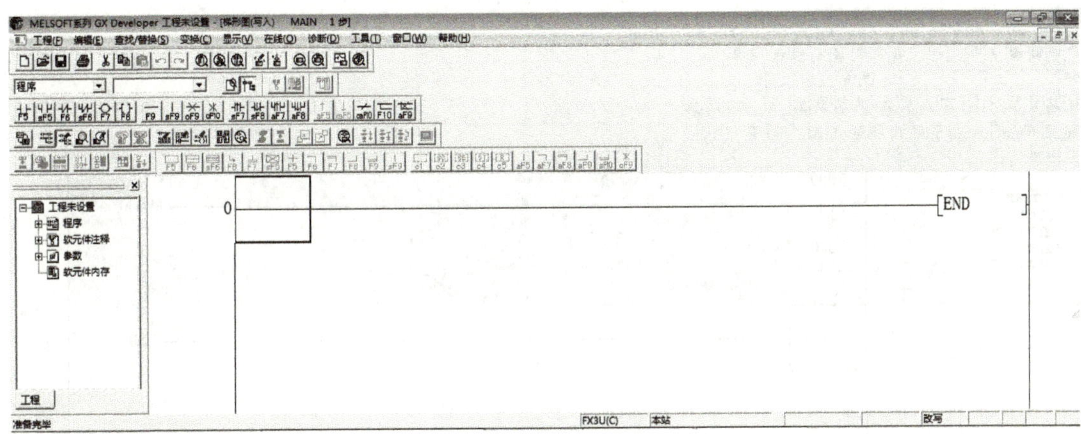

图 2-27　编程界面

(4) 梯形图编制

在如图 2-27 所示界面中，可以进行梯形图的编制。如在光标处输入 X0 的常开触点，可直接通过键盘输入“LD X0”，出现“梯形图输入”对话框，如图 2-28 所示。单击“确定”按钮，要输入的 X0 常开触点出现在原来蓝色光标所在位置，如图 2-29 所示。

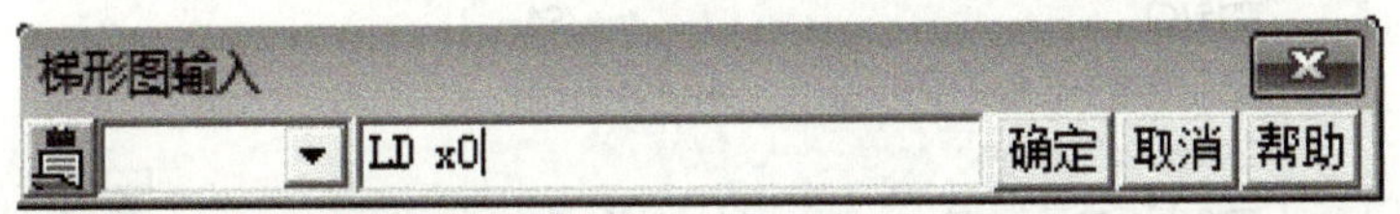

图 2-28　“梯形图输入”对话框

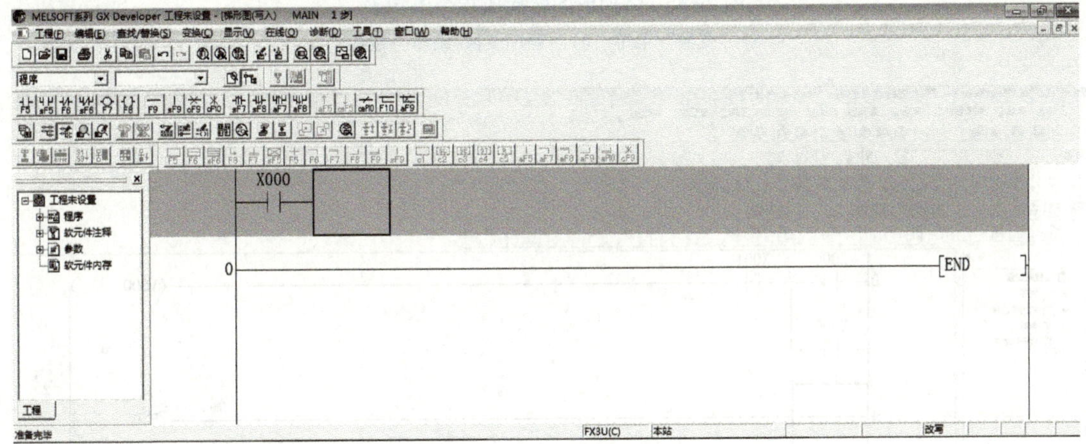

图 2-29　出现 X000 触点

(5) 指令转换

用梯形图编制一段程序后，梯形图程序变成灰色，如图 2-30 所示。单击“变换”菜单，选择其中的“变换”命令或单击工具栏上的“程序变换/编译”按钮，将梯形图转换成指令语句表，如图 2-31 所示。变换成功后的梯形图不再有灰色阴影，如图 2-32 所示。

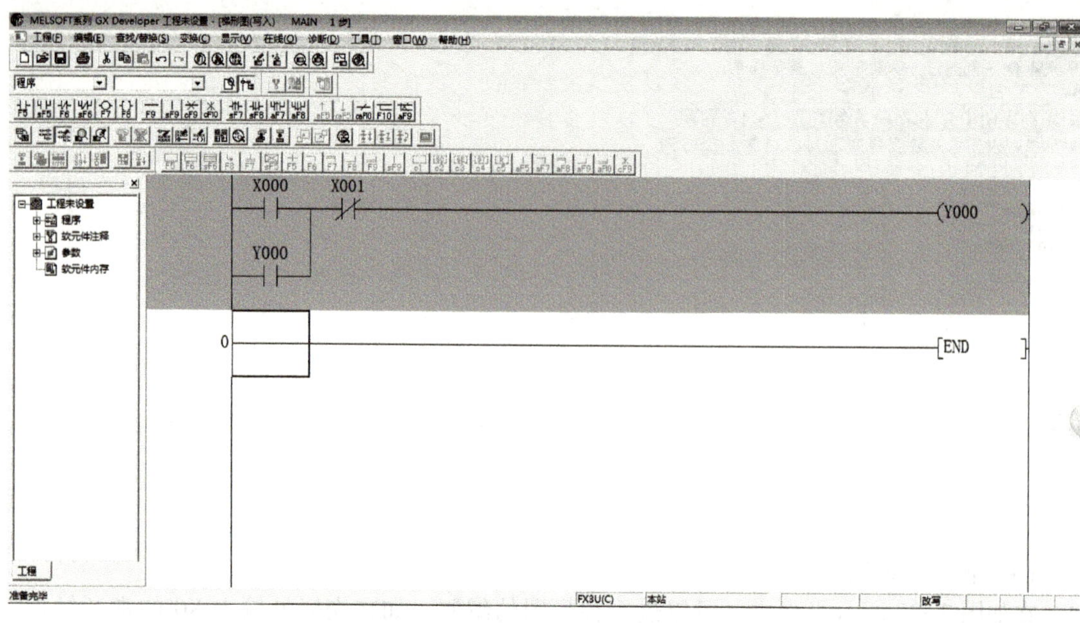

图 2-30 梯形图输入

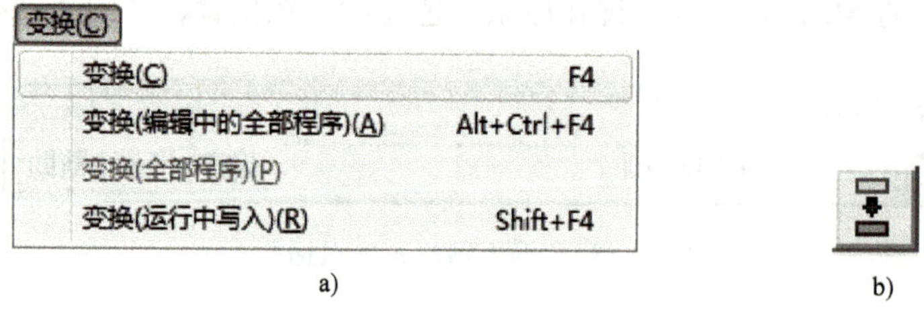

a) b)

图 2-31 将梯形图转换成指令语句表

a）“变换”菜单 b）“程序变换/编译”按钮

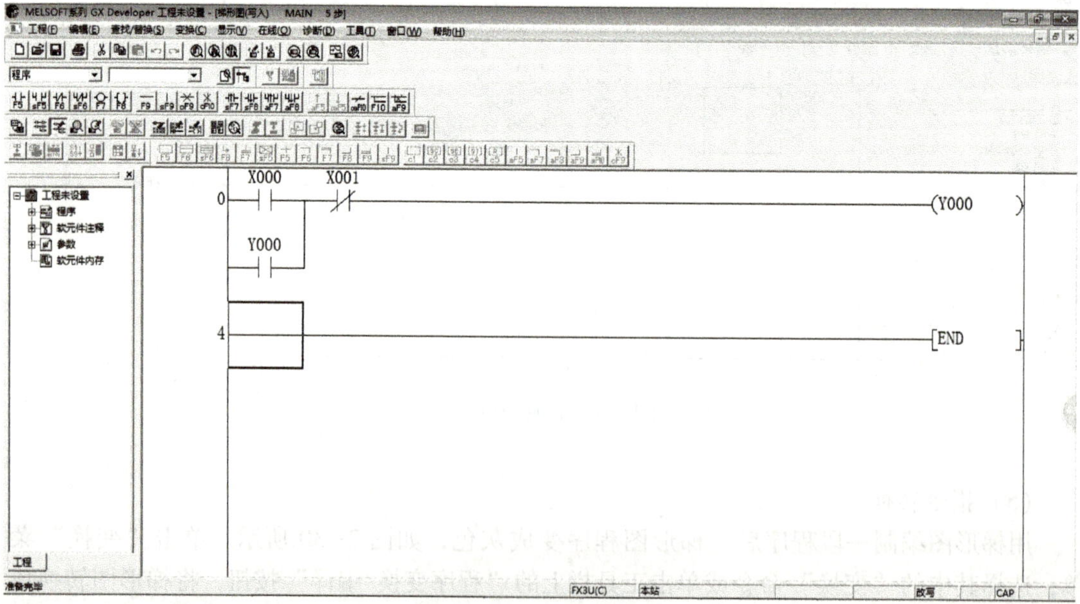

图 2-32 变换成功后的梯形图

此时通过单击“梯形图/列表显示切换”按钮，如图 2-33 所示，可进行梯形图和指令语句表的界面切换，切换后的指令语句表如图 2-34 所示。

图 2-33　“梯形图/列表显示切换”按钮

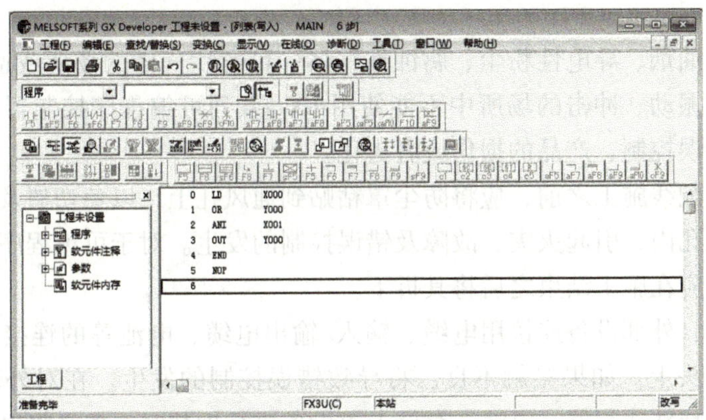

图 2-34　指令语句表界面

(6) 程序下载

程序编辑完毕后，可进行文件保存等操作。调试运行前，需将程序下载到 PLC 中。单击“在线”菜单下的“PLC 写入”命令（见图 2-35），可将程序下载到 PLC 中。

(7) 运行监控

程序下载完毕后，可配合 PLC 输入/输出端子的连接进行控制系统的调试。调试过程中，用户可通过软件进行各软元件的监控。监控功能的开启如图 2-36 所示。

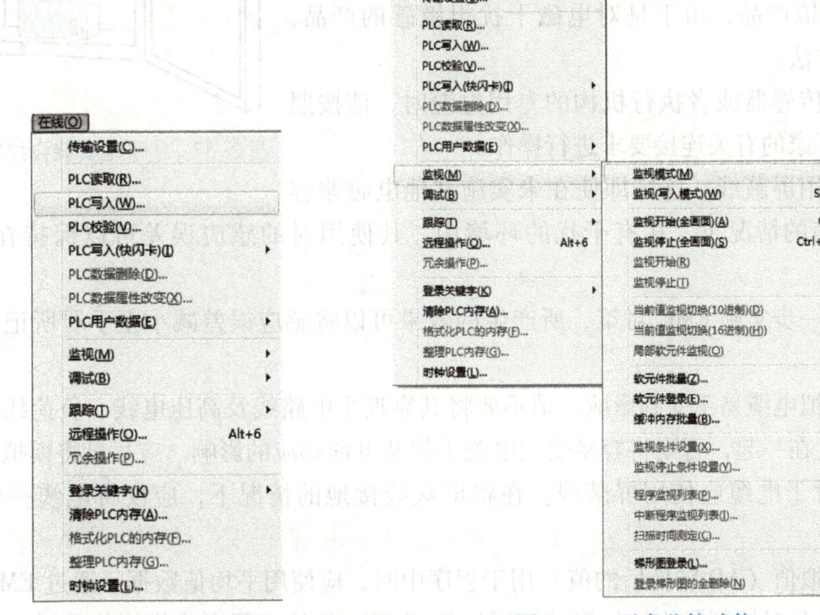

图 2-35　下载程序到 PLC　　　图 2-36　开启监控功能

2.3 FX_{3U}系列 PLC 的安装

FX_{3U}系列可编程控制器为开放型设备，必须安装在导电的电屏蔽控制盘内使用。控制盘内的安装会在很大程度上影响系统安全，正确安装有利于屏蔽外界干扰。在进行安装、配线等作业时，务必将电源从外部全部断开后再进行作业，不然有可能发生触电、产品损坏等事故。

在含有灰尘、油烟、导电性粉尘、腐蚀性气体、可燃性气体的场所或遭受高温、结露、风雨的场所及含有振动、冲击的场所中不能使用 FX_{3U}系列可编程序控制器，否则有可能导致触电、火灾、错误控制、产品的损伤或者劣化。

在进行安装、配线施工之前，应将防尘罩粘贴到通风孔上，以免切屑及电线头落入可编程序控制器的通风孔内，引起火灾、故障及错误控制的发生。对于可编程序控制器通风孔上所安装的防尘罩，应在施工结束之后将其拆下。

对于扩展电缆、外部设备连接用电缆、输入/输出电缆、电池等的连接电缆，应牢固地安装在所规定的接头上。如果接触不良，将导致错误控制的发生。在对外部设备、显示模块、功能扩展板、特殊适配器、电池、存储卡等设备进行拆装时，务必将电源切断，否则有可能导致故障及错误控制的发生。

为了防止温度上升，不能将 FX_{3U}系列可编程序控制器安装在控制柜底面、顶面或者垂直方向，务必水平地安装在控制板上，如图 2-37 所示。

模块本身与其他设备或者建筑物之间应留出 50 mm 以上的空间，如图 2-38 所示。此外，应尽量使其远离高压线、高压设备、动力设备。

在计量及控制方面对精密度有较高要求的情况下应注意以下几点：

1）对于模拟产品，由于是对电磁干扰很敏感的产品，应注意其使用方法。

2）在连接传感器或者执行机构的专用电缆时，请按照这些设备生产厂家的有关连接要求进行操作。

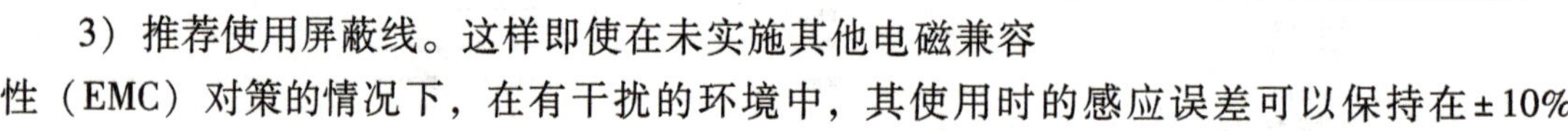

图 2-37　水平地安装在控制板上

3）推荐使用屏蔽线。这样即使在未实施其他电磁兼容性（EMC）对策的情况下，在有干扰的环境中，其使用时的感应误差可以保持在±10%以内。

4）如果进一步实施 EMC 对策，所产生的效果可以将感应误差减小至手册所记载的精度范围以内。

5）由于模拟电缆易于受到影响，请不要将其靠近主电路线及高压电线、负荷线，更不要与这些线捆扎在一起，否则将容易受到电磁干扰及电涌感应的影响。应尽量将模拟电缆各自分开布置。对于电缆应使用屏蔽线。在将屏蔽线接地的情况下，应仅将电缆一侧进行接地。

6）在将模拟值（AD 转换后的值）用于程序中时，应使用平均值数据。通过 EMC 对策可以减轻感应误差对控制所施加的影响。通过使用 FX_{3U}的编程程序或模拟特殊适配器以及

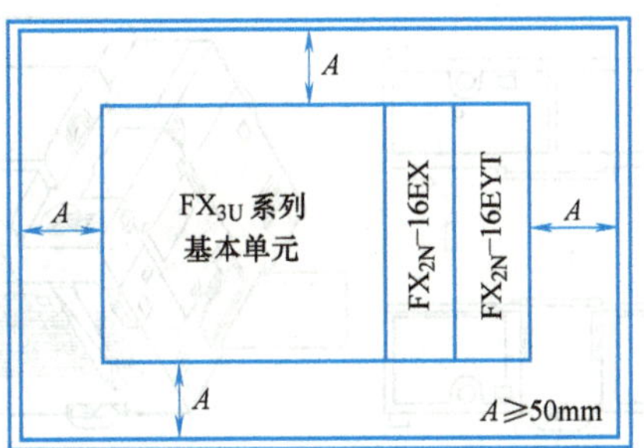

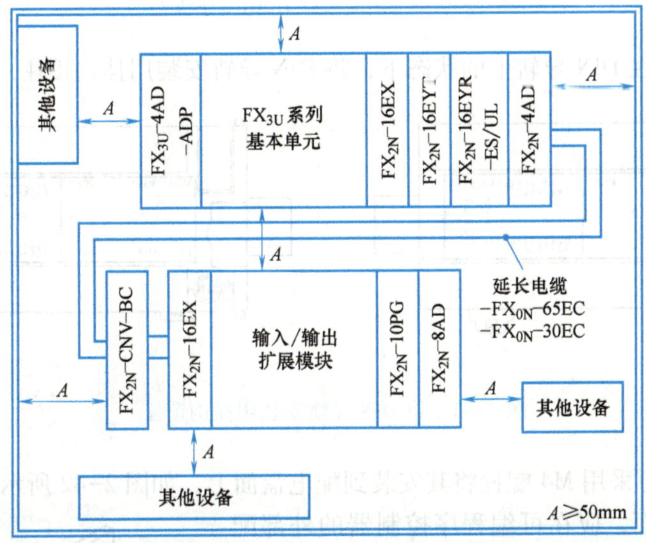

图 2-38　模块本身与其他设备之间应留出空间

模拟特殊扩展模块，可获取关于平均值的数据。

对于 FX_{3U} 系列可编程序控制器的安装，可使用 DIN 导轨或者螺栓直接安装固定。注意将产品安装在平整的表面上，若表面凹凸不平，会对电路板造成过度外力，将导致故障发生。采用 DIN 导轨安装时，可先将功能扩展板及特殊适配器连接到基本单元上，然后将全部 DIN 导轨安装用挂钩推出，如图 2-39 所示。

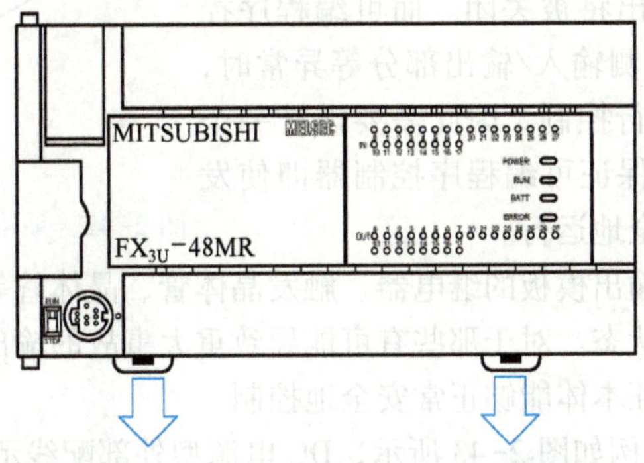

图 2-39　将全部 DIN 导轨安装用挂钩推出

将 DIN 导轨安装用的沟槽上侧对准并挂到 DIN 导轨上进行安装，如图 2-40 所示。

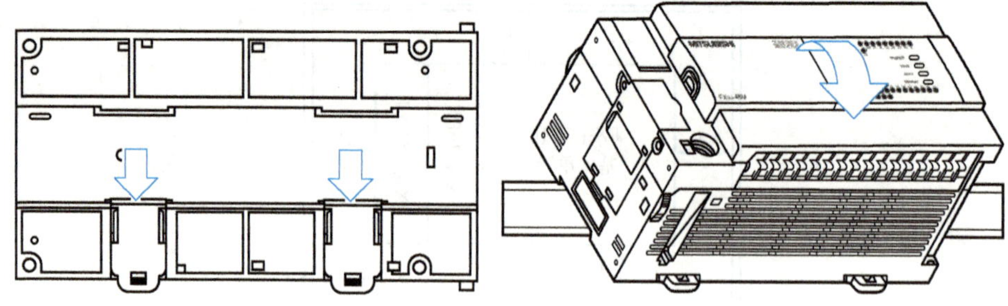

图 2-40　将 PLC 安装在 DIN 导轨上

在将 PLC 按压在 DIN 导轨上的状态下，将 DIN 导轨安装用挂钩锁住，如图 2-41 所示。

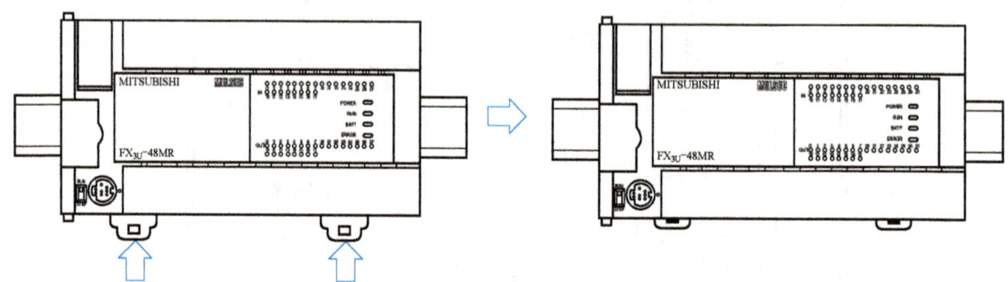

图 2-41　将 DIN 导轨安装用挂钩锁住

若直接安装，可采用 M4 螺栓将其安装到配电盘面上，如图 2-42 所示。

在系统设计方面，应在可编程序控制器的外部配置一个安全电路，以确保即使发生了外部电源的异常、可编程序控制器故障等情况时，系统也可得到正常及安全的控制，避免产生错误输出而导致事故发生。

通常需要在可编程序控制器的外部构筑紧急停止电路、保护电路、正/反转等相反的动作互锁电路、定位系统的上/下限等防止机械损坏的互锁电路等。当可编程序控制器 CPU 在对演算时间进行自我检测时，如有发生异常情况，全部输出将被关闭。而可编程序控制器 CPU 在发生了无法检测输入/输出部分等异常时，有可能导致对输出不能进行控制。因此需要设计一个外部电路及备用系统，在保证可编程序控制器即使发生上述情况，也可正常安全地运行。

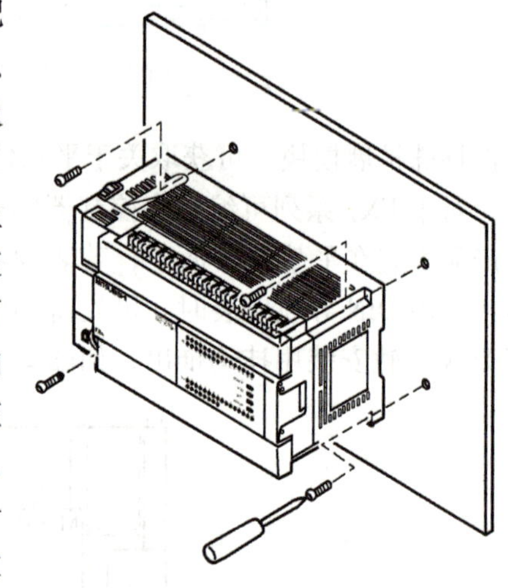

图 2-42　采用 M4 螺栓安装到配电盘面上

此外，当输出模块、输出模板的继电器、触发晶体管、晶体管等发生故障时，输出有可能成为开不开、关不掉的状态。对于那些有可能导致重大事故的输出信号，也需设计一个外部电路及备用系统，以保证本体能够正常安全地控制。

AC 电源型外部配线示例如图 2-43 所示，DC 电源型外部配线示例如图 2-44 所示。

PLC 的接地如图 2-45 所示。FX_{3U} 接地时应确保接地电阻在 100 Ω 以下再实施接线。应尽量使用专用接地。在未采用专用接地时，可按图 2-45 进行共用接地。对于接地线请使用 2 mm² 以上尺寸的接地线。应将接地点尽量靠近可编程序控制器，接地线尽量缩短。

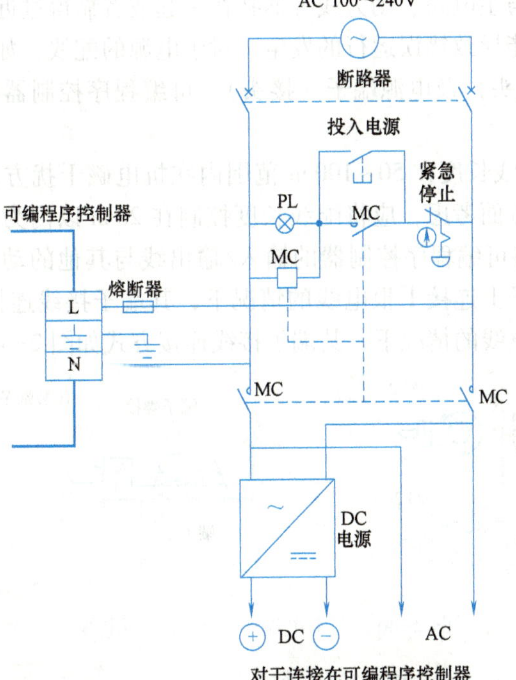

图 2-43　AC 电源型外部配线示例

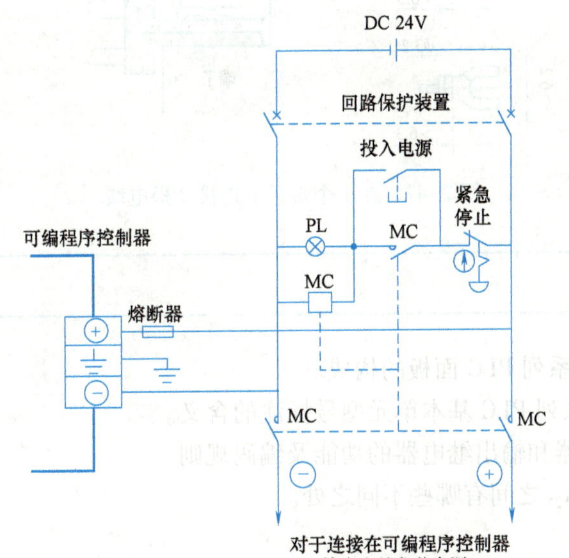

图 2-44　DC 电源型外部配线示例

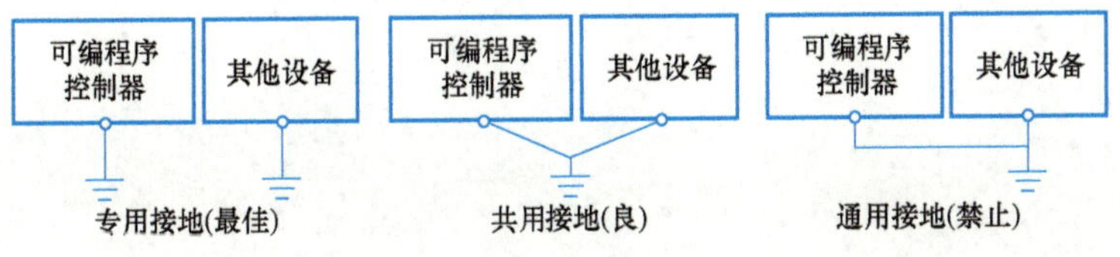

图 2-45　PLC 接地

配线时控制线不能与主电路、动力线等捆扎在一起或者靠得过近，应相距 100mm 以上，否则由于电磁干扰有可能导致错误运行的发生。对于电源的配线，如果将 AC 电源连接到直流的输入/输出端子（接头）及电源端子（接头），可编程序控制器将被烧毁。同时不要在外部对空端子进行配线。

虽然输入/输出的配线长度在 50～100 m 范围内在抗电磁干扰方面几乎没有问题，但在通常的情况下，从安全方面考虑，应将配线长度控制在 20 m 以内为佳。扩展电缆是易于受到电磁干扰的部分。请将可编程序控制器的输入/输出线与其他的动力线分开 30～50 mm 以上进行配线。在 1 个端子上连接 1 根电线的情况下，其端子接线连接方式如图 2-46 所示，在 1 个端子上连接 2 根电线的情况下，其端子接线连接方式如图 2-47 所示。

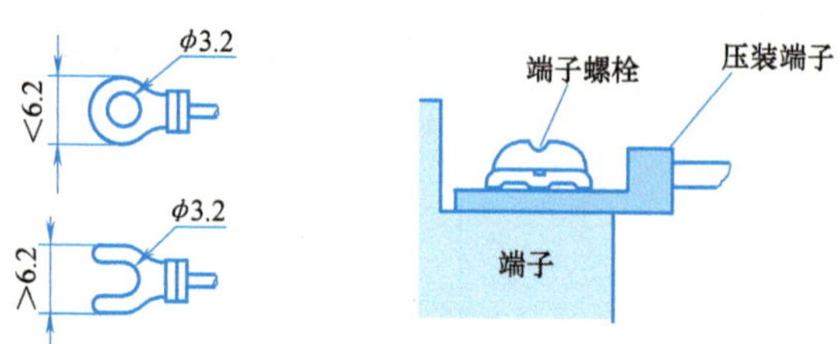

图 2-46 在 1 个端子上连接 1 根电线

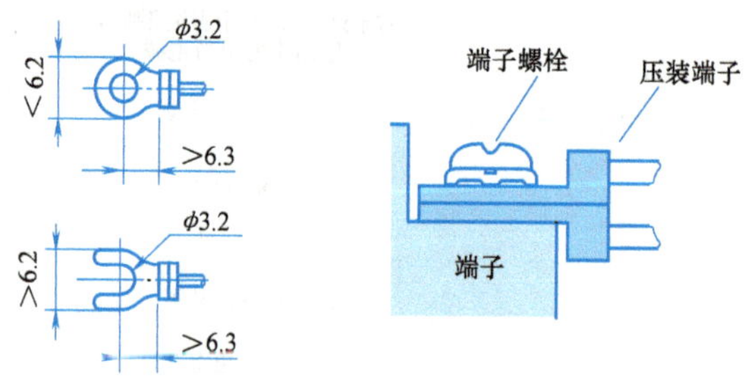

图 2-47 在 1 个端子上连接 2 根电线

2.4 思考题

1. 简述三菱 FX_{3U}系列 PLC 面板的构成。
2. 简述三菱 FX 系列 PLC 基本单元型号标注的含义。
3. 简述输入继电器和输出继电器的功能及编码规则。
4. 简述 FX_{3U}与 FX_{2N}之间有哪些不同之处。

第 3 章 基本指令系统及编程

3.1 连接驱动指令及其应用

3.1.1 连接驱动指令

1. 取指令 LD

功能：取用常开触点与左母线相连。

操作元件：输入继电器 X、输出继电器 Y、辅助继电器 M、定时器 T、计数器 C、状态器 S、寄存器的某一位 D□. b 等软元件的触点。该指令在梯形图中的应用如图 3-1 所示。

2. 取反指令 LDI（又称为取非指令）

功能：取用常闭触点与左母线相连。

操作元件：输入继电器 X、输出继电器 Y、辅助继电器 M、定时器 T、计数器 C、状态器 S、寄存器的某一位 D□. b 等软元件的触点。该指令在梯形图中的应用如图 3-2 所示。

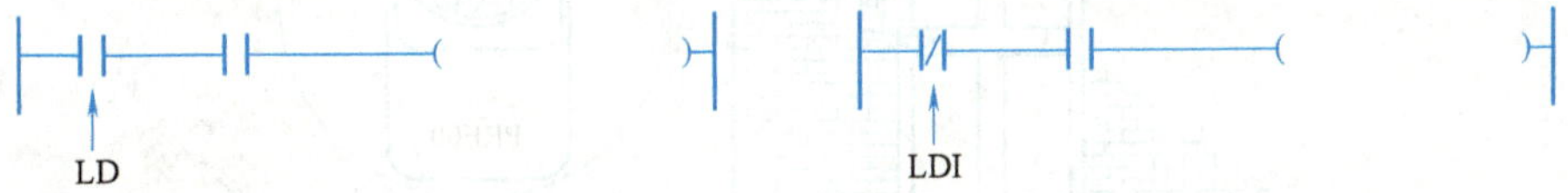

图 3-1　取指令 LD 在梯形图中的应用　　图 3-2　取反指令 LDI 在梯形图中的应用

LD 指令与 LDI 指令用于与母线相连的接点，作为一个逻辑行的开始。此外，还可用于分支电路的起点。

3. 驱动指令 OUT（又称为输出指令）

功能：驱动一个线圈，通常作为一个逻辑行的结束。

操作元件：输出继电器 Y、辅助继电器 M、定时器 T、计数器 C、状态器 S、寄存器的某一位 D□. b 等软元件的线圈。这是由于输入继电器 X 的通断只能由外部信号驱动，不能用程序指令驱动，所以 OUT 指令不能驱动输入继电器 X 线圈。该指令在梯形图中的应用如图 3-3 所示。

图 3-3　驱动指令 OUT 在梯形图中的应用

连接驱动指令的使用如图 3-4 所示。注意，当 OUT 指令的操作元件为定时器 T 或计数器 C 时，通常还需要一条常数设定语句。

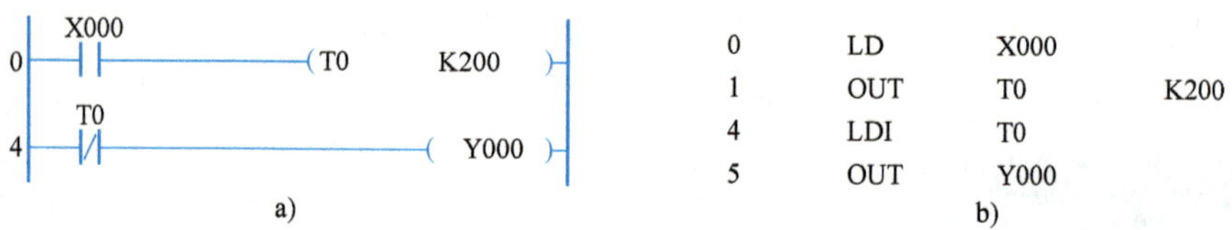

图 3-4 连接驱动指令的使用

a）梯形图 b）指令语句表

OUT 指令用于并行输出，能连续使用多次，如图 3-5 所示。

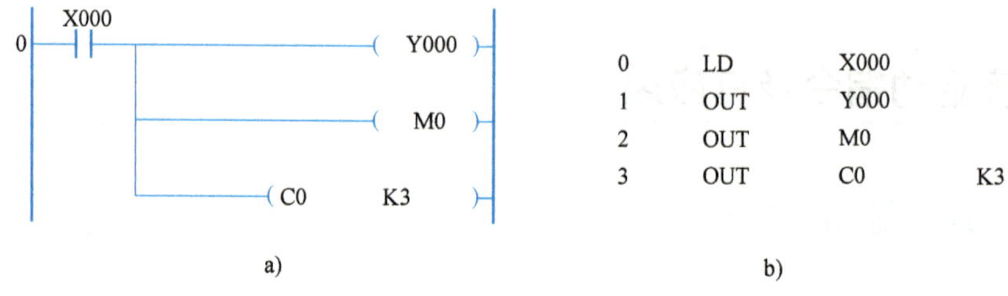

图 3-5 OUT 指令用于并行输出

a）梯形图 b）指令语句表

3.1.2 实例：门铃控制

图 3-6 所示为门铃上的一个控制按钮，只有在门铃按钮按下时，门铃才响。

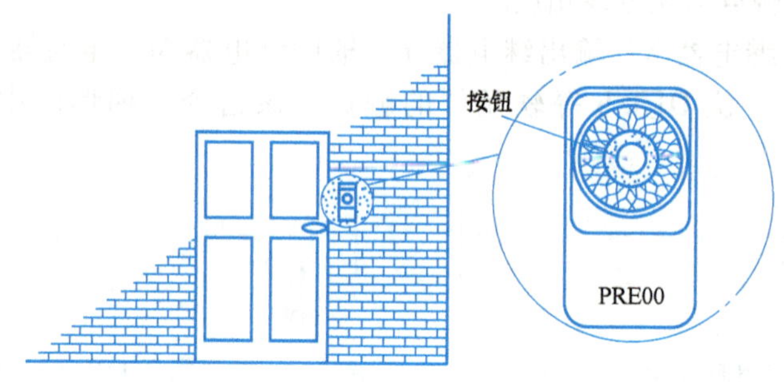

图 3-6 门铃控制按钮

通常采用端口（I/O）分配表来确立输入、输出与实际元件的控制关系，见表 3-1。

表 3-1 门铃控制电路的 I/O 分配表

输入		输出	
输入设备	输入编号	输出设备	输出编号
按钮	X000	门铃	Y000

根据表 3-1 得到外部接线图，如图 3-7 所示。

根据控制要求画出其对应的时序图如图 3-8 所示，由时序图可得出该控制实质就是一个点动控制。

采用图 3-9a 所示梯形图可解决以上问题。当按下按钮时，X000 接通，则 Y000 得电送出电信号，门铃发出响声；松开按钮时，X000 断开，则 Y000 失电，门铃响声停止。图 3-9b 所示为该梯形图所对应的指令语句表。

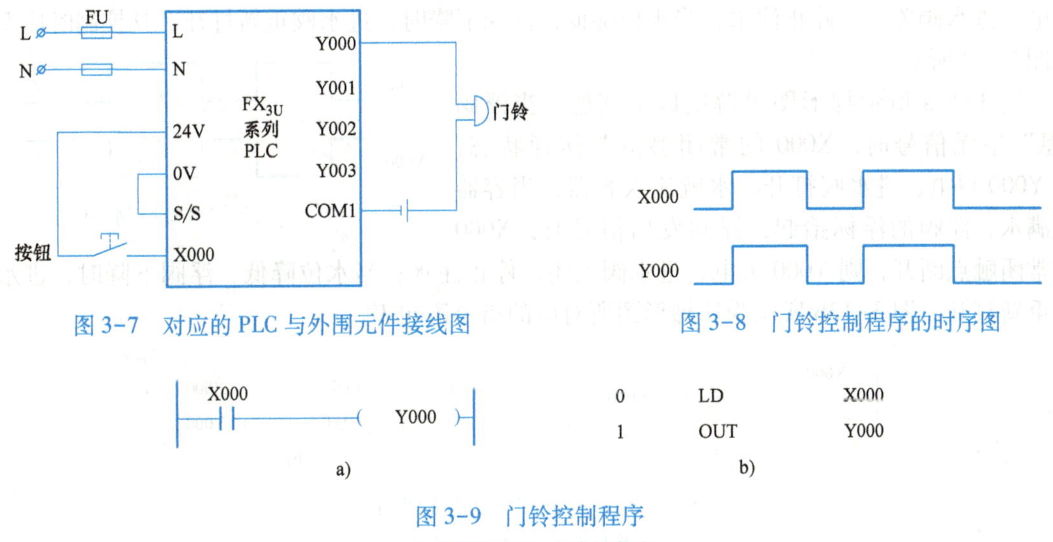

图 3-7　对应的 PLC 与外围元件接线图

图 3-8　门铃控制程序的时序图

图 3-9　门铃控制程序

a）梯形图　b）指令语句表

3.1.3　实例：注水容器水位控制

如图 3-10 所示，一个注水容器的自然状态是：浮阀的浮标"悬"空，进水阀打开，这样水就流入且注满容器；当容器逐渐注满水，浮阀的浮标抬起，浮阀发出信号时，进水阀关闭，停止注水。

通常采用端口（I/O）分配表来确立输入、输出与实际元件的控制关系，见表 3-2。

表 3-2　I/O 分配表

输　入		输　出	
输入设备	输入编号	输出设备	输出编号
浮阀	X000	进水阀	Y000

根据表 3-2 得到外部接线图，如图 3-11 所示。

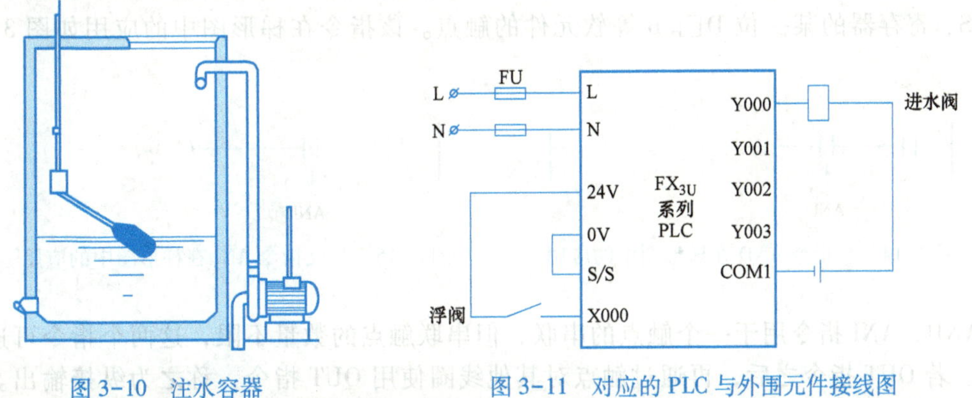

图 3-10　注水容器

图 3-11　对应的 PLC 与外围元件接线图

当浮阀"悬"空无信号时，X000 的信号为断开状态，则 Y000 得电，进水阀打开，水就流入容器，当容器注满水，浮阀的浮标抬起，浮阀发出信号时，X000 的信号接通，则 Y000

失电，进水阀关闭，停止注水；当水位降低，浮阀下降时，进水阀重新打开。其控制时序图如图 3-12 所示。

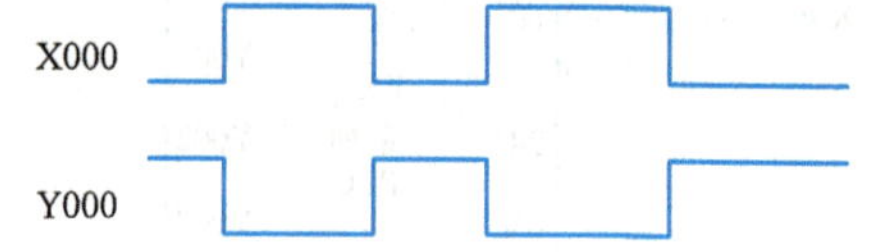

图 3-12 注水容器水位控制时序图

图 3-13a 所示梯形图可解决以上问题。当浮阀“悬”空无信号时，X000 的常闭触点为接通状态，则 Y000 得电，进水阀打开，水就流入容器，当容器注满水，浮阀的浮标抬起，浮阀发出信号时，X000 的常闭触点断开，则 Y000 失电，进水阀关闭，停止注水；当水位降低，浮阀下降时，进水阀重新打开。图 3-13b 所示为该梯形图所对应的指令语句表。

图 3-13 注水容器水位控制程序

a）梯形图 b）指令语句表

3.2 串/并联指令及其应用

3.2.1 串联指令

1. 与指令 AND

功能：常开触点串联连接。

操作元件：输入继电器 X、输出继电器 Y、辅助继电器 M、定时器 T、计数器 C、状态器 S、寄存器的某一位 D□. b 等软元件的触点。该指令在梯形图中的应用如图 3-14 所示。

2. 与反指令 ANI

功能：常闭触点串联连接。

操作元件：输入继电器 X、输出继电器 Y、辅助继电器 M、定时器 T、计数器 C、状态器 S、寄存器的某一位 D□. b 等软元件的触点。该指令在梯形图中的应用如图 3-15 所示。

图 3-14 与指令 AND 在梯形图中的应用　　图 3-15 与反指令 ANI 在梯形图中的应用

AND、ANI 指令用于一个触点的串联，但串联触点的数量不限，这两个指令可连续使用。若 OUT 指令之后，再通过触点对其他线圈使用 OUT 指令，称之为纵接输出。在此情况下，若触点为常开应使用 AND 指令，触点为常闭应使用 ANI 指令，如图 3-16 所示。

X000　M0
0
Y000　Y004

a)

```
0    LD     X000
1    OUT    M0
2    AND    Y000
3    OUT    Y004
```

b)

图 3-16　纵接输出

a）梯形图　b）指令语句表

3.2.2　实例：PLC 控制传送带上贴商标装置

图 3-17 所示为自动贴商标装置。当物品从传送带上送过来时，经过两个光电管，即可检测传送带上物品的位置。当信号被两个光电管同时接收时，贴商标执行机构会自动完成贴商标操作。

采用端口（I/O）分配表来确立输入、输出与实际元件的控制关系，见表 3-3。

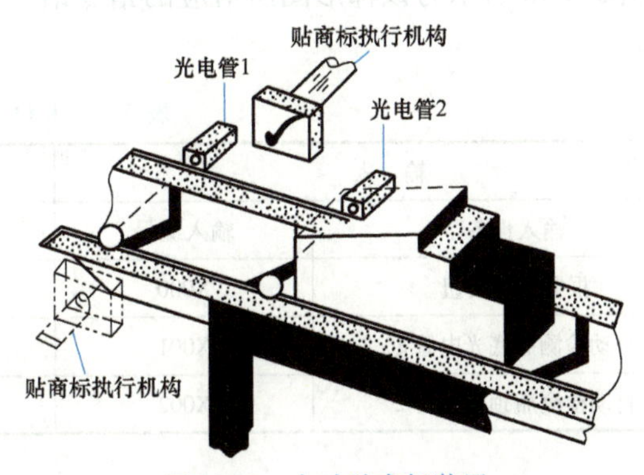

图 3-17　自动贴商标装置

表 3-3　I/O 分配表

输　入		输　出	
输入设备	输入编号	输出设备	输出编号
光电管 1	X001	贴商标执行机构	Y000
光电管 2	X002		

图 3-18a 所示梯形图可解决以上问题。当信号被两个光电管同时接收到，X001 和 X002 同时接通时，Y000 得电，贴商标执行机构将商标移到物体上，自动完成贴商标操作。图 3-18b 所示为该梯形图所对应的指令语句表。

X001　X002　Y000
0

a)

```
0    LD     X001
1    AND    X002
2    OUT    Y000
```

b)

图 3-18　自动贴商标控制程序

a）梯形图　b）指令语句表

3.2.3　实例：PLC 控制传送带上检测瓶子装置（含计数器）

图 3-19 所示为检测瓶子是否直立的装置。瓶子从传送带上移过时被两个光电管检测确

定是否直立，如果瓶子不是直立的，则被推出活塞推到传送带外。若推出 3 个空瓶，则点亮报警指示灯，提醒操作人员进行检查。

其端口（I/O）分配明细见表 3-4。

图 3-20a 所示梯形图可解决以上问题。两个光电管检测可得到两个输入 X001 和 X002，如果瓶子不处于直立状态，光电管 2 就不能给出输入 X002 信号，则 Y000 得电，推出活塞将空瓶推出。使用计数器 C0 对推出活塞接通次数进行计数，并使用 RST 指令对计数器进行复位。图 3-20b 所示为该梯形图所对应的指令语句表。

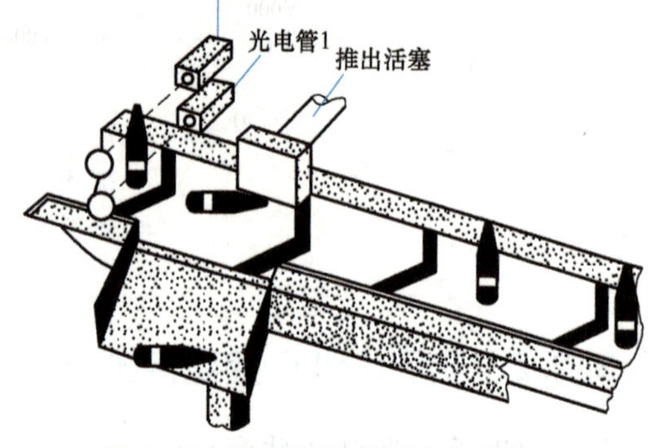

图 3-19 检测瓶子是否直立的装置

表 3-4 I/O 分配表

输入		输出	
输入设备	输入编号	输出设备	输出编号
报警复位按钮	X000	推出活塞	Y000
自动检测瓶底光电管 1	X001	报警指示灯	Y001
自动检测瓶顶光电管 2	X002		

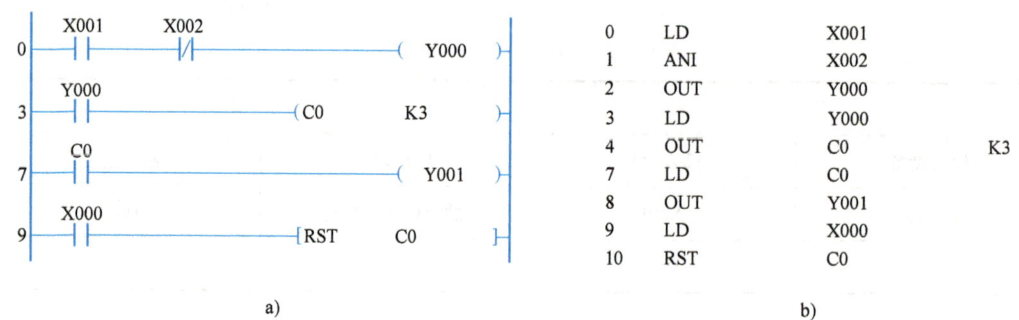

图 3-20 检测瓶子是否直立装置的控制程序
a）梯形图 b）指令语句表

计数器 C 按十进制编号，可用用户程序存储器内的常数 K 作为设定值，也可以用数据寄存器（D）的内容作为设定值。在后一种情况下，一般使用有掉电保护功能的数据寄存器。但应注意，若备用电池电压降低，计数器往往会发生误动作。FX_{3U} 系列 PLC 的内部信号计数器分为以下两类。

1. 16 位增计数器

它是 16 位二进制加法计数器，其设定值在 K1～K32767 范围内有效。注意：设定值 K0 与 K1 含义相同，即在第一次计数时，计数器触点动作。C0～C99 为通用计数器；C100～C199 为保持用计数器，即使发生停电，当前值与输出触点的动作状态或复位状态仍能保持。16 位二进制加法计数器工作如图 3-21 所示。

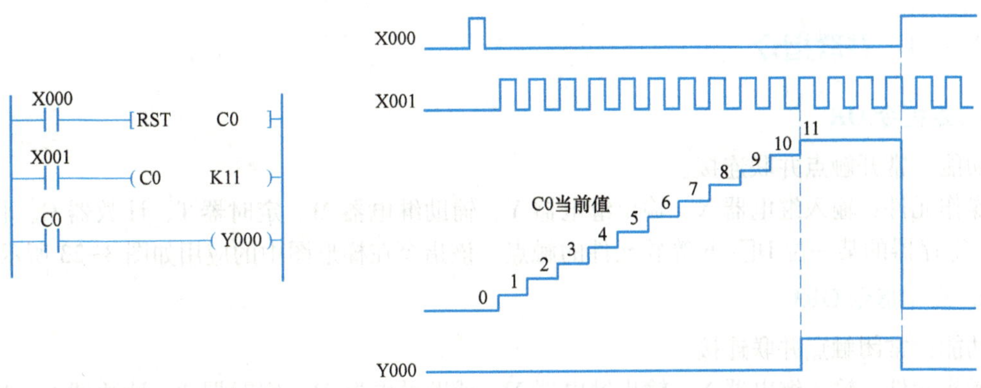

图 3-21　16 位二进制加法计数器工作示意图

2. 32 位双向计数器

32 位双向计数器是可设定计数为增或减的计数器，其中：C200～C219 为通用型 32 位计数器；C220～C234 为保持型 32 位计数器。计数范围均为-2147483648～+2147483647。计数方向由特殊辅助继电器 M8200～M8234 与计数器一一对应进行设定，当对应的特殊辅助继电器置 1（接通）时为减计数，置 0（断开）时为增计数。32 位双向计数器工作如图 3-22 所示。

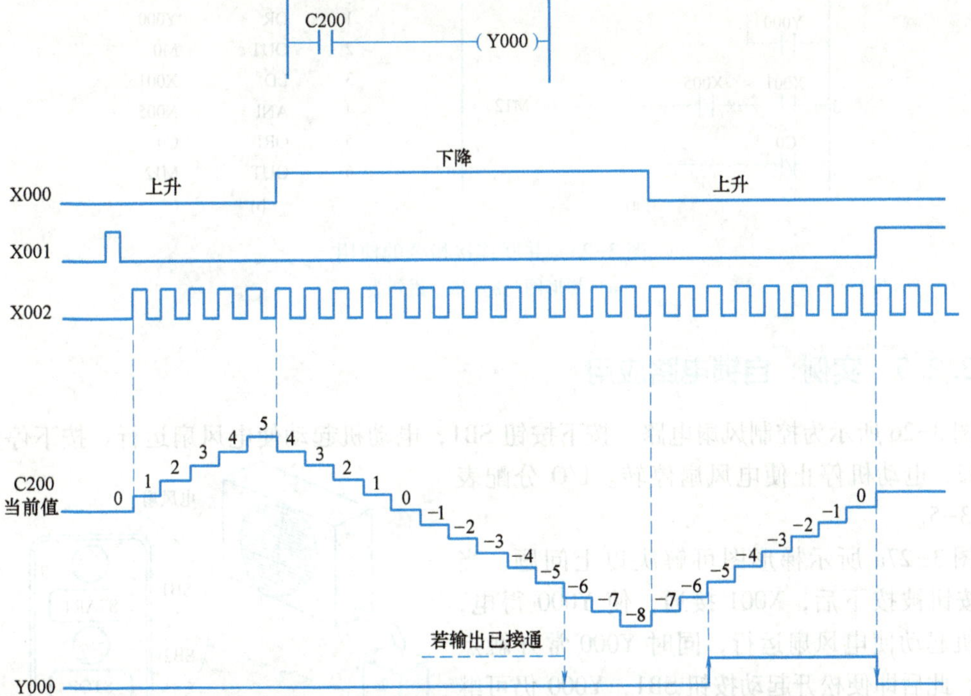

图 3-22　32 位双向计数器工作示意图

3.2.4 并联指令

1. 或指令 OR

功能：常开触点并联连接。

操作元件：输入继电器 X、输出继电器 Y、辅助继电器 M、定时器 T、计数器 C、状态器 S、寄存器的某一位 D□.b 等软元件的触点。该指令在梯形图中的应用如图 3-23 所示。

2. 或非指令 ORI

功能：常闭触点并联连接。

操作元件：输入继电器 X、输出继电器 Y、辅助继电器 M、定时器 T、计数器 C、状态器 S、寄存器的某一位 D□.b 等软元件的触点。该指令在梯形图中的应用如图 3-24 所示。

图 3-23 或指令 OR 在梯形图中的应用

ORI

图 3-24 或非指令 ORI 在梯形图中的应用

OR、ORI 是用于一个触点的并联连接指令，可连续使用且不受使用次数的限制，如图 3-25 所示。

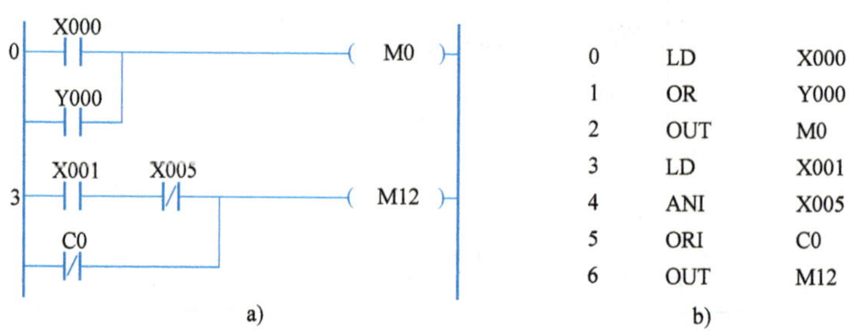

图 3-25 并联连接指令的使用

a）梯形图 b）指令语句表

3.2.5 实例：自锁电路应用

图 3-26 所示为控制风扇电路。按下按钮 SB1，电动机起动使电风扇运行。按下停止按钮 SB2，电动机停止使电风扇停转。I/O 分配表见表 3-5。

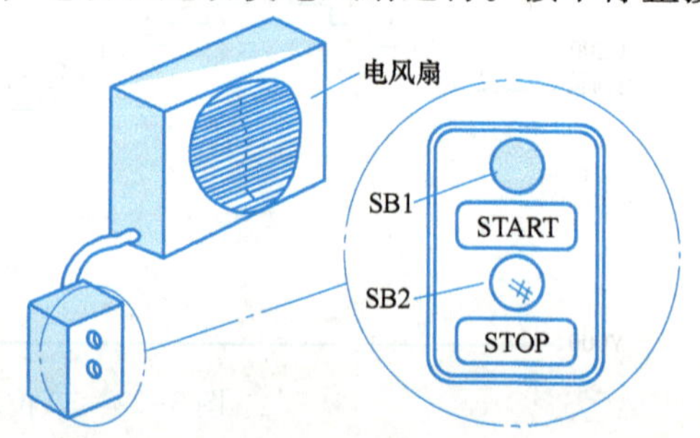

图 3-26 控制风扇电路

图 3-27a 所示梯形图可解决以上问题。当 SB1 按钮被按下后，X001 接通，使 Y000 得电，电动机起动使电风扇运行，同时 Y000 常开触点闭合，此后即便松开起动按钮 SB1，Y000 仍可继续得电，使电动机继续运行。当按下停止按钮 SB2 后，X002 断开，使 Y000 断电，电动机停止

运行使电风扇停转。图 3-27b 所示为该梯形图所对应的指令语句表。

表 3-5　I/O 分配表

输　入		输　出	
输入设备	输入编号	输出设备	输出编号
起动按钮 SB1	X001	电动机	Y000
停止按钮 SB2	X002		

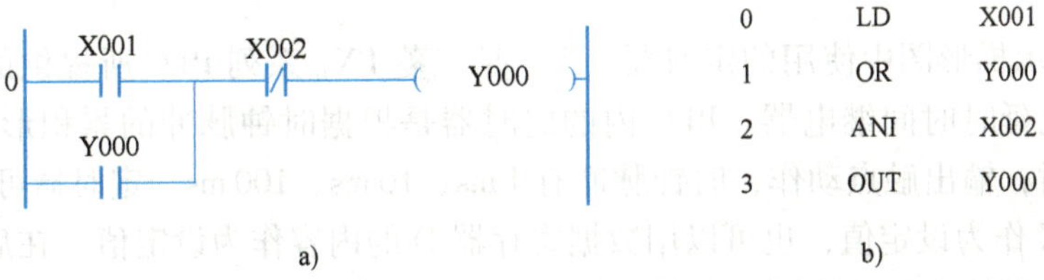

图 3-27　电风扇自锁控制程序

a）梯形图　b）指令语句表

3.2.6　实例：PLC 控制的自动检票放行装置（含定时器）

图 3-28 所示为自动检票放行装置。当一辆车到达检票栏时，司机按下按钮，接收一张停车票后，放行装置的输出驱动电动机，使栏杆升起，允许车辆进入停车场。定时器计时 10 s 后，栏杆自动回到水平位置，等待下一位顾客。其端口（I/O）分配明细见表 3-6。

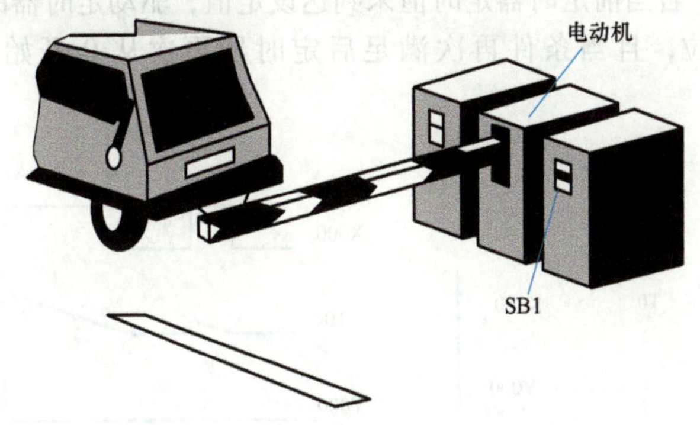

图 3-28　自动检票放行装置

表 3-6　I/O 分配表

输　入		输　出	
输入设备	输入编号	输出设备	输出编号
收停车票 SB1	X000	升起栏杆电动机	Y000

图 3-29a 所示梯形图可解决以上问题。当 SB1 按钮被按下后，X000 接通，使 Y000 得电，电动机工作后使栏杆升起。由于 SB1 为自动复位按钮，放手后会复位，因此必须对 Y000 进行自锁，并且采用 T0 进行 10 s 定时，到时自动切断 Y000，使栏杆复位，等待下一位顾客。图 3-29b 所示为该梯形图所对应的指令语句表。

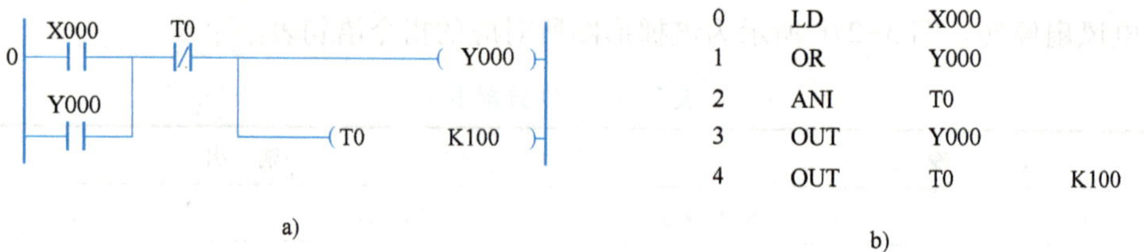

图 3-29 自动检票放行装置控制程序

a）梯形图 b）指令语句表

图 3-30 所示梯形图中使用的定时器（T）是三菱 FX_{3U} 系列 PLC 所提供的一类软元件，相当于一个通电延时时间继电器。PLC 内的定时器是根据时钟脉冲的累积形式，当所计时间达到设定值时，输出触点动作，时钟脉冲有 1 ms、10 ms、100 ms。定时器可用用户程序存储器内的常数 K 作为设定值，也可以用数据寄存器 D 的内容作为设定值。在后一种情况下，一般使用有掉电保护功能的数据寄存器。但应注意，若备用电池电压降低，定时器往往会发生误动作。定时器通常分为以下两类。

1. 非积算型定时器

T0～T199 为 100 ms 定时器，设定值为 0. 1～3276. 7 s；T200～T245 为 10 ms 定时器，设定值为 0. 01～327. 67 s；T256～T512 为 1 ms 定时器，设定值为 0. 001～3276. 7 s。其中 T192～T199 为子程序、中断子程序专用的定时器。非积算型定时器的特点是：当驱动定时器的条件满足时，定时器开始定时，时间到达设定值后，定时器触点动作；当驱动定时器的条件不满足时，定时器复位。若当前定时器定时值未到达设定值，驱动定时器的条件由满足变为不满足时，定时器也复位，且当条件再次满足后定时器再次从 0 开始定时，其工作情况如图 3-30 所示。

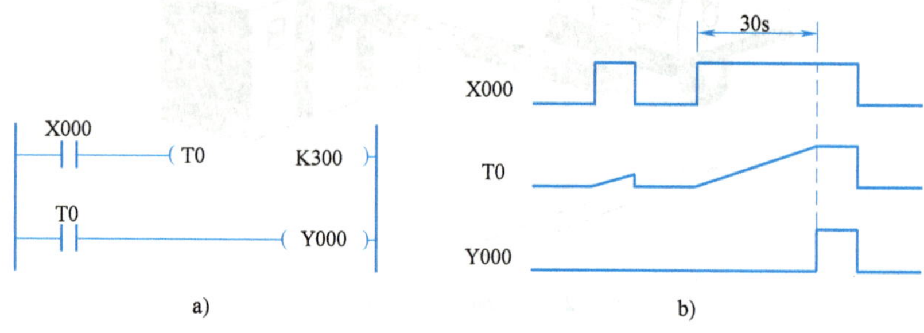

图 3-30 非积算型定时器的工作情况

a）梯形图 b）定时器波形图

2. 积算型定时器

T246～T249 为 1 ms 积算型定时器，设定值为 0. 001～32. 767 s；T250～T255 为 100 ms 积算定时器，设定值为 0. 1～3276. 7 s。积算型定时器的特点是：当驱动定时器的条件满足时，定时器开始定时，时间到达设定值后，定时器触点动作；当驱动定时器的条件不满足时，定时器不复位，若要定时器复位，必须采用指令复位。若定时器定时值未到达设定值，驱动定时器的条件由满足变为不满足时，定时器的定时值保持，且当条件再次满足后定时器从刚才保持的定时值继续开始定时，其工作情况如图 3-31 所示。

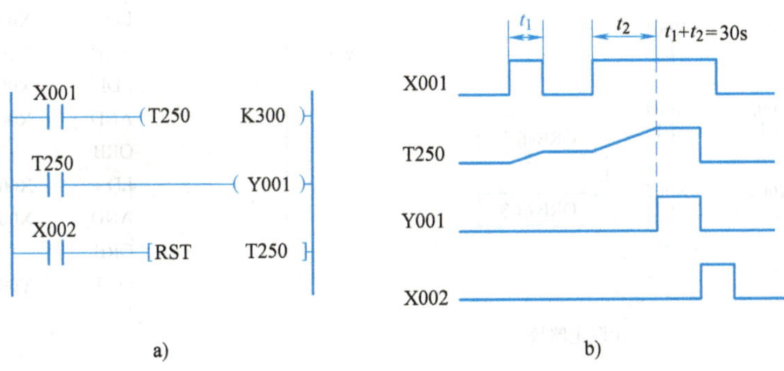

图 3-31　积算型定时器的工作情况
a）梯形图　b）定时器波形图

注意： 三菱 FX_{3U} 系列 PLC 所提供的定时器，相当于一个通电延时时间继电器，若要实现断电延时功能，必须依靠编程实现。图 3-32 所示为断电延时典型应用程序。图中，当 X001 常开触点接通时，其常闭触点断开，则 Y000 输出，而 T5 线圈不得电；当 X001 常开触点断开时，由于 Y000 有自锁，因此 Y000 继续输出，X001 常闭触点接通，T5 线圈得电延时 20 s 后，切断 Y000，实现断电延时。

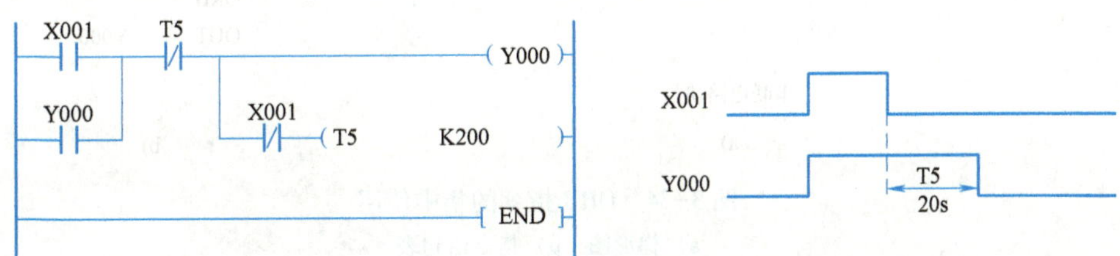

图 3-32　断电延时典型应用程序

3.3　电路块指令及其应用

3.3.1　电路块指令

1. 串联电路块的并联指令 ORB

将两个以上的触点串联连接的电路称为串联电路块。当串联电路块和其他电路并联连接时，支路的起点用 LD、LDI 指令开始，分支结束要使用 ORB 指令。ORB 指令是无数据的指令，编程时只输入指令。因此，ORB 指令不表示触点，可以看成电路块之间的一段连接线。如需要将多个电路块并联连接，应在每个并联电路块之后使用一个 ORB 指令，用这种方法编程时对并联电路块的个数没有限制。ORB 指令的使用如图 3-33 所示。

也可将所有要并联的电路块依次写出，然后在这些电路块的末尾集中写出 ORB 指令，但这时 ORB 指令最多不允许超过 8 次（见图 3-34），因此不推荐使用这种编程方式。

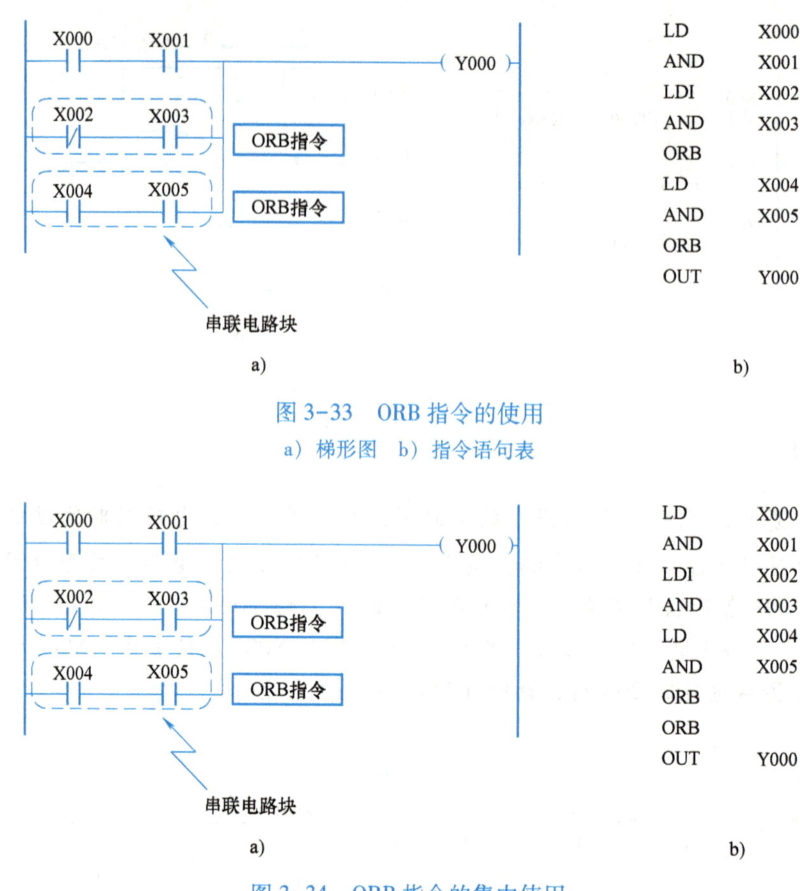

图 3-33 ORB 指令的使用

a）梯形图 b）指令语句表

图 3-34 ORB 指令的集中使用

a）梯形图 b）指令语句表

2. 并联电路块的串联指令 ANB

将两个以上的触点并联连接的电路称为并联电路块。支路的起点用 LD、LDI 指令开始，并联电路块结束后，使用 ANB 指令与前面串联。ANB 指令是无数据的指令，编程时只输入指令。如需要将多个电路块串联连接，应在每个串联电路块之后使用一个 ANB 指令，用这种方法编程时对串联电路块的个数没有限制，如图 3-35 所示。

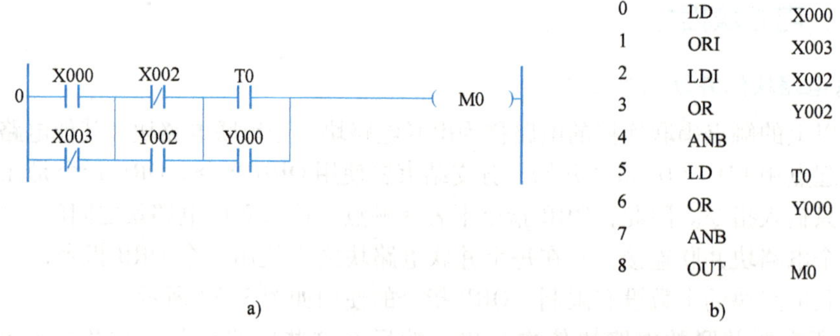

图 3-35 ANB 指令的使用

a）梯形图 b）指令语句表

也可将所有要串联的电路块依次写出，然后在这些电路块的末尾集中使用 ANB 指令，但此时 ANB 指令使用次数最多不允许超过 8 次，如图 3-36 所示。

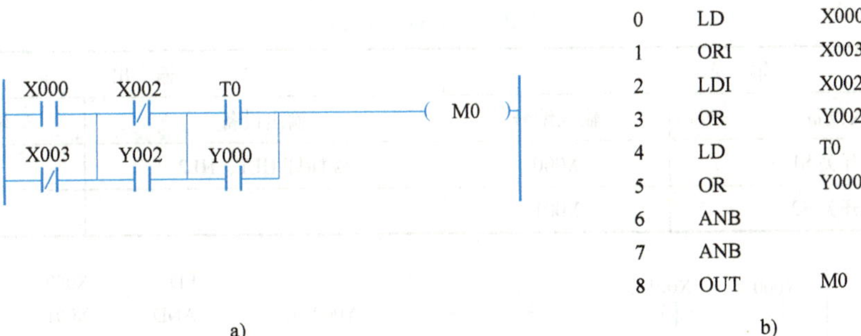

图 3-36　ANB 指令的集中使用

a）梯形图　b）指令语句表

ANB、ORB 指令的使用如图 3-37 所示。

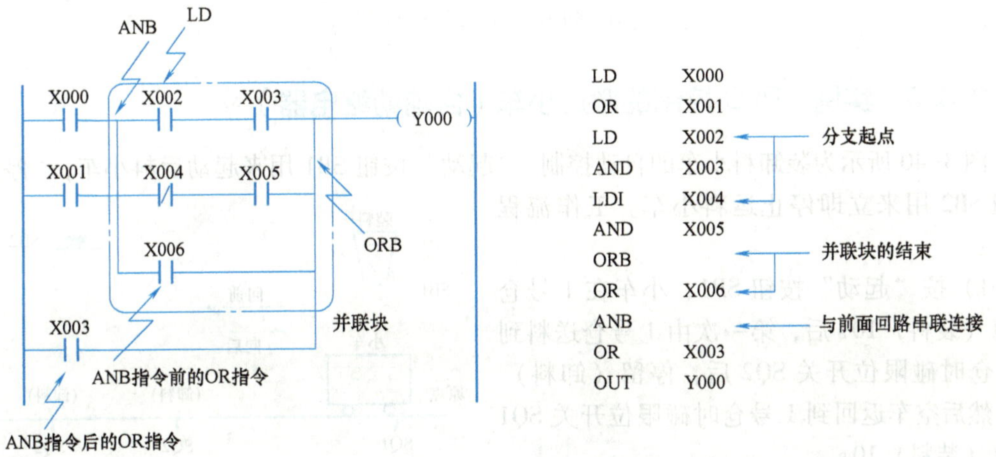

图 3-37　ANB、ORB 指令的使用

3.3.2　实例：双联开关控制

图 3-38 所示为楼上、楼下照明控制系统。在楼上、楼下设置两个普通开关，以实现双联开关控制楼梯灯的效果。其端口（I/O）分配表见表 3-7。

图 3-39a 所示梯形图可解决以上问题。当 S1（X000）、S2（X001）两个开关要使楼梯灯点亮，则两个开关必须在同一状态中，即 S1（X000）、S2（X001）两个开关同时接通或同时断开。此时与双联开关的控制解决方案一样，灯的亮灭可通过双联开关中的任意一个开关来控制。图 3-39b 所示为该梯形图所对应的指令语句表。

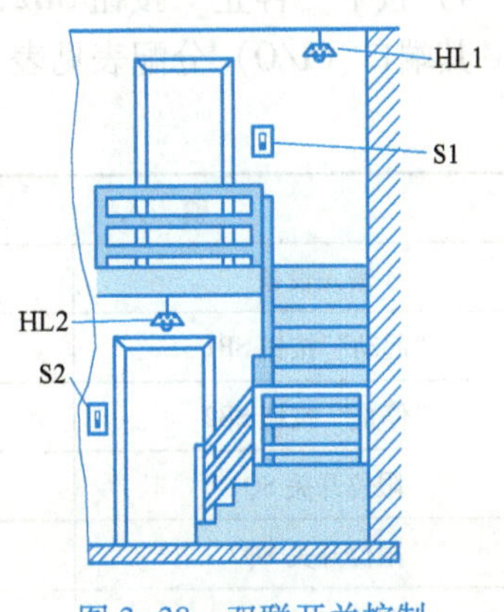

图 3-38　双联开关控制

表 3-7 I/O 分配表

输入		输出	
输入设备	输入编号	输出设备	输出编号
顶楼开关 S1	X000	楼梯灯 HL1、HL2	Y000
底楼开关 S2	X001		

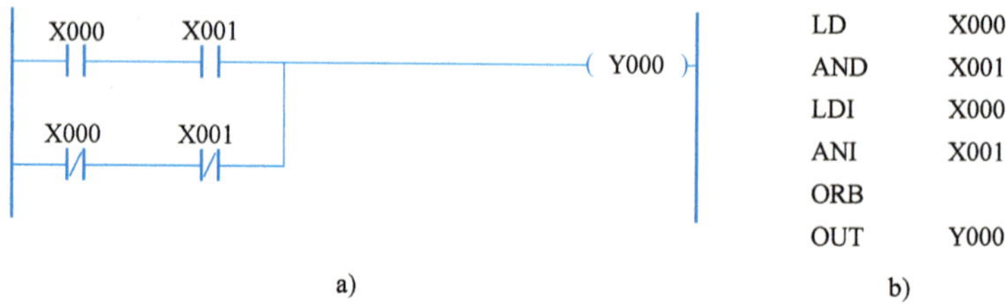

图 3-39 双联开关控制程序
a) 梯形图 b) 指令语句表

3.3.3 实例：PLC 控制的搬运小车（含辅助继电器）

图 3-40 所示为装卸料小车的自动控制。“起动”按钮 SB1 用来起动运料小车，“停止”按钮 SB2 用来立即停止运料小车。工作流程如下：

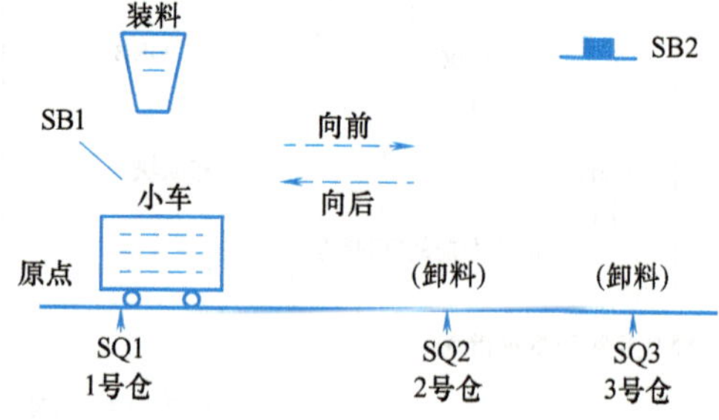

图 3-40 装卸料小车的自动控制

1）按“起动”按钮 SB1，小车在 1 号仓停留（装料）10 s 后，第一次由 1 号仓送料到 2 号仓时碰限位开关 SQ2 后，停留（卸料）5 s，然后空车返回到 1 号仓时碰限位开关 SQ1 停留（装料）10 s。

2）小车第二次由 1 号仓送料到 3 号仓，经过限位开关 SQ2 时不停留，继续向前，当到达 3 号仓时碰限位开关 SQ3 停留（卸料）8 s，然后空车返回到 1 号仓时碰限位开关 SQ1 停留（装料）10 s。

3）然后重复进行上述工作过程。

4）按下“停止”按钮 SB2，小车在任意状态立即停止工作。

其端口（I/O）分配表见表 3-8。

表 3-8 I/O 分配表

输入		输出	
输入设备	输入编号	输出设备	输出编号
“起动”按钮 SB1	X000	向前接触器 KM1	Y000
“停止”按钮 SB2	X001	向后接触器 KM2	Y001
限位开关 SQ1	X002		
限位开关 SQ2	X003		
限位开关 SQ3	X004		

“起动”按钮的 X000 用来起动运料小车，“停止”按钮的 X001 用来立即停止运料小车。考虑到运料小车起动后“起动”按钮的释放，因此起动信号采用 M0 记忆起动信号。其控制梯形图如图 3-41a 所示，其对应的指令语句表如图 3-41b 所示。

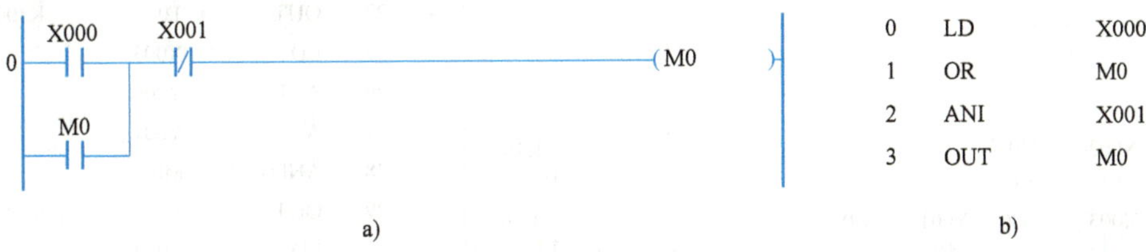

图 3-41　采用 M0 记忆起动信号

a）梯形图　b）指令语句表

设定小车在 1 号仓停留（装料）10 s 由定时器 T0 计时，则 T0 接通，小车前进。设定辅助继电器 M1 用来区分是否在限位开关 SQ2（X003）处停留过，若停留过则 M1 接通，未停留则 M1 断开。此时可采用 M1 与 X003 常闭并联，若 M1 接通则 X003 常闭失效，小车继续前进，碰到限位开关 SQ3（X004）后停止。其控制梯形图如图 3-42a 所示，其对应的指令语句表如图 3-42b 所示，此处必须使用 ANB 指令。

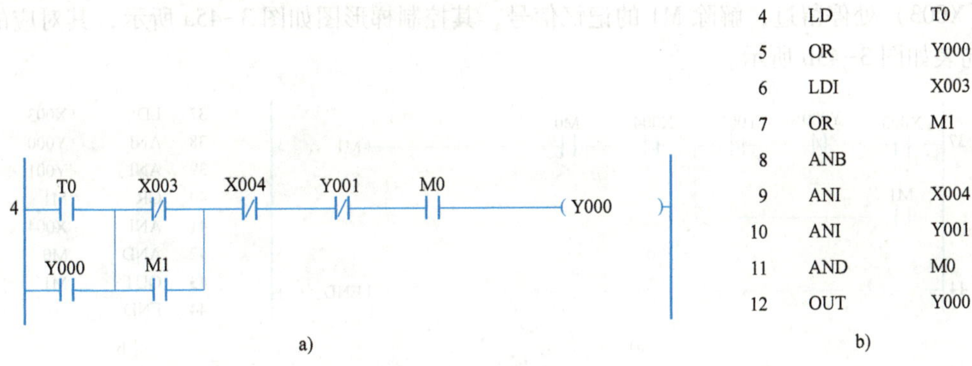

图 3-42　小车前进控制

a）梯形图　b）指令语句表

小车在 2 号仓停留 5 s 由 T1 计时，在 3 号仓停留 8 s 由 T2 计时，时间到则小车返回，到 1 号仓时碰限位开关 SQ1 停留，其控制梯形图如图 3-43a 所示，对应的指令语句表如图 3-43b 所示。

13 ─┤T1├─┤X002/├─┤Y000/├─┤M0├─(Y001)
　　┤T2├
　　┤Y001├

a)

13	LD	T1
14	OR	T2
15	OR	Y001
16	ANI	X002
17	ANI	Y000
18	AND	M0
19	OUT	Y001

b)

图 3-43　小车后退控制

a）梯形图　b）指令语句表

小车碰到各限位开关则起动相应的定时器延时，其控制梯形图如图 3-44a 所示，对应的指令语句表如图 3-44b 所示。

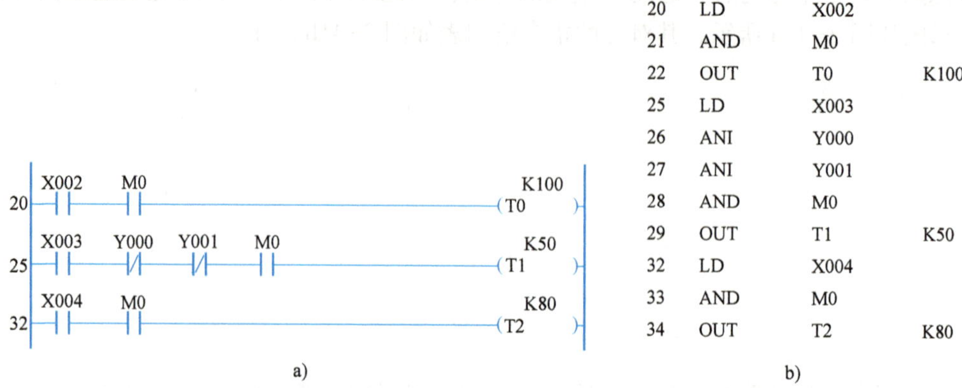

步	指令	元件	常数
20	LD	X002	
21	AND	M0	
22	OUT	T0	K100
25	LD	X003	
26	ANI	Y000	
27	ANI	Y001	
28	AND	M0	
29	OUT	T1	K50
32	LD	X004	
33	AND	M0	
34	OUT	T2	K80

图 3-44　小车在各限位开关处延时
a）梯形图　b）指令语句表

小车在 SQ2（X003）处停留，即 X003 接通，同时 Y000、Y001 断开，起动辅助继电器 M1，说明记忆小车在 SQ2（X003）处停留过，碰到限位开关 SQ3（X004）说明小车未曾在 SQ2（X003）处停留过，解除 M1 的记忆信号，其控制梯形图如图 3-45a 所示，其对应的指令语句表如图 3-45b 所示。

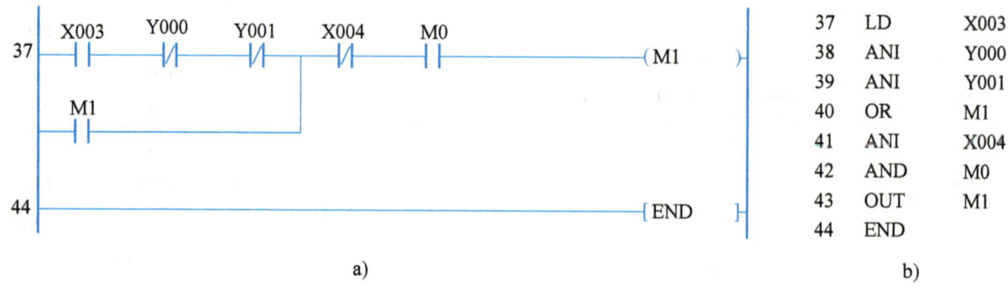

步	指令	元件
37	LD	X003
38	ANI	Y000
39	ANI	Y001
40	OR	M1
41	ANI	X004
42	AND	M0
43	OUT	M1
44	END	

图 3-45　记忆小车是否在 SQ2（X003）处停留
a）梯形图　b）指令语句表

PLC 控制搬运小车完整的控制梯形图如图 3-46 所示。

程序中用到的 M0、M1 称为辅助继电器。PLC 内有很多的辅助继电器，其线圈与输出继电器一样，由 PLC 内各软元件的触点驱动。按照功能不同，辅助继电器分为以下几类。

1. 通用型辅助继电器（M0～M499）

通用型辅助继电器相当于中间继电器，用于存储运算中间的临时数据，它没有向外的任何联系，只供内部编程使用。它的内部常开/常闭触点使用次数不受限制。但是，对外无触点，就不能直接驱动外部负载，外部负载的驱动必须通过输出继电器来实现。其地址号按十进制编号。

2. 保持型辅助继电器（M500～M7679）

PLC 在运行中若突然停电，通用型辅助继电器和输出继电器会全部变为断开的状态，

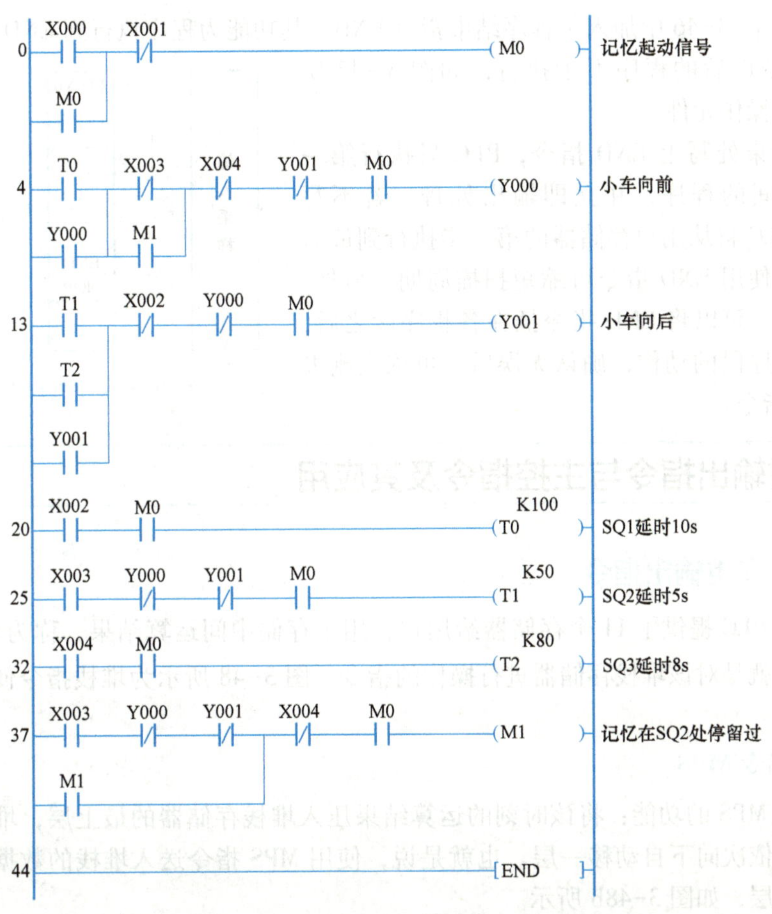

图 3-46　PLC 控制搬运小车完整的控制梯形图

而保持型辅助继电器会依靠 PLC 后备锂电池进行供电，保持停电前的状态。

3. 特殊辅助继电器（M8000～M8511）

特殊辅助继电器是 PLC 厂家提供给用户的具有特定功能的辅助继电器，通常又可分为以下两大类。

（1）只能利用触点的特殊辅助继电器

此类特殊辅助继电器用户只能使用其触点，其线圈由 PLC 自行驱动。例如：

M8000 为运行监控特殊辅助继电器，当 PLC 运行时 M8000 始终接通。

M8002 为初始脉冲特殊辅助继电器，当 PLC 在运行开始瞬间接通一个扫描周期。

M8012 为产生 100 ms 时钟脉冲的特殊辅助继电器。

M8013 为产生 1 s 脉冲的特殊辅助继电器。

（2）可驱动线圈的特殊辅助继电器

此类特殊辅助继电器由用户驱动其线圈后，由 PLC 做特定的动作。例如：

M8033 为 PLC 停止时输出保持特殊辅助继电器。

M8034 为禁止输出特殊辅助继电器。

M8039 为定时扫描特殊辅助继电器。

图 3-45、图 3-46 中加入了程序结束指令 END，其功能为程序执行到 END 指令时结束，对于 END 指令以后的程序不予执行，如图 3-47 所示。该指令无操作元件。

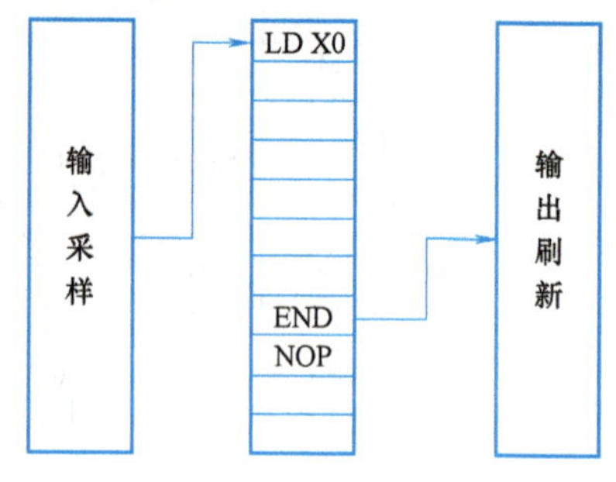

图 3-47 程序执行到 END 指令的情况

在程序结束处写上 END 指令，PLC 只执行第一步至 END 之间的程序，并立即输出处理。若不写 END 指令，PLC 将从用户存储器的第一步执行到最后一步。因此，使用 END 指令可缩短扫描周期。另外，在调试程序时，可以将 END 指令插在各程序段之后，分段检查各程序段的动作，确认无误后，再依次删去插入的 END 指令。

3.4 多重输出指令与主控指令及其应用

3.4.1 多重输出指令

FX_{3U}系列 PLC 提供了 11 个存储器给用户，用于存储中间运算结果，称为堆栈存储器。多重输出指令就是对该堆栈存储器进行操作的指令。图 3-48 所示为堆栈指令使用时数据的变化情况。

1. 进栈指令 MPS

进栈指令 MPS 的功能：将该时刻的运算结果压入堆栈存储器的最上层，堆栈存储器原来存储的数据依次向下自动移一层。也就是说，使用 MPS 指令送入堆栈的数据始终在堆栈存储器的最上层，如图 3-48b 所示。

2. 读栈指令 MRD

读栈指令 MRD 的功能：将堆栈存储器最上层的数据读出。执行 MRD 指令后，堆栈存储器中的数据不发生任何变化，如图 3-48c 所示。

3. 出栈指令 MPP

出栈指令 MPP 的功能：将堆栈存储器最上层的数据取出，堆栈存储器原来存储的数据依次向上自动移一层，如图 3-48d 所示。

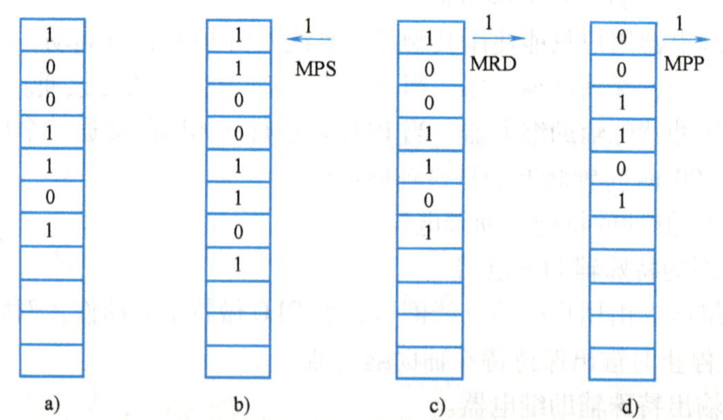

图 3-48 堆栈指令使用时数据的变化情况

a）堆栈中原来情况 b）执行 MPS 指令后的情况 c）执行 MRD 指令后的情况 d）执行 MPP 指令后的情况

由于 MPS、MRD、MPP 3 条指令只对堆栈存储器的数据进行操作，因此默认操作元件为堆栈存储器，在使用时无须指定操作元件。使用时 MPS、MPP 指令必须成对使用，MRD 指令可根据实际情况决定是否使用。在 MPS、MRD、MPP 3 条指令之后若有单个常开触点（或常闭触点）串联，应使用 AND（或 ANI）指令，如图 3-49 所示。

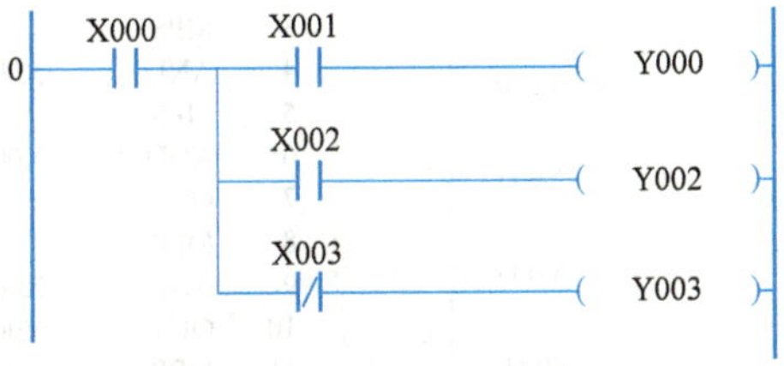

a)

```
0    LD     X000
1    MPS
2    AND    X001
3    OUT    Y000
4    MRD
5    AND    X002
6    OUT    Y002
7    MPP
8    ANI    X003
9    OUT    Y003
```

b)

图 3-49　有单个常开触点（或常闭触点）串联

a）梯形图　b）指令语句表

若与有触点组成的电路块串联，应使用 ANB 指令，如图 3-50 所示。

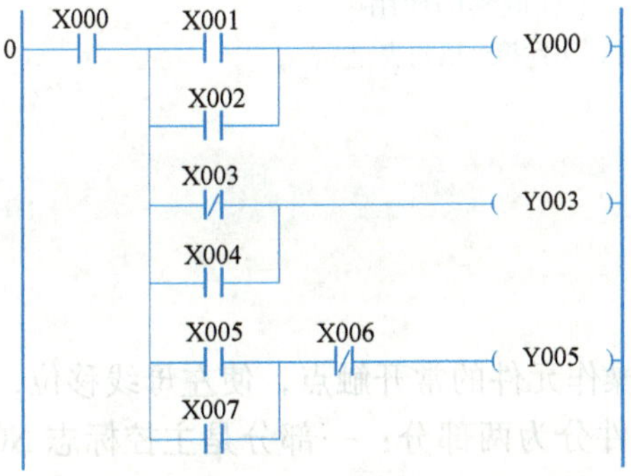

a)

```
0    LD     X000
1    MPS
2    LD     X001
3    OR     X002
4    ANB
5    OUT    Y000
6    MRD
7    LDI    X003
8    OR     X004
9    ANB
10   OUT    Y003
11   MPP
12   LD     X005
13   OR     X007
14   ANB
15   ANI    X006
16   OUT    Y005
```

b)

图 3-50　有电路块串联

a）梯形图　b）指令语句表

若无触点串联而直接驱动线圈，应使用 OUT 指令，如图 3-51 所示。

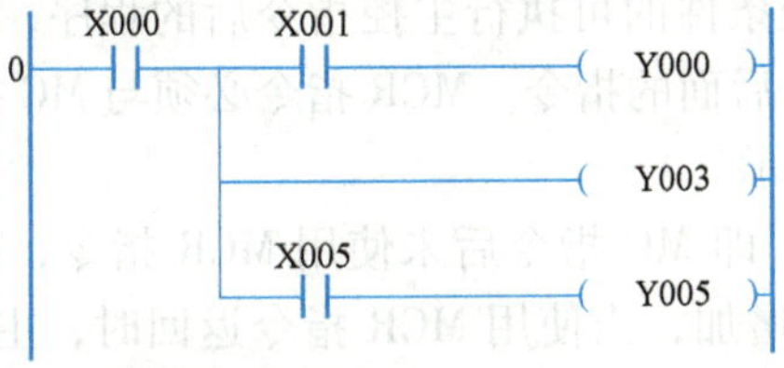

a)

```
0    LD     X000
1    MPS
2    AND    X001
3    OUT    Y000
4    MPP
5    OUT    Y003
6    AND    X005
7    OUT    Y005
```

b)

图 3-51　直接驱动线圈

a）梯形图　b）指令语句表

此外，当使用 MPS 指令进栈后，未使用 MPP 指令出栈，而再次使用 MPS 指令进栈的形式称为嵌套。由于堆栈存储器只有 11 层，即只能连续存储 11 个数据，因此 MPS 指令的连续使用不得超过 11 次。堆栈嵌套的使用如图 3-52 所示。

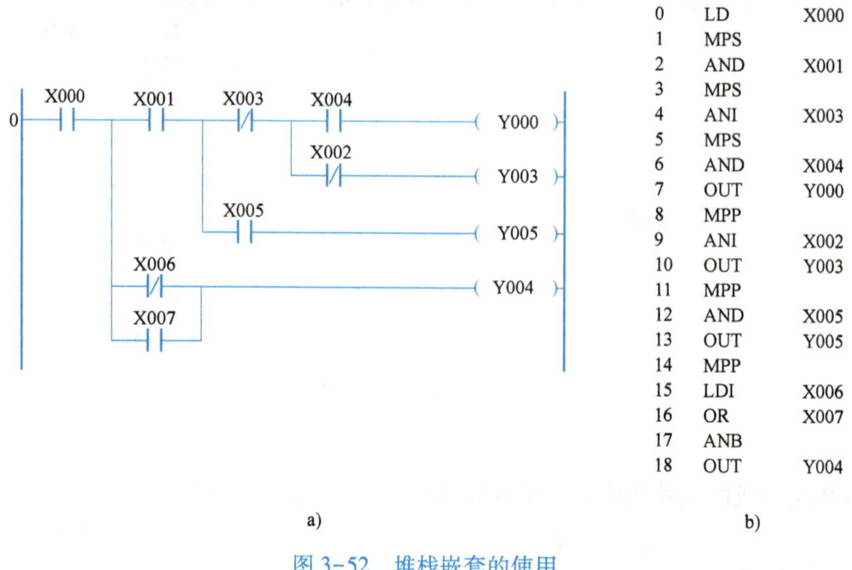

0	LD	X000
1	MPS	
2	AND	X001
3	MPS	
4	ANI	X003
5	MPS	
6	AND	X004
7	OUT	Y000
8	MPP	
9	ANI	X002
10	OUT	Y003
11	MPP	
12	AND	X005
13	OUT	Y005
14	MPP	
15	LDI	X006
16	OR	X007
17	ANB	
18	OUT	Y004

图 3-52 堆栈嵌套的使用
a）梯形图 b）指令语句表

3.4.2 主控指令

1. 主控指令 MC

主控指令 MC 的功能：通过 MC 指令操作元件的常开触点，使左母线移位，产生一根临时的左母线，形成主控电路块。其操作元件分为两部分：一部分是主控标志 N0~N7，一定要从小到大使用；另一部分是具体的操作元件，可以是输出继电器 Y、辅助继电器 M，但不能是特殊辅助继电器。

2. 主控复位指令 MCR

主控复位指令 MCR 的功能：使主控指令产生的临时左母线复位，即左母线返回，结束主控电路块。MCR 指令的操作元件为主控标志 N0~N7，且必须与主控指令一致，返回时一定是从大到小使用。

主控指令相当于条件分支，符合主控条件的可执行主控指令后的程序，否则不予执行，直接跳过 MC 和 MCR 程序段，执行 MCR 后面的指令。MCR 指令必须与 MC 指令成对使用。

MC 和 MCR 指令的使用如图 3-53 所示。

MC 与 MCR 指令也可进行嵌套使用，即 MC 指令后未使用 MCR 指令，而再次使用 MC 指令，此时主控标志 N0~N7 必须按顺序增加，当使用 MCR 指令返回时，主控标志 N7~N0 必须按顺序减小，如图 3-54 所示。但由于主控标志范围为 N0~N7，所以主控嵌套使用不得超过 8 层。

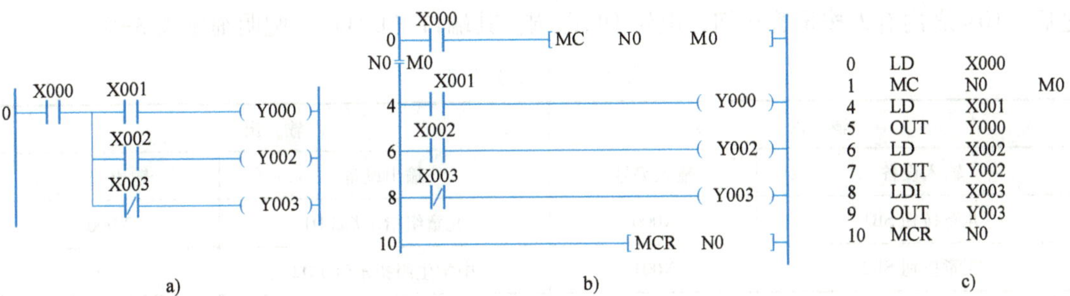

图 3-53　MC 和 MCR 指令的使用
a）多路输出梯形图　b）主控梯形图　c）主控指令语句表

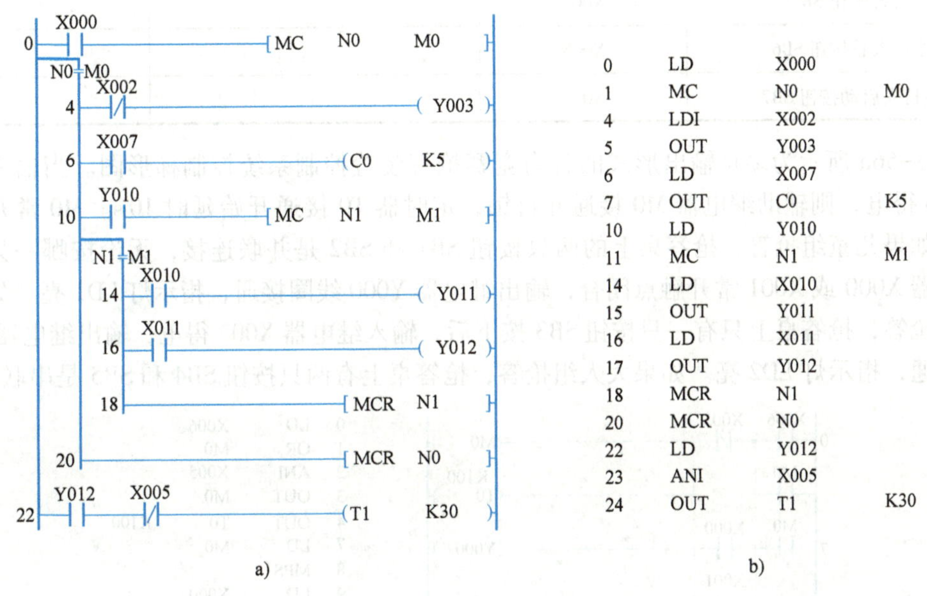

图 3-54　主控指令的嵌套使用
a）梯形图　b）指令语句表

3.4.3　实例：智力竞赛抢答器系统

码 3-1　PLC 控制的抢答器

图 3-55 所示是智力竞赛抢答装置控制系统示意图。主持人位置上有一个停止总按钮 SB6（控制三个抢答桌）。主持人说出题目并按启动按钮 SB7 后，谁先按按钮，谁桌子上的灯点亮。当主持人再按总按钮 SB6 后，灯才灭（否则一直亮着）。三个抢答桌的按钮安排：一是儿童组，抢答桌上有两只按钮 SB1 和 SB2，以并联形式连接，无论按哪一只，桌上的灯 LD1 点亮；二是中学生组，抢答桌上只有一只按钮 SB3，且只有一个人，一按灯 LD2 点亮；三是大人组，抢答桌上也有两只按钮 SB4 和 SB5，以串联形式连接，只有两只按钮都按下，抢答桌上的灯 LD3 才亮。当主持人将启动按钮 SB7 按下

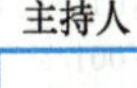

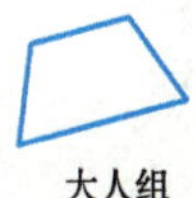

图 3-55　智力竞赛抢答装置控制系统示意图

之后，10 s 之内有人按抢答按钮，电铃 DL 即响。其端口（I/O）分配明细见表 3-9。

表 3-9 I/O 分配表

输 入		输 出	
输入设备	输入编号	输出设备	输出编号
儿童按钮 SB1	X000	儿童组指示灯 LD1	Y000
儿童按钮 SB2	X001	中学生组指示灯 LD2	Y001
中学生按钮 SB3	X002	大人组指示灯 LD3	Y002
大人按钮 SB4	X003	电铃 DL	Y003
大人按钮 SB5	X004		
主持人总按钮 SB6	X005		
主持人启动按钮 SB7	X006		

图 3-56a 所示为多重输出形式的智力竞赛抢答装置控制系统控制梯形图。当输入继电器 X006 得电，则辅助继电器 M0 接通并自锁，定时器 T0 接通开始延时 10 s。M0 常开触点接通，如果儿童组抢答，抢答桌上的两只按钮 SB1 和 SB2 是并联连接，无论按哪一只，输入继电器 X000 或 X001 常开触点闭合，输出继电器 Y000 线圈接通，指示灯 LD1 亮。如果中学生组抢答，抢答桌上只有一只按钮 SB3 按下后，输入继电器 X002 得电，输出继电器 Y001 线圈接通，指示灯 LD2 亮。如果大人组抢答，抢答桌上有两只按钮 SB4 和 SB5 是串联连接，

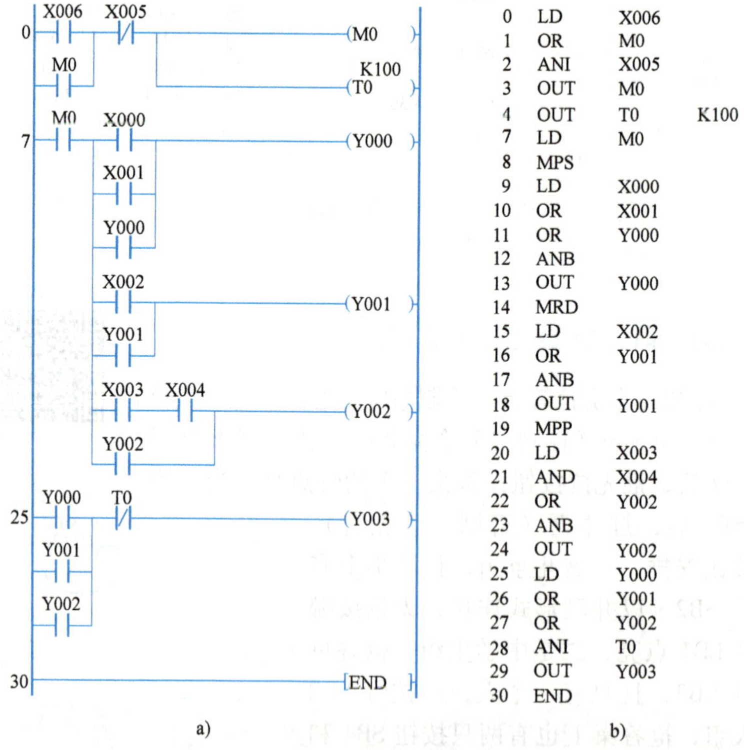

图 3-56 多重输出形式智力竞赛抢答装置控制程序

a）梯形图 b）指令语句表

只有输入继电器 X003 和 X004 同时得电，输出继电器 Y002 线圈接通，指示灯 LD3 亮。10 s 内 T0 常闭触点始终接通，Y000～Y002 中任意一个接通则 Y003 接通，电铃 DL 响。当主持人按总按钮 SB6，X005 常闭触点断开，使所有输出继电器失电。图 3-56b 所示为智力竞赛抢答装置控制系统对应的指令语句表。

图 3-57a 所示为采用主控形式的智力竞赛抢答装置控制系统控制梯形图。图 3-57b 所示为采用主控形式智力竞赛抢答装置控制系统对应的指令语句表。

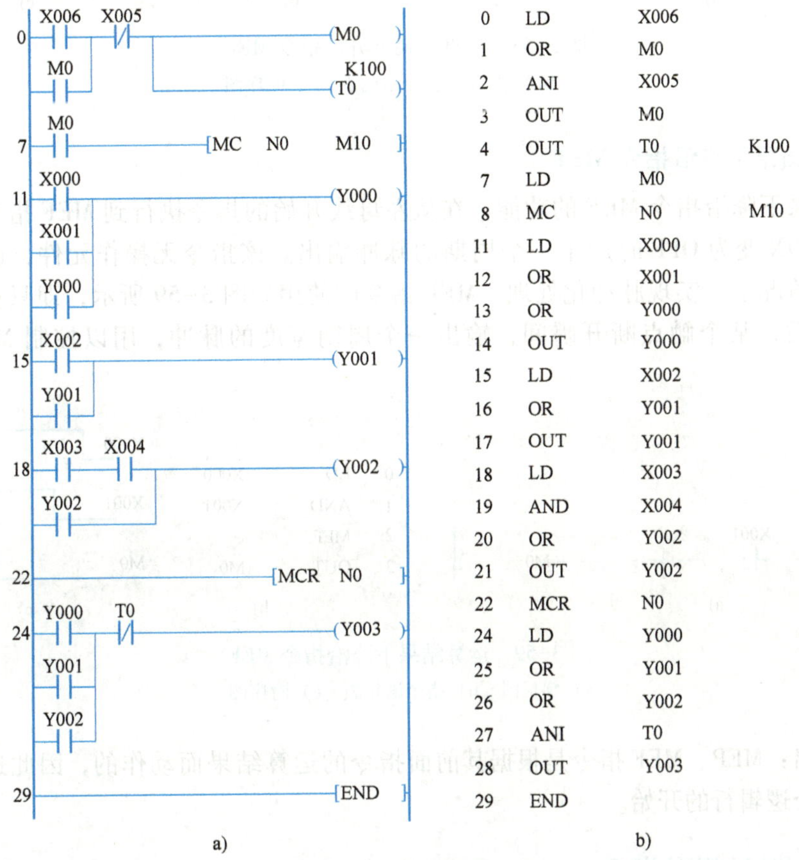

0	LD	X006	
1	OR	M0	
2	ANI	X005	
3	OUT	M0	
4	OUT	T0	K100
7	LD	M0	
8	MC	N0	M10
11	LD	X000	
12	OR	X001	
13	OR	Y000	
14	OUT	Y000	
15	LD	X002	
16	OR	Y001	
17	OUT	Y001	
18	LD	X003	
19	AND	X004	
20	OR	Y002	
21	OUT	Y002	
22	MCR	N0	
24	LD	Y000	
25	OR	Y001	
26	OR	Y002	
27	ANI	T0	
28	OUT	Y003	
29	END		

b)

图 3-57　采用主控形式智力竞赛抢答装置控制程序
a）梯形图　b）指令语句表

3.5 脉冲指令与脉冲式触点指令及其应用

3.5.1　运算结果脉冲化指令

1. 运算结果上升沿指令 MEP

运算结果上升沿指令 MEP 的功能：在从左母线开始的指令执行到 MEP 指令为止的运算结果，从 OFF 变为 ON 时产生一个周期的脉冲输出。该指令无操作元件，通常在串联多个触点的情况下，实现脉冲化处理。MEP 指令的使用如图 3-58 所示，即只有当串联触点全部接通瞬间，输出一个周期宽度的脉冲，用以控制 MEP 后面的信号。

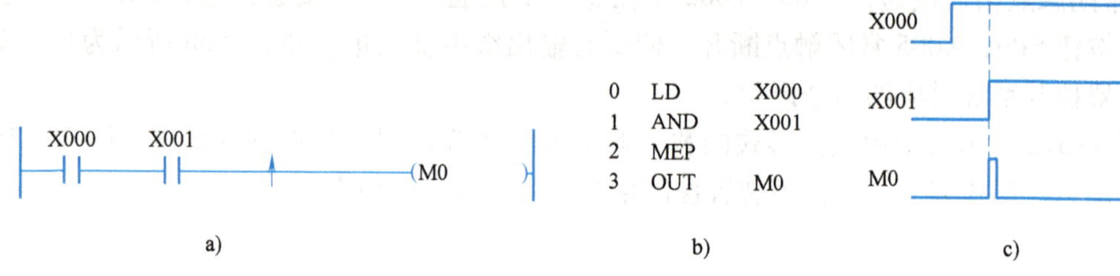

图 3-58 运算结果上升沿指令 MEP

a）梯形图 b）指令语句表 c）时序图

2. 运算结果下降沿指令 MEF

运算结果下降沿指令 MEF 的功能：在从左母线开始的指令执行到 MEF 指令为止的运算结果，从 ON 变为 OFF 时产生一个周期的脉冲输出。该指令无操作元件，通常在串联多个触点的情况下，实现脉冲化处理。MEF 指令的使用如图 3-59 所示，即只有当串联触点全部接通后，某个触点断开瞬间，输出一个周期宽度的脉冲，用以控制 MEF 后面的信号。

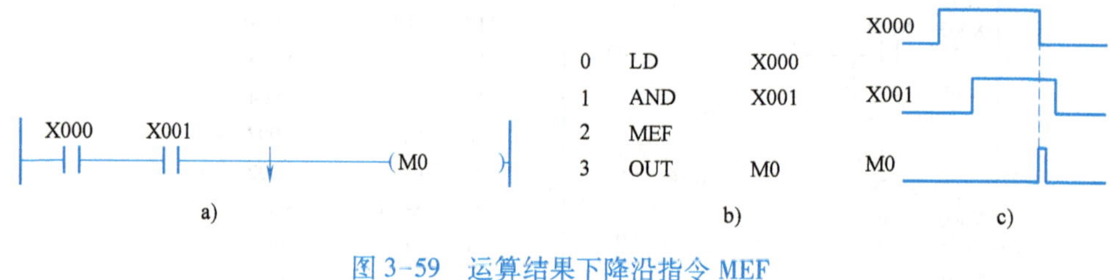

图 3-59 运算结果下降沿指令 MEF

a）梯形图 b）指令语句表 c）时序图

必须指出：MEP、MEF 指令是根据其前面指令的运算结果而动作的，因此这两条指令不能作为一个逻辑行的开始。

3.5.2 脉冲微分指令

1. 脉冲上升沿微分指令 PLS

脉冲上升沿微分指令 PLS 的功能：在输入信号的上升沿产生一个周期的脉冲输出。其操作元件为输出继电器 Y、辅助继电器 M，但不能是特殊辅助继电器。PLS 指令的使用如图 3-60 所示。

X000
0 PLS M0
a)

0 LD X000
1 PLS M0
b)

X000
M0
c)

图 3-60 PLS 指令的使用

a）梯形图 b）指令语句表 c）时序图

2. 脉冲下降沿微分指令 PLF

脉冲下降沿微分指令 PLF 的功能：在输入信号的下降沿产生一个周期的脉冲输出。其操作元件为输出继电器 Y、辅助继电器 M，但不能是特殊辅助继电器。PLF 指令的使用如图 3-61 所示。

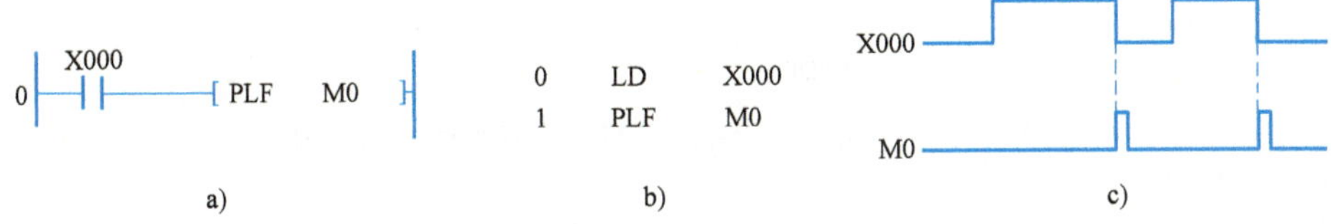

图 3-61　PLF 指令的使用

a）梯形图　b）指令语句表　c）时序图

3.5.3　脉冲式触点指令

1. 取脉冲上升沿指令 LDP

该指令用以检测连接到母线触点的上升沿，仅在指定软元件的上升沿（从 OFF→ON）时刻，接通一个扫描周期，可用目标触点为输入继电器 X、输出继电器 Y、辅助继电器 M、定时器 T、计数器 C、状态器 S、寄存器的某一位 D□. b 等软元件的触点。该指令在梯形图中的应用如图 3-62 所示。

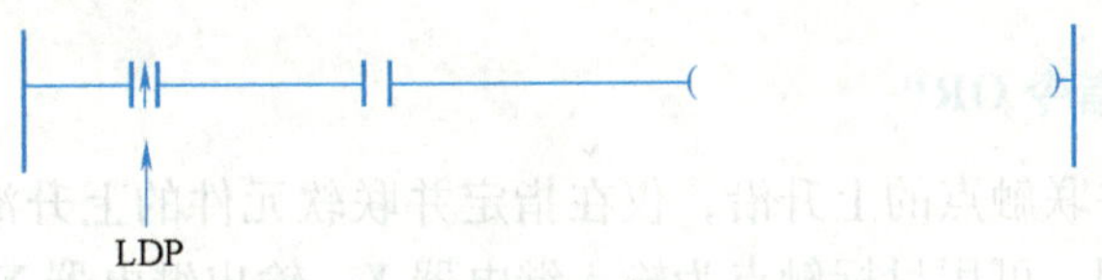

图 3-62　取脉冲上升沿指令 LDP 在梯形图中的应用

2. 取脉冲下降沿指令 LDF

该指令用以检测连接到母线触点的下降沿，仅在指定软元件的下降沿（从 ON→OFF）时刻，接通一个扫描周期，可用目标触点为输入继电器 X、输出继电器 Y、辅助继电器 M、定时器 T、计数器 C、状态器 S、寄存器的某一位 D□. b 等软元件的触点。该指令在梯形图中的应用如图 3-63 所示。

图 3-63　取脉冲下降沿指令 LDF 在梯形图中的应用

3. 与脉冲上升沿指令 ANDP

该指令用以检测串联触点的上升沿，仅在指定串联软元件的上升沿（从 OFF→ON）时刻，接通一个扫描周期，可用目标触点为输入继电器 X、输出继电器 Y、辅助继电器 M、定时器 T、计数器 C、状态器 S、寄存器的某一位 D□. b 等软元件的触点。该指令在梯形图中的应用如图 3-64 所示。

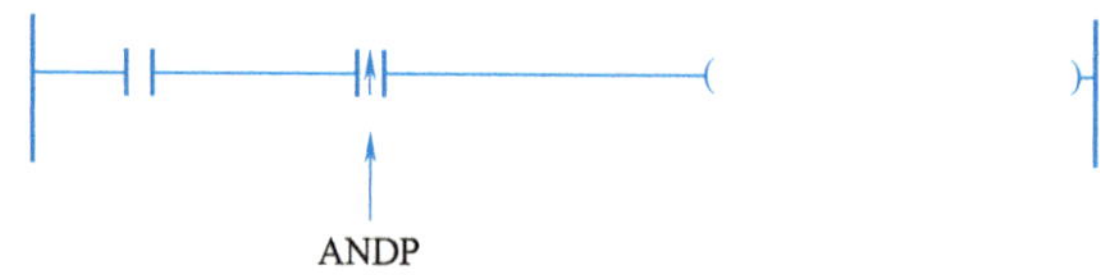

图 3-64 与脉冲上升沿指令 ANDP 在梯形图中的应用

4. 与脉冲下降沿指令 ANDF

该指令用以检测串联触点的下降沿，仅在指定串联软元件的下降沿（从 ON→OFF）时刻，接通一个扫描周期，可用目标触点为输入继电器 X、输出继电器 Y、辅助继电器 M、定时器 T、计数器 C、状态器 S、寄存器的某一位 D□. b 等软元件的触点。该指令在梯形图中的应用如图 3-65 所示。

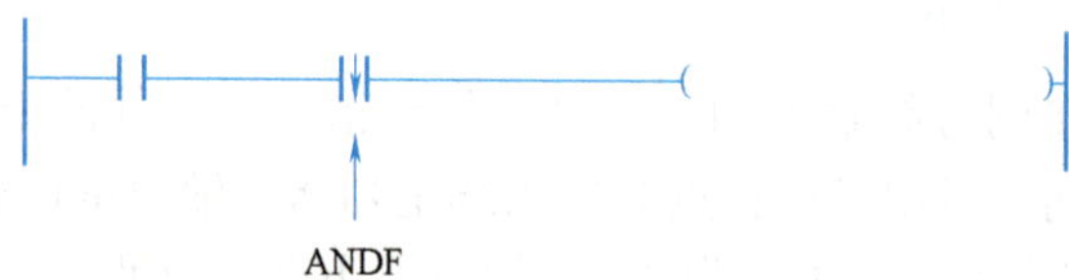

图 3-65 与脉冲下降沿指令 ANDF 在梯形图中的应用

5. 或脉冲上升沿指令 ORP

该指令用以检测并联触点的上升沿，仅在指定并联软元件的上升沿（从 OFF→ON）时刻，接通一个扫描周期，可用目标触点为输入继电器 X、输出继电器 Y、辅助继电器 M、定时器 T、计数器 C、状态器 S、寄存器的某一位 D□. b 等软元件的触点。该指令在梯形图中的应用如图 3-66 所示。

6. 或脉冲下降沿指令 ORF

该指令用以检测并联触点的下降沿，仅在指定并联软元件的下降沿（从 ON→OFF）时刻，接通一个扫描周期，可用目标触点为输入继电器 X、输出继电器 Y、辅助继电器 M、定时器 T、计数器 C、状态器 S、寄存器的某一位 D□. b 等软元件的触点。该指令在梯形图中的应用如图 3-67 所示。

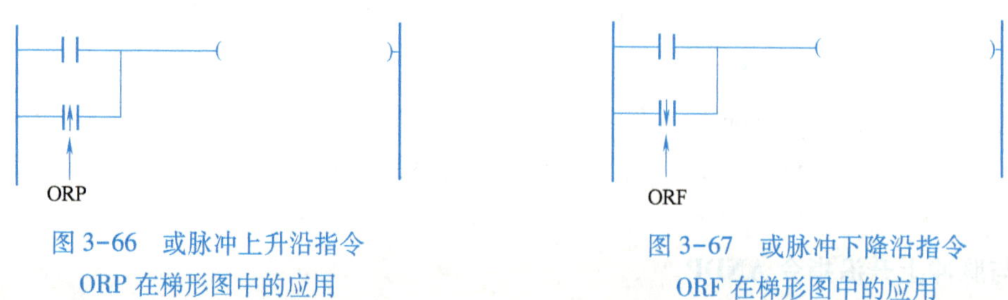

图 3-66 或脉冲上升沿指令 ORP 在梯形图中的应用

图 3-67 或脉冲下降沿指令 ORF 在梯形图中的应用

从功能上来说，脉冲式触点指令与脉冲微分指令具有同样的功能，如图 3-68 所示。无论何种情况下 X000 由 OFF 变为 ON 时，M0 只接通一个扫描周期。

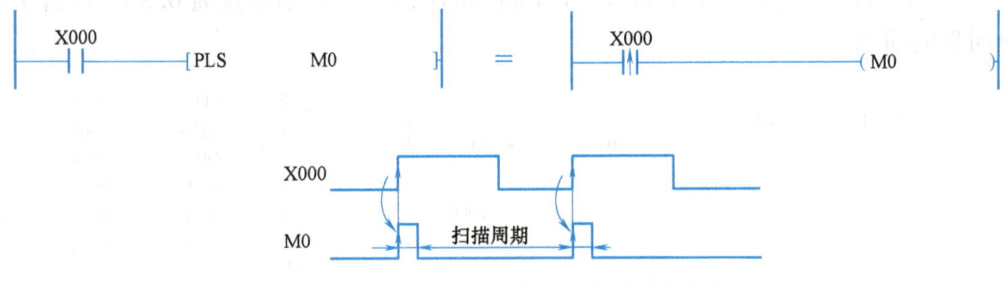

图 3-68　脉冲式触点指令与脉冲微分指令

3.5.4　实例：工业控制用手柄

对于控制系统工程师来说，一个常用的安全手段是使操作者处在一个对于任何控制设备来说都很安全的位置。其中最简单的方法是使操作者在远处操作，如图 3-69 所示，该安全系统被许多工程师称为“无暇手柄”，它是一个很简单但非常实用的控制方法。其端口（I/O）分配表见表 3-10。

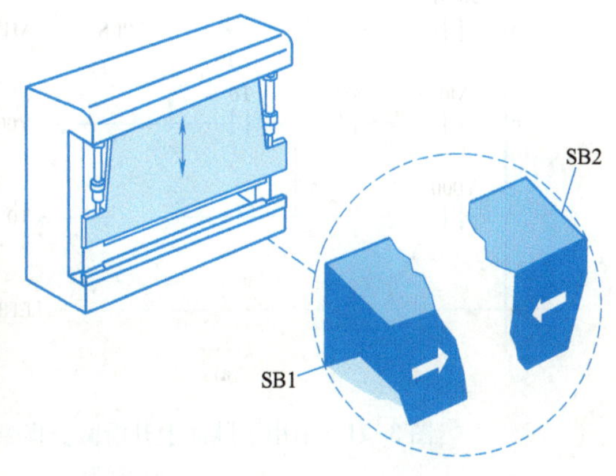

图 3-69　PLC 控制的“无暇手柄”

用两个按钮作为一个“无暇手柄”（两按钮必须同时按下）的控制开关，此方法能防止只用一只手就进行控制的情况。通常把按钮放在控制板上相对的两端，按钮之间的距离保持在 300 mm 左右。为了防止操作者误碰按钮，或者采取某种方式使得一只手操作按钮，每个按钮都放在一个金属罩下，最终的作用是使操作者处于一个没有危险的位置。操作者的两只手都在控制按钮，按钮上的金属罩使手得到保护，而且，该控制方法也不容易更改对专用设施的部署。

表 3-10　I/O 分配表

输　入		输　出	
输入设备	输入编号	输出设备	输出编号
左手按钮 SB1	X000	预定作用	Y000
右手按钮 SB2	X001		

图 3-70 为一个简单的两键控制实例，它采用串联的形式进行控制。

图 3-71 的方法更进一步，采用脉冲上升沿微分指令 PLS，要求两个按钮同时被按下，则 M0、M1 才能同时接通，驱动 Y000 动作。由于 M0、M1 只接通一个扫描周期，为保证 Y000 动作继续，应加入 M2 自锁。

图 3-72 的方法采用了脉冲触点指令，可获得与图 3-71 的方法同样的效果。

实质上由于人的双手不会完全同步，因此图 3-71 和图 3-72 的程序只是在理论上成立，真实情况下的控制程序如图 3-73 和图 3-74 所示。在图 3-73 和图 3-74 中采用了 M10、T10 将 X000 的上升沿信号接通 0.5 s，M11、T11 将 X001 的上升沿信号接通 0.5 s，以解决双手不完全同步的问题。

```
0	LD	X000
1	AND	X001
2	OR	Y000
3	ANI	T0
4	OUT	T0	K300
7	OUT	Y000
```

a)　　b)

图 3-70　PLC 控制“无暇手柄”的程序

a）梯形图　b）指令语句表

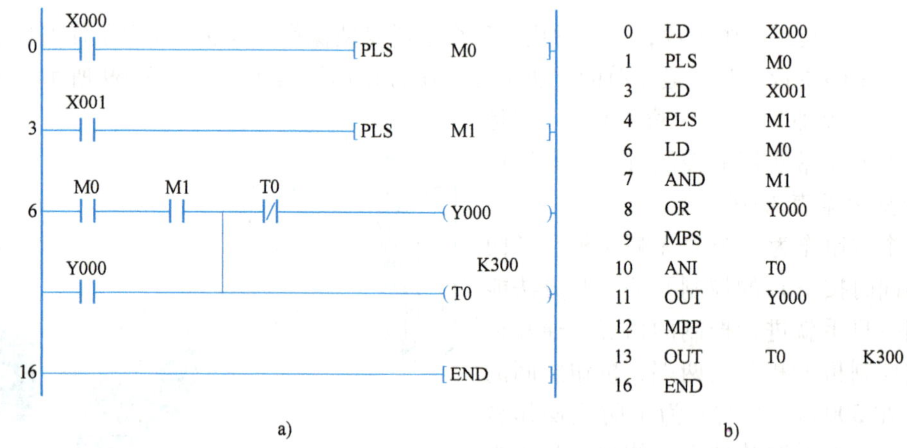

```
0	LD	X000
1	PLS	M0
3	LD	X001
4	PLS	M1
6	LD	M0
7	AND	M1
8	OR	Y000
9	MPS
10	ANI	T0
11	OUT	Y000
12	MPP
13	OUT	T0	K300
16	END
```

a)　　b)

图 3-71　采用了脉冲上升沿微分指令的 PLC 控制“无暇手柄”的程序

a）梯形图　b）指令语句表

```
0	LDP	X000
2	ANDP	X001
4	OR	Y000
5	MPS
6	ANI	T0
7	OUT	Y000
8	MPP
9	OUT	T0	K300
12	END
```

a)　　b)

图 3-72　采用了脉冲触点指令的 PLC 控制“无暇手柄”的程序

a）梯形图　b）指令语句表

可见脉冲指令的实质是将长信号转换为一个扫描周期的短信号，而只需借助时间继电器又可将一个扫描周期的短信号转换成所需时长的长信号。有了这些指令，人们就不需再关心信号的长短问题，而只需考虑信号是否能采集到。因为只要能够采集到信号，信号本身的长短是可以通过程序进行转换的。

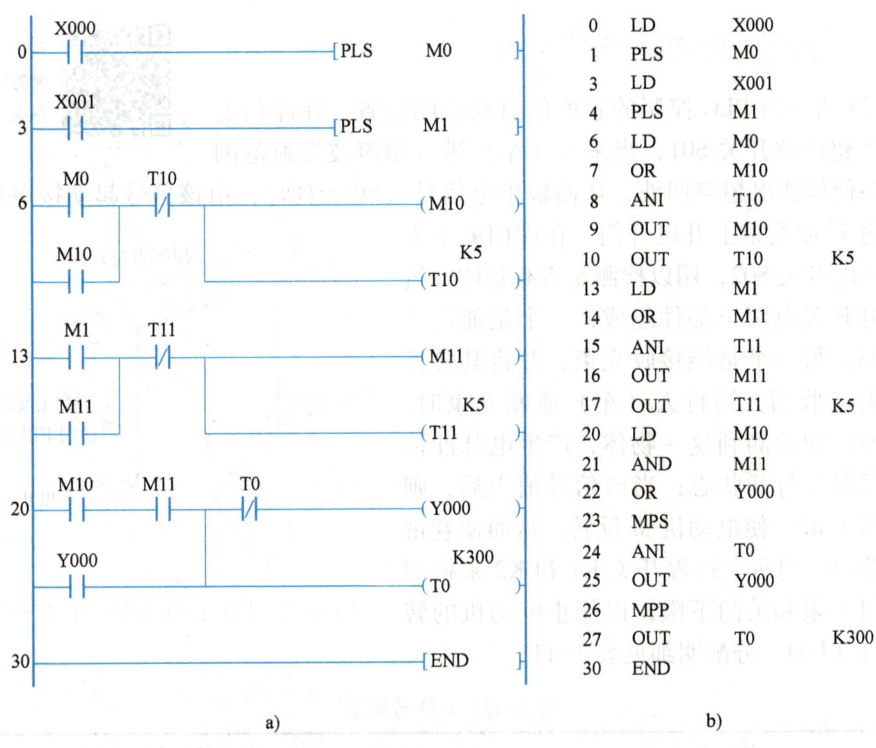

图 3-73 采用了脉冲上升沿微分指令的真实情况下 PLC 控制“无暇手柄”的程序

a）梯形图 b）指令语句表

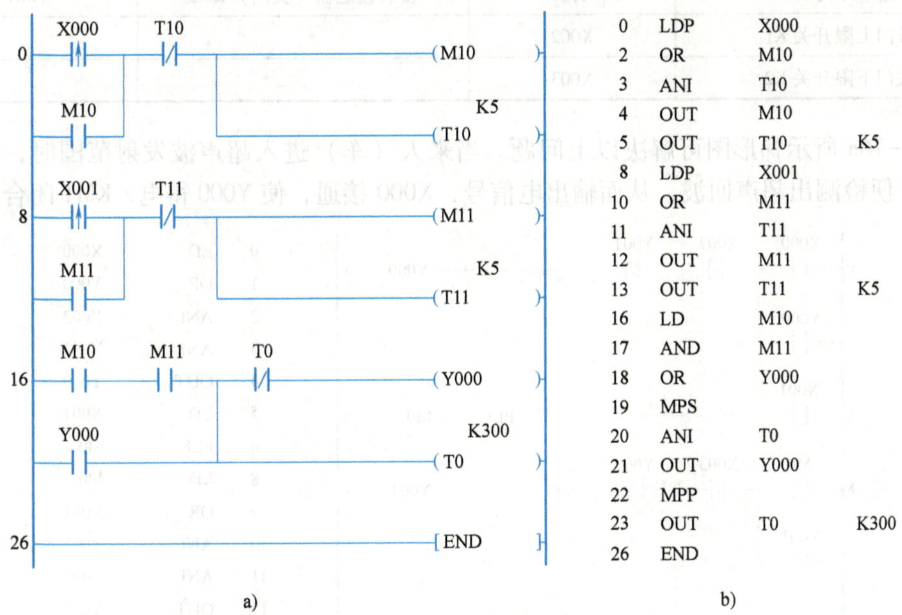

图 3-74 采用了脉冲触点指令的真实情况下 PLC 控制“无暇手柄”的程序

a）梯形图 b）指令语句表

3.5.5 实例：自动开/关门系统

码 3-2 PLC 控制的自动开关门系统

图 3-75 所示为 PLC 控制的仓库门自动开闭装置。在库门上方安装一个超声波开关 S01，当来人（车）进入超声波发射范围内时，开关便检测出超声回波，从而输出电信号（S01＝ON），由该信号起动接触器 KM1，电动机 M 正转使卷帘上升以开门。在库门的下方安装一套光电开关 S02，用以检测是否有物体穿过库门。光电开关由两个部件组成，一个是能连续发光的光源，另一个是能接收光束，并将其转换成电脉冲的接收器。当行人（车）遮断光束时，光电开关 S02 便检测到这一物体，产生电脉冲信号，使库门保持打开状态；当该信号消失后，则起动接触器 KM2，使电动机 M 反转，从而使卷帘开始下降关门。用两个行程开关 K1 和 K2 来检测库门的开门上限和关门下限，以停止电动机的转动。其端口（I/O）分配明细见表 3-11。

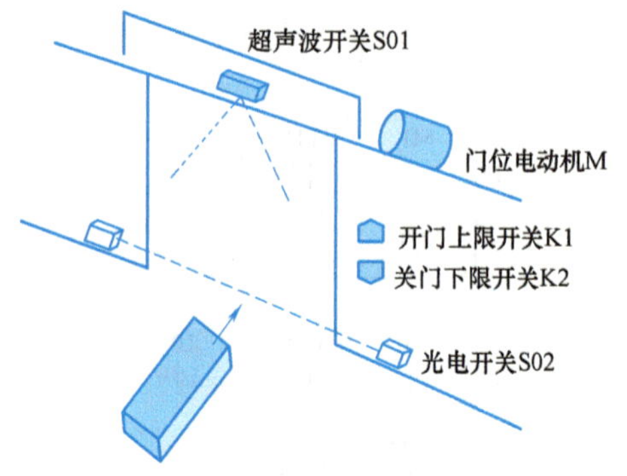

图 3-75 PLC 控制仓库门自动开闭装置

表 3-11 I/O 分配表

输 入		输 出	
输入设备	输入编号	输出设备	输出编号
超声波开关 S01	X000	正转接触器（开门）KM1	Y000
光电开关 S02	X001	反转接触器（关门）KM2	Y001
开门上限开关 K1	X002		
关门下限开关 K2	X003		

图 3-76a 所示梯形图可解决以上问题。当来人（车）进入超声波发射范围时，超声波开关 S01 便检测出超声回波，从而输出电信号，X000 接通，使 Y000 得电，KM1 闭合，电动

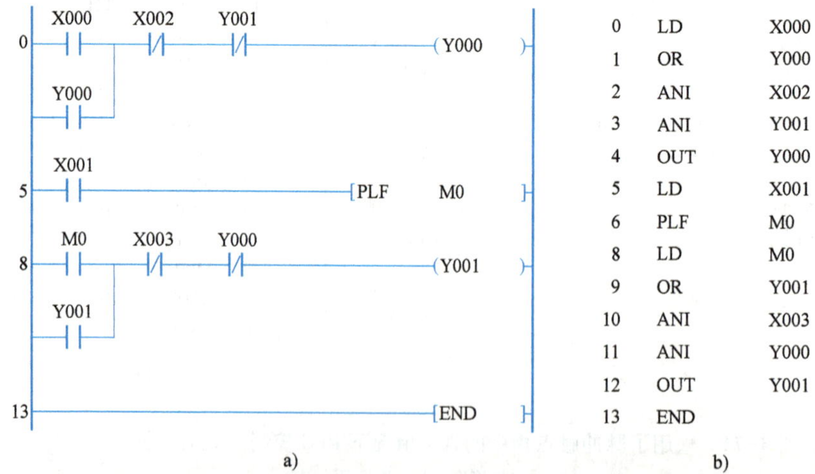

图 3-76 采用脉冲下降沿微分 PLF 指令的 PLC 控制仓库门自动开闭程序

a）梯形图 b）指令语句表

机正转，使卷帘门打开，碰到开门上限开关 K1 时，X002 使 Y000 断电，开门结束。当行人（车）遮断了光束，光电开关 S02 便检测到这一物体，产生电脉冲，则 X001 接通，但此时不能关门，必须在此信号消失后，才能关门，因此采用脉冲下降沿微分指令 PLF，保证在信号消失时起动 Y001，进行关门。而关门下限开关 K2 有信号时，X003 切断 Y001，则关门结束，等待下一位顾客。图 3-76b 为该梯形图所对应的指令语句表。图 3-77 所示方法采用了脉冲触点指令，可获得与图 3-76 所示方法同样的效果。

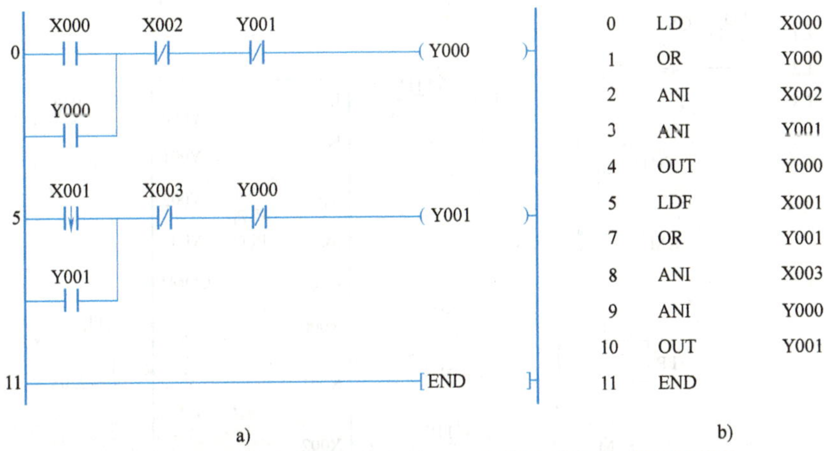

0	LD	X000
1	OR	Y000
2	ANI	X002
3	ANI	Y001
4	OUT	Y000
5	LDF	X001
7	OR	Y001
8	ANI	X003
9	ANI	Y000
10	OUT	Y001
11	END	

b)

图 3-77　采用了脉冲触点指令的 PLC 控制仓库门自动开闭程序
a）梯形图　b）指令语句表

3.6　置位、复位指令及其应用

3.6.1　置位、复位指令

1. 置位指令 SET

置位指令 SET 的功能：使被操作的元件接通并保持。其操作元件包括：输出继电器 Y、辅助继电器 M、状态元件 S、寄存器的某一位 D□. b 等软元件。

2. 复位指令 RST

复位指令 RST 的功能：使被操作的元件断开并保持。其操作元件包括：输出继电器 Y、辅助继电器 M、定时器 T、计数器 C、状态元件 S、寄存器的某一位 D□. b、数据寄存器 D、变址寄存器 V、Z。

SET 指令与 RST 指令的使用如图 3-78 所示。

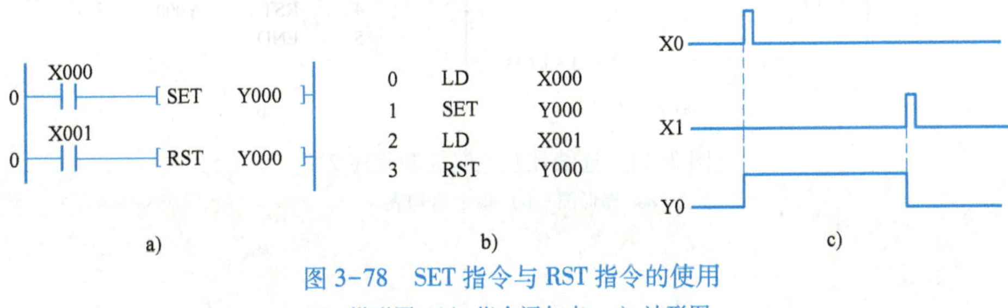

0	LD	X000
1	SET	Y000
2	LD	X001
3	RST	Y000

b)

图 3-78　SET 指令与 RST 指令的使用
a）梯形图　b）指令语句表　c）波形图

3.6.2 实例：连续控制电路

图 3-79 所示为电动机连续控制电路接线原理图，其典型控制梯形图如图 3-80 所示。图 3-81 为采用置位指令和复位指令控制的梯形图，其控制功能与图 3-80 所示梯形图相同。注意：热继电器 FR 采用常闭输入形式，因此在梯形图中应采用常开触点进行替代。

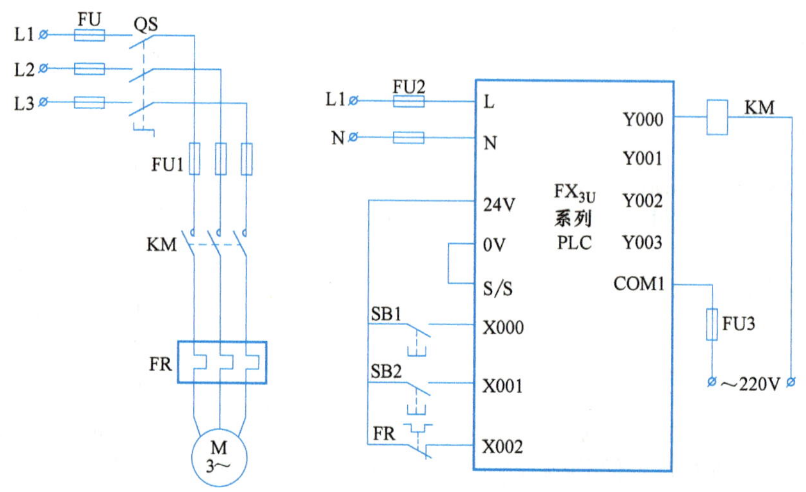

图 3-79 连续控制电路接线原理图

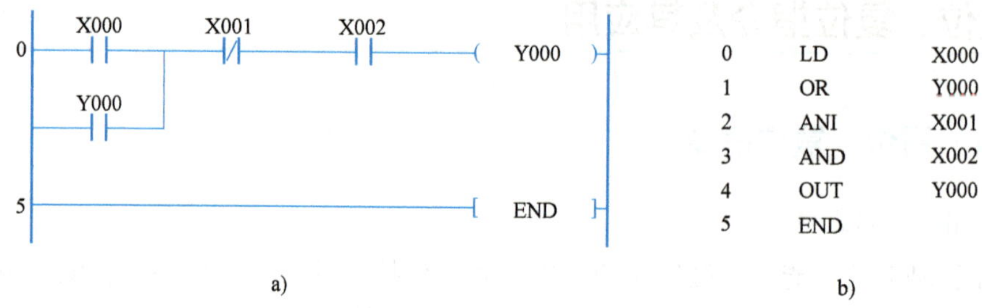

a) b)

图 3-80 连续控制电路控制程序 1

a）梯形图 b）指令语句表

X000 SET Y000
X001 RST Y000
X002
END

0	LD	X000
1	SET	Y000
2	LD	X001
3	ORI	X002
4	RST	Y000
5	END	

a) b)

图 3-81 连续控制电路控制程序 2

a）梯形图 b）指令语句表

3.6.3　实例：金属、非金属分拣系统

如图 3-82 所示，当落料口有物体落下时，光电开关检测到物体后，起动传送带的运行。在非金属落料口上方装有金属传感器，若传送带起动 3 s 后，金属传感器仍未检测到信号则说明该物体为非金属，此时非金属推料杆伸出并将物料推入非金属出料槽后收回，若 3 s 内金属传感器检测到物体，则在金属传感器检测到物料 6 s 后，金属推料杆伸出并将物料推入金属出料槽。其端口（I/O）分配明细见表 3-12。

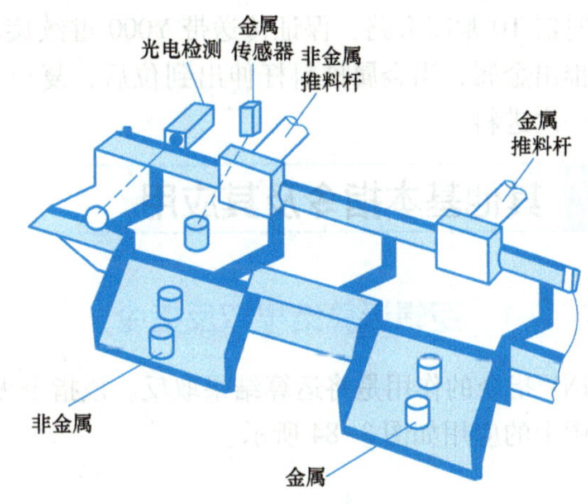

图 3-82　金属、非金属分拣系统结构示意图

表 3-12　PLC 控制金属、非金属分拣系统 I/O 分配表

输　入		输　出	
输入设备	输入编号	输出设备	输出编号
落料口光电检测	X000	传送带运行	Y000
金属传感器	X001	非金属推料杆电磁阀	Y001
非金属推料杆伸出到位	X002	金属推料杆电磁阀	Y002
金属推料杆伸出到位	X003		

图 3-83a 所示梯形图可解决以上问题。当 3 s 内金属传感器未检测到信号，则 T0 常闭动

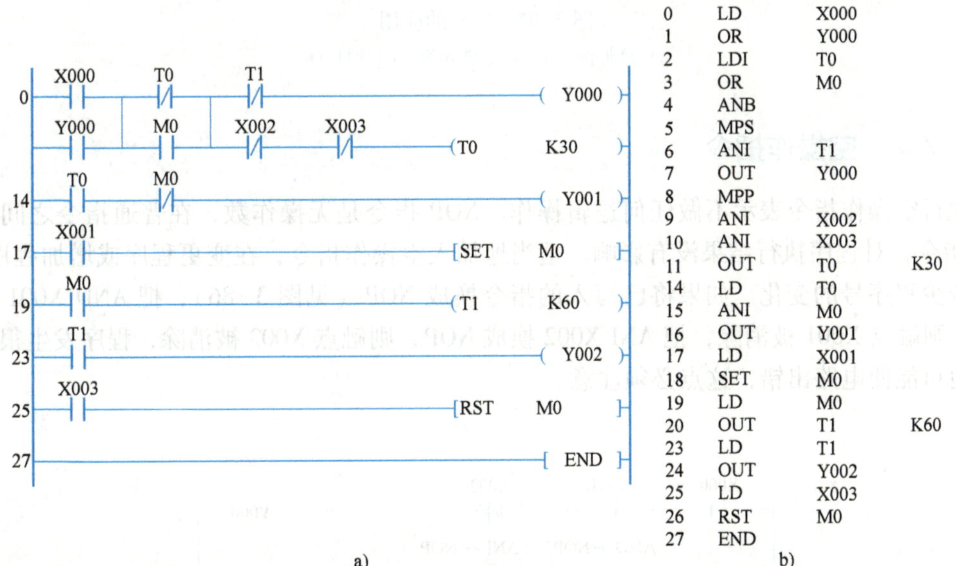

图 3-83　金属、非金属分拣系统控制程序

a）梯形图　b）指令语句表

作，停止传送带 Y000，非金属推料杆推出非金属，当非金属推料杆伸出到位后，复位 T0，等待下一次进料；当 3 s 内金属传感器检测到信号后，使用置位辅助继电器 M0 保持该信号，将定时器 T0 常闭旁路，保证传送带 Y000 继续旋转，T1 延时 6 s 停止传送带 Y000，金属推料杆推出金属，当金属推料杆伸出到位后，复位记忆信号 M0，使定时器 T0、T1 复位，等待下一次进料。

3.7 其他基本指令及其应用

3.7.1 逻辑运算结果取反指令

INV 指令的作用是将运算结果取反。该指令无操作元件，且不能直接与母线连接。其在梯形图中的应用如图 3-84 所示。

图 3-84 逻辑运算结果取反指令 INV 在梯形图中的应用

INV 的应用如图 3-85 所示，当 X000 接通时，Y000 断开；当 X000 断开时，Y000 接通。

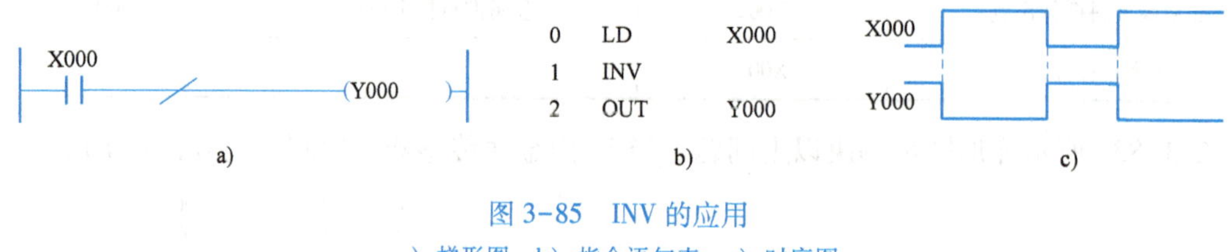

图 3-85 INV 的应用

a）梯形图 b）指令语句表 c）时序图

3.7.2 空操作指令

执行空操作指令表示不做任何逻辑操作。NOP 指令是无操作数，在普通指令之间插入 NOP 指令，对程序执行结果没有影响。适当地加入空操作指令，在变更程序或增加程序时，可以减少程序号的变化。如果将已写入的指令换成 NOP（见图 3-86），把 AND X001 换成 NOP，则触点 X001 被消除，把 ANI X002 换成 NOP，则触点 X002 被消除，程序发生很大变化，也可能使电路出错，这点必须注意。

X000 X001 X002 Y000

AND→NOP ANI→NOP

图 3-86 NOP 指令的使用

3.7.3　实例：逻辑分析与梯形图处理

某信号报警系统如图 3-87 所示，该系统有 3 个输入信号。系统采用低电平报警，当 3 个信号中任何一个检测信号为低电平时，输出点亮报警指示灯；当 3 个输入均为高电平时，报警指示灯熄灭，表示线路正常。

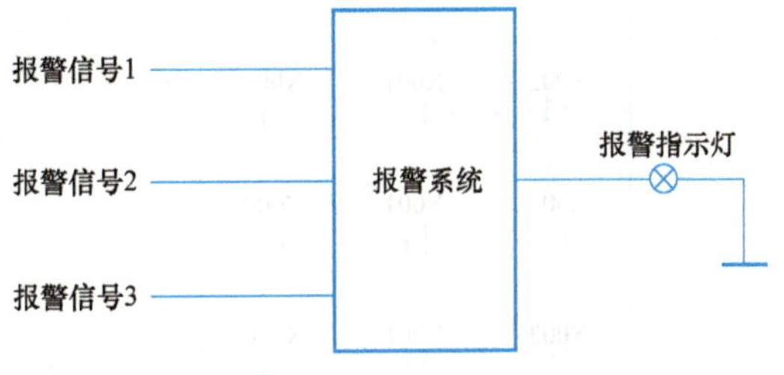

图 3-87　信号报警系统

根据控制要求，设定其端口（I/O）分配明细，见表 3-13。

表 3-13　I/O 分配表

输　入		输　出	
输入设备	输入编号	输出设备	输出编号
报警信号 1	X000	报警指示灯	Y000
报警信号 2	X001		
报警信号 3	X002		

根据控制要求，可列出输入与输出的真值表，见表 3-14。

表 3-14　PLC 控制的报警系统真值表

输　入			输　出
X002	X001	X000	Y000
0	0	0	1
0	0	1	1
0	1	0	1
0	1	1	1
1	0	0	1
1	0	1	1
1	1	0	1
1	1	1	0

由真值表可得出 Y000 的表达式为

$$\begin{aligned}Y000 = {} & \overline{X002}\cdot\overline{X001}\cdot\overline{X000}+\overline{X002}\cdot\overline{X001}\cdot X000+\overline{X002}\cdot X001\cdot\overline{X000}+\overline{X002}\cdot X001\cdot X000\\ & +X002\cdot\overline{X001}\cdot\overline{X000}+X002\cdot\overline{X001}\cdot X000+X002\cdot X001\cdot\overline{X000}\end{aligned}$$

根据该真值表可画出梯形图如图 3-88a 所示，可见该梯形图较为复杂。图 3-88b 为其所对应的指令语句表。

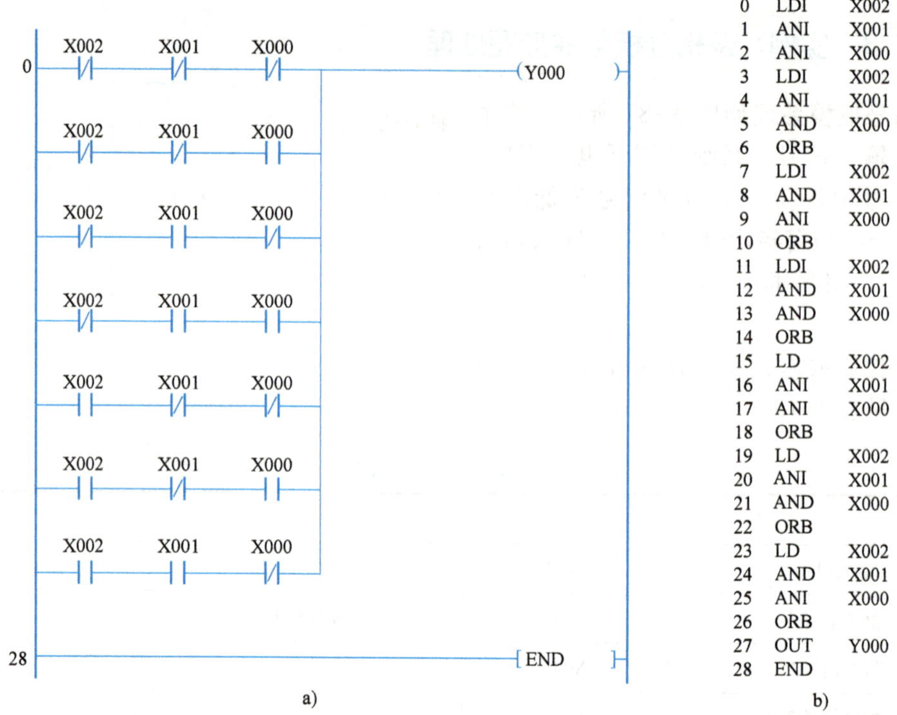

图 3-88 报警系统控制程序

a）梯形图 b）指令语句表

当然也可将该表达式用公式法化简或用卡诺图法进行化简，可得到表达式为

$$Y000=\overline{X002}+\overline{X001}+\overline{X000}$$

画出对应的梯形图如图 3-89a 所示，图 3-89b 为其所对应的指令语句表。可见该梯形图比图 3-88a 简单很多，要进行上述化简过程需要较多的逻辑代数知识。

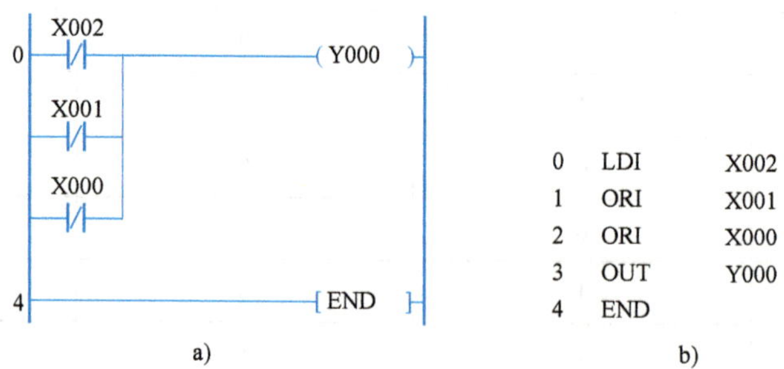

图 3-89 化简后的报警系统控制程序

a）梯形图 b）指令语句表

由表 3-14 可知，Y000 输出为 1 的有 7 项，而 Y000 输出为 0 的只有 1 项。即

$$\overline{Y000}=X002\cdot X001\cdot X000$$

将上式两边取非，可得

$$Y000=\overline{X002\cdot X001\cdot X000}$$

画出其对应的梯形图如图 3-90a 所示，图 3-90b 为其所对应的指令语句表。

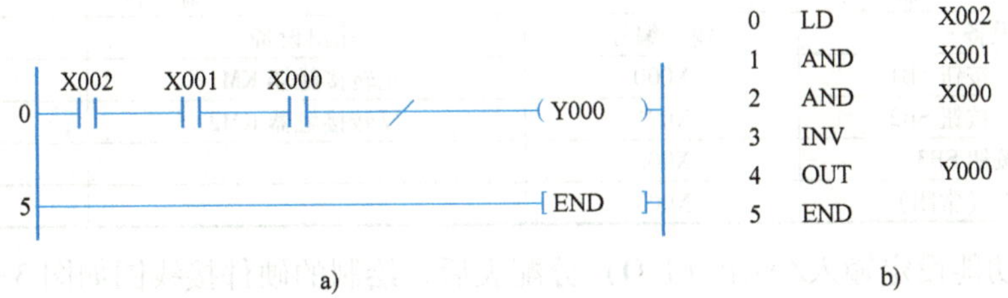

图 3-90 采用 INV 指令的逻辑设计报警系统控制程序
a）梯形图 b）指令语句表

3.8 将继电-接触器电路转换为梯形图

3.8.1 实例：电动机正/反转控制

码 3-3 PLC 控制电动机正反转

PLC 控制电动机正/反转控制电路如图 3-91 所示。控制要求如下：

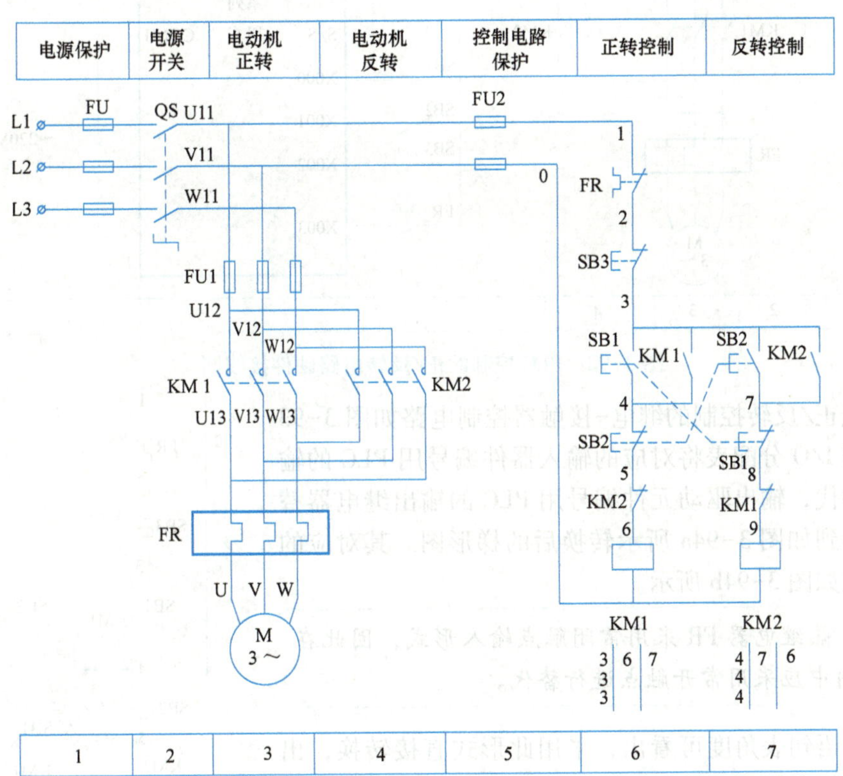

图 3-91 PLC 控制电动机正/反转控制电路

按下“正转起动”按钮 SB1 使电动机正转，按下“反转起动”按钮 SB2 使电动机反转，再次按下“正转起动”按钮使电动机再次正转，按下“停止”按钮 SB3 使电动机停止运行。

设定输入/输出（I/O）分配明细，见表 3-15。

表 3-15 I/O 分配表

输入		输出	
输入设备	输入编号	输出设备	输出编号
“正转起动”按钮 SB1	X000	正转接触器 KM1	Y000
“反转起动”按钮 SB2	X001	反转接触器 KM2	Y001
“停止”按钮 SB3	X002		
热继电器 FR（常闭）	X003		

根据控制功能设定输入/输出（I/O）分配表后，绘制的硬件接线图如图 3-92 所示。注意图中 PLC 输出端的 KM1、KM2 线圈回路采用了接触器互锁的硬件保护形式，这是软件保护所不能替代的。其根本原因是接触器互锁的目的是当接触器硬件发生故障时，保证两个接触器不会同时接通。若只采用软件互锁保护，则无法达到保护目的。

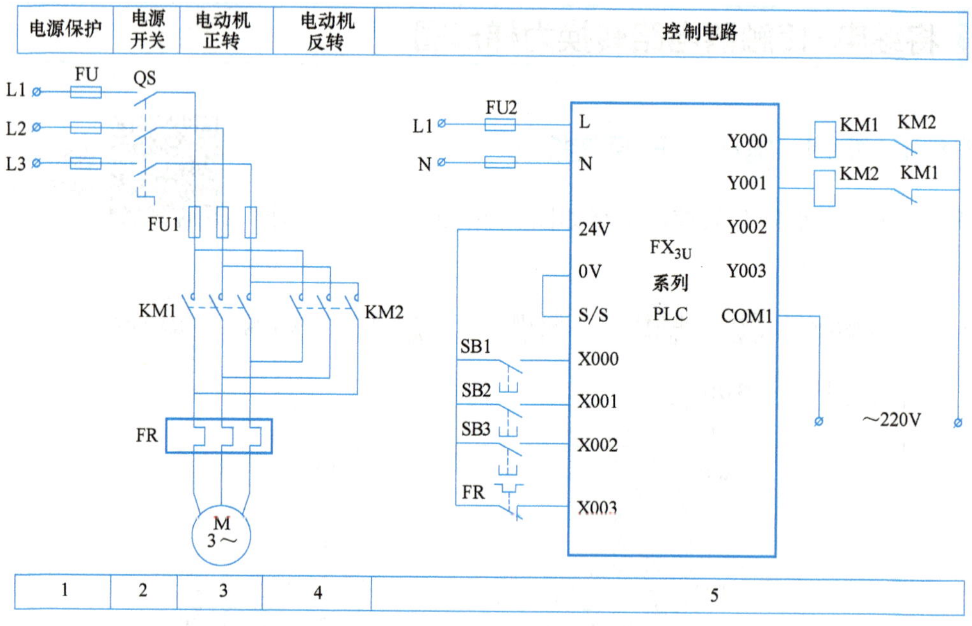

图 3-92 PLC 控制的正/反转电路硬件接线图

电动机正/反转控制的继电-接触器控制电路如图 3-93 所示，根据 I/O 分配表将对应的输入器件编号用 PLC 的输入继电器替代，输出驱动元件编号用 PLC 的输出继电器替代，即可得到如图 3-94a 所示转换后的梯形图。其对应的指令语句表如图 3-94b 所示。

注意： 热继电器 FR 采用常闭触点输入形式，因此在梯形图中应采用常开触点进行替代。

从指令语句表角度可看出，采用此形式直接转换，出现了进出栈指令 MPS、MPP 及电路块的串联指令 ANB。通常会将图 3-94 中串联触点多的程序放在上方，并联触点多的程序放在左方，以此原则进行调整。考虑到接触-继电器控制要节省触点，而 PLC 控制的触点个数无限制，因此将控制停止按钮 X002 常闭与热保护 X003 常开分别串联到

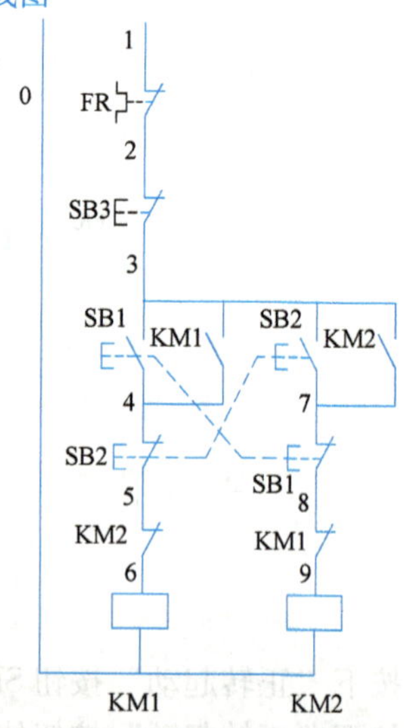

图 3-93 电动机正/反转控制的继电-接触器控制电路

Y000、Y001 控制回路进行控制。可将控制梯形图调整如图 3-95a 所示，其对应的指令语句表如图 3-95b 所示。

X003 X002 X000 X001 Y001 Y000 正转
Y000
X001 X000 Y000 Y001 反转
Y001
END

a)

```
LD     X003
ANI    X002
MPS
LD     X000
OR     Y000
ANB
ANI    X001
ANI    Y001
OUT    Y000
MPP
LD     X001
OR     Y001
ANB
ANI    X000
ANI    Y000
OUT    Y001
END
```

b)

图 3-94　电动机正/反转控制的继电-接触器控制电路转换成的梯形图与指令语句表
a）梯形图　b）指令语句表

对比图 3-95b 与图 3-94b，从指令语句表角度可看出，调整后的 PLC 控制电动机正/反转的梯形图形式，可减少进出栈指令 MPS、MPP 及电路块的串联指令 ANB，控制梯形图的功能更为简洁，可读性好。

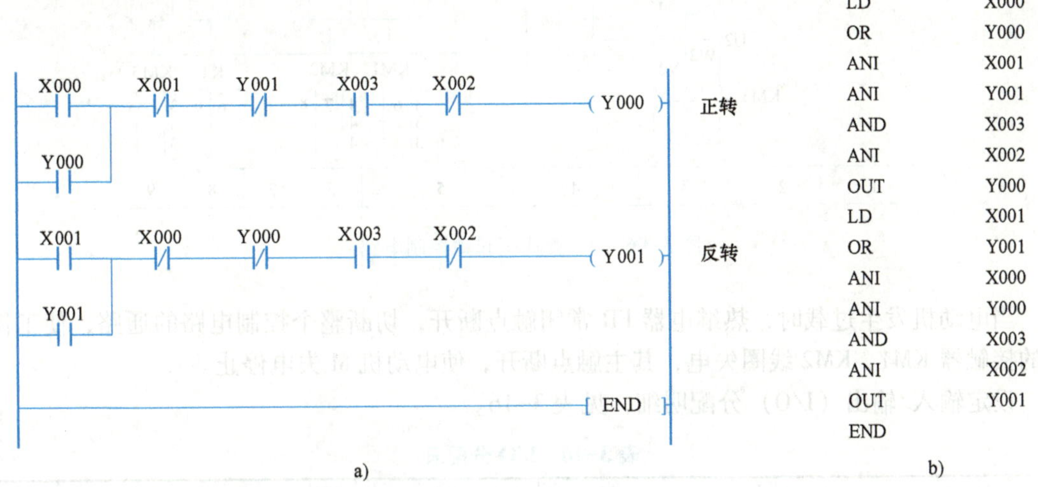


```
LD     X000
OR     Y000
ANI    X001
ANI    Y001
AND    X003
ANI    X002
OUT    Y000
LD     X001
OR     Y001
ANI    X000
ANI    Y000
AND    X003
ANI    X002
OUT    Y001
END
```

图 3-95　调整后的 PLC 控制电动机正/反转的梯形图
a）梯形图　b）指令语句表

3.8.2　实例：Y-△减压起动控制

Y-△减压起动控制电路如图 3-96 所示。其基本控制功能如下：

按下“起动”按钮 SB2，使 KM1 接触器线圈得电，KM1 主触点闭合使电动机 M 得电，同时 KM3 接触器线圈得电，KM3 主触点闭合使电动机接成星形起动，时间继电器 KT 接通开始定时。当松开“起动”按钮 SB2 后，由于 KM1 常开触点闭合自锁，使电动机 M 继续星形起动。当定时器定时时间到，则 KT 常闭触点断开，使 KM3 线圈失电，主触点断开星形联结，同时 KT 常开触点闭合，使 KM2 接触器线圈得电，KM2 主触点闭合使电动机接成三角形运行。按下“停止”按钮 SB1 时，其常闭触点断开，使接触器 KM1、KM2 线圈失电，其主触点断开使电动机 M 失电停止。

码 3-4 星-三角减压起动控制

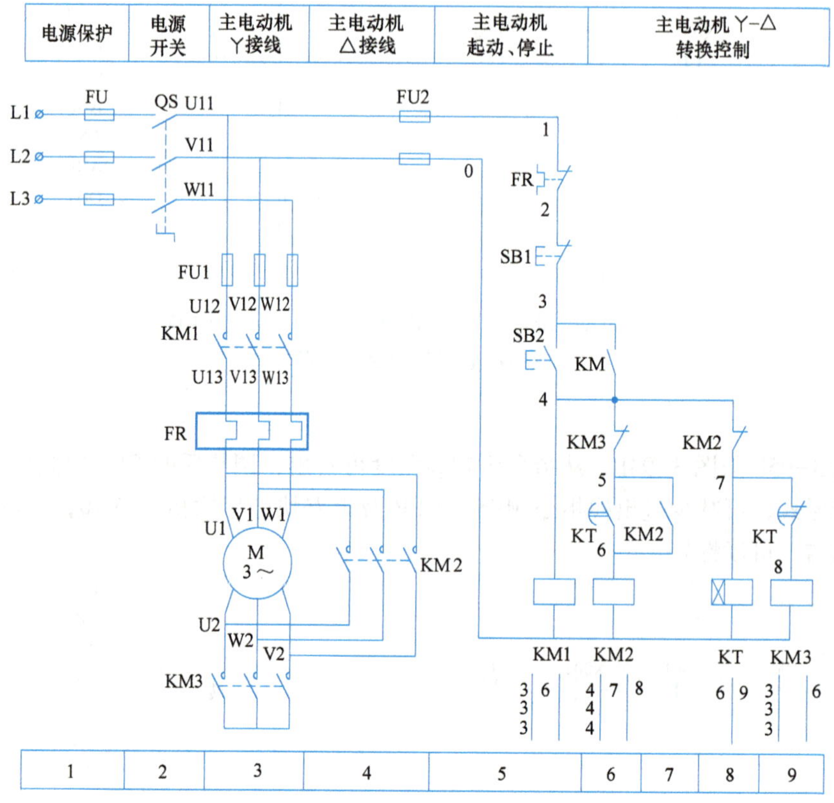

图 3-96 Y-△减压起动控制电路

当电动机发生过载时，热继电器 FR 常闭触点断开，切断整个控制电路的通路，使工作中的接触器 KM1、KM2 线圈失电，其主触点断开，使电动机 M 失电停止。

设定输入/输出（I/O）分配明细，见表 3-16。

表 3-16 I/O 分配表

输入		输出	
输入设备	输入编号	输出设备	输出编号
“停止”按钮 SB1	X000	接触器 KM1	Y000
“起动”按钮 SB2	X001	接触器 KM2	Y001
热继电器 FR（常闭）	X002	接触器 KM3	Y002

根据控制功能设定输入/输出（I/O）分配表，绘制的硬件接线图如图 3-97 所示。注意图中 PLC 输出端的 KM2、KM3 线圈回路采用了接触器互锁的硬件保护形式，这是软件保护所不能替代的。

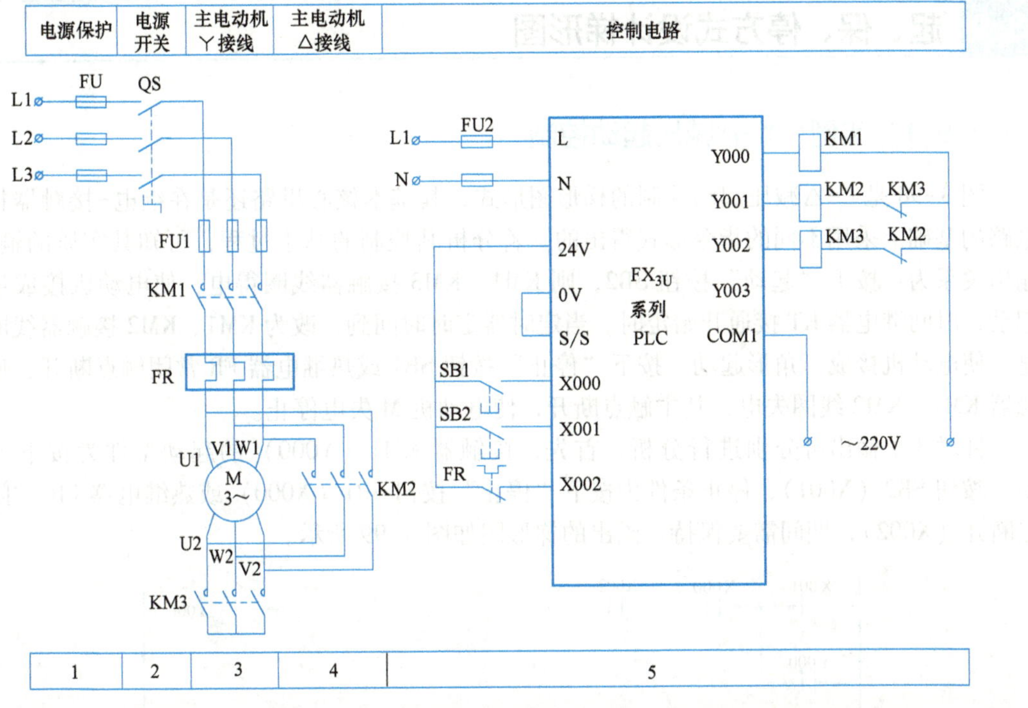

图 3-97　PLC 控制的Y-△减压起动控制电路

将继电-接触器控制电路按 I/O 分配表的编号可写出梯形图和指令语句表，如图 3-98 所示。

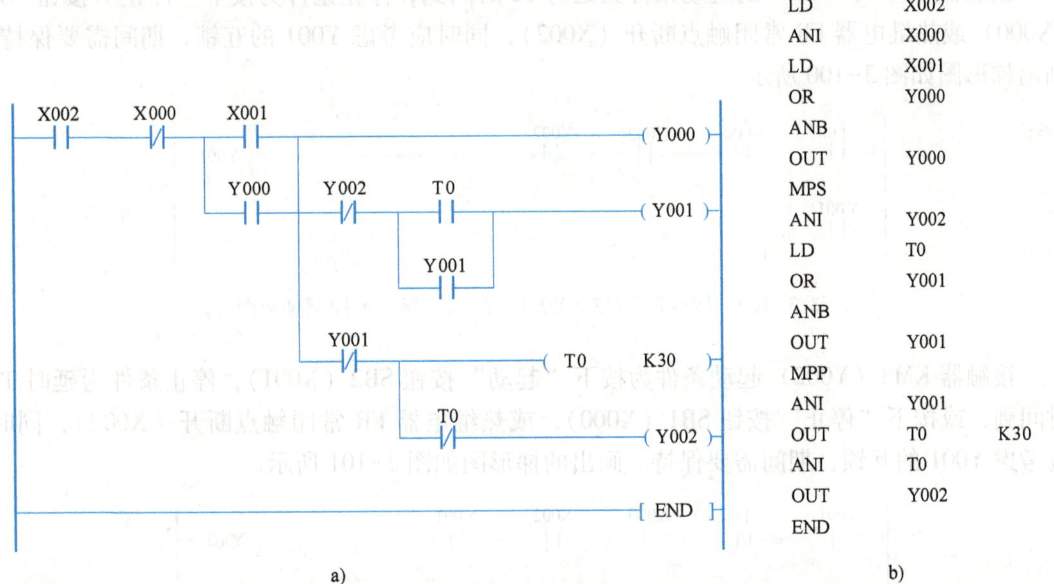

图 3-98　PLC 控制电动机Y-△起动的控制程序

a）梯形图　b）指令语句表

这种方法将用到进出栈指令。注意：热继电器的保护触点采用常闭触点，因此程序中的 X002（FR 设为常闭触点）采用常开触点。由于 FR 设为常闭触点，当 PLC 通电后 X002 得电，其常开触点闭合为电动机起动做好准备。

3.9 起、保、停方式设计梯形图

3.9.1 实例：Y-△减压起动控制

图 3-98 是Y-△减压起动控制的梯形图形式，其基本核心思路还是在继电-接触器控制电路的基础上采用不同的指令形式得出的。若分析其控制的基本过程，可知其实质的输入、输出关系为：按下“起动”按钮 SB2，则 KM1、KM3 接触器线圈得电，使电动机接成星形起动，时间继电器 KT 接通开始定时。当定时器定时时间到，改为 KM1、KM2 接触器线圈得电，使电动机接成三角形起动。按下“停止”按钮 SB1 或热继电器 FR 常闭触点断开，使接触器 KM1、KM2 线圈失电，其主触点断开，使电动机 M 失电停止。

针对 3 个输出可分别进行分析。首先，接触器 KM1（Y000）的起动条件为按下“起动”按钮 SB2（X001），停止条件为按下“停止”按钮 SB1（X000）或热继电器 FR 常闭触点断开（X002），期间需要保持。画出的梯形图如图 3-99 所示。

X001 X000 X002 Y000 Y000

图 3-99 接触器 KM1（Y000）的起、保、停控制梯形图

接触器 KM2（Y001）的起动条件为延时 T0 时间到，停止条件为按下“停止”按钮 SB1（X000）或热继电器 FR 常闭触点断开（X002），同时应考虑 Y001 的互锁，期间需要保持。画出梯形图如图 3-100 所示。

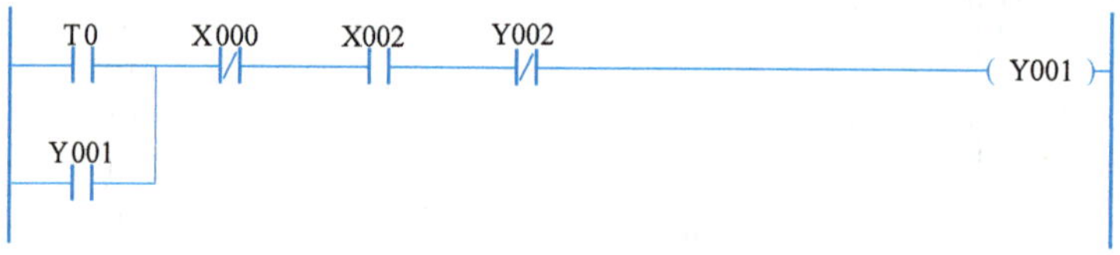

T0 X000 X002 Y002 Y001 Y001

图 3-100 接触器 KM2（Y001）的起、保、停控制梯形图

接触器 KM3（Y002）起动条件为按下“起动”按钮 SB2（X001），停止条件为延时 T0 时间到，或按下“停止”按钮 SB1（X000），或热继电器 FR 常闭触点断开（X002），同时应考虑 Y001 的互锁，期间需要保持。画出的梯形图如图 3-101 所示。

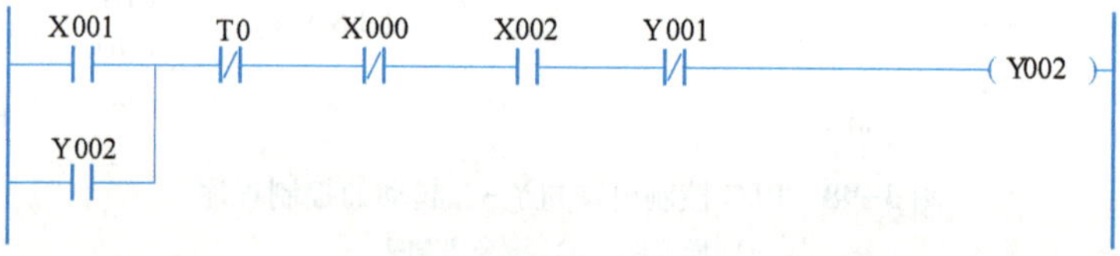

X001 T0 X000 X002 Y001 Y002 Y002

图 3-101 接触器 KM3（Y002）的起、保、停控制梯形图

定时器 T0 的起动条件为接触器 KM1（Y000）接通时，开始延时，无须保持，也无须停止，画出的梯形图如图 3-102 所示。

图 3-102　定时器 T0 的起、保、停控制梯形图

将各自输出的梯形图整合到一起，得到整个的控制梯形图如图 3-103 所示。

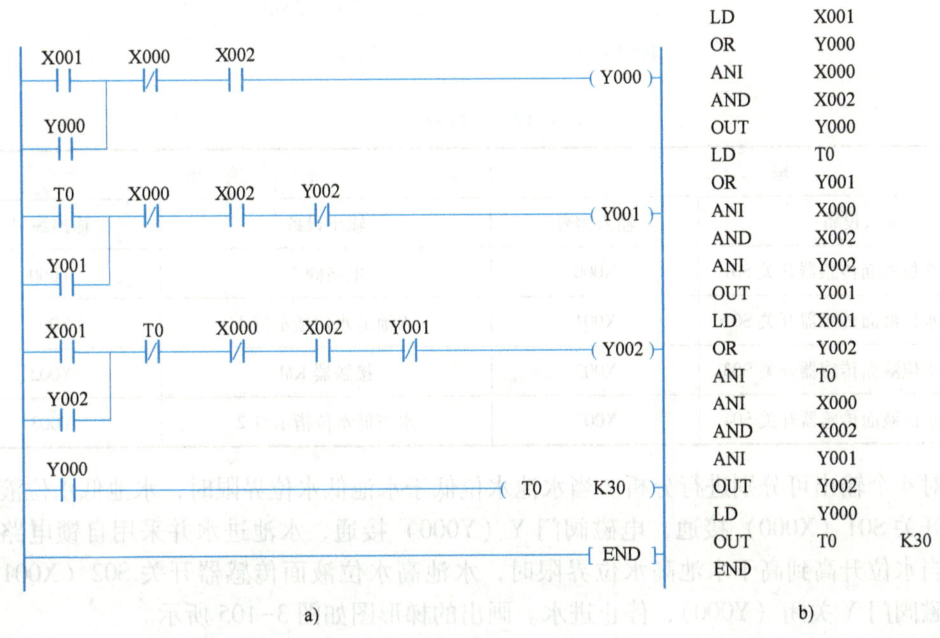

图 3-103　采用起、保、停控制方式的 PLC 控制电动机Y-△起动的控制程序
a）梯形图　b）指令语句表

3.9.2　实例：PLC 控制水塔、水池水位

水塔水位自动运行系统如图 3-104 所示，其控制要求如下：

1）当水池水位低于低水位界限时，液面传感器的开关 S01 接通（ON），发出低位信号，指示灯 1 闪烁（每 1 s 一次）；电磁阀门 Y 打开，水池进水。水位高于低水位界限时，开关 S01 断开（OFF）；指示灯 1 停止闪烁。当水位升高到高于高水位界限时，液面传感器使开关 S02 接通（ON），电磁阀门 Y 关闭，停止进水。

2）如果水塔水位低于水塔低水位界限时，液面传感器的开关 S03 接通（ON），发出低位信号，指示灯 2 闪烁（每 2 s 一次）；当此时 S01 为 OFF，则电动机 M 运转，水泵抽水。当水塔水位高于低水位界限时，开关 S03 断开（OFF），指示灯 2 停止闪烁。水塔水位上升到高于水塔高水位界限时，液面传感器使开关 S04 接通（ON），电动机停止运行，水泵停止抽水。电动机由接触器控制。

设定 I/O 分配明细，见表 3-17。

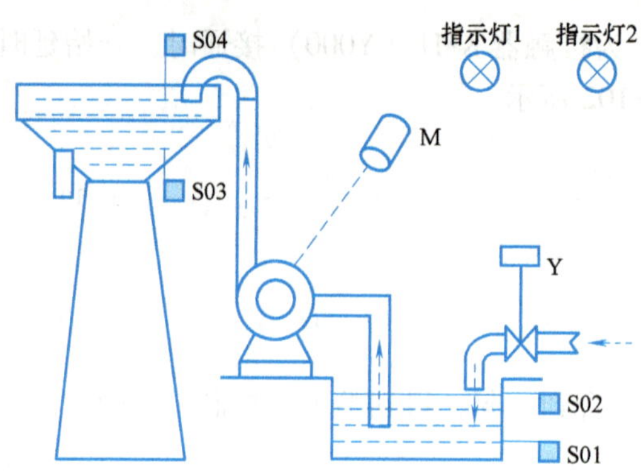

图 3-104　水塔水位自动运行系统

表 3-17　I/O 分配表

输　入		输　出	
输入设备	输入编号	输出设备	输出编号
水池低水位液面传感器开关 S01	X000	电磁阀 Y	Y000
水池高水位液面传感器开关 S02	X001	水池低水位指示灯 1	Y001
水塔低水位液面传感器开关 S03	X002	接触器 KM	Y002
水塔高水位液面传感器开关 S04	X003	水塔低水位指示灯 2	Y003

针对 4 个输出可分别进行分析。当水池水位低于水池低水位界限时，水池低水位液面传感器的开关 S01（X000）接通，电磁阀门 Y（Y000）接通，水池进水并采用自锁电路形式保护。当水位升高到高于水池高水位界限时，水池高水位液面传感器开关 S02（X001）接通，电磁阀门 Y 关闭（Y000），停止进水。画出的梯形图如图 3-105 所示。

由水池低水位液面传感器开关 S01（X000）控制，T0、T1 组成周期为 1 s 的闪烁电路。画出的梯形图如图 3-106 所示。

图 3-105　电磁阀门 Y 的控制梯形图

图 3-106　X000 控制的 T0、T1 所组成的闪烁电路

当 X000 接通则水池低水位指示灯 1（Y001）闪烁，实质为起动电路，即 X000 接通，Y001 闪烁，X000 断开，Y001 停止闪烁。画出的梯形图如图 3-107 所示。

图 3-107　X000 接通则水池低水位指示灯 1（Y001）闪烁

水塔水位控制与水池水位控制类似，读者可自行分析。编写完整的控制程序梯形图如图 3-108a 所示，其对应的指令语句表如图 3-108b 所示。

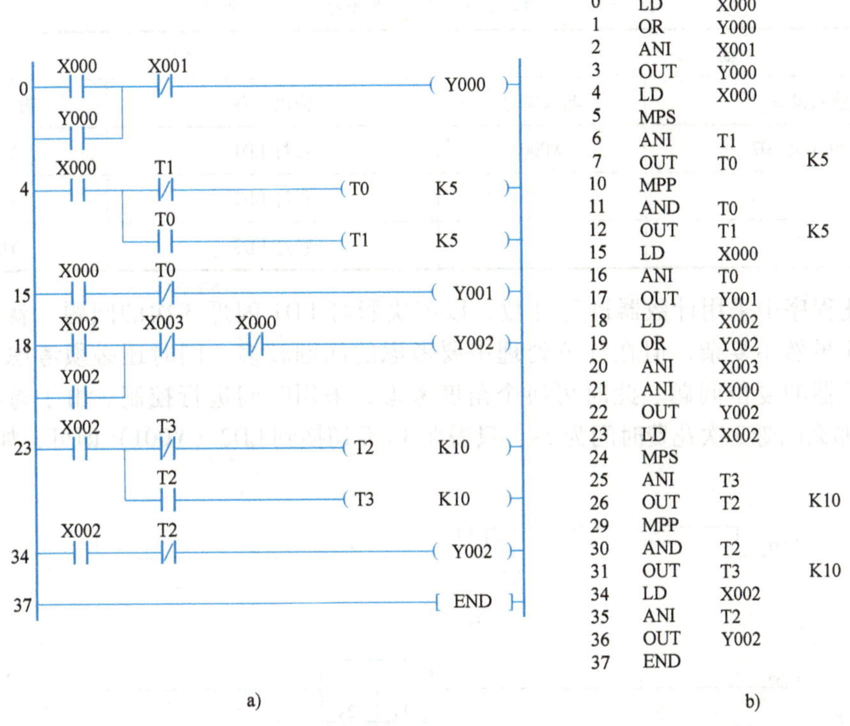

图 3-108　水塔水位自动运行电路系统控制程序
a）梯形图　b）指令语句表

3.10 时序逻辑方式设计梯形图

3.10.1 实例：PLC 控制彩灯闪烁

PLC 控制彩灯闪烁电路系统示意图如图 3-109 所示。其控制要求如下：

码 3-6　PLC 控制彩灯闪烁

1）彩灯电路受启动开关 S07 控制：当 S07 接通时，彩灯系统 LD1~LD3 开始顺序工作；当 S07 断开时，彩灯全熄灭。

2）彩灯工作循环：LD1 彩灯亮，延时 8 s 后，闪烁 3 次（每一周期为亮 1 s 熄 1 s），LD2 彩灯亮，延时 2 s 后，LD3 彩灯亮；LD2 彩灯继续亮，延时 2 s 后熄灭；LD3 彩灯延时 10 s 后，进入再循环。

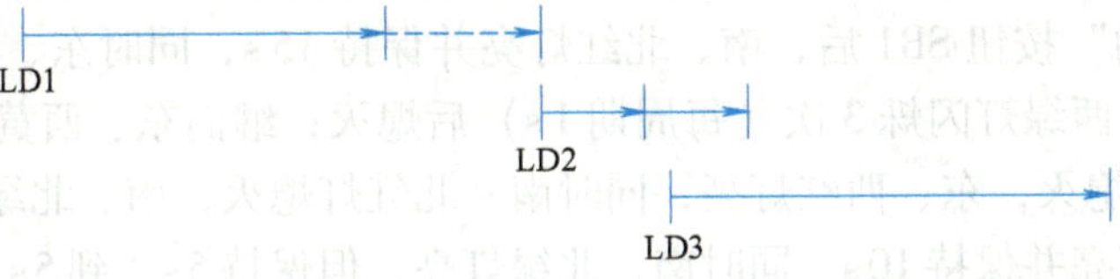

图 3-109　PLC 控制彩灯闪烁电路系统示意图

设定 I/O 分配明细见表 3-18。

表 3-18 PLC 控制彩灯闪烁系统 I/O 分配表

输入		输出	
输入设备	输入编号	输出设备	输出编号
启动开关 S07	X000	彩灯 LD1	Y000
		彩灯 LD2	Y001
		彩灯 LD3	Y002

在上述程序中采用计数器进行计数，以解决彩灯 LD1 闪烁 3 次的问题。就分析过程可见，程序虽然不复杂，但在细节处理中要考虑的问题较多，同时还必须考虑整个周期完成后计数器的复位问题。此时可换个角度考虑，采用时间进行控制。由于每次闪烁周期为 1 s，那么闪烁 3 次花费时间为 3 s，只需在 3 s 后切换到 LD2（Y001）即可，如图 3-110 所示。

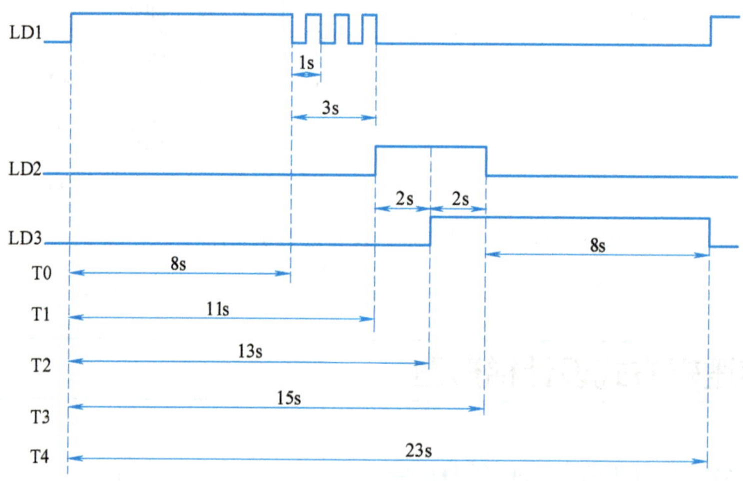

图 3-110 采用定时器处理彩灯闪烁中的闪烁次数

根据图 3-110 的时序图，采用时间控制方式的彩灯梯形图如图 3-111 所示。

3.10.2 实例：PLC 控制红绿灯

PLC 控制红绿灯的示意图如图 3-112 所示。其控制要求如下：

设置“启动”按钮 SB1，当它接通时，信号灯控制系统开始工作，且先南、北红灯亮，东、西绿灯亮。再设置“停止”按钮 SB2，用于停止信号灯系统。工艺流程如下：

1）按下“启动”按钮 SB1 后，南、北红灯亮并保持 15 s，同时东、西绿灯亮，但保持 10 s，到 10 s 时东、西绿灯闪烁 3 次（每周期 1 s）后熄灭；继而东、西黄灯亮，并保持 2 s，2 s 后，东、西黄灯熄灭，东、西红灯亮，同时南、北红灯熄灭，南、北绿灯亮。

2）东、西红灯亮并保持 10 s。同时南、北绿灯亮，但保持 5 s，到 5 s 时南、北绿灯闪烁 3 次（每周期 1 s）后熄灭；继而南、北黄灯亮，并保持 2 s，2 s 后，南、北黄灯熄灭，南、北红灯亮，同时东、西红灯熄灭，东、西绿灯亮。

码 3-7　PLC 控制红绿灯

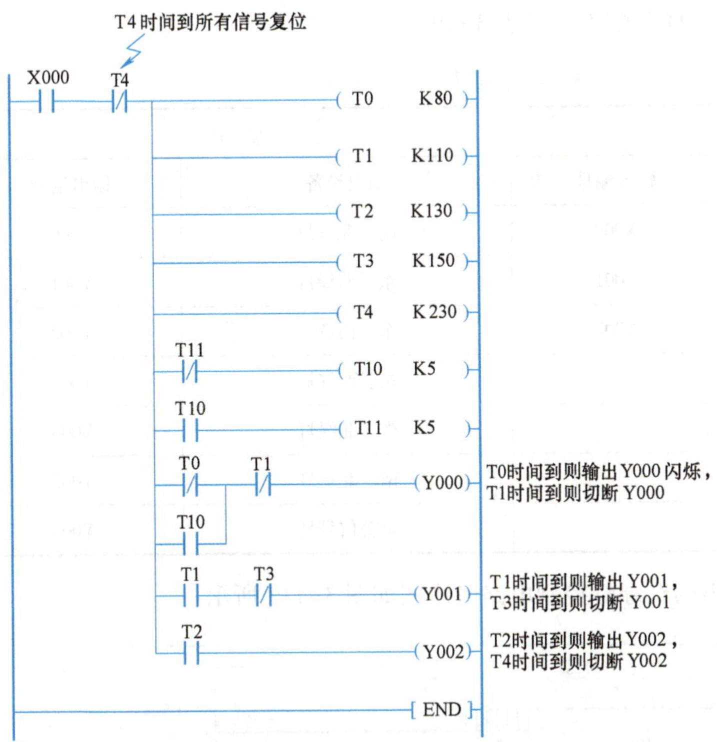

图 3-111　采用时间控制方式的彩灯梯形图

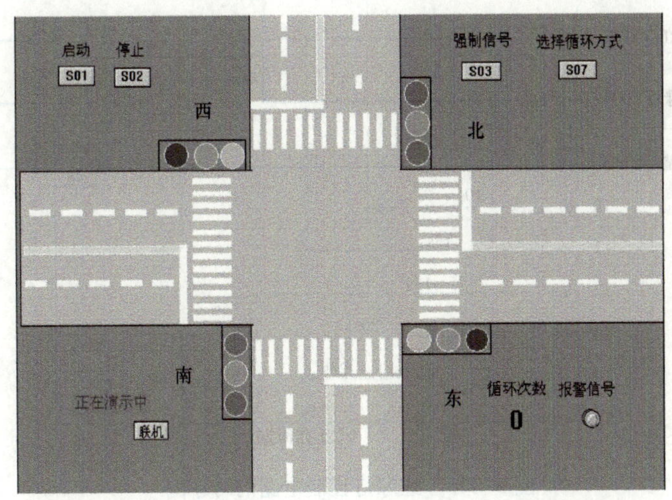

图 3-112　PLC 控制红绿灯示意图

3）上述过程进行一次循环；按“启动”按钮 SB1 后，红绿灯连续循环，按“停止”按钮 SB2，红绿灯立即停止。

4）当“强制”按钮 SB3 接通时，南、北黄灯和东、西黄灯同时亮，并不断闪亮，周期为 2 s，同时将控制台报警信号灯点亮。控制台报警信号灯及强制闪烁的黄灯在下一次启动时熄灭。

设定 PLC 控制红绿灯的 I/O 分配表，见表 3-19。

表 3-19 PLC 控制红绿灯的 I/O 分配表

输入		输出	
输入设备	输入编号	输出设备	输出编号
“启动”按钮 SB1	X000	南、北红灯	Y000
“停止”按钮 SB2	X001	东、西绿灯	Y001
“强制”按钮 SB3	X002	东、西黄灯	Y002
		东、西红灯	Y003
		南、北绿灯	Y004
		南、北黄灯	Y005
		报警信号灯	Y006

根据以上控制要求绘制出的红绿灯控制电路时序图如图 3-113 所示。

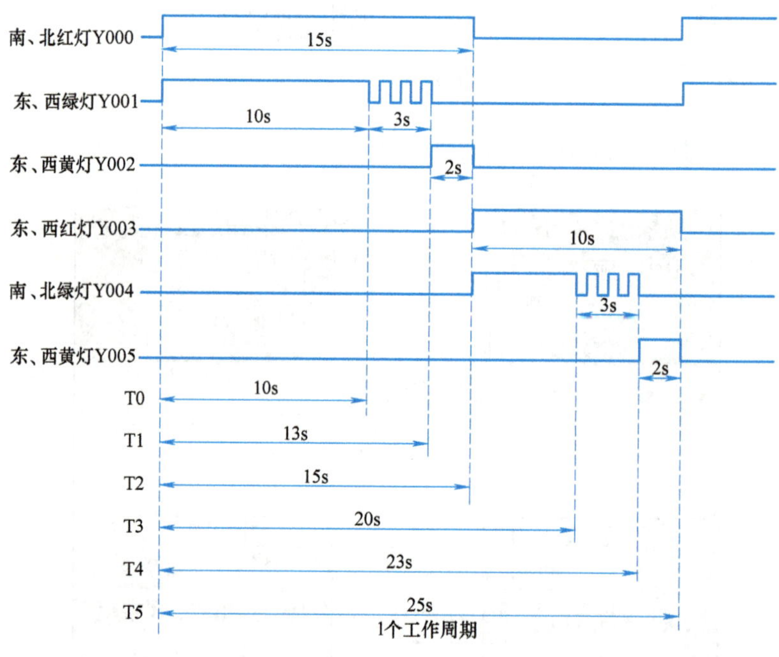

图 3-113 红绿灯控制电路的时序图

由时序图可知程序控制的难点主要在绿灯的闪烁问题。而处理绿灯的闪烁问题与 3.10.1 节中的彩灯闪烁问题相同，可考虑采用标准的振荡电路形式、特殊辅助继电器 M8013、使用特殊定时器指令等方法解决振荡电路问题，其闪烁次数也可采用计数方法或时间控制的方式处理。采用时间控制的控制程序如图 3-114 所示。

在该控制梯形图中两次用到振荡电路：一次是采用 T10、T11 构成 1 s 的振荡电路，用以实现绿灯的闪烁；另一次是采用 T12、T13 构成 2 s 的振荡电路，用以实现报警时黄灯的闪烁。但实际上，报警时黄灯闪烁的周期是正常工作时绿灯闪烁周期的 2 倍，因此可采用二分频电路直接获取黄灯闪烁的信号，此时可省略采用T12、T13构成2s的振荡电路。

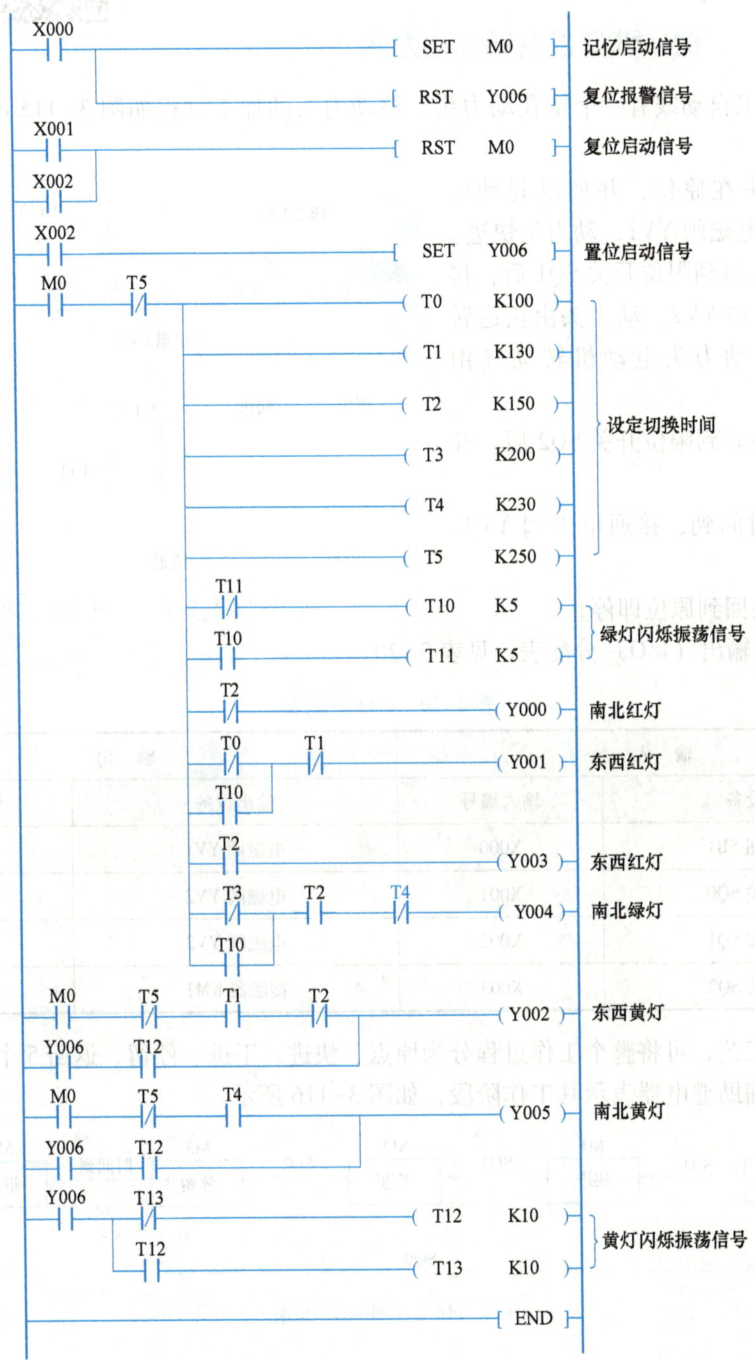

图3-114　对红绿灯采用时间控制的梯形图

3.11 顺序控制方式设计梯形图

3.11.1 实例：PLC 控制钻孔动力头

某一冷加工自动线有一个钻孔动力头，该动力头的加工过程如图 3-115 所示。其控制要求如下：

1）动力头在原位，并加以起动信号，这时接通电磁阀 YV1，动力头快进。

2）动力头碰到限位开关 SQ1 后，接通电磁阀 YV1 和 YV2，动力头由快进转为工进，同时动力头电动机转动（由 KM1 控制）。

3）动力头碰到限位开关 SQ2 后，开始延时 3 s。

4）延时时间到，接通电磁阀 YV3，动力头快退。

5）动力头回到原位即停止。

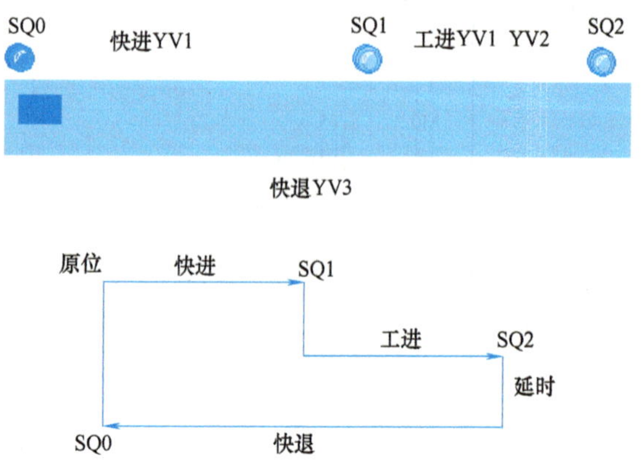

图 3-115 钻孔动力头加工过程

确定输入/输出（I/O）分配表，见表 3-20。

表 3-20 I/O 分配表

输入		输出	
输入设备	输入编号	输出设备	输出编号
起动按钮 SB1	X000	电磁阀 YV1	Y000
限位开关 SQ0	X001	电磁阀 YV2	Y001
限位开关 SQ1	X002	电磁阀 YV3	Y002
限位开关 SQ2	X003	接触器 KM1	Y003

根据控制工艺，可将整个工作过程分为原点、快进、工进、停留、返回 5 个阶段，每个阶段用不同的辅助继电器表示其工作阶段，如图 3-116 所示。

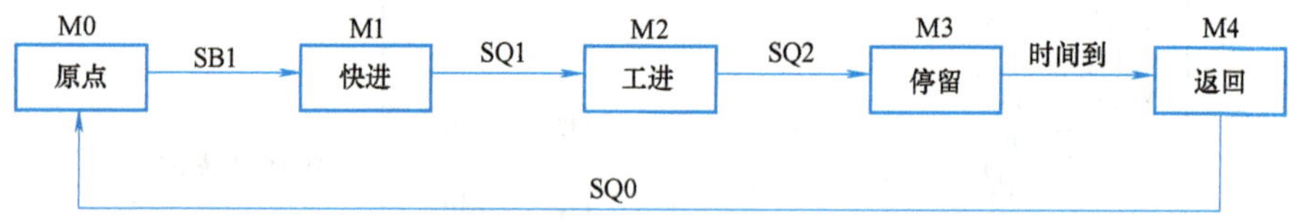

图 3-116 工作顺序关系

按照顺序控制的结构形式用 M_i 表示当前工作阶段，M_{i-1} 表示前一个阶段，M_{i+1} 表示下一个阶段，此时梯形图通常采用顺控结构，如图 3-117 所示。

此时只需按照工艺判断某个输出在哪几个 M 阶段接通，然后将这几个 M 并联即可。例如，Y000 在 M_{i-1} 和 M_{i+2} 阶段接通，此时对应的梯形图如图 3-118 所示。

图 3-117　顺序控制结构的梯形图

图 3-118　Y000 在 M_{i-1} 和 M_{i+2} 阶段接通时对应的梯形图

按照图 3-116 所示阶段，根据控制工艺，PLC 控制钻孔动力头的控制程序如图 3-119 所示，读者可按以上原则自行分析。

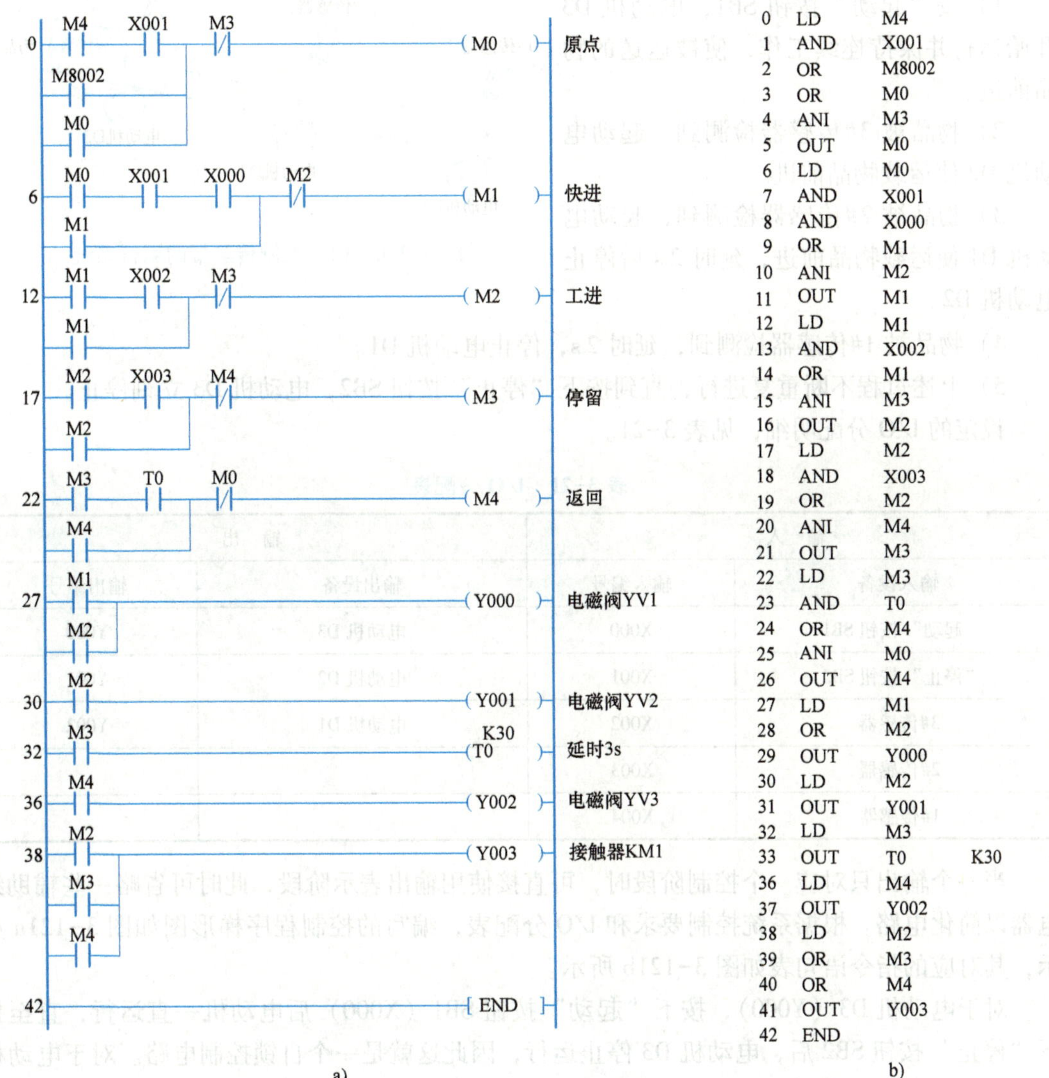

图 3-119　PLC 控制钻孔动力头的控制程序

a）梯形图　b）指令语句表

3.11.2 实例：PLC 控制传送带装置

码 3-9 PLC 控制传送带装置

设计传送带电动机的运行系统，如图 3-120 所示。其控制要求如下：

某车间运料传送带分为 3 段，由 3 台电动机分别驱动。该运行系统使载有物品的传送带运行，没载物品的传送带停止运行，以节约能源。但是要保证物品在整个运输过程中连续地从上段运行到下段。所以既不能使下段电动机起动太早，又不能使上段电动机停止太迟。

工作流程：

1）按“起动”按钮 SB1，电动机 D3 开始运行并保持连续工作，使被运送的物品前进。

2）物品被 3#传感器检测到，起动电动机 D2 使运载物品前进。

3）物品被 2#传感器检测到，起动电动机 D1 使运载物品前进，延时 2 s 后停止电动机 D2。

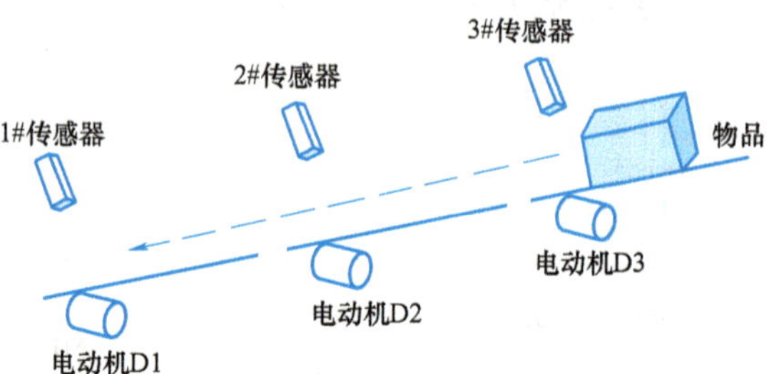

图 3-120 PLC 控制传送带的运行系统

4）物品被 1#传感器检测到，延时 2 s，停止电动机 D1。

5）上述过程不断重复进行，直到按下“停止”按钮 SB2，电动机 D3 立刻停止。

设定的 I/O 分配明细，见表 3-21。

表 3-21 I/O 分配表

输入		输出	
输入设备	输入编号	输出设备	输出编号
“起动”按钮 SB1	X000	电动机 D3	Y000
“停止”按钮 SB2	X001	电动机 D2	Y001
3#传感器	X002	电动机 D1	Y002
2#传感器	X003		
1#传感器	X004		

当一个输出只对应一个控制阶段时，可直接使用输出表示阶段，此时可省略一些辅助继电器以简化电路。根据系统控制要求和 I/O 分配表，编写的控制程序梯形图如图 3-121a 所示，其对应的指令语句表如图 3-121b 所示。

对于电动机 D3（Y000），按下“起动”按钮 SB1（X000）后电动机一直运行，直至按下“停止”按钮 SB2 后，电动机 D3 停止运行，因此这就是一个自锁控制电路。对于电动机 D2（Y001），由 3#传感器（X002）检测起动，电动机 D1 起动 2 s 后停止。对于电动机 D1（Y002），由 2#传感器（X003）检测起动，当物品被 1#传感器（X004）检测到且延时 2 s，停止电动机 D1（Y002）。但 1#传感器（X004）检测到物品后，物品继续前进，1#传感器（X004）不会长期接通，因此程序中采用辅助继电器 M0 来记忆 X004 被接通且延时 2 s 后，停止电动机 D1（Y002）与辅助继电器 M0。同时 D3 是 D2 的发生条件、D2 是 D1 的发生条件，体现了顺序控制。

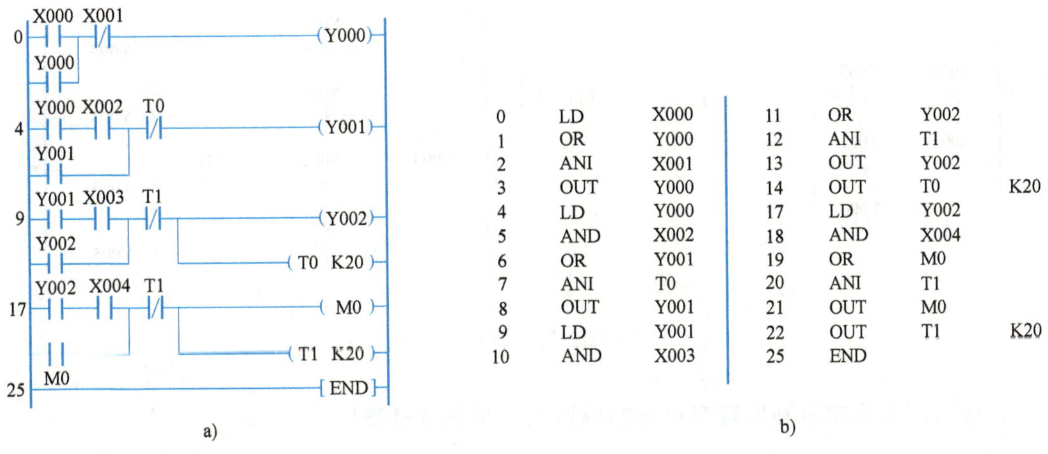

0	LD	X000		11	OR	Y002	
1	OR	Y000		12	ANI	T1	
2	ANI	X001		13	OUT	Y002	
3	OUT	Y000		14	OUT	T0	K20
4	LD	Y000		17	LD	Y002	
5	AND	X002		18	AND	X004	
6	OR	Y001		19	OR	M0	
7	ANI	T0		20	ANI	T1	
8	OUT	Y001		21	OUT	M0	
9	LD	Y001		22	OUT	T1	K20
10	AND	X003		25	END		

b)

图 3-121 传送带控制系统控制程序

a）梯形图 b）指令语句表

3.12 思考题

1. 将下面的梯形图转换成指令语句表（见图 3-122）

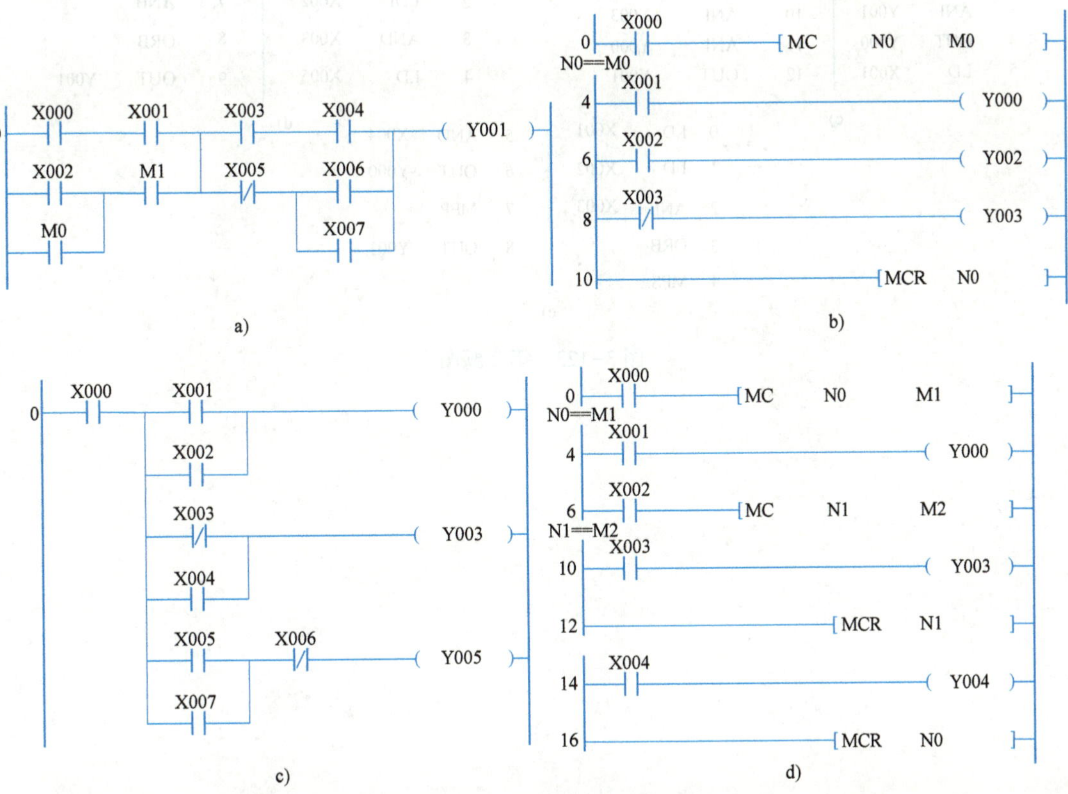

图 3-122 第 1 题图

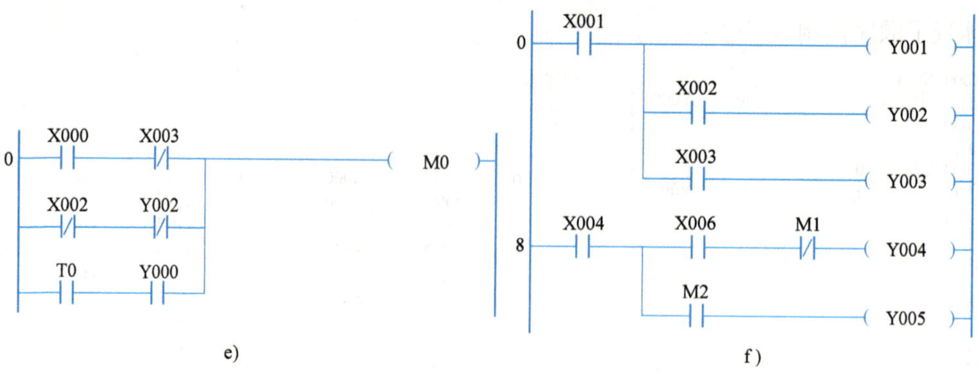

图 3-122 第 1 题图（续）

2. 根据指令语句表画出程序对应的梯形图（见图 3-123）

0	LD	X000	4	OR	M1
1	AND	X001	5	OUT	Y000
2	OR	M0	6	ANI	X003
3	AND	X002	7	OUT	Y001

a)

0	LD	X000	5	AND	X002
1	MPS		6	OUT	Y002
2	AND	X001	7	MPP	
3	OUT	Y000	8	ANI	X003
4	MRD		9	OUT	Y003

b)

0	LD	X000	6	PLF	M0
1	OR	Y000	8	LD	M0
2	ANI	X002	9	OR	Y001
3	ANI	Y001	10	ANI	X003
4	OUT	Y000	11	ANI	Y000
5	LD	X001	12	OUT	Y001

c)

0	LD	X000	5	ANI	X006
1	ANI	X001	6	OR	M1
2	LDI	X002	7	ANB	
3	AND	X003	8	ORB	
4	LD	X005	9	OUT	Y001

d)

0	LD	X001	5	AND	X004
1	LD	X002	6	OUT	Y000
2	ANI	X003	7	MPP	
3	ORB		8	OUT	Y001
4	MPS				

e)

图 3-123 第 2 题图

第 4 章 步进顺控指令及编程

4.1 状态元件与步进顺控指令

4.1.1 状态转移图与状态元件

在顺序控制中，生产过程是按顺序、有步骤地一个阶段接一个阶段连续工作的。即每一个控制程序均可分为若干个阶段，这些阶段称为状态。在顺序控制的每一个状态中都有完成该状态控制任务的驱动元件和转入下一个状态的条件。当顺序控制执行到某一个状态时，该状态对应的控制元件被驱动，控制输出执行机构完成相应的控制任务，当向下一个状态转移的条件满足时则顺序控制进入下一个状态，驱动下一个状态对应的控制元件，同时原状态自动解除，原驱动的元件复位。用图形表示的这种状态转移称为状态转移图或状态流程图。

状态转移图又称为顺序功能图（Sequential Function Chart，SFC），用于描述控制系统的顺序控制过程，具有简单、直观的特点，是设计 PLC 顺控程序的一种有力工具。状态转移图通常由初始状态、一般状态、转移线和转移条件组成，其中每一步包含三个内容：本步可驱动的有关负载、转移条件及指令的转移目标。其结构如图 4-1 所示。

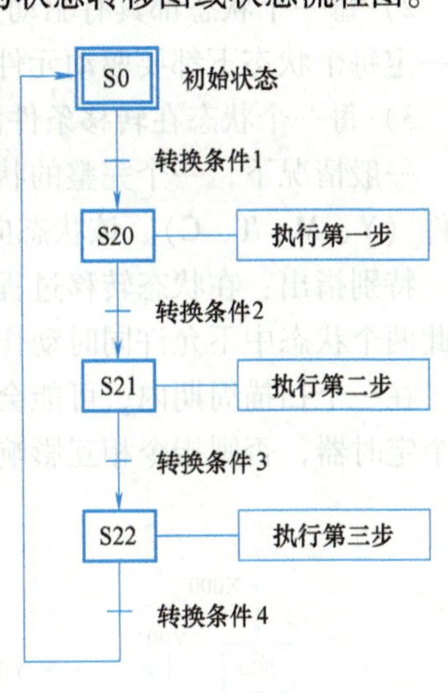

图 4-1 状态转移图

由图 4-1 可以看出，在状态转移图中，控制过程的初始状态用双线框来表示，单线框表示顺序执行的“步”或“状态”，框中是状态元件 S 及其编号，步与步之间用有向线段连接，如果进行方向是由上向下或从左到右，线段上的箭头可以省略不画，其他方向必须加上箭头用来注明步的进展方向。当任意一步被激活时，相应的动作或命令将被执行。一个活动步可以有一个或几个动作或命令被执行。

需要注意，步与步之间的状态转换需满足两个条件：一是前级步必须是活动步；二是对应的转换条件要成立。满足上述两个条件就可以实现步与步之间的转换。一旦后续步转换成功而成为活动步，前级步就要复位成为非活动步。这样，状态转移图的分析就变得条理清晰，无须考虑状态之间的繁杂关系，可以理解为“只干自己需要干的事，无须考虑其他”。另外，这也方便了程序的阅读理解，使程序的试运行、调试、故障检查与排除变得非常容易，这就是步进顺控设计法的优点。

状态元件 S 是步进顺控编程的重要软元件，随状态动作的转移，原状态元件自动复位。状态元件的常开/常闭触点使用次数无限制。当状态元件不用于步进顺控时，状态元件也可作为辅助继电器用于程序当中。它通常分为以下几种类型：

1）S0～S9：初始状态元件；

2）S10～S19：回零状态元件；

3）S20～S499：通用状态元件；

4）S500～S899：保持状态元件；

5）S900～S999：报警状态元件。

码 4-1　状态转移图和状态元件

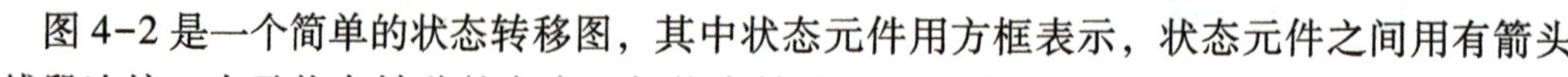

图 4-2 是一个简单的状态转移图，其中状态元件用方框表示，状态元件之间用有箭头的线段连接，表示状态转移的方向。与状态转移方向垂直的短线表示状态转移的条件，而状态元件方框右边伸出的部分表示该状态下驱动的元件。图 4-2 中当状态元件 S20 有效时输出的 Y000 与 Y001 被驱动。当转移条件 X000 满足后，状态由 S20 转入 S21，此时 S20 自动解除，Y000 复位，Y002 接通，但 Y001 是用 SET 指令置位的，未用 RST 指令复位前，Y001 将一直保持接通。

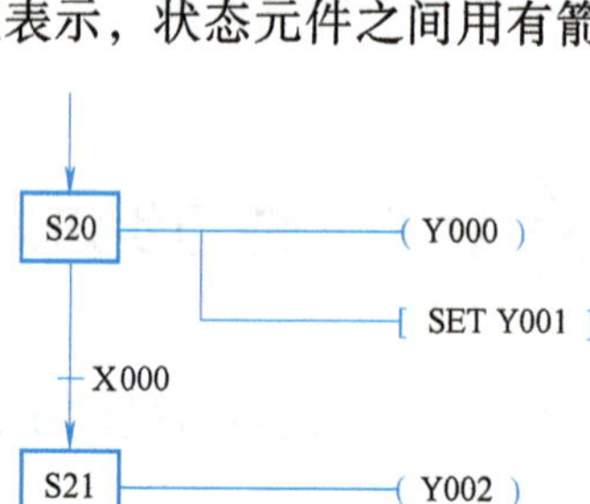

图 4-2　简单状态转移图

由以上分析可知，状态转移图具有以下特点：

1）每一个状态都是由一个状态元件控制的，以确保状态控制正常进行。使用状态继电器时可按编号顺序使用，也可任意使用，但不允许重复使用，即每一个状态都是由唯一的一个状态元件控制的。

2）每一个状态都具有驱动元件的能力，能够使该状态下要驱动的元件正常工作，当然不一定每个状态下都要驱动元件，应视具体情况而定。

3）每一个状态在转移条件满足时都会转移到下一个状态，而原状态自动解除。

一般情况下，一个完整的状态转移图包括：该状态的控制元件（S×××）、该状态的驱动元件（Y、M、T、C）、该状态向下一个状态转移的条件以及转移方向。

特别指出：在状态转移过程中，在一个扫描周期内会出现两个状态同时动作的可能性，因此两个状态中不允许同时动作的驱动元件之间应进行联锁控制，如图 4-3 所示。

在一个扫描周期内，可能会出现两个状态同时动作，因此在相邻两个状态中不能出现同一个定时器，否则指令相互影响，可能使定时器无法正常工作，如图 4-4 所示。

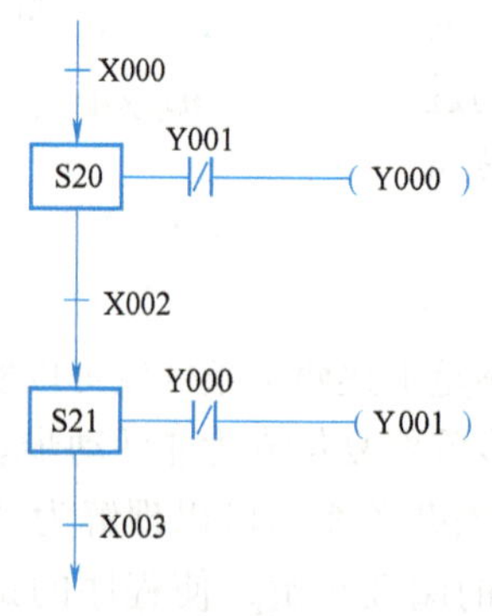

图 4-3　两个状态中不允许同时动作的驱动元件之间进行联锁控制

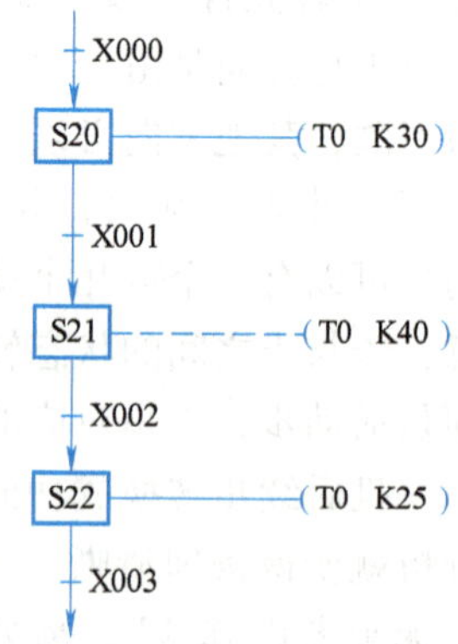

图 4-4　相邻两个状态中不允许出现同一个定时器

4.1.2　步进顺控指令

FX_{3U}系列 PLC 有两种步进顺控指令。

1. 步进接点指令 STL

步进接点指令 STL 的功能是从左母线连接步进接点。STL 指令的操作元件为状态元件 S。

步进接点只有常开触点，没有常闭触点，步进接点要接通，应该采用 SET 指令进行置位。步进接点作用与主控接点一样，将左母线向右移动，形成副母线，与副母线相连的接点应以 LD 或 LDI 指令为起始，与副母线相连的线圈可不经过触点而直接被驱动，如图 4-5 所示。

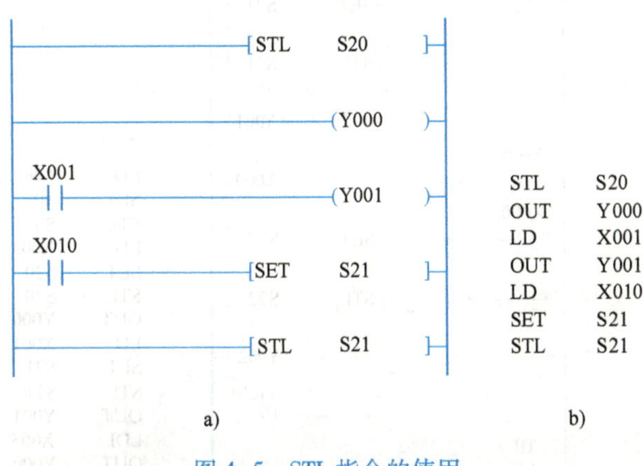

图 4-5　STL 指令的使用

a）梯形图　b）指令语句表

步进接点具有主控和跳转作用，当步进接点闭合时，步进接点后面的电路块被执行，当步进接点断开时，步进接点后面的电路块不执行。因此在步进接点后面的电路块中不允许使用主控或主控复位指令。

2. 步进返回指令 RET

RET 指令的功能是使由 STL 指令所形成的副母线复位。RET 指令无操作元件。其使用如图 4-6 所示。

步进接点指令具有主控和跳转作用，因此不必每一条 STL 指令后都加一条 RET 指令，只需在最后使用一条 RET 指令即可。

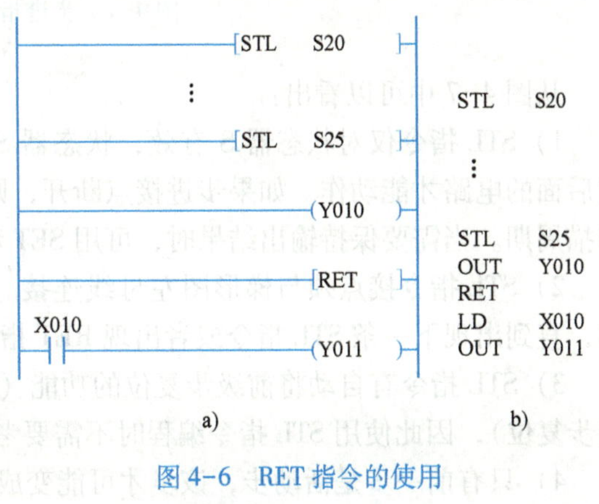

图 4-6　RET 指令的使用

a）梯形图　b）指令语句表

步进指令虽然只有两条，但是它的功能比较强大。对状态转移图进行编程时，还要清楚图中驱动负载、指定转换目标和指定转换条件三个要素之间的关系。步进指令的编程原则是：先进行驱动动作处理，然后进行状态转移处理，不能颠倒。其中，指定转换目标和指定转换条件是必不可少的，而驱动处理则可视情况而定，可以不进行实际的负载驱动。

图 4-7 是步进指令的使用说明，分别从状态转移图、相应的梯形图和指令语句表三方面对应说明。

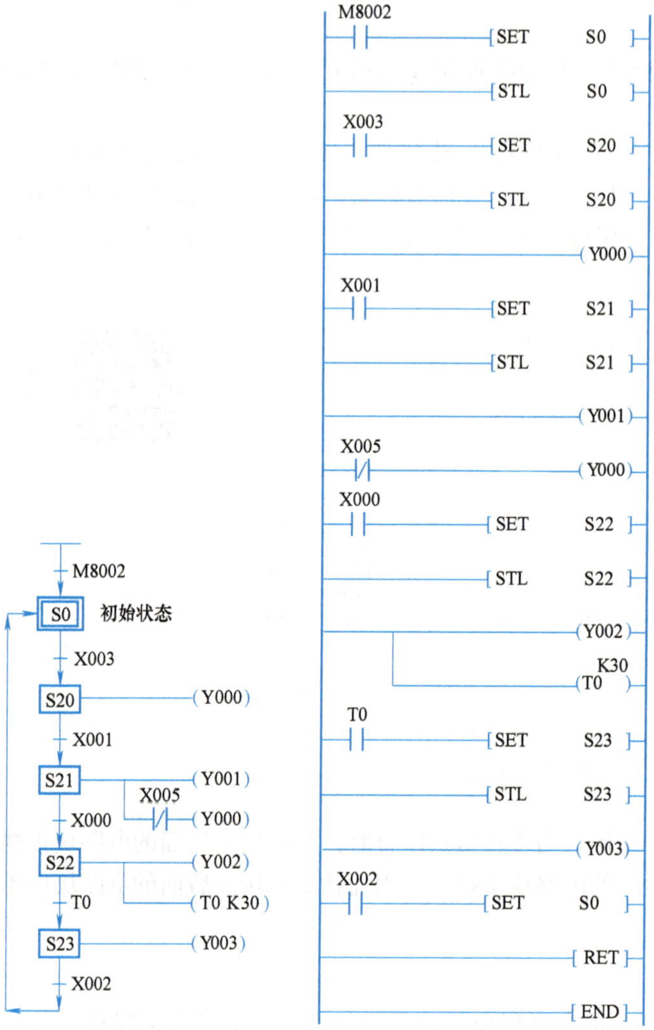

```
LD    M8002
SET   S0
STL   S0
LD    X003
SET   S20
STL   S20
OUT   Y000
LD    X001
SET   S21
STL   S21
OUT   Y001
LDI   X005
OUT   Y000
LD    X000
SET   S22
STL   S22
OUT   Y002
OUT   T0    K30
LD    T0
SET   S23
STL   S23
OUT   Y003
LD    X002
SET   S0
RET
END
```

图 4-7 步进指令的使用说明

从图 4-7 中可以看出：

1）STL 指令仅对状态器 S 有效，状态器 S 的触点称为步进接点。只有步进接点接通，它后面的电路才能动作。如果步进接点断开，则其后面的电路将全部断开，但还要执行一个扫描周期。当需要保持输出结果时，可用 SET 和 RST 指令来实现。

2）STL 指令接点须与梯形图左母线连接。使用 STL 指令后，LD 或 LDI 指令点则被右移，直到出现下一条 STL 指令或者出现 RET 指令才返回左母线。

3）STL 指令有自动将前级步复位的功能（在状态转换成功的第二个扫描周期自动将前级步复位），因此使用 STL 指令编程时不需要考虑前级步的复位问题。

4）只有前一步是活动步，该步才可能变成活动步。一般采用无断电保持功能的编程元件代表各步，进入 RUN 工作方式时，它们均处于断开状态，系统无法工作。必须使用初始化脉冲 M8002 的常开触点作为转换条件，将初始步预置为活动步。CPU 只执行活动步对应的电路块，因此，步进梯形图允许双线圈输出。

5）使用 STL 指令后的状态继电器具有步进控制功能，可直接驱动 Y、M、S、T 等继电器线圈。这时除了提供步进常开接点，还可提供普通的常开触点与常闭触点。

6）状态的转移可以使用 SET 指令，但若向上游转移、向非连接的下游转移或向其他流程转移，称为非连续转移，此时可使用 SET 指令，也可使用 OUT 指令。

4.2 单流程的程序设计

4.2.1 单流程的程序设计

如图 4-8a 所示，从头到尾只有一条路可走，称为单流程结构。若出现循环控制，只要以一定顺序逐步执行且没有分支，也属于单流程，如图 4-8b 所示。

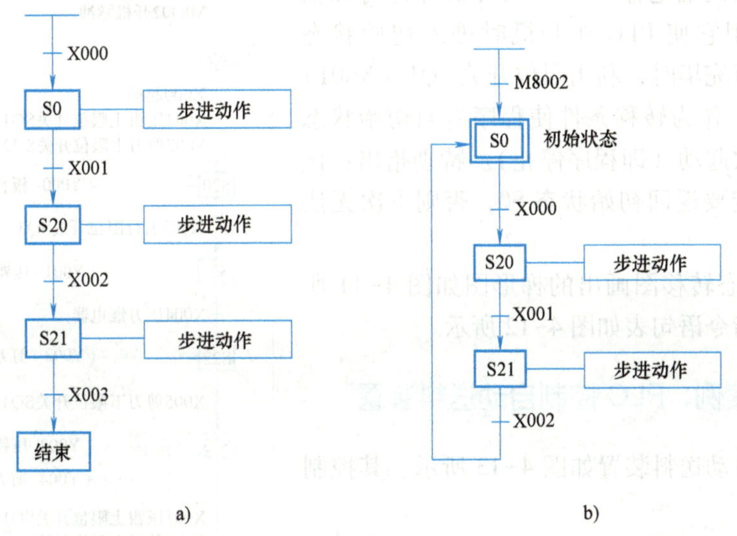

图 4-8　单流程结构状态转移图

4.2.2 实例：PLC 控制剪板机

PLC 控制剪板机工作示意图如图 4-9 所示。其控制要求如下：

开始时压钳和剪刀在上限位置，限位开关 SQ1 和 SQ2 闭合。按下“起动”按钮后，板料右行至限位开关 SQ3 处，然后压钳下行，压紧板料后压力继电器吸合，压钳保持压紧，剪刀开始下行。剪断板料后，压钳和剪刀同时上行，分别碰到限位开关 SQ1 和 SQ2，停止上行。压钳和剪刀都停止后，又开始下一周期的工作。

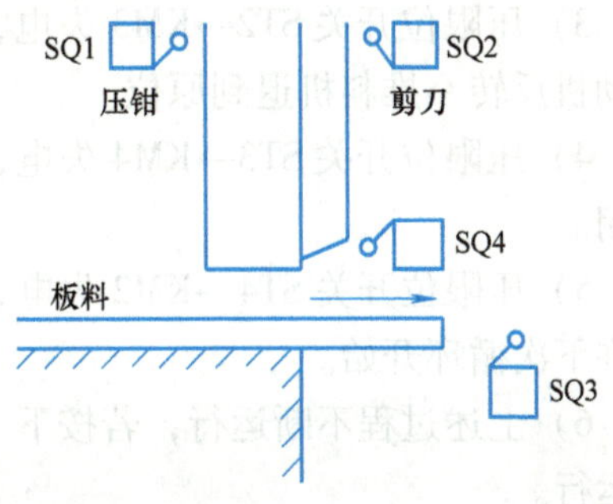

图 4-9　PLC 控制剪板机工作示意图

解： 1）确定输入/输出（I/O）分配明细，见表 4-1。

表 4-1 I/O 分配表

输 入		输 出	
输入设备	输入编号	输出设备	输出编号
“起动”按钮 SB1	X000	板料右行电动机	Y000
压钳上限位开关 SQ1	X001	压钳下行电磁阀 YV1	Y001
剪刀上限位开关 SQ2	X002	压钳上行电磁阀 YV2	Y002
右行限位开关 SQ3	X003	剪刀下行电磁阀 YV3	Y003
压力继电器	X004	剪刀上行电磁阀 YV4	Y004
剪刀下限位开关 SQ4	X005		

2）根据工艺要求画出状态转移图，如图 4-10 所示。图 4-10 是一个单流程的状态转移图，其中特殊辅助继电器 M8002 为开机脉冲特殊辅助继电器，利用它使 PLC 在开机时进入初始状态 S0，当程序运行完毕时，利用限位开关 SQ1（X001）和 SQ2（X002）作为转移条件使程序返回初始状态 S0，等待下一次起动（即程序停止）。特别指出：该程序结束后一定要返回初始状态 S0，否则下次无法起动。

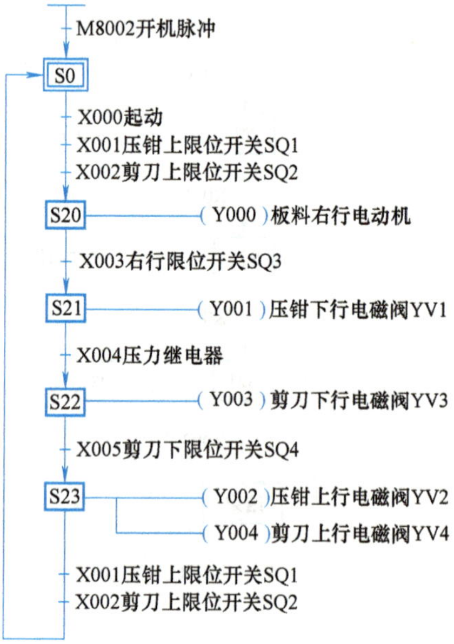

3）根据状态转移图画出的梯形图如图 4-11 所示，其对应的指令语句表如图 4-12 所示。

图 4-10 PLC 控制剪板机工作的状态转移图

4.2.3 实例：PLC 控制自动送料装置

某加热炉自动送料装置如图 4-13 所示。其控制要求如下：

1）按“起动”按钮 SB1→KM1 得电，炉门电动机正转→炉门开。

2）压限位开关 ST1→KM1 失电，炉门电动机停转；KM3 得电，推料机电动机正转→推料机进，送料入炉到料位。

3）压限位开关 ST2→KM3 失电，推料机电动机停转，延时 3 s 后，KM4 得电，推料机电动机反转→推料机退到原位。

4）压限位开关 ST3→KM4 失电，推料机电动机停转；KM2 得电，炉门电动机反转→炉门闭。

5）压限位开关 ST4→KM2 失电，炉门电动机停转；ST4 常开触点闭合，并延时 3 s 后才允许下次循环开始。

6）上述过程不断运行，若按下“停止”按钮 SB2，立即停止，再按“起动”按钮则继续运行。

解：1）确定输入/输出（I/O）分配表，见表 4-2。

```
0   M8002 ─┤├─────────────────[SET  S0  ]      19 ──────────────────────[STL  S22 ]
3   ──────────────────────────[STL  S0  ]      20 ──────────────────────( Y003     )
4   X000 ─┤├─ X001 ─┤├─ X002 ─┤├─[SET S20]     21 X005 ─┤├──────────────[SET  S23 ]
9   ──────────────────────────[STL  S20 ]      24 ──────────────────────[STL  S23 ]
10  ──────────────────────────( Y001    )      25 ──────────────────────( Y002     )
11  X003 ─┤├──────────────────[SET  S21 ]         └─────────────────────( Y004     )
14  ──────────────────────────[STL  S21 ]      27 X001 ─┤├─ X002 ─┤├────[SET  S0  ]
15  ──────────────────────────( Y001    )      31 ──────────────────────[RET       ]
16  X004 ─┤├──────────────────[SET  S22 ]      32 ──────────────────────[END       ]
```

图 4-11　PLC 控制剪板机工作梯形图

0	LD	M8002	11	LD	X003	22	SET	S23
1	SET	S0	12	SET	S21	24	STL	S23
3	STL	S0	14	STL	S21	25	OUT	Y002
4	LD	X000	15	OUT	Y001	26	OUT	Y004
5	AND	X001	16	LD	X004	27	LD	X001
6	AND	X002	17	SET	S22	28	AND	X002
7	SET	S20	19	STL	S22	29	SET	S0
9	STL	S20	20	OUT	Y003	31	RET	
10	OUT	Y001	21	LD	X005	32	END	

图 4-12　PLC 控制剪板机工作指令语句表

表 4-2　I/O 分配表

输入		输出	
输入设备	输入编号	输出设备	输出编号
“起动”按钮 SB1	X000	炉门开接触器 KM1	Y000
“停止”按钮 SB2	X001	炉门闭接触器 KM2	Y001
限位开关 ST1	X002	推料机进接触器 KM3	Y002
限位开关 ST2	X003	推料机退接触器 KM4	Y003
限位开关 ST3	X004		
限位开关 ST4	X005		

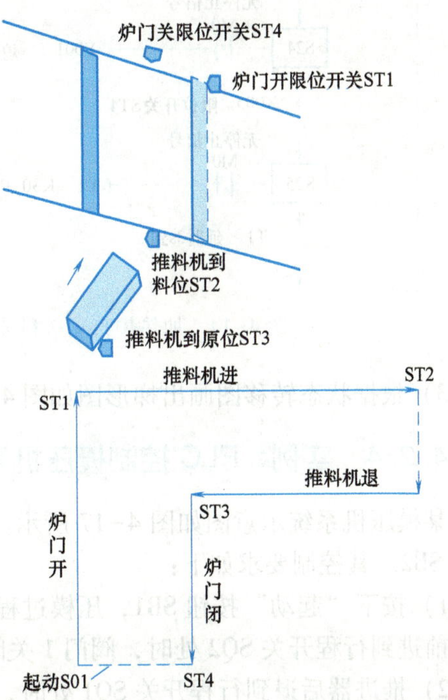

图 4-13　加热炉自动送料装置工作示意图

2）根据工艺要求画出状态转移图，如图 4-14所示。

图 4-14 中辅助继电器 M0 用来记忆停止信号，若按下“停止”按钮，则 M0 线圈接通并保持，M0 常闭触点断开，则输出被停止，再按“起动”按钮则 M0 线圈断开，M0 常闭触点接通，则输出继续运行。

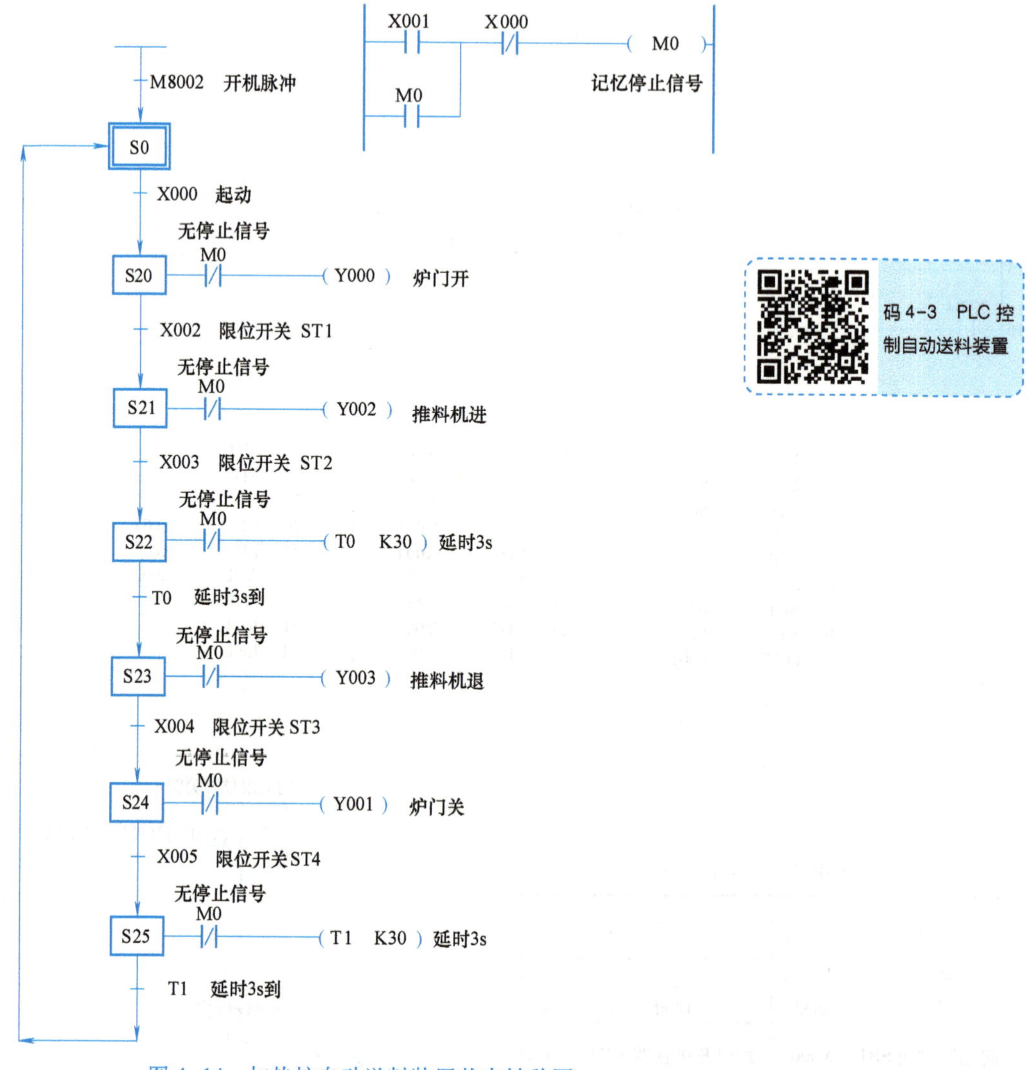

图 4-14 加热炉自动送料装置状态转移图

3）根据状态转移图画出梯形图如图 4-15所示，其对应的指令语句表如图 4-16 所示。

4.2.4 实例：PLC 控制模压机系统

某模压机系统示意图如图 4-17 所示。在操作面板上装有“起动”按钮 SB1、“停止”按钮 SB2。其控制要求如下：

1）按下“起动”按钮 SB1，压模过程开始，此时阀门 1 打开，推进器向前运动。当推进器前进到行程开关 SQ2 处时，阀门 1 关闭，在弹簧的作用下，推进器后退。

2）推进器后退到行程开关 SQ1 处时，阀门 2 打开，压模器向下运动，对工件进行压模操作。当压模器运动到行程开关 SQ4 处时，阀门 2 关闭，在弹簧的作用下，压模器返回。

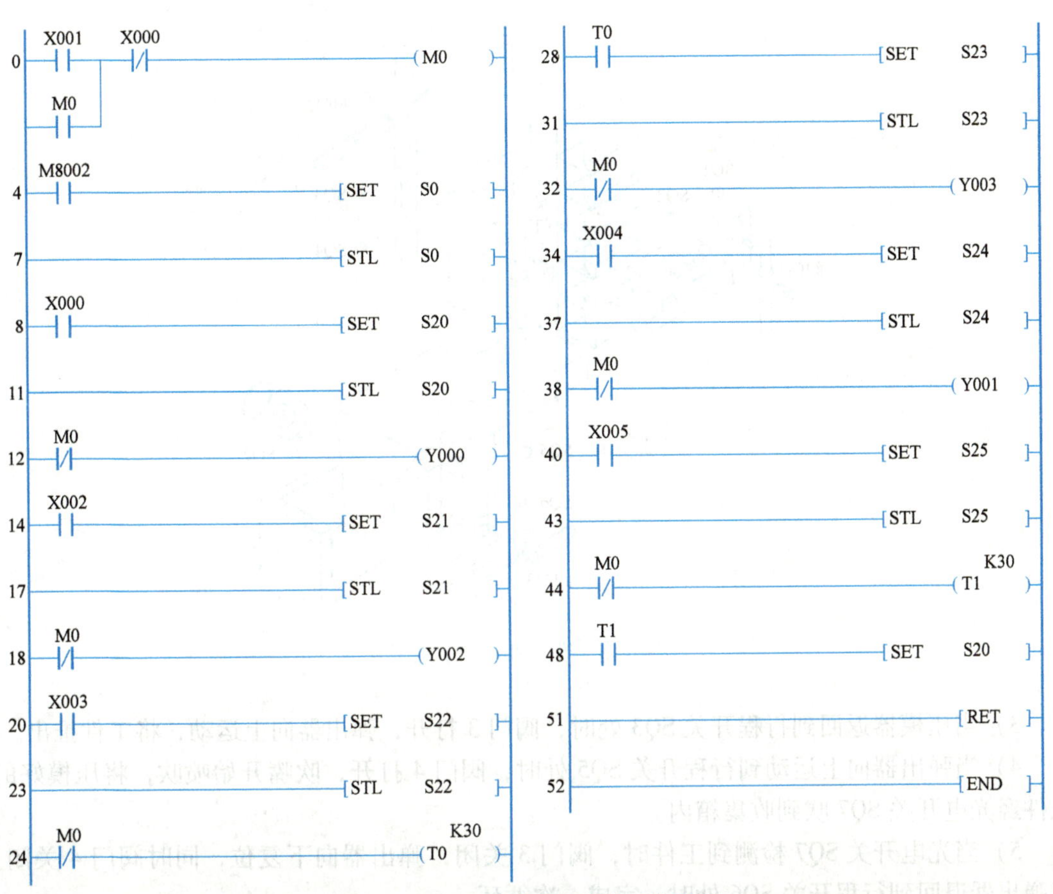

图 4-15　加热炉自动送料装置梯形图

0	LD	X001	25	OUT	T0	K30
1	OR	M0	28	LD	T0	
2	ANI	X000	29	SET	S23	
3	OUT	M0	31	STL	S23	
4	LD	M8002	32	LDI	M0	
5	SET	S0	33	OUT	Y003	
7	STL	S0	34	LD	X004	
8	LD	X000	35	SET	S24	
9	SET	S20	37	STL	S24	
11	STL	S20	38	LDI	M0	
12	LDI	M0	39	OUT	Y001	
13	OUT	Y000	40	LD	X005	
14	LD	X002	41	SET	S25	
15	SET	S21	43	STL	S25	
17	STL	S21	44	LDI	M0	
18	LDI	M0	45	OUT	T1	K30
19	OUT	Y002	48	LD	T1	
20	LD	X003	49	SET	S20	
21	SET	S22	51	RET		
23	STL	S22	52	END		
24	LDI	M0				

图 4-16　加热炉自动送料装置指令语句表

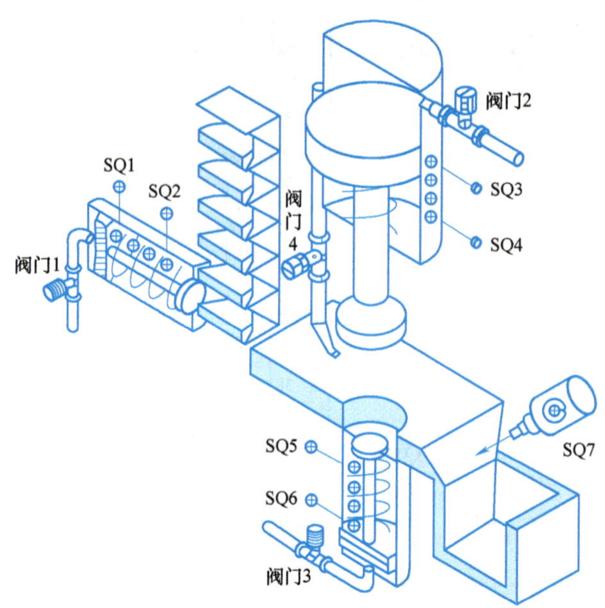

图 4-17 模压机系统示意图

3）当压模器返回到行程开关 SQ3 处时，阀门 3 打开，弹出器向上运动，将工件推出。

4）当弹出器向上运动到行程开关 SQ5 处时，阀门 4 打开，吹嘴开始喷吹，将压模好的工件经光电开关 SQ7 吹到收集箱内。

5）当光电开关 SQ7 检测到工件时，阀门 3 关闭，弹出器向下复位，同时阀门 4 关闭。当弹出器退回到行程开关 SQ6 处时，完成一次循环。

6）模压机连续循环加工 3 个工件后自动停止，若中途按“停止”按钮 SB2，则模压机完成当前工件压模后自动停止。

解：1）确定输入/输出（I/O）分配明细，见表 4-3。

表 4-3 I/O 分配表

输入		输出	
输入设备	输入编号	输出设备	输出编号
“起动”按钮 SB1	X000	推进器——阀门 1	Y000
“停止”按钮 SB2	X001	压模器——阀门 2	Y001
限位开关 SQ1	X002	弹出器——阀门 3	Y002
限位开关 SQ2	X003	吹嘴——阀门 4	Y003
限位开关 SQ3	X004		
限位开关 SQ4	X005		
限位开关 SQ5	X006		
限位开关 SQ6	X007		
光电检测开关 SQ7	X010		

2）绘制状态转移图。

当限位开关 SQ6 条件满足时：设模压机的 3 次循环采用 C0 计数，则 C0 为“0”表示 3 次未到，C0 为“1”表示 3 次到了；采用 M0 记忆停止信号，则 M0 为“0”表示未按“停止”按钮，M0 为“1”表示按下“停止”按钮。模压机循环则转入 S20 继续运行，模压机停止则转入 S0 等待下一次起动信号。根据上述输入、输出关系列写的真值表见表 4-4。

表 4-4　根据条件列写的真值表

C0	M0	S0	S20
0	0	0	1
0	1	1	0
1	0	1	0
1	1	1	0

由真值表可得

$$S0=M0+C0$$

$$S20=\overline{C0}\cdot\overline{M0}$$

“与”的关系反映在电路中为串联，“或”的关系反映在电路中为并联，“非”的关系反映在电路中为取用常闭触点。

根据工艺要求画出状态转移图如图 4-18 所示。图中辅助继电器 M0 用来记忆停止信号，

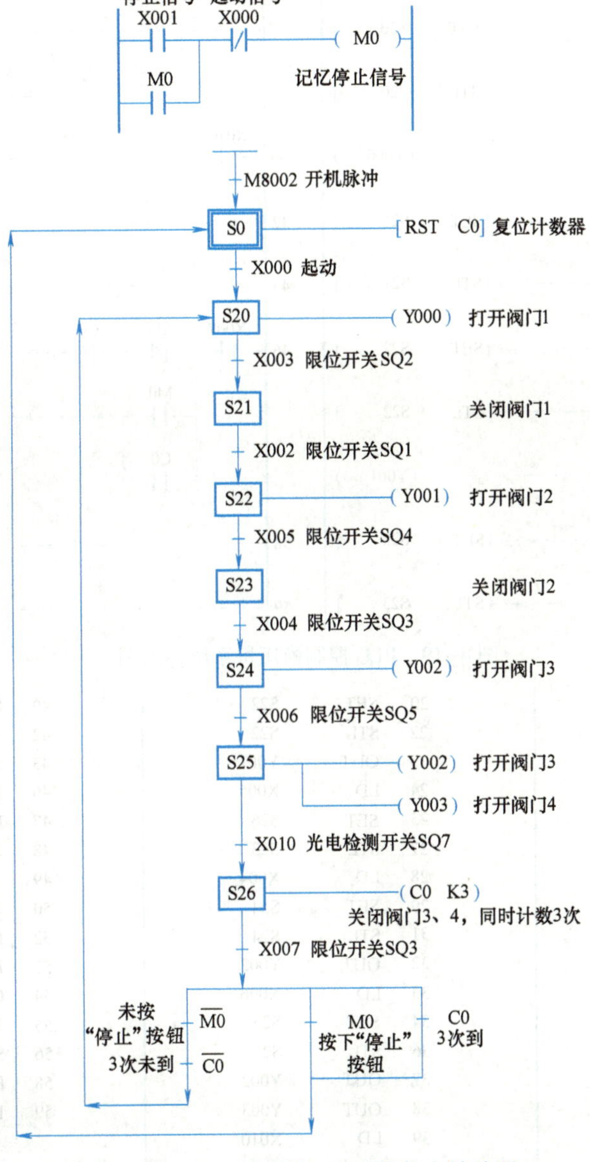

图 4-18　PLC 控制模压机系统状态转移图

若按下“停止”按钮，则 M0 线圈接通并保持，M0 常闭触点断开，则输出被停止；再按“起动”按钮则 M0 线圈断开，M0 常闭触点接通，则输出继续运行。

3）根据状态转移图画出的梯形图如图 4-19 所示，其对应的指令语句表如图 4-20 所示。

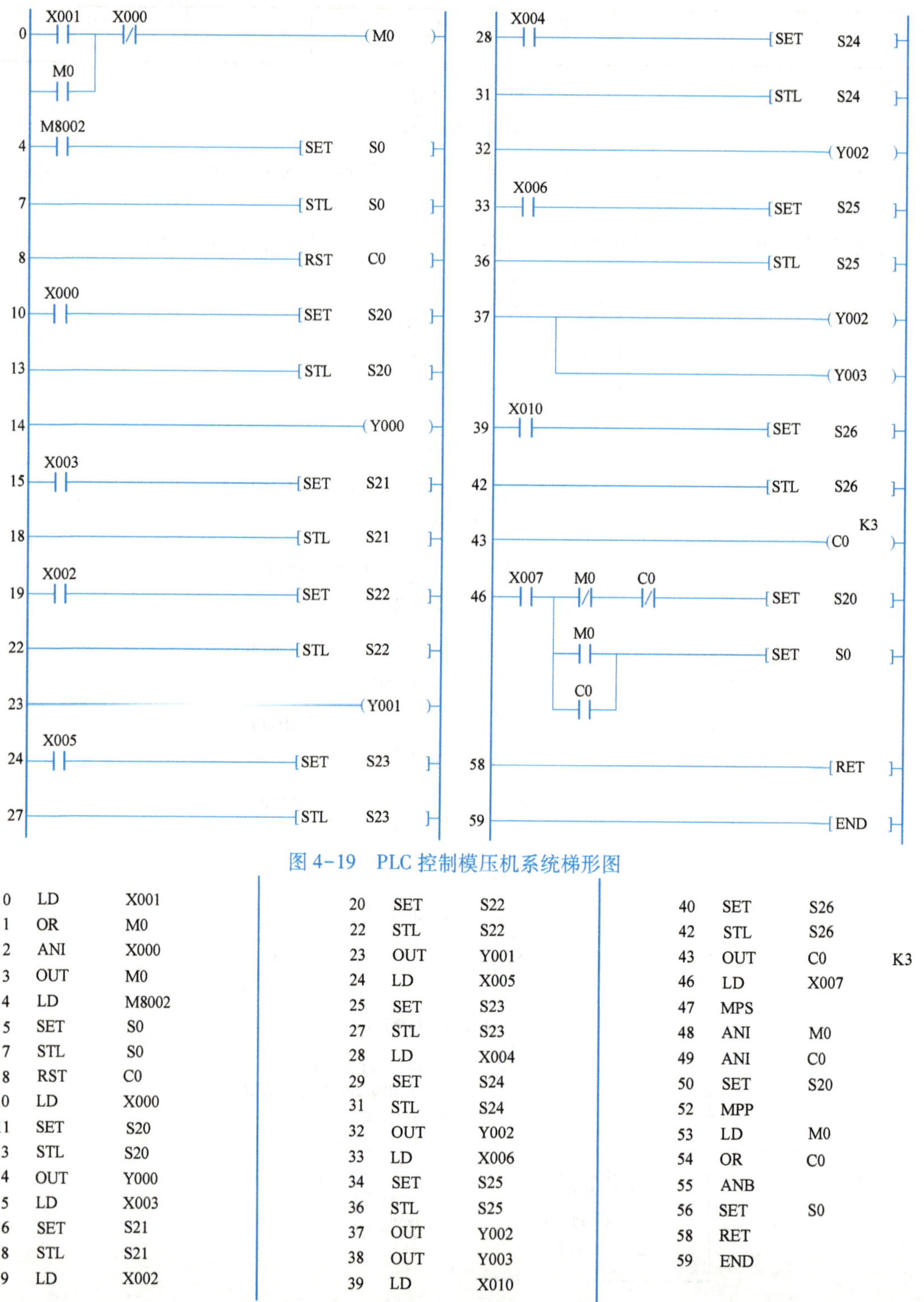

图 4-19 PLC 控制模压机系统梯形图

0	LD	X001	20	SET	S22	40	SET	S26	
1	OR	M0	22	STL	S22	42	STL	S26	
2	ANI	X000	23	OUT	Y001	43	OUT	C0	K3
3	OUT	M0	24	LD	X005	46	LD	X007	
4	LD	M8002	25	SET	S23	47	MPS		
5	SET	S0	27	STL	S23	48	ANI	M0	
7	STL	S0	28	LD	X004	49	ANI	C0	
8	RST	C0	29	SET	S24	50	SET	S20	
10	LD	X000	31	STL	S24	52	MPP		
11	SET	S20	32	OUT	Y002	53	LD	M0	
13	STL	S20	33	LD	X006	54	OR	C0	
14	OUT	Y000	34	SET	S25	55	ANB		
15	LD	X003	36	STL	S25	56	SET	S0	
16	SET	S21	37	OUT	Y002	58	RET		
18	STL	S21	38	OUT	Y003	59	END		
19	LD	X002	39	LD	X010				

图 4-20 PLC 控制模压机系统指令语句表

4.3　循环程序设计

4.3.1　循环程序设计

如图 4-21 所示，向前面状态进行转移的流程称为循环，用箭头指向转移的目标状态。使用循环流程可以实现一般的重复。

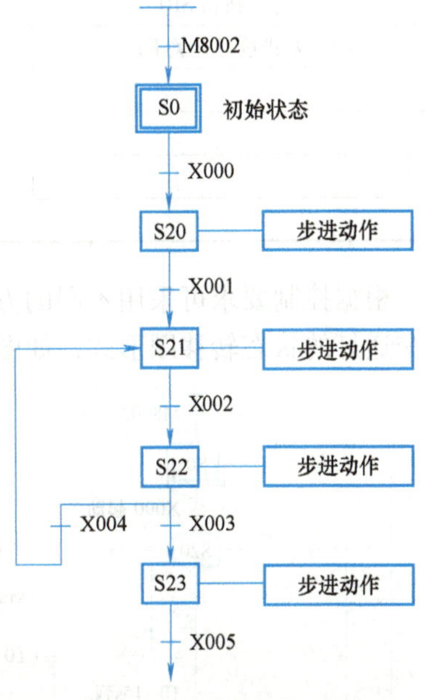

图 4-21　循环结构状态转移图

4.3.2　实例：PLC 控制交通灯

PLC 控制交通灯的示意图如图 4-22 所示。其控制要求如下：

设置一个“启动”按钮 SB1，当它接通时，交通信号灯控制系统开始工作，且先南、北红灯亮，东、西绿灯亮。设置一个开关 K1 选择交通灯连续循环或单次循环，当 K1 为 0 时，交通灯连续循环，当 K1 为 1 时，交通灯单次循环。其工艺流程如下：

1）按下“启动”按钮后，南、北红灯亮并保持 20 s，同时东、西绿灯亮，但保持 15 s，15 s 后东、西绿灯闪烁 3 次（每周期 2 s）后熄灭；继而东、西黄灯亮，并保持 2 s，2 s 后，东、西黄灯熄灭，东、西红灯亮，同时南、北红灯熄灭且南、北绿灯亮。

2）东、西红灯亮并保持 15 s，同时南、北绿灯亮，但保持 10 s，到 10 s 时南、北绿灯闪烁 3 次（每周期 2 s）后熄灭；继而南、北黄灯亮，并保持 2 s，2 s 后，南、北黄灯熄灭，南、北红灯亮，同时东、西红灯熄灭且东、西绿灯亮。

码 4-4　PLC 控制交通灯

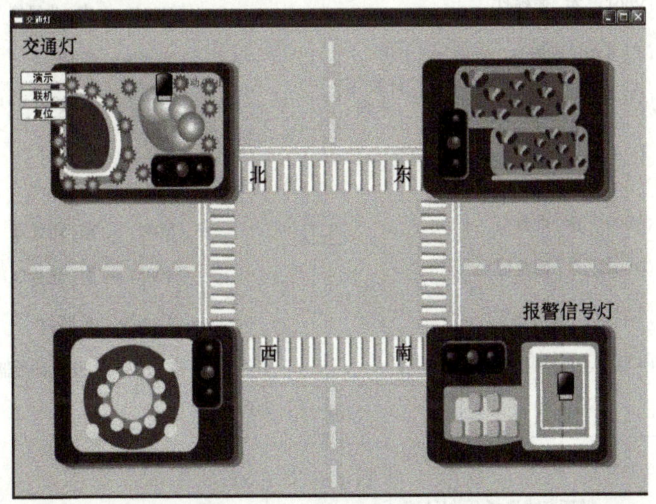

图 4-22　PLC 控制交通灯示意图

3）将上述过程循环进行；按“启动”按钮 SB1 后，交通灯连续循环，按“停止”按钮 SB2 后，交通灯立即停止。

设定 PLC 控制交通灯的 I/O 分配表，见表 4-5。

表 4-5 I/O 分配表

输入		输出	
输入设备	输入编号	输出设备	输出编号
“启动”按钮 SB1	X000	南、北红灯	Y000
循环方式选择开关 K1	X001	东、西绿灯	Y001
		东、西黄灯	Y002
		东、西红灯	Y003
		南、北绿灯	Y004
		南、北黄灯	Y005

根据控制要求可采用不同的方法绘制对应的状态转移图。此处提供一种采用循环方式控制交通灯的状态转移图形式，如图 4-23 所示。

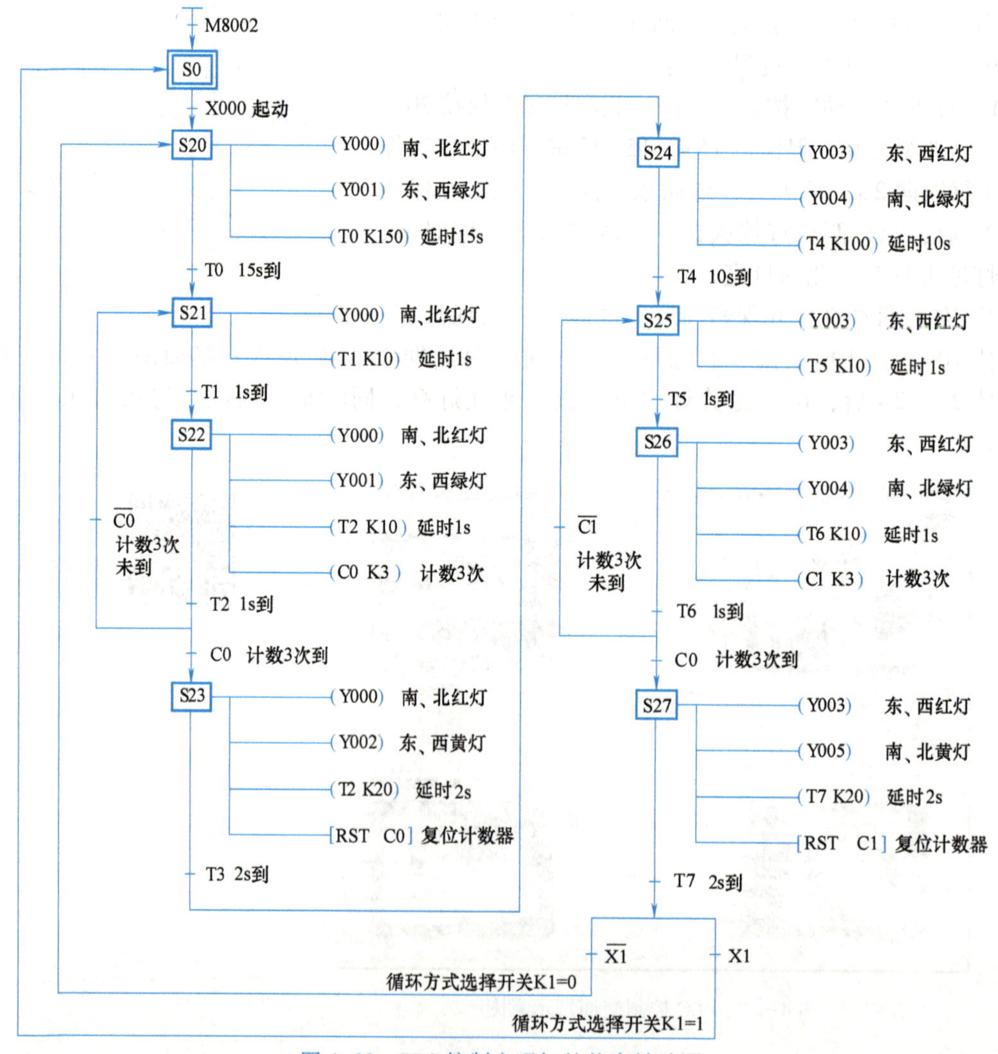

图 4-23 PLC 控制交通灯的状态转移图

根据状态转移图画出的梯形图如图 4-24 所示，其对应的指令语句表如图 4-25 所示。

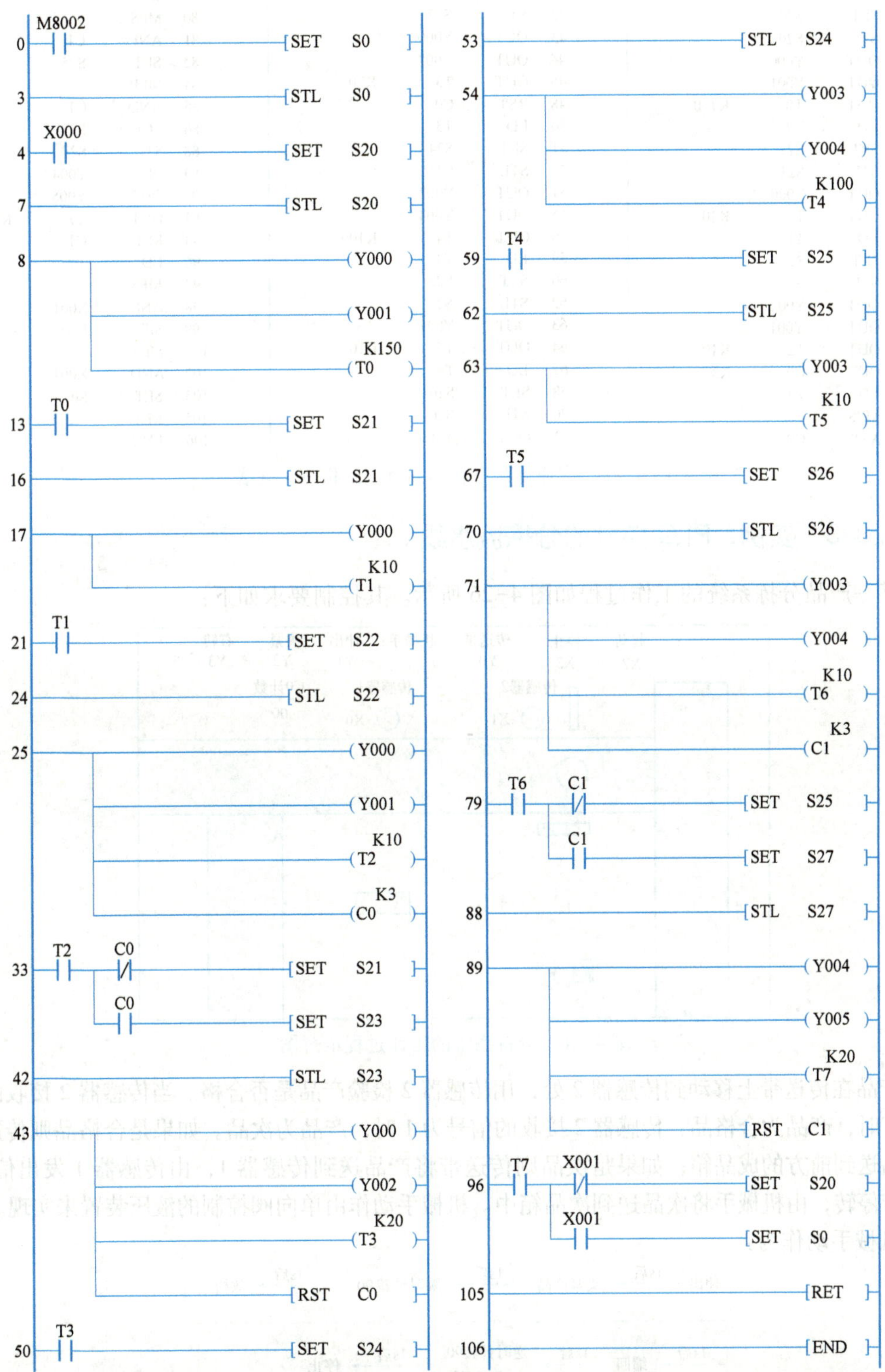

图 4-24　交通灯状态转移图对应的梯形图

```
0    LD     M8002
1    SET    S0
3    STL    S0
4    LD     X000
5    SET    S20
7    STL    S20
8    OUT    Y000
9    OUT    Y001
10   OUT    T0      K150
13   LD     T0
14   SET    S21
16   STL    S21
17   OUT    Y000
18   OUT    T1      K10
21   LD     T1
22   SET    S22
24   STL    S22
25   OUT    Y000
26   OUT    Y001
27   OUT    T2      K10
30   OUT    C0      K3
33   LD     T2
34   MPS
35   ANI    C0
36   SET    S21
38   MPP
39   AND    C0
40   SET    S23
42   STL    S23
43   OUT    Y000
44   OUT    Y002
45   OUT    T3      K20
48   RST    C0
50   LD     T3
51   SET    S24
53   STL    S24
54   OUT    Y003
55   OUT    Y004
56   OUT    T4      K100
59   LD     T4
60   SET    S25
62   STL    S25
63   OUT    Y003
64   OUT    T5      K10
67   LD     T5
68   SET    S26
70   STL    S26
71   OUT    Y003
72   OUT    Y004
73   OUT    T6      K10
76   OUT    C1      K3
79   LD     T6
80   MPS
81   ANI    C1
82   SET    S25
84   MPP
85   AND    C1
86   SET    S27
88   STL    S27
89   OUT    Y004
90   OUT    Y005
91   OUT    T7      K20
94   RST    C1
96   LD     T7
97   MPS
98   ANI    X001
99   SET    S20
101  MPP
102  AND    X001
103  SET    S0
105  RET
106  END
```

图 4-25 交通灯状态转移图对应的指令语句表

4.3.3 实例：PLC 控制的分拣流水线

某一产品分拣系统的工作过程如图 4-26 所示。其控制要求如下：

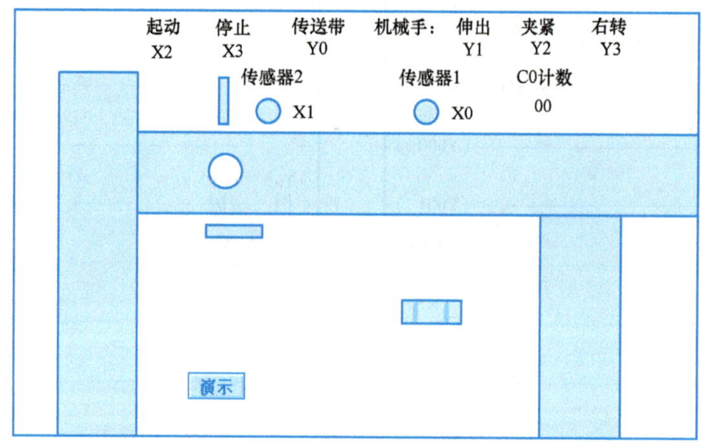

图 4-26 分拣系统的工作过程示意图

产品在传送带上移动到传感器 2 处，用传感器 2 检验产品是否合格。当传感器 2 接收的信号为 0 时，产品为合格品，传感器 2 接收的信号为 1 时，产品为次品。如果是合格品则传送带将产品送到前方的成品箱；如果是次品则传送带将产品送到传感器 1，由传感器 1 发出信号，传送带停转，由机械手将次品送到次品箱中。机械手动作由单向阀控制的液压装置来实现。

机械手动作为：

伸出 —1s后→ 夹紧产品 —1s后→ 顺时针转 90° —1s后→ 放松 —1s后→ 缩回 —1s后→ 逆时针转90° 返回原位 —1s后→ 停止

当按了“起动”按钮 SB1 后，传送带转动，产品检验连续进行，当验出 5 只次品后，暂停 5 s，调换次品箱，然后继续检验。

当按了“停止”按钮 SB2 后，如遇次品则待机械手复位后停止检验，遇到成品时，产品到达传感器 1 处时停止。

解： 1）根据控制要求设置输入/输出分配表，见表 4-6。

表 4-6　I/O 端口配置

输　入		输　出	
输入设备	输入编号	输出设备	输出编号
传感器 1	X000	传送带 1	Y000
传感器 2	X001	机械手伸出/缩回	Y001
“起动”按钮 SB1	X002	机械手夹紧/松开	Y002
“停止”按钮 SB2	X003	机械手左右旋转	Y003

2）根据控制工艺要求绘制的状态转移图如图 4-27 所示。

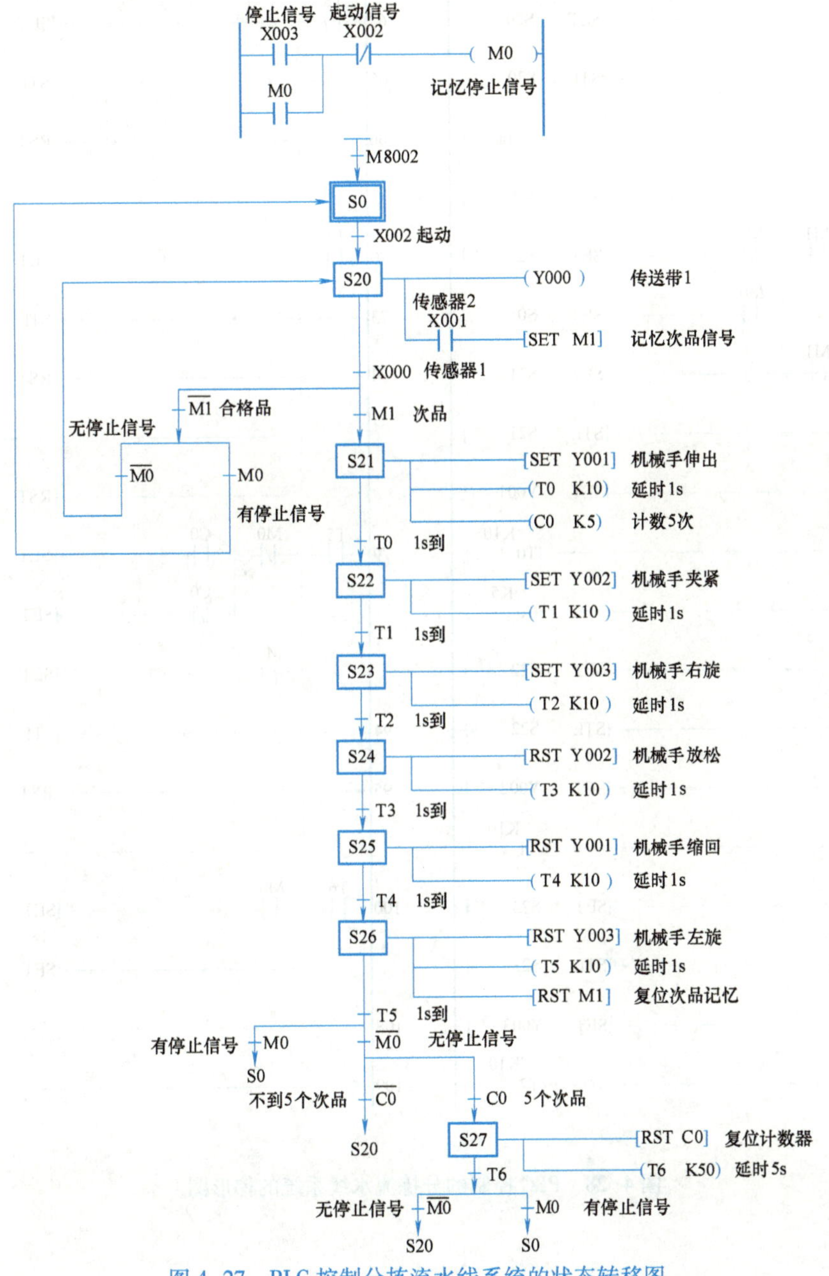

图 4-27　PLC 控制分拣流水线系统的状态转移图

3）根据状态转移图画出的梯形图如图 4-28 所示，其对应的指令语句表如图 4-29 所示。

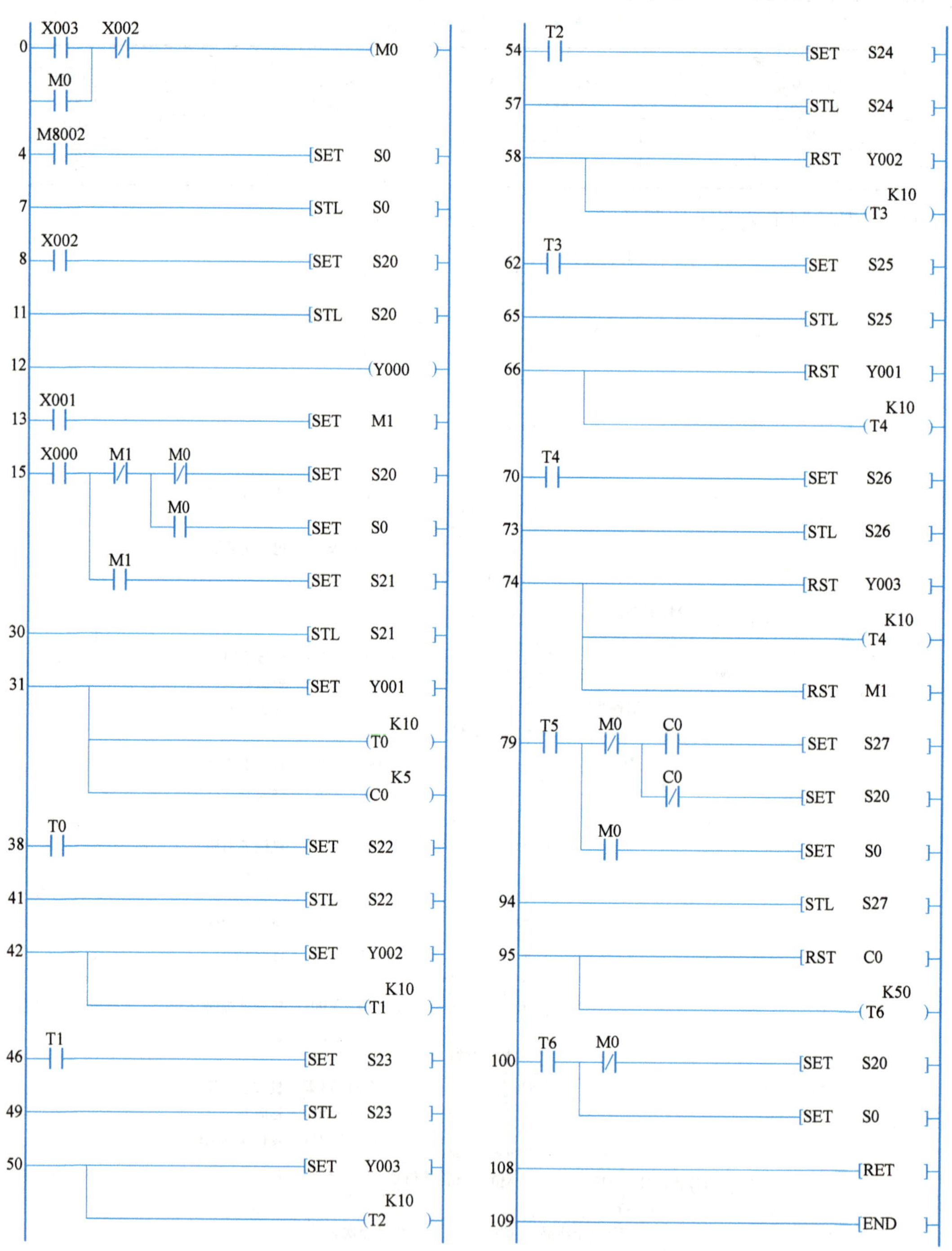

图 4-28 PLC 控制的分拣流水线系统的梯形图

步序	指令	元件	常数
0	LD	X003	
1	OR	M0	
2	ANI	X002	
3	OUT	M0	
4	LD	M8002	
5	SET	S0	
7	STL	S0	
8	LD	X002	
9	SET	S20	
11	STL	S20	
12	OUT	Y000	
13	LD	X001	
14	SET	M1	
15	LD	X000	
16	MPS		
17	ANI	M1	
18	MPS		
19	ANI	M0	
20	SET	S20	
22	MPP		
23	AND	M0	
24	SET	S0	
26	MPP		
27	AND	M1	
28	SET	S21	
30	STL	S21	
31	SET	Y001	
32	OUT	T0	K10
35	OUT	C0	K5
38	LD	T0	
39	SET	S22	
41	STL	S22	
42	SET	Y002	
43	OUT	T1	K10
46	LD	T1	
47	SET	S23	
49	STL	S23	
50	SET	Y003	
51	OUT	T2	K10
54	LD	T2	
55	SET	S24	
57	STL	S24	
58	RST	Y002	
59	OUT	T3	K10
62	LD	T3	
63	SET	S25	
65	STL	S25	
66	RST	Y001	
67	OUT	T4	K10
70	LD	T4	
71	SET	S26	
73	STL	S26	
74	RST	Y003	
75	OUT	T4	K10
78	RST	M1	
79	LD	T5	
80	MPS		
81	ANI	M0	
82	MPS		
83	AND	C0	
84	SET	S27	
86	MPP		
87	ANI	C0	
88	SET	S20	
90	MPP		
91	AND	M0	
92	SET	S0	
94	STL	S27	
95	RST	C0	
97	OUT	T6	K50
100	LD	T6	
101	MPS		
102	ANI	M0	
103	SET	S20	
105	MPP		
106	SET	S0	
108	RET		
109	END		

图 4-29　PLC 控制的分拣流水线系统的指令语句表

4.4 跳转程序设计

4.4.1 跳转程序设计

跳转程序结构有两种：一种是向下面状态的直接转移，如图 4-30a 所示；另一种是向系

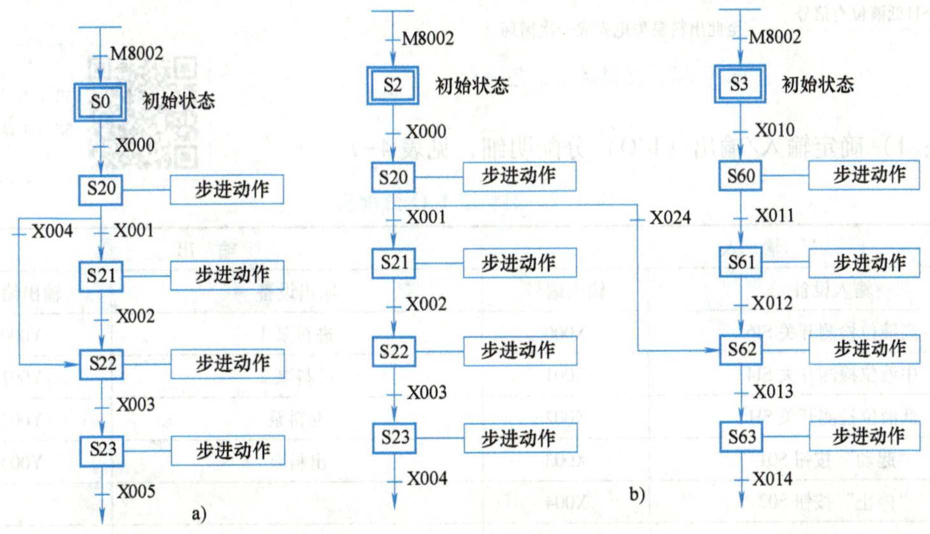

图 4-30　跳转结构状态转移图

a）向下面状态的直接转移　b）向系列外的状态转移

列外的状态转移，如图 4-30b 所示。图中用箭头符号指向转移的目标状态。

4.4.2 实例：PLC 控制自动混料罐

PLC 控制自动混料罐的示意图如图 4-31 所示。其控制要求如下：

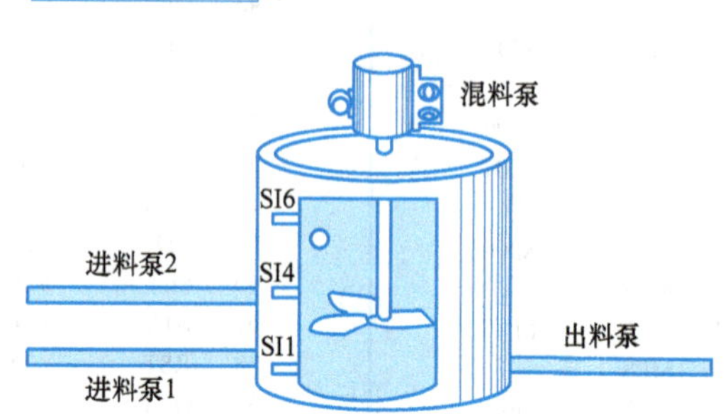

图 4-31 PLC 控制自动混料罐示意图

混料罐装有两个进料泵（控制两种液料的进罐）、一个出料泵（控制混合料出罐），另有一个混料泵（用于搅拌液料），罐体上装有 3 个液位检测开关 SI1、SI4、SI6，分别送出罐内低、中、高液位的检测信号。罐内与检测开关对应处有一只装有磁钢的浮球作为液面指示器（浮球到达开关位置时开关吸合，离开时开关释放）。操作面板上设有一个混料配方选择开关 S07，用于选择配方 1 或配方 2，还设有一个“起动”按钮 S01，当按动 S01 后，混料罐就按给定的工艺流程开始运行，连续进行 3 次循环后自动停止，若中途按“停止”按钮 S02，则混料罐完成一次循环后停止。

混料罐的工艺流程如图 4-32 所示。

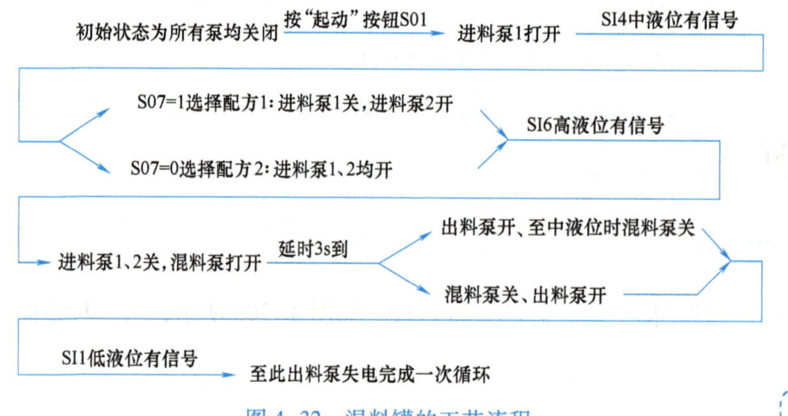

图 4-32 混料罐的工艺流程

解：1）确定输入/输出（I/O）分配明细，见表 4-7。

表 4-7 混料罐 I/O 分配表

输入		输出	
输入设备	输入编号	输出设备	输出编号
高液位检测开关 SI6	X000	进料泵 1	Y000
中液位检测开关 SI4	X001	进料泵 2	Y001
低液位检测开关 SI1	X002	混料泵	Y002
“起动”按钮 S01	X003	出料泵	Y003
“停止”按钮 S02	X004		
混料配方选择开关 S07	X005		

2）根据工艺要求画出状态转移图，如图 4-33 所示。

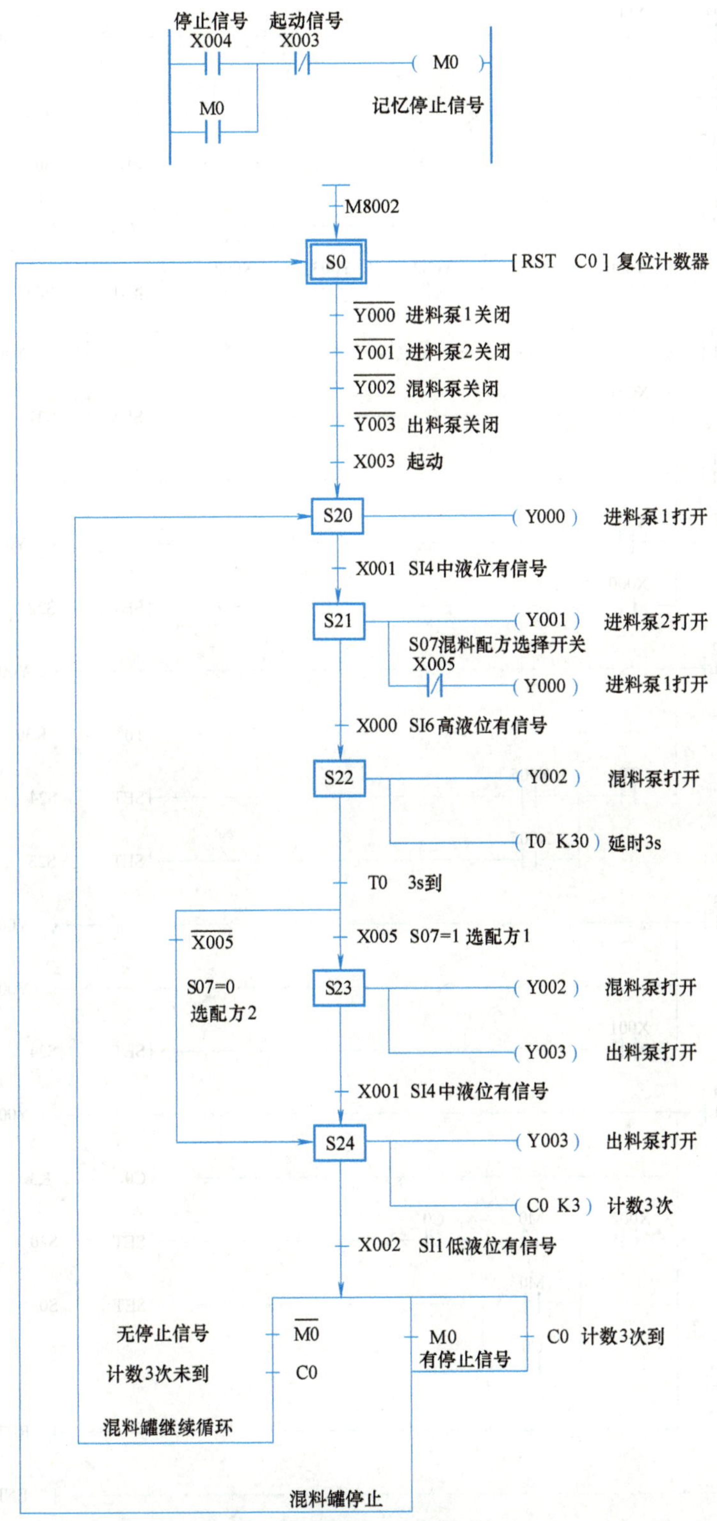

图 4-33 PLC 控制混料罐的状态转移图

3）根据状态转移图画出的梯形图如图 4-34 所示，指令语句表如图 4-35 所示。

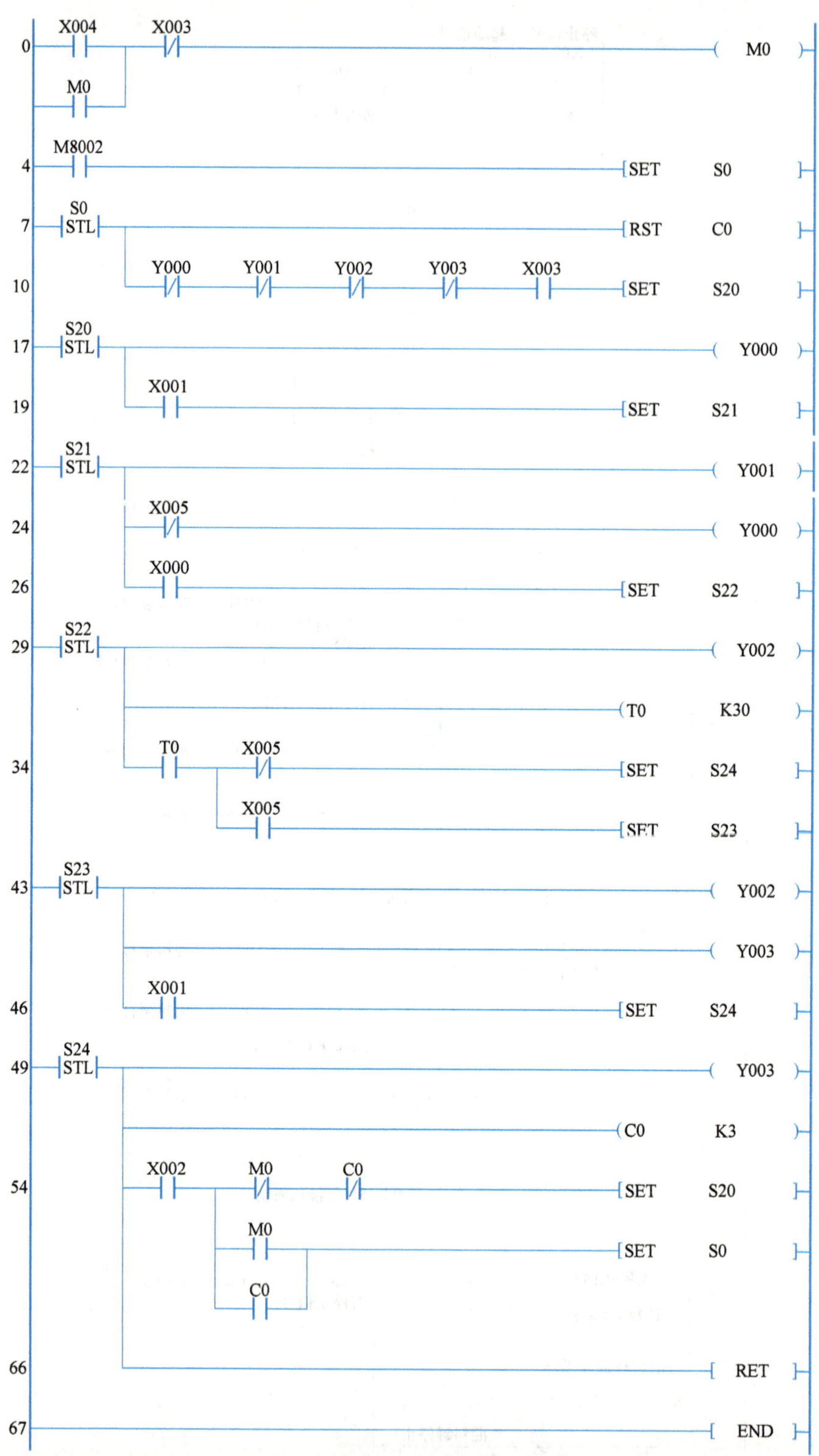

图 4-34 PLC 控制混料罐状态转移图对应的梯形图

步序	指令	元件	常数
0	LD	X004	
1	OR	M0	
2	ANI	X003	
3	OUT	M0	
4	LD	M8002	
5	SET	S0	
7	STL	S0	
8	RST	C0	
10	LDI	Y000	
11	ANI	Y001	
12	ANI	Y002	
13	ANI	Y003	
14	AND	X003	
15	SET	S20	
17	STL	S20	
18	OUT	Y000	
19	LD	X001	
20	SET	S21	
22	STL	S21	
23	OUT	Y001	
24	LDI	X005	
25	OUT	Y000	
26	LD	X000	
27	SET	S22	
29	STL	S22	
30	OUT	Y002	
31	OUT	T0	K30
34	LD	T0	
35	MPS		
36	ANI	X005	
37	SET	S24	
39	MPP		
40	AND	X005	
41	SET	S23	
43	STL	S23	
44	OUT	Y002	
45	OUT	Y003	
46	LD	X001	
47	SET	S24	
49	STL	S24	
50	OUT	Y003	
51	OUT	C0	K3
54	LD	X002	
55	MPS		
56	ANI	M0	
57	ANI	C0	
58	SET	S20	
60	MPP		
61	LD	M0	
62	OR	C0	
63	ANB		
64	SET	S0	
66	RET		
67	END		

图 4-35　PLC 控制混料罐状态转移图对应的指令语句表

4.4.3　实例：PLC 控制运料小车

图 4-36 所示为 PLC 控制运料小车的示意图，其控制要求如下：

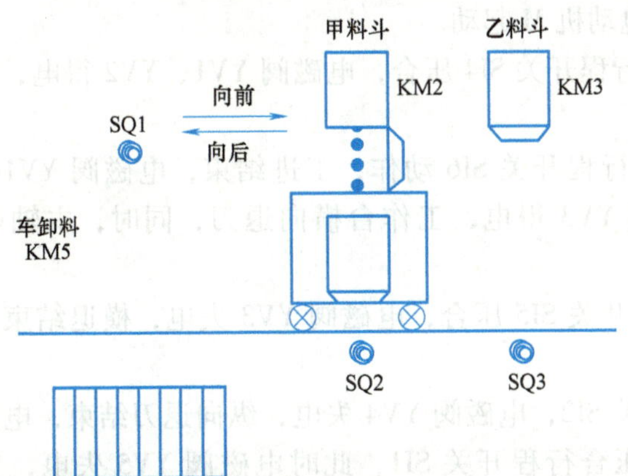

图 4-36　PLC 控制运料小车示意图

“起动”按钮 SB1 用来起动运料小车，“停止”按钮 SB2 用来手动停止运料小车。按“起动”按钮 SB1，小车从原点起动，KM1 接触器吸合使小车向前运行直到碰到 SQ2 开关时停止，KM2 接触器吸合使甲料斗装料 5 s，然后小车继续向前运行直到碰到 SQ3 开关时停止，此时，KM3 接触器吸合使乙料斗装料 3 s，随后 KM4 接触器吸合，小车返回原点直到碰到 SQ1 开关时停止，KM5 接触器吸合使小车卸料 5 s 后完成一次循环工作过程。小车连续循环，按“停止”按钮 SB2，小车完成当前运行环节后，立即返回原点，直到碰到 SQ1 开关立即停止。再次按“起动”按钮 SB1，小车重新运行。

解：1）确定输入/输出（I/O）分配表，见表 4-8。

表 4-8 I/O 分配表

输 入		输 出	
输入设备	输入编号	输出设备	输出编号
“起动”按钮 SB1	X000	向前接触器 KM1	Y000
“停止”按钮 SB2	X001	甲卸料接触器 KM2	Y001
开关 SQ1	X002	乙卸料接触器 KM3	Y002
开关 SQ2	X003	向后接触器 KM4	Y003
开关 SQ3	X004	车卸料接触器 KM5	Y004

2）根据工艺要求画出状态转移图，如图 4-37 所示。

3）根据状态转移图画出的梯形图如图 4-38 所示，其对应的指令语句表如图 4-39 所示。

4.4.4 实例：PLC 控制机械滑台

PLC 控制机械滑台的示意图如图 4-40 所示，其控制要求如下：

机械滑台上带有主轴动力头，在操作面板上装有“起动”按钮 SB1、“停止”按钮 SB2。工艺流程如下：

1）当工作台在原始位置时，按下“起动”按钮 SB1，电磁阀 YV1 得电，工作台快进，同时，由接触器 KM1 驱动的动力头电动机 M 起动。

2）当工作台快进到达 *A* 点时，行程开关 SI4 压合，电磁阀 YV1、YV2 得电，工作台由快进切换成工进，进行切削加工。

3）当工作台工进到达 *B* 点时，行程开关 SI6 动作，工进结束，电磁阀 YV1、YV2 失电，同时工作台停留 3 s，时间一到 YV3 得电，工作台横向退刀，同时，主轴电动机 M 停转。

4）当工作台到达 *C* 点时，行程开关 SI5 压合，电磁阀 YV3 失电，横退结束，电磁阀 YV4 得电，工作台纵向退刀。

5）工作台退到 *D* 点碰到行程开关 SI2，电磁阀 YV4 失电，纵向退刀结束，电磁阀 YV5 得电，工作台横向进给直到原点，压合行程开关 SI1，此时电磁阀 YV5 失电，完成一次循环。

6）机械滑台连续做 3 次循环后自动停止，中途按“停止”按钮 SB2，机械滑台立即停

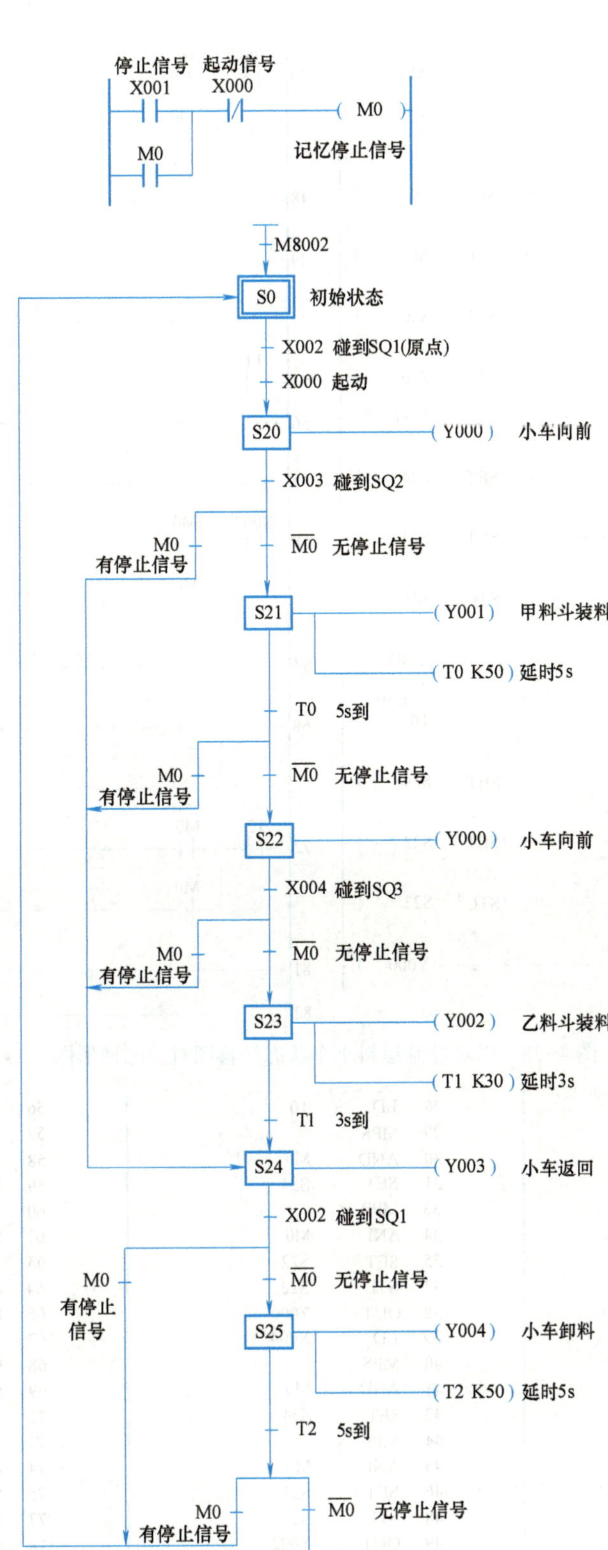

图 4-37　PLC 控制运料小车的状态转移图

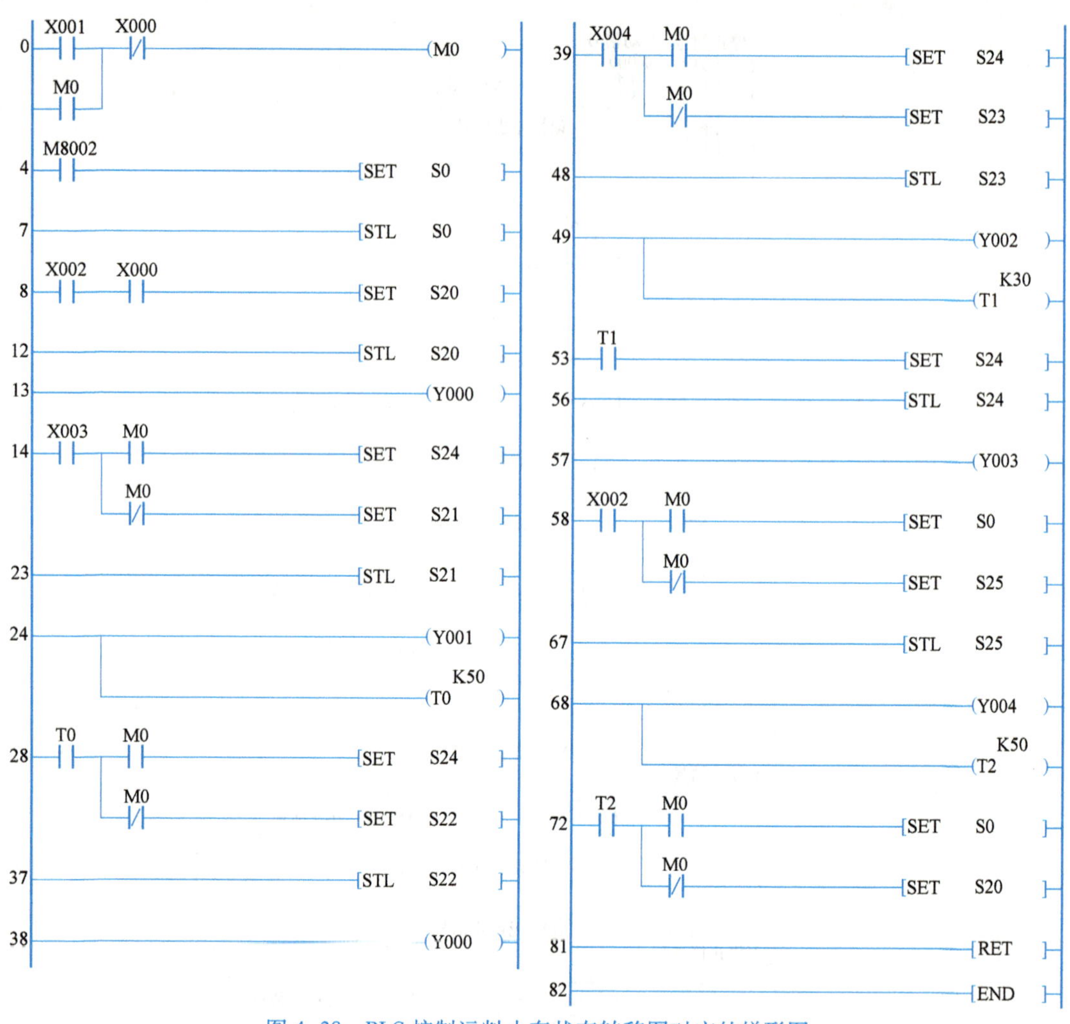

图 4-38 PLC 控制运料小车状态转移图对应的梯形图

步序	指令	元件	常数
0	LD	X001	
1	OR	M0	
2	ANI	X000	
3	OUT	M0	
4	LD	M8002	
5	SET	S0	
7	STL	S0	
8	LD	X002	
9	AND	X000	
10	SET	S20	
12	STL	S20	
13	OUT	Y000	
14	LD	X003	
15	MPS		
16	AND	M0	
17	SET	S24	
19	MPP		
20	ANI	M0	
21	SET	S21	
23	STL	S21	
24	OUT	Y001	
25	OUT	T0	K50
28	LD	T0	
29	MPS		
30	AND	M0	
31	SET	S24	
33	MPP		
34	ANI	M0	
35	SET	S22	
37	STL	S22	
38	OUT	Y000	
39	LD	X004	
40	MPS		
41	AND	M0	
42	SET	S24	
44	MPP		
45	ANI	M0	
46	SET	S23	
48	STL	S23	
49	OUT	Y002	
50	OUT	T1	K30
53	LD	T1	
54	SET	S24	
56	STL	S24	
57	OUT	Y003	
58	LD	X002	
59	MPS		
60	AND	M0	
61	SET	S0	
63	MPP		
64	ANI	M0	
65	SET	S25	
67	STL	S25	
68	OUT	Y004	
69	OUT	T2	K50
72	LD	T2	
73	MPS		
74	AND	M0	
75	SET	S0	
77	MPP		
78	ANI	M0	
79	SET	S20	
81	RET		
82	END		

图 4-39 PLC 控制运料小车状态转移图对应的指令语句表

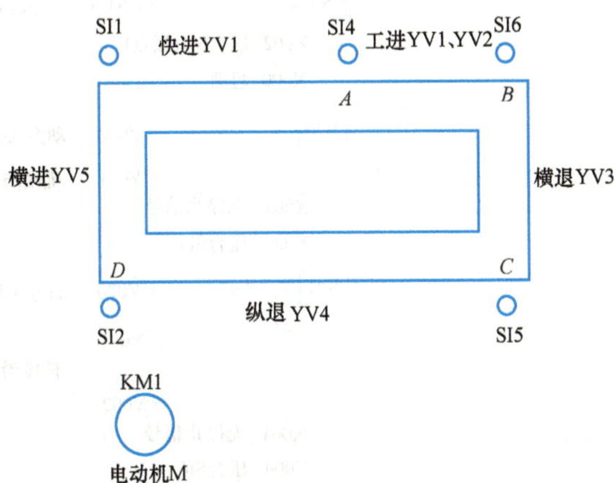

图 4-40　PLC 控制机械滑台示意图

止运行，并按原路径返回，直到压合行程开关 SI1 才能停止；再次按“起动”按钮 SB1，机械滑台重新计数运行。

解： 1）确定输入/输出（I/O）分配表，见表 4-9。

表 4-9　I/O 分配表

输　入		输　出	
输入设备	输入编号	输出设备	输出编号
“起动”按钮 SB1	X000	主轴电动机接触器 KM1	Y000
“停止”按钮 SB2	X001	电磁阀 YV1	Y001
行程开关 SI1	X002	电磁阀 YV2	Y002
行程开关 SI4	X003	电磁阀 YV3	Y003
行程开关 SI6	X004	电磁阀 YV4	Y004
行程开关 SI5	X005	电磁阀 YV5	Y005
行程开关 SI2	X006		

2）根据工艺要求画出状态转移图，如图 4-41 所示。

3）根据状态转移图画出的梯形图如图 4-42 所示，指令语句表如图 4-43 所示。

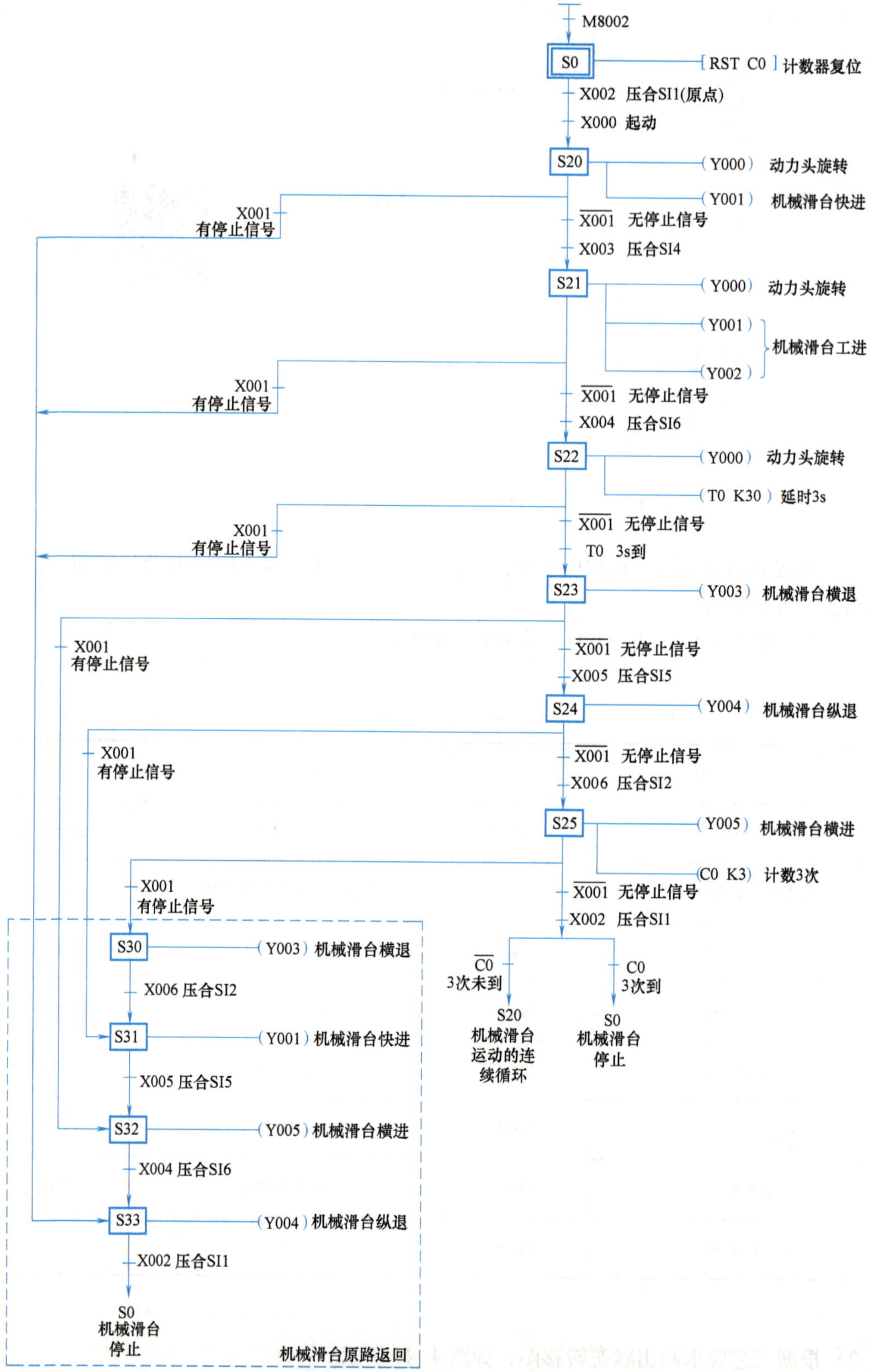

图 4-41 PLC 控制机械滑台的状态转移图

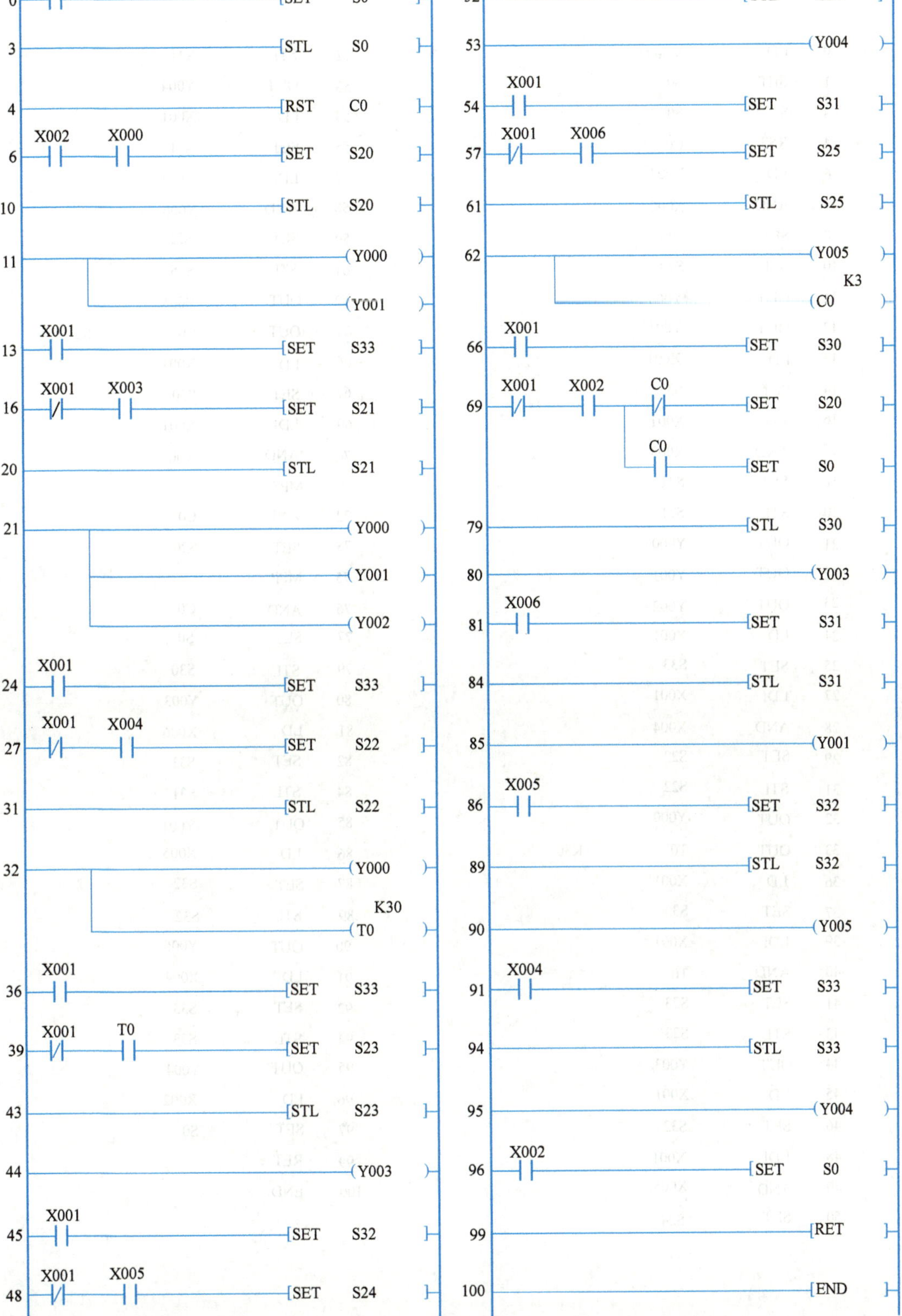

图 4-42　PLC 控制机械滑台的梯形图

```
0    LD    M8002
1    SET   S0
3    STL   S0
4    RST   C0
6    LD    X002
7    AND   X000
8    SET   S20
10   STL   S20
11   OUT   Y000
12   OUT   Y001
13   LD    X001
14   SET   S33
16   LDI   X001
17   AND   X003
18   SET   S21
20   STL   S21
21   OUT   Y000
22   OUT   Y001
23   OUT   Y002
24   LD    X001
25   SET   S33
27   LDI   X001
28   AND   X004
29   SET   S22
31   STL   S22
32   OUT   Y000
33   OUT   T0      K30
36   LD    X001
37   SET   S33
39   LDI   X001
40   AND   T0
41   SET   S23
43   STL   S23
44   OUT   Y003
45   LD    X001
46   SET   S32
48   LDI   X001
49   AND   X005
50   SET   S24
52   STL   S24
53   OUT   Y004
54   LD    X001
55   SET   S31
57   LDI   X001
58   AND   X006
59   SET   S25
61   STL   S25
62   OUT   Y005
63   OUT   C0      K3
66   LD    X001
67   SET   S30
69   LDI   X001
70   AND   X002
71   MPS
72   ANI   C0
73   SET   S20
75   MPP
76   AND   C0
77   SET   S0
79   STL   S30
80   OUT   Y003
81   LD    X006
82   SET   S31
84   STL   S31
85   OUT   Y001
86   LD    X005
87   SET   S32
89   STL   S32
90   OUT   Y005
91   LD    X004
92   SET   S33
94   STL   S33
95   OUT   Y004
96   LD    X002
97   SET   S0
99   RET
100  END
```

图 4-43 PLC 控制机械滑台的指令语句表

4.5 选择性分支程序设计

4.5.1 选择性分支

如图 4-44 所示，若有多条路径，而只能选择其中一条路径来执行，这种分支方式称为选择性分支。选择性结构是指一个活动步之后，紧接着有几个后续步可供选择的结构形式。选择序列的各个分支都有各自的转换条件。

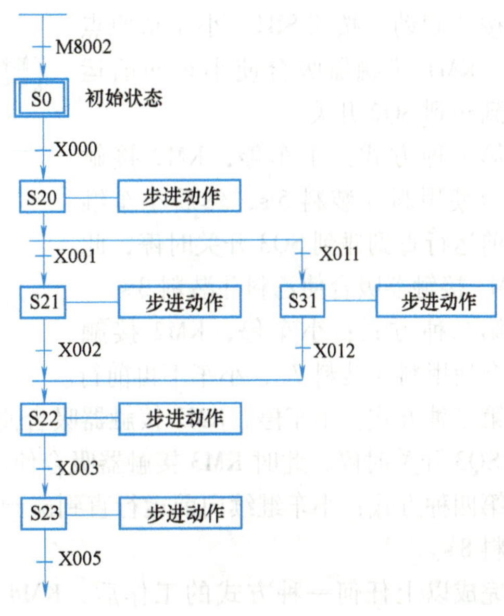

图 4-44　选择性结构分支与汇合状态转移图

选择性结构可分为分支和汇合。选择性分支是从多个分支中选择执行某一条分支流程，转换符号只能标在水平连线之下，一般只允许同时选择一个序列。编程时先进行驱动处理，再设置转移条件，由左到右逐次编程。选择性汇合是指编程时先进行汇合前状态的输出处理，再向汇合状态转移。转换符号在水平连线之上，从左到右进行汇合转移。

选择性分支流程不能交叉，如图 4-45 所示。对左图所示的流程必须按右边所示的流程进行修改。

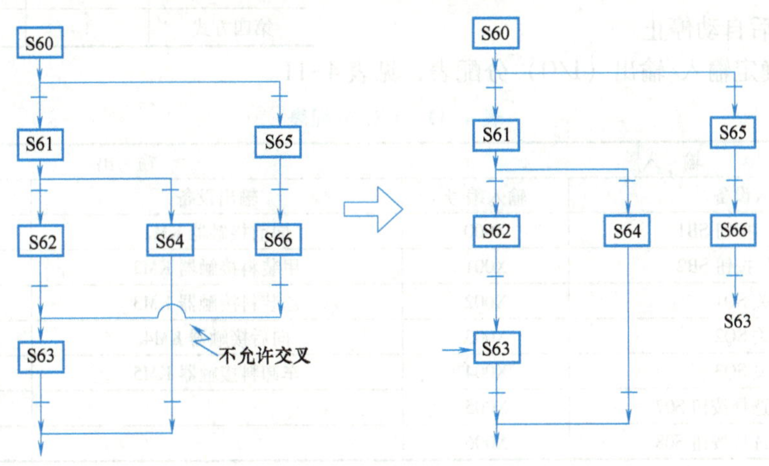

图 4-45　选择性分支流程的修改

4.5.2 实例：PLC 控制工作方式可选的运料小车

图 4-46 所示为 PLC 控制工作方式可选的运料小车示意图。其控制要求如下：

“起动”按钮 SB1 用来起动运料小车，“停止”按钮 SB2 用来手动停止运料小车，S07、S08 为工作方式选择按钮（程序每次只读小车到达 SQ2 以前的值）。四种工作方式见表 4-10。

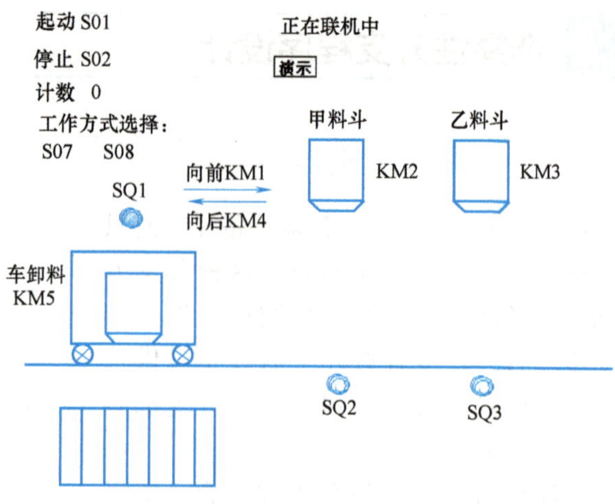

图 4-46 PLC 控制工作方式可选的运料小车示意图

按“起动”按钮 SB1，小车从原点起动，KM1 接触器吸合使小车向前运行直到碰到 SQ2 开关。

第一种方式：小车停，KM2 接触器吸合使甲料斗装料 5 s，然后小车继续向前运行直到碰到 SQ3 开关时停，此时 KM3 接触器吸合使乙料斗装料 3 s。

第二种方式：小车停，KM2 接触器吸合使甲料斗装料 7 s，小车不再前行。

第三种方式：小车停，KM2 接触器吸合使甲料斗装料 3 s，然后小车继续向前运行直到碰到 SQ3 开关时停，此时 KM3 接触器吸合使乙料斗装料 5 s。

第四种方式：小车继续向前运行直到碰到 SQ3 开关时停，此时 KM3 接触器吸合使乙料斗装料 8 s。

完成以上任何一种方式的工作后，KM4 接触器吸合，小车返回原点，直到碰到 SQ1 开关时停止，KM5 接触器吸合使小车卸料 5 s 后完成一次循环。在此循环过程中按下“停止”按钮 SB2，小车完成一次循环后停止运行，否则小车完成 3 次循环后自动停止。

表 4-10 选择工作方式

工作方式	S07	S08
第一方式	0	0
第二方式	1	0
第三方式	0	1
第四方式	1	1

解：1）确定输入/输出（I/O）分配表，见表 4-11。

表 4-11 I/O 分配表

输入		输出	
输入设备	输入编号	输出设备	输出编号
“起动”按钮 SB1	X000	向前接触器 KM1	Y000
“停止”按钮 SB2	X001	甲装料接触器 KM2	Y001
开关 SQ1	X002	乙装料接触器 KM3	Y002
开关 SQ2	X003	向后接触器 KM4	Y003
开关 SQ3	X004	车卸料接触器 KM5	Y004
工作方式选择按钮 S07	X005		
工作方式选择按钮 S08	X006		

2）根据工艺要求画出状态转移图，现采用如图 4-47 所示的自锁电路记忆停止信号梯形图，配合状态转移图使用。其状态转移图如图 4-48 所示。

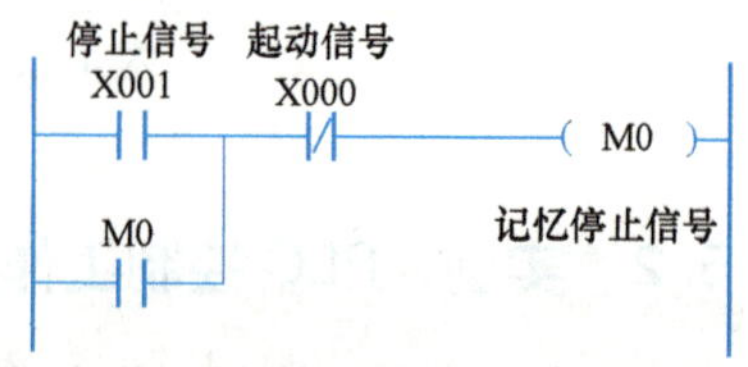

图 4-47 自锁电路记忆停止信号

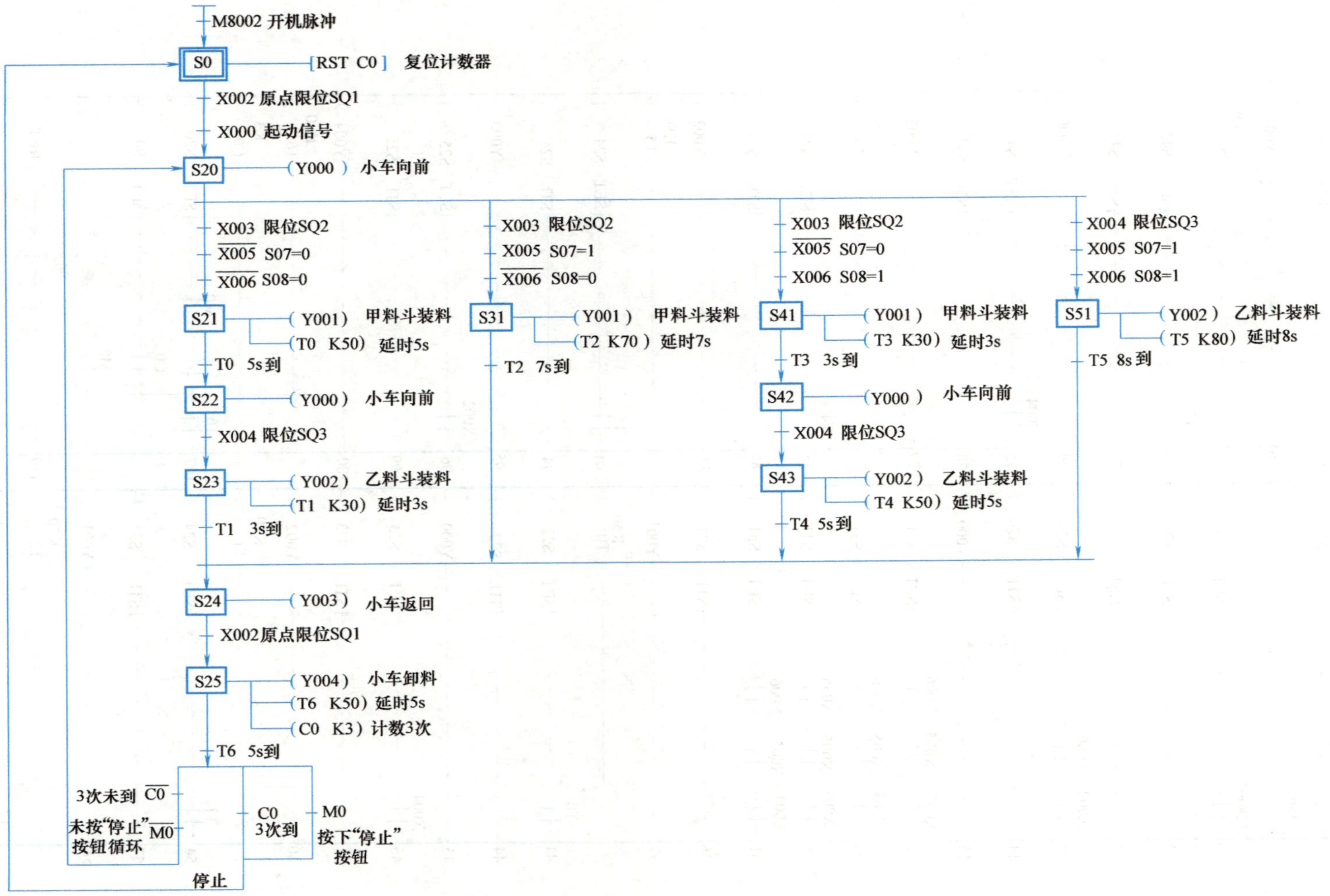

图 4-48　PLC 控制工作方式可选的运料小车状态转移图

3）根据状态转移图画出的梯形图如图 4-49 所示，指令语句表如图 4-50 所示。

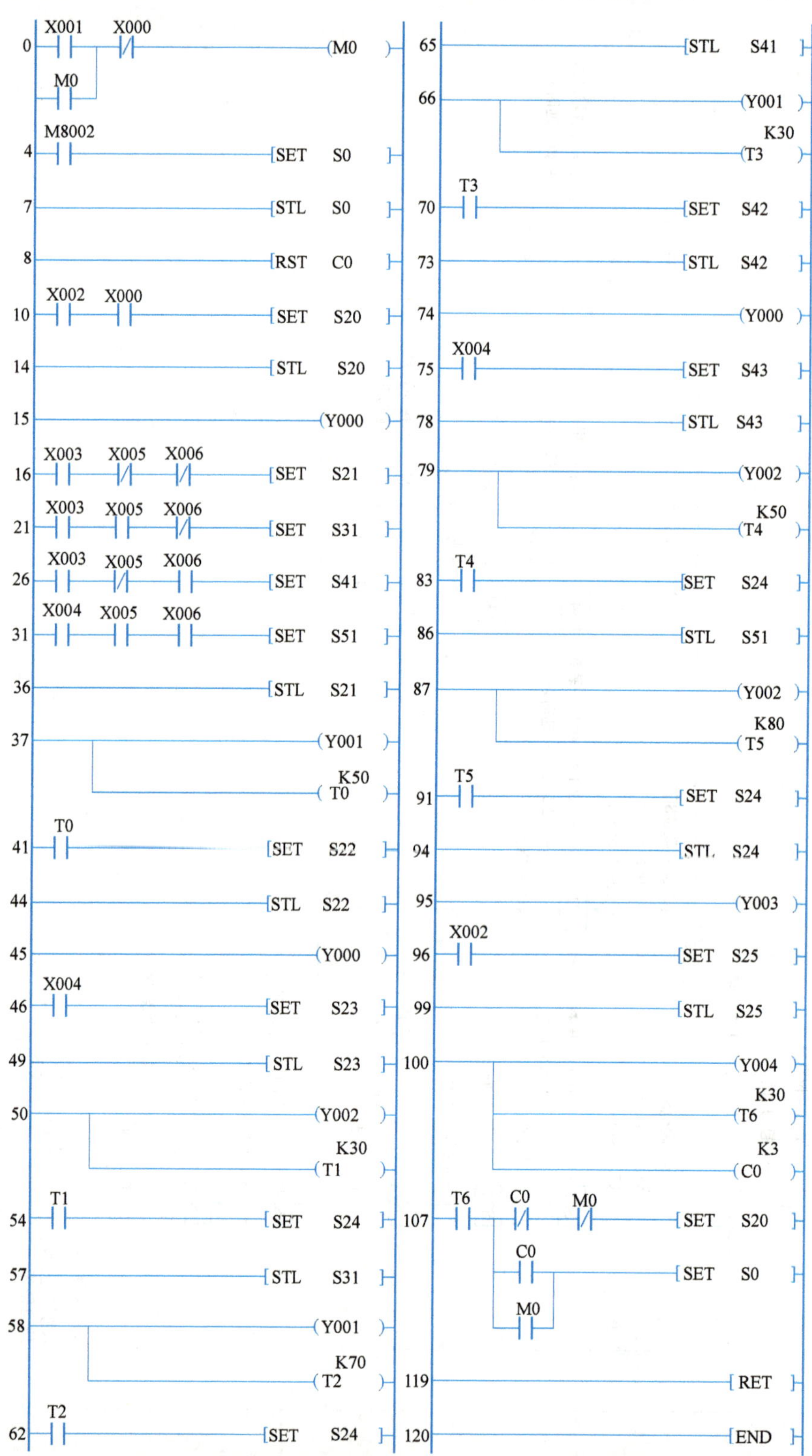

图 4-49 PLC 控制工作方式可选的运料小车梯形图

```
0    LD     X001
1    OR     M0
2    ANI    X000
3    OUT    M0
4    LD     M8002
5    SET    S0
7    STL    S0
8    RST    C0
10   LD     X002
11   AND    X000
12   SET    S20
14   STL    S20
15   OUT    Y000
16   LD     X003
17   ANI    X005
18   ANI    X006
19   SET    S21
21   LD     X003
22   AND    X005
23   ANI    X006
24   SET    S31
26   LD     X003
27   ANI    X005
28   AND    X006
29   SET    S41
31   LD     X004
32   AND    X005
33   AND    X006
34   SET    S51
36   STL    S21
37   OUT    Y001
38   OUT    T0     K50
41   LD     T0
42   SET    S22
44   STL    S22
45   OUT    Y000
46   LD     X004
47   SET    S23
49   STL    S23
50   OUT    Y002
51   OUT    T1     K30
54   LD     T1
55   SET    S24
57   STL    S31
58   OUT    Y001
59   OUT    T2     K70
62   LD     T2
63   SET    S24
65   STL    S41
66   OUT    Y001
67   OUT    T3     K30
70   LD     T3
71   SET    S42
73   STL    S42
74   OUT    Y000
75   LD     X004
76   SET    S43
78   STL    S43
79   OUT    Y002
80   OUT    T4     K50
83   LD     T4
84   SET    S24
86   STL    S51
87   OUT    Y002
88   OUT    T5     K80
91   LD     T5
92   SET    S24
94   STL    S24
95   OUT    Y003
96   LD     X002
97   SET    S25
99   STL    S25
100  OUT    Y004
101  OUT    T6     K30
104  OUT    C0     K3
107  LD     T6
108  MPS
109  ANI    C0
110  ANI    M0
111  SET    S20
113  MPP
114  LD     C0
115  OR     M0
116  ANB
117  SET    S0
119  RET
120  END
```

图 4-50　PLC 控制工作方式可选的运料小车指令语句表

4.5.3 实例：PLC 控制机械手分拣大小球

图 4-51 所示为 PLC 控制的机械手分拣大小球控制系统，其控制要求如下：

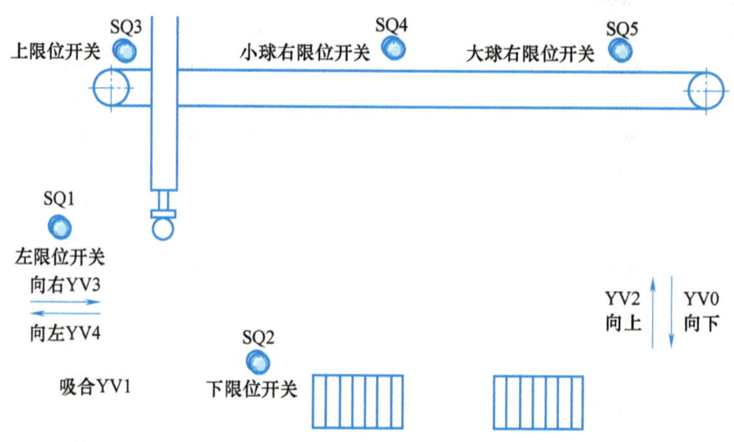

图 4-51 机械手分拣大小球控制系统工作示意图

机械手初始状态在左上角原点处（上限位开关 SQ3 及左限位开关 SQ1 压合，机械手处于放松状态），当按下“起动”按钮 SB1 后，机械手下降，2 s 后机械手一定会碰到球。如果碰到球的同时还碰到下限位开关 SQ2，则一定是小球；如果碰到球的同时未碰到下限位开关 SQ2，则一定是大球。机械手抓住球后开始上升，碰到上限位开关 SQ3 后右移。如果是小球右移到 SQ4 处（如果是大球右移到 SQ5 处），机械手下降，当碰到下限位开关 SQ2 时，将小球（大球）释放并放入小球（大球）容器中。释放后机械手上升，碰到上限位开关 SQ3 后左移，碰到左限位开关 SQ1 时停，则一个循环结束。

解：1）确定输入/输出（I/O）分配表，见表 4-12。

表 4-12 I/O 分配表

输 入		输 出	
输入设备	输入编号	输出设备	输出编号
“起动”按钮 SB1	X000	下降电磁阀 YV0	Y000
左限位开关 SQ1	X001	机械手吸合电磁阀 YV1	Y001
下限位开关 SQ2	X002	上升电磁阀 YV2	Y002
上限位开关 SQ3	X003	右移电磁阀 YV3	Y003
小球右限位开关 SQ4	X004	左移电磁阀 YV4	Y004
大球右限位开关 SQ5	X005		

2）根据工艺要求画出状态转移图，如图 4-52 所示。

从图 4-52 可以看出，状态转移图中出现了分支，而两条分支不会同时工作，具体转移到哪一条分支由转移条件（本例中为下限位开关 SQ2）X002 的通断状态决定。此类状态转移图称为选择性分支与汇合的多流程状态转移图。

3）根据状态转移图画出的梯形图如图 4-53 所示，指令语句表如图 4-54 所示。

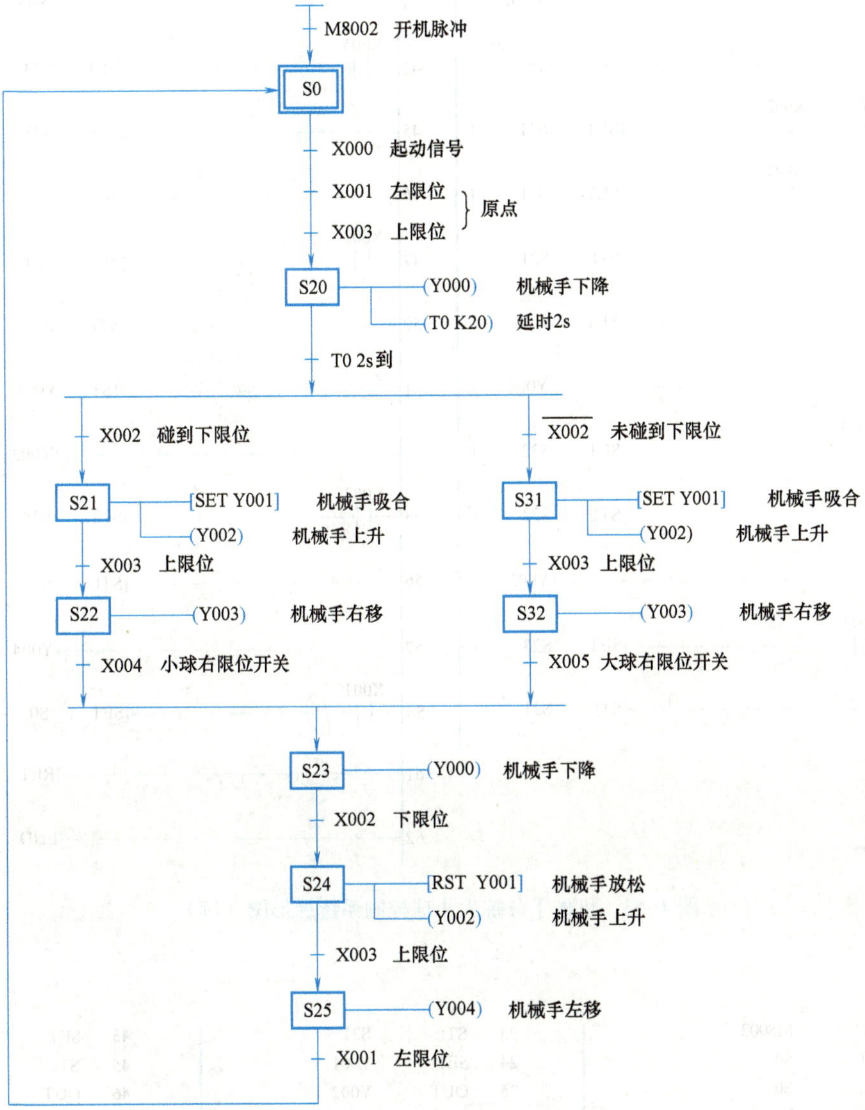

M8002　开机脉冲
S0
X000　起动信号
X001　左限位
X003　上限位
原点
S20　(Y000)　机械手下降
(T0 K20)　延时2s
T0 2s到
X002　碰到下限位
$\overline{X002}$　未碰到下限位
S21　[SET Y001]　机械手吸合
(Y002)　机械手上升
X003　上限位
S22　(Y003)　机械手右移
X004　小球右限位开关
S31　[SET Y001]　机械手吸合
(Y002)　机械手上升
X003　上限位
S32　(Y003)　机械手右移
X005　大球右限位开关
S23　(Y000)　机械手下降
X002　下限位
S24　[RST Y001]　机械手放松
(Y002)　机械手上升
X003　上限位
S25　(Y004)　机械手左移
X001　左限位

图 4-52　机械手分拣大小球控制系统状态转移图

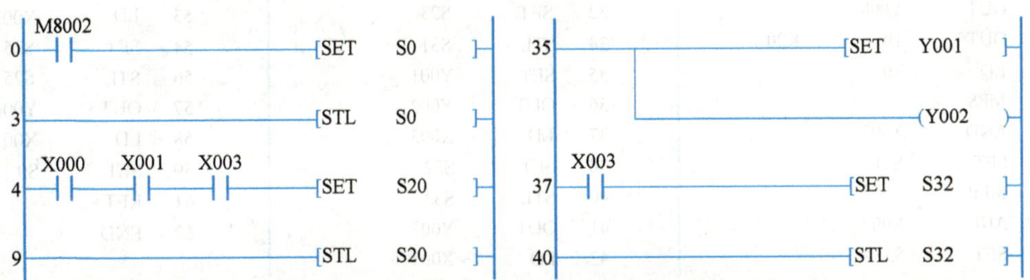

图 4-53　机械手分拣大小球控制系统梯形图

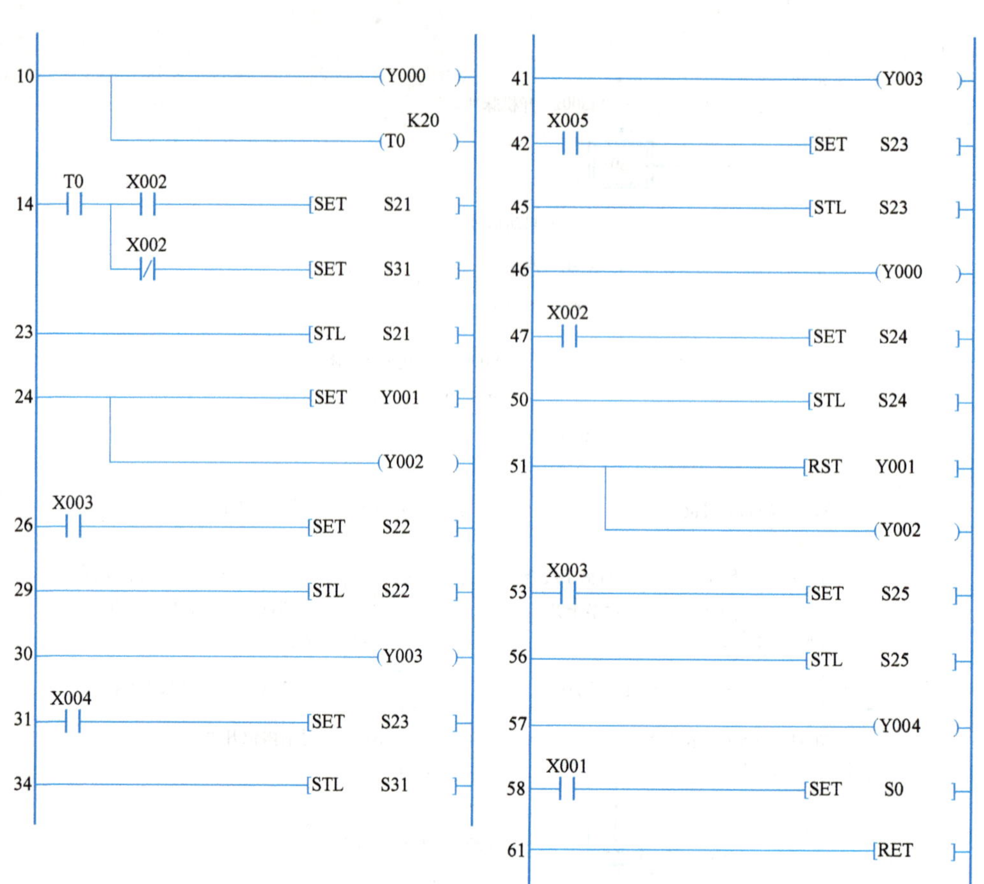

图 4-53 机械手分拣大小球控制系统梯形图（续）

0	LD	M8002		23	STL	S21	43	SET	S23
1	SET	S0		24	SET	Y001	45	STL	S23
3	STL	S0		25	OUT	Y002	46	OUT	Y000
4	LD	X000		26	LD	X003	47	LD	X002
5	ANI	X001		27	SET	S22	48	SET	S24
6	AND	X003		29	STL	S22	50	STL	S24
7	SET	S20		30	OUT	Y003	51	RST	Y001
9	STL	S20		31	LD	X004	52	OUT	Y002
10	OUT	Y000		32	SET	S23	53	LD	X003
11	OUT	T0	K20	34	STL	S31	54	SET	S25
14	LD	T0		35	SET	Y001	56	STL	S25
15	MPS			36	OUT	Y002	57	OUT	Y004
16	AND	X002		37	LD	X003	58	LD	X001
17	SET	S21		38	SET	S32	59	SET	S0
19	MPP			40	STL	S32	61	RET	
20	ANI	X002		41	OUT	Y003	62	END	
21	SET	S31		42	LD	X005			

图 4-54 机械手分拣大小球控制系统指令语句表

4.6 并行分支程序设计

4.6.1 并行结构

图 4-55 所示为并行结构分支与汇合状态转移图。并行结构是转移条件满足时，同时执行几个分支，当所有分支都执行结束后，若转移条件满足，再转向汇合状态。有向连线的水平部分用双线表示，每个序列中活动步的进展是独立的。

并行结构可分为并行分支和并行汇合。并行分支的编程首先进行驱动处理，然后进行转移处理。在表示同步的水平双线之上，只允许有一个转换符号。并行汇合先进行汇合前状态的驱动处理，再进行转移处理。转移处理从左到右依次进行。STL 指令最多只能连续使用 8 次。在表示同步的水平双线之下，只允许有一个转换符号。

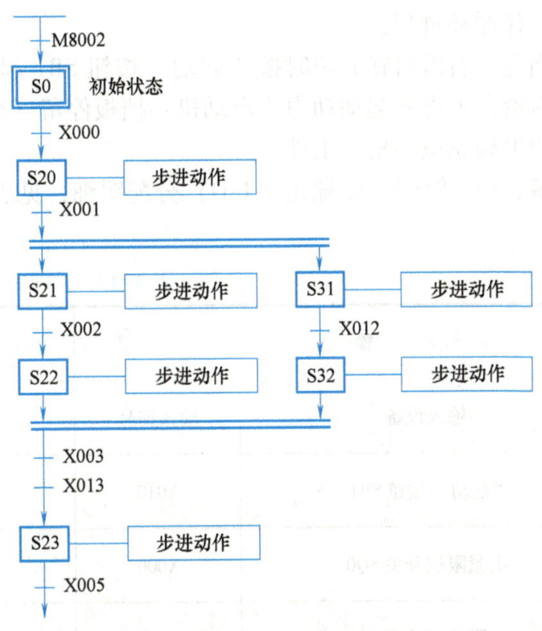

图 4-55　并行结构分支与汇合状态转移图

4.6.2 实例：PLC 控制专用钻孔机床

图 4-56 所示为专用钻孔机床控制系统，其控制要求如下：

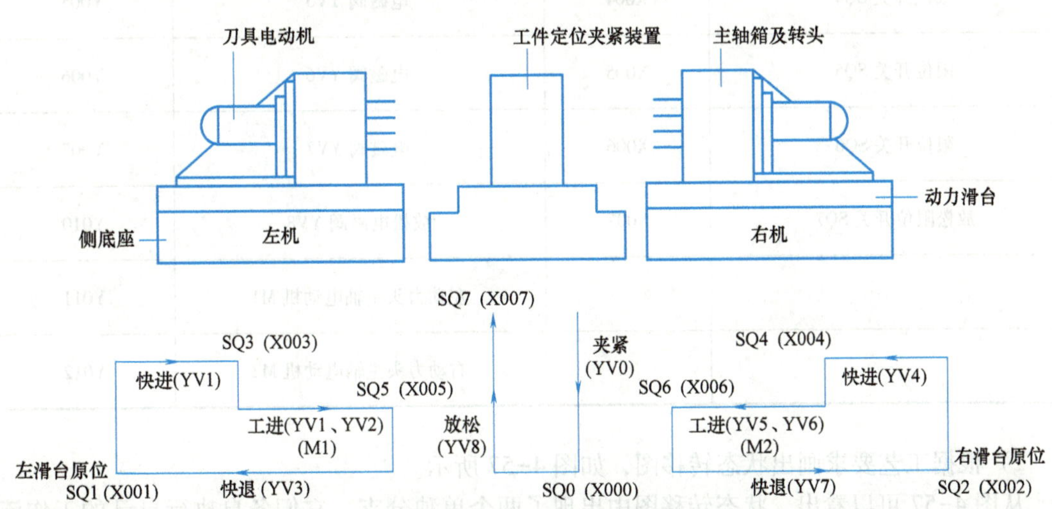

图 4-56　专用钻孔机床控制系统工作示意图

1）左、右动力头由主轴电动机 M1、M2 分别进行驱动。

2）动力头的进给由电磁阀控制气缸进行驱动。

3）工步位置由限位开关 SQ1～SQ6 控制。

4）“起动”按钮 SB1 用以起动，限位开关 SQ0 闭合为夹紧到位，限位开关 SQ7 闭合为放松到位。

工作循环过程：

当左、右滑台在原位时按“起动”按钮 SB1 起动→工件夹紧→左、右滑台同时快进→左、右滑台工进并起动动力头电动机→挡板停留（延时 3 s）→动力头电动机停，左、右滑台分别快退到原位→松开工件。

解：1）确定输入/输出（I/O）分配明细，见表 4-13。

表 4-13 I/O 分配表

输入		输出	
输入设备	输入编号	输出设备	输出编号
“起动”按钮 SB1	X010	夹紧电磁阀 YV0	Y000
夹紧限位开关 SQ0	X000	电磁阀 YV1	Y001
限位开关 SQ1	X001	电磁阀 YV2	Y002
限位开关 SQ2	X002	电磁阀 YV3	Y003
限位开关 SQ3	X003	电磁阀 YV4	Y004
限位开关 SQ4	X004	电磁阀 YV5	Y005
限位开关 SQ5	X005	电磁阀 YV6	Y006
限位开关 SQ6	X006	电磁阀 YV7	Y007
放松限位开关 SQ7	X007	放松电磁阀 YV8	Y010
		左动力头主轴电动机 M1	Y011
		右动力头主轴电动机 M2	Y012

2）根据工艺要求画出状态转移图，如图 4-57 所示。

从图 4-57 可以看出，状态转移图中出现了两个单独分支，它们各自执行自己的工作流程（即左、右两个动力头同时工作，两个动力头都完成各自的工作）后，再转入公共的状态之中。

3）根据状态转移图画出的梯形图如图 4-58 所示，指令语句表如图 4-59 所示。

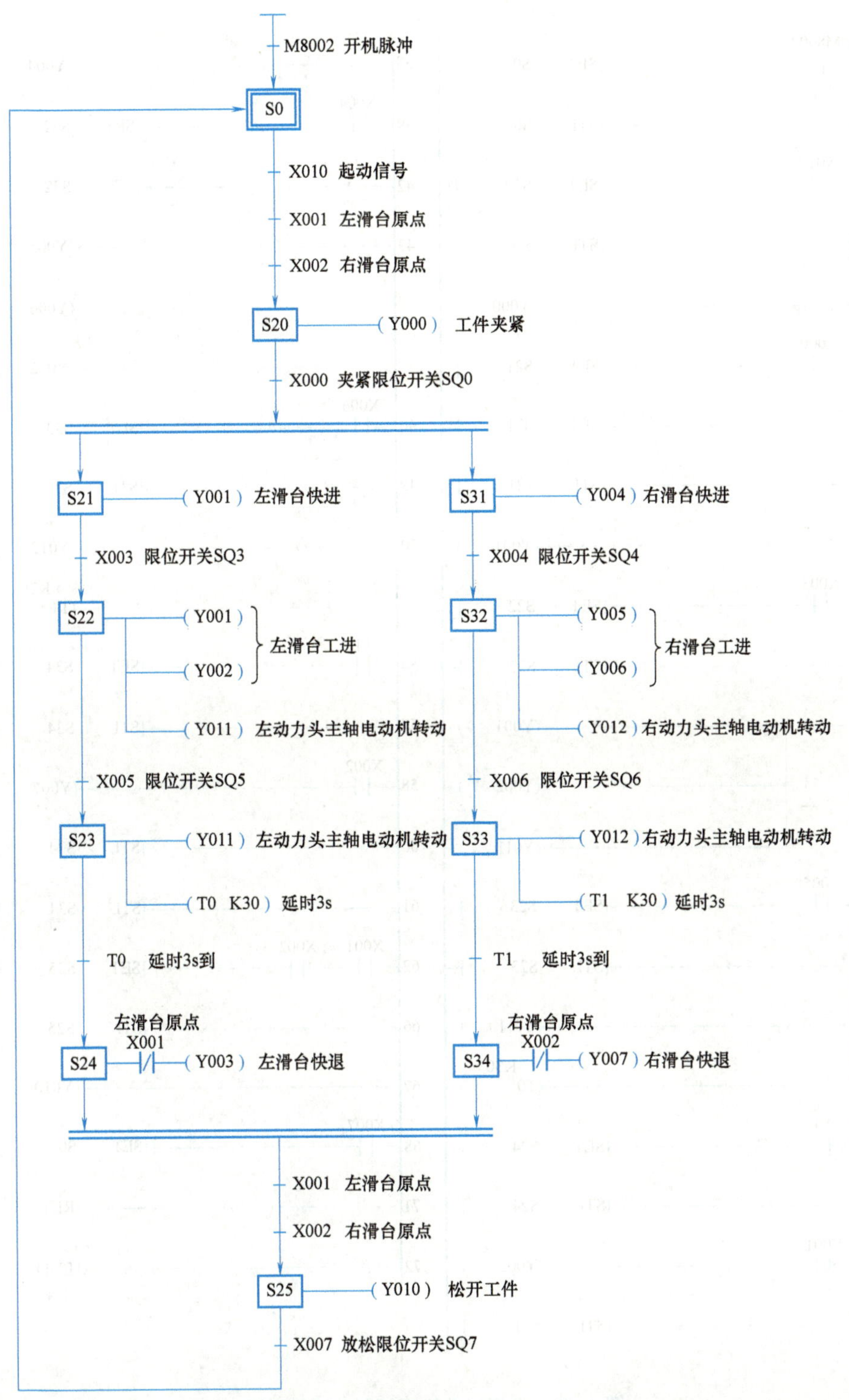

图 4-57　专用钻孔机床控制系统状态转移图

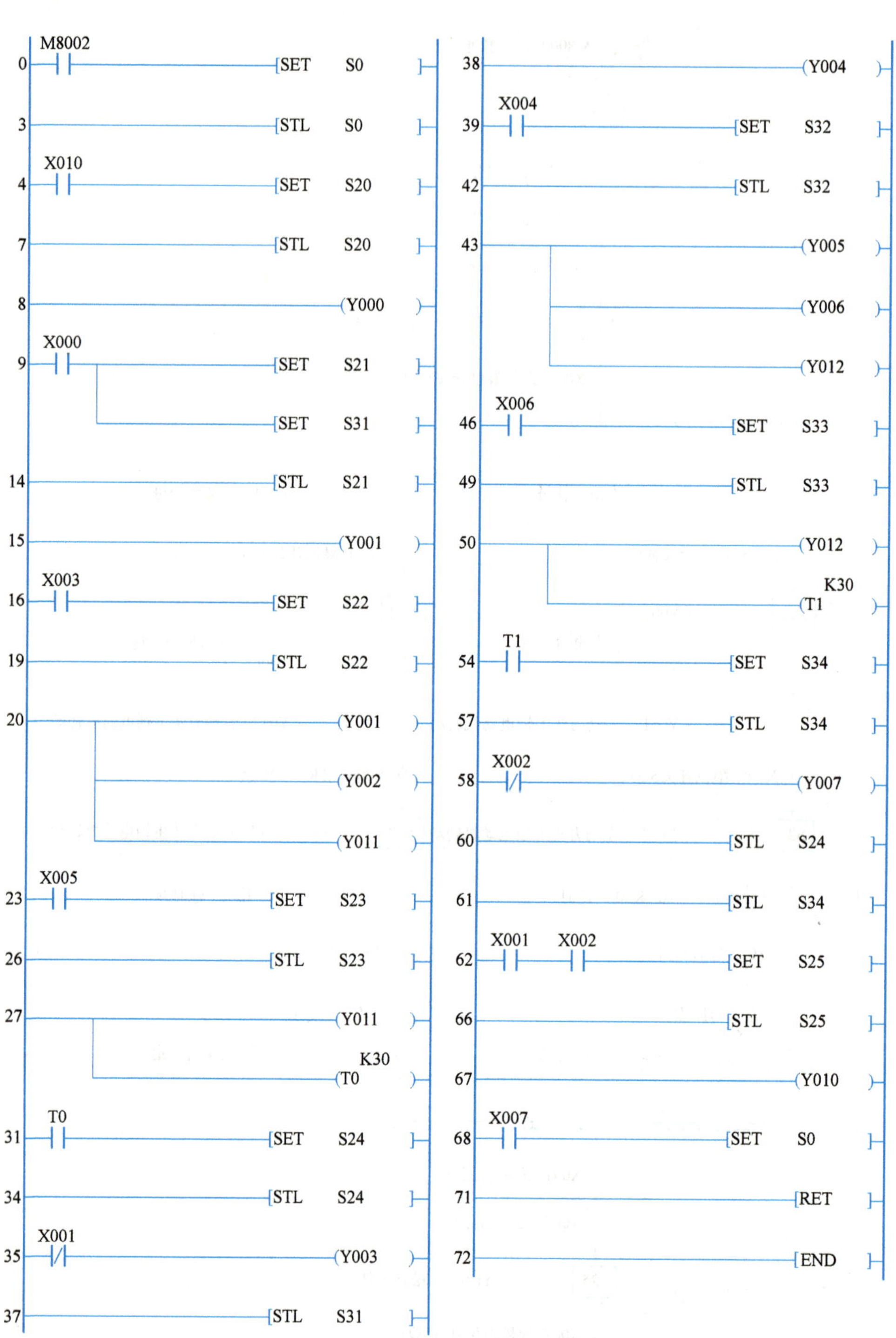

图 4-58 专用钻孔机床控制系统梯形图

```
0   LD    M8002
1   SET   S0
3   STL   S0
4   LD    X010
5   SET   S20
7   STL   S20
8   OUT   Y000
9   LD    X000
10  SET   S21
12  SET   S31
14  STL   S21
15  OUT   Y001
16  LD    X003
17  SET   S22
19  STL   S22
20  OUT   Y001
21  OUT   Y002
22  OUT   Y011
23  LD    X005
24  SET   S23
26  STL   S23
27  OUT   Y011
28  OUT   T0     K30
31  LD    T0
32  SET   S24
34  STL   S24
35  LDI   X001
36  OUT   Y003
37  STL   S31
38  OUT   Y004
39  LD    X004
40  SET   S32
42  STL   S32
43  OUT   Y005
44  OUT   Y006
45  OUT   Y012
46  LD    X006
47  SET   S33
49  STL   S33
50  OUT   Y012
51  OUT   T1     K30
54  LD    T1
55  SET   S34
57  STL   S34
58  LDI   X002
59  OUT   Y007
60  STL   S24
61  STL   S34
62  LD    X001
63  AND   X002
64  SET   S25
66  STL   S25
67  OUT   Y010
68  LD    X007
69  SET   S0
71  RET
72  END
```

图 4-59　专用钻孔机床控制系统指令语句表

4.7 思考题

1. 简述状态步与步之间的转换条件。
2. 状态转移图具有哪些特点？
3. 状态转移图编程通常有哪几种结构形式？
4. 状态元件有哪几种类型？

第 5 章 典型功能指令在编程中的应用

5.1 功能指令概述

5.1.1 功能指令格式

功能指令的表示格式与基本指令不同。每一条功能指令都有一个操作数（功能号）和一个指令助记符，两者之间有严格的对应关系，功能号按 FNC00～FNC299 编排，助记符大多用英文名称或缩写表示。例如 FNC45 的助记符是 MEAN（平均），若使用简易编程器，可键入 FNC45，若采用智能编程器或在计算机上编程，也可键入助记符 MEAN。

有的功能指令只有助记符没有操作数，有的则是助记符和操作数都没有。而大多数功能指令有 1～4 个操作数。图 5-1 所示为一个计算平均值指令，它有三个操作数，(S)表示源操作数，(D)表示目标操作数，如果使用变址功能，则可表示为(S·)和(D·)。当源或目标不止一个时，用(S1·)、(S2·)、…、(D1·)、(D2·)、…表示。用 n 和 m 表示其他操作数，它们常用来表示常数，或作为源操作数(S)和目标操作数(D)的补充说明，当这样的操作数多时可用 n1、n2 和 m1、m2 等来表示。

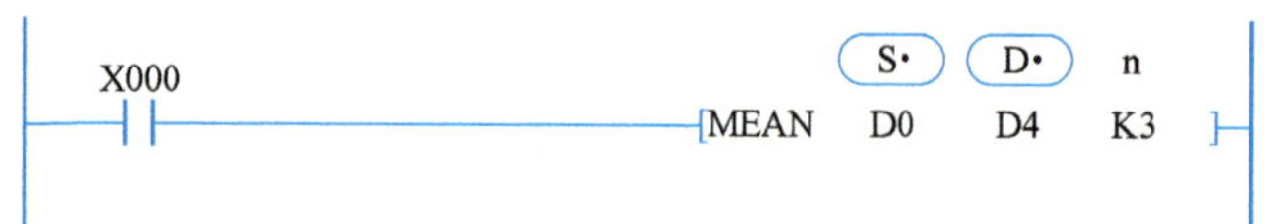

图 5-1 功能指令的表示格式

图 5-1 中 D0 是源操作的首元件，K3 是指取值个数为 3，即 D0、D1、D2，目标操作数为 D4，当 X000 接通时，执行的操作为[(D0)+(D1)+(D2)]÷3→(D4)。

5.1.2 数据寄存器 D

数据寄存器是用于存放各种数据的软元件。FX_{3U} 系列 PLC 中每一个数据寄存器都是 16 位的（最高位为正、负符号位），也可用两个数据寄存器合并起来存储 32 位数据（最高位为正、负符号位）。通常数据寄存器又可分为以下几类。

1. 通用数据寄存器（D0～D199）

通用数据寄存器只要不写入其他数据，已写入的数据不会变化。但是，由 RUN→STOP 时，全部数据均清零（若特殊辅助继电器 M8033 已被驱动，则数据不被清零）。

2. 停电保持寄存器（D200~D999）

停电保持寄存器基本上与通用数据寄存器相同。除非改写，否则原有数据不会丢失，不论电源接通与否，PLC 运行与否，其内容不会发生变化。然而在两台 PLC 进行点对点的通信时，D490~D509 被用作通信操作。

3. 文件寄存器（D1000~D2999）

文件寄存器是用户程序存储器（RAM、EEPROM、EPROM）内的一个存储区，以 500 点为一个单位，在参数设置时最多可设置到 2000 点。用外部设备口进行写入操作。在 PLC 运行时，可用 BMOV 指令将数据读到通用数据寄存器中，但是不能用指令将数据写入文件寄存器。用 BMOV 将数据写入 RAM 后，再从 RAM 中读出。将数据写入 EEPROM 盒时，需要花费一定的时间。

4. RAM 文件寄存器（D6000~D7999）

当驱动特殊辅助继电器 M8074 时扫描被禁止，上述的数据寄存器可作为文件寄存器处理，用 BMOV 指令传送数据（写入或读出）。

5. 特殊用途寄存器（D8000~D8255）

特殊用途寄存器是用于写入特定目的的数据或已经写入数据寄存器，其内容在电源接通时，写入初始化值（一般先清零，然后由系统 ROM 来写入）。

5.1.3　数据表示方法

FX_{3U}系列可编程序控制器提供的数据表示方法分为位软元件、字软元件、位软元件组合等。位软元件是只处理开关（ON/OFF）信息的元件，如 X、Y、M、D、S。字软元件是处理数据的元件，如 D。位软元件组合表示数据是以 4 个位元件为一组，代表 4 位 BCD 码，也表示 1 位十进制数，用 KnMm 表示，K 为十进制，n 为十进制位数，也是位元件的组数，M 为位元件，m 为位元件的首地址，一般用 0 结尾的元件，如 K2X0 表示以 X000 为首地址的 8 位，即 X000~X007。

FX_{3U}系列可编程序控制器提供的数据长度分为 16 位和 32 位两种。参与运算的数据默认为 16 位二进制数据。若表示 32 位数据则需在操作码前面加 D（Double），此时只写出元件的首地址，且首地址为 32 位数据中的低 16 位数据，高 16 位数据放在比首地址高 1 位的地址中，如图 5-2 所示。

```
X000
─┤├──────────[MOV   D0   D1 ]     (D0) ──▶ (D1)
X001
─┤├──────────[DMOV  D2   D4 ]     (D3D2) ──▶ (D5D4)
```

图 5-2　16 位与 32 位数据的传送

功能指令的执行方式分为连续执行方式和脉冲执行方式。连续执行方式是每个扫描周期都重复执行一次。脉冲执行方式是只在信号 OFF→ON 时执行一次，是在指令后加 P（Pulse）表示。如图 5-3 所示，当 X010 接通时，每个扫描周期都重复执行将 D0 传送给 D1 的操作；而 D2 传送给 D4 的操作只在 X011 信号 OFF→ON 时执行一次。

功能指令还提供变址寄存器 V、Z，其作用是存放改变地址的数据。实际地址等于当前地址加变址数据，32 位运算时 V 和 Z 组合使用，V 为高 16 位，Z 为低 16 位。变址寄存器的使用如图 5-4 所示。

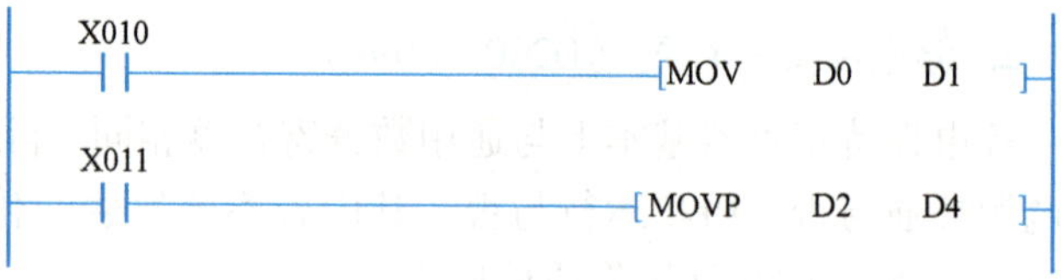

X010 [MOV D0 D1]
X011 [MOVP D2 D4]

图 5-3 连续执行方式与脉冲执行方式

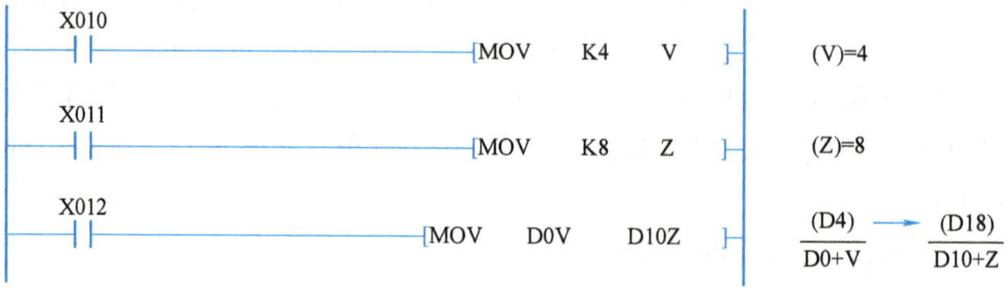

X010 [MOV K4 V] (V)=4
X011 [MOV K8 Z] (Z)=8
X012 [MOV D0V D10Z] (D4)/D0+V → (D18)/D10+Z

图 5-4 变址寄存器的使用

5.2 程序流控制指令及其应用

5.2.1 程序流控制指令

1. 条件跳转指令

FNC00 CJ 操作数：指针 P0~P63（允许变址修改）

作为执行序列的一部分指令，用条件跳转指令 CJ、CJP 可以缩短运算周期及使用双线圈。跳步指针 P 取值为 P0~P127。条件跳转指令的使用如图 5-5 所示，当 X000 接通时，则从第 1 步跳转到 P8，X000 断开时，从 P8 后一步向第 4 步移动，跳转到 P9。注意：程序中如果使用了重复的指针编号会引起错误。

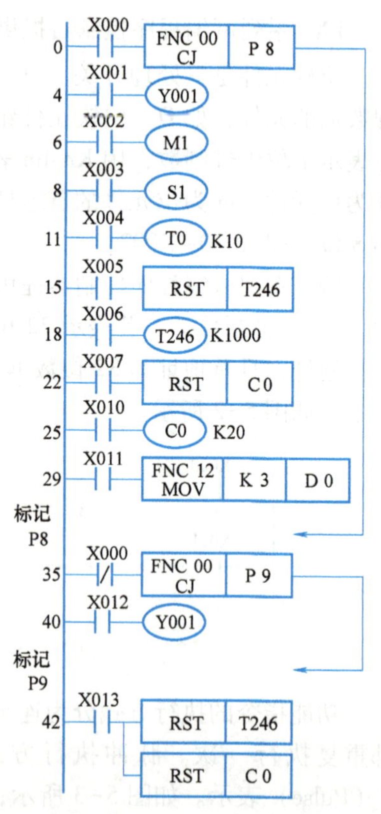

图 5-5 CJ 指令的应用

2. 子程序指令与主程序结束指令

（1）子程序调用指令

FNC01 CALL 操作数：指针 P0~P62，P64~P4095（允许变址修改）

（2）子程序返回指令

FNC02 SRET 无操作数

（3）主程序结束指令

FNC06 FEND 无操作数

在顺控程序中，对想要共同处理的程序可采用调用指令，这样可以减少程序的步数，更加有效地设计程序。

此处子程序调用指令的指针为 P63，因为在使用 CJ 指令时会发生 END 跳转，因此不作为 CALL 指令的指针动作。对指针编号允许进行变址修改，嵌套最多可为 5 层。

如图 5-6 所示，X001 接通瞬间，只执行 CALLP　P11 指令一次后跳转到 P11，在执行 P11 子程序过程中，如果执行 P12 的调用指令，则调用 P12 的子程序，用 SRET 指令使其向 P11 的子程序跳转。而 P11 子程序中的 SRET 则返回主程序。这样在子程序内最多允许 4 次指令调用，整体而言可做 5 层嵌套。

3. 中断指令

中断返回指令：FNC03　IRET　无操作数

开中断指令：FNC04　EI　无操作数

关中断指令：FNC05　DI　无操作数

中断指令的使用如图 5-7 所示。可编程序控制器平时为禁止中断状态，如果用 EI 指令允许中断，则在扫描过程中如果 X000 接通时上升沿执行输入中断子程序后，通过 IRET 指令返回主程序。而中断指针 I×××必须在主程序结束指令 FEND 后进行标记。

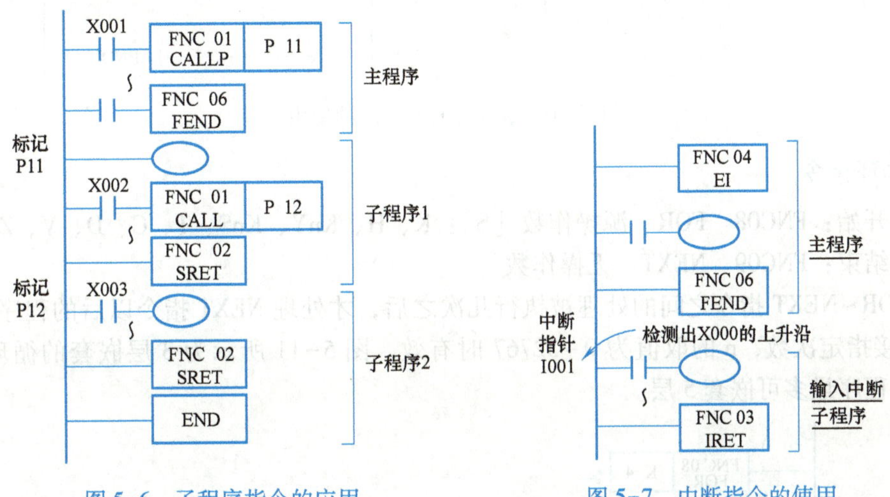

图 5-6　子程序指令的应用　　图 5-7　中断指令的使用

外部输入信号中断指针含义如图 5-8 所示。可采用接通特殊辅助继电器 M8050～M8055 来对应禁止 X000～X005 的中断。

采用定时器中断时，每隔指定的固定周期（时间间隔）执行中断处理。中断指针采用 I6××～I8××的形式，其使用如图 5-9 所示，图中将间隔定为 20 ms，那么每隔 20 ms 会执行 I620 的定时器中断，并通过 IRET 指令返回主程序。

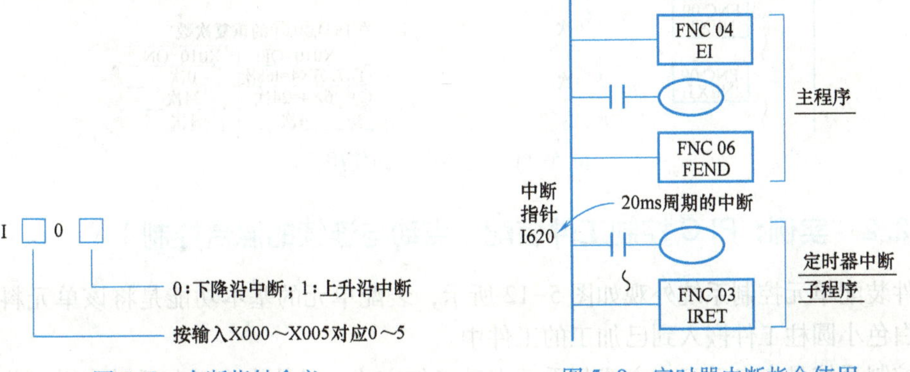

图 5-8　中断指针含义　　图 5-9　定时器中断指令使用

4. 警戒定时器指令

FNC07 WDT 无操作数

在顺控程序中，执行监视功能可用定时器的刷新指令，当可编程序控制器的运算周期（0~END 及 FEND 指令执行时间）超过 200 ms 时，可编程序控制器 CPU 出错，此时指示灯点亮同时 CPU 停止工作，因此在编程过程中可插入该指令。如图 5-10 所示，将 240 ms 程序一分为二，在这中间编写 WDT 指令，则前后两个部分都在 200 ms 以下。

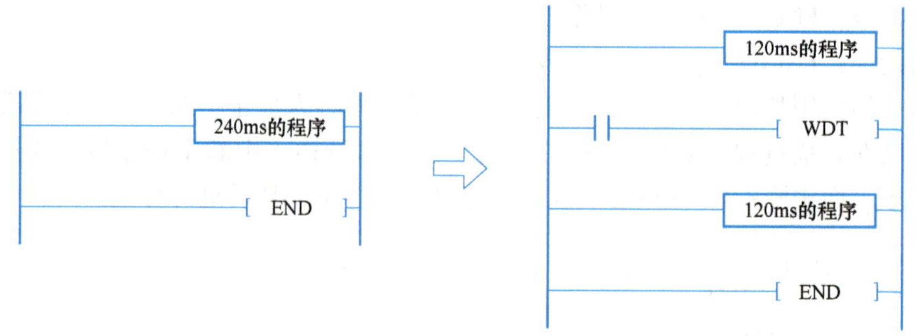

图 5-10 警戒定时器指令的使用

5. 循环指令

循环开始：FNC08 FOR 源操作数［S］：K、H、KnY、KnS、T、C、D、V、Z

循环结束：FNC09 NEXT 无操作数

在 FOR~NEXT 指令之间的处理被执行几次之后，才处理 NEXT 指令以后的程序。若采用 Kn 直接指定次数，n 的取值为 0~32767 时有效。图 5-11 所示为 3 层嵌套的循环程序，这类循环程序最多可嵌套 5 层。

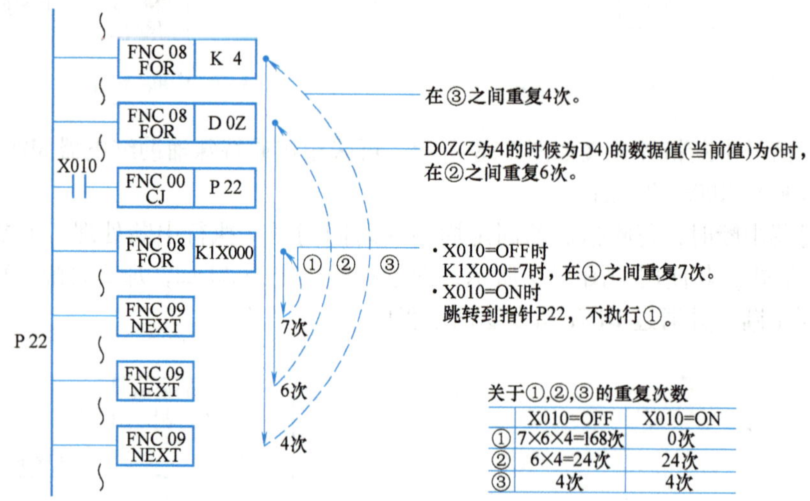

	X010=OFF	X010=ON
①	7×6×4=168次	0次
②	6×4=24次	24次
③	4次	4次

图 5-11 循环指令的使用

5.2.2 实例：PLC 控制工件装配（点动与连续的混合控制）

工件装配单元控制系统外观如图 5-12 所示，装配单元的基本功能是将该单元料仓内的黑色或白色小圆柱工件嵌入到已加工的工件中。

本控制系统具有自动工作方式与手动点动工作方式，具体由自动与手动点动工作方式转换开关 K1 选择。当 K1＝1 时为手动点动工作，系统可通过 3 个“点动”按钮和外部选择开关对电磁阀进行控制，以便对设备进行调整、检修和事故处理。

在自动工作方式时对装配单元的控制要求如下：装配单元物料台的传感器检测到有工件放入，装配单元进行黑色或白色小工件的装配操作。具体装配时是装配黑色小工件还是白色小工件可由外部选择开关控制，装配结束后由机器人将其搬运至立体仓库单元入库平台。

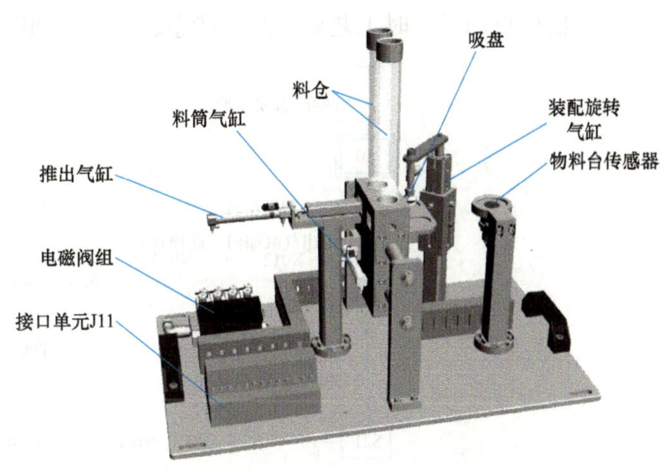

图 5-12　工件装配单元控制系统外观

装配单元的装配工艺流程：吸盘摆出—推出小工件—吸盘摆回—吸料—吸盘摆出—装配小工件—吸盘摆回。

解： 1）确定输入/输出（I/O）分配表，见表 5-1。

表 5-1　I/O 分配表

输　入		输　出	
输入设备	输入编号	输出设备	输出编号
工作方式转换开关	X000	装配旋转气缸电磁阀	Y000
手动装配旋转	X001	装配吸盘气缸电磁阀	Y001
手动装配吸盘	X002	料筒气缸定位电磁阀	Y002
手动料筒定位	X003	推出气缸电磁阀	Y003
手动配件推出	X004		
“起动”按钮	X005		
装配台传感器	X006		
装配旋转气缸左限位	X007		
装配旋转气缸右限位	X010		
装配检测传感器	X011		
料筒气缸退回限位	X012		
推出气缸伸出限位	X013		
外部选择开关	X014		

2）根据工艺要求画出手动、自动工作条件下程序结构，如图 5-13 所示。

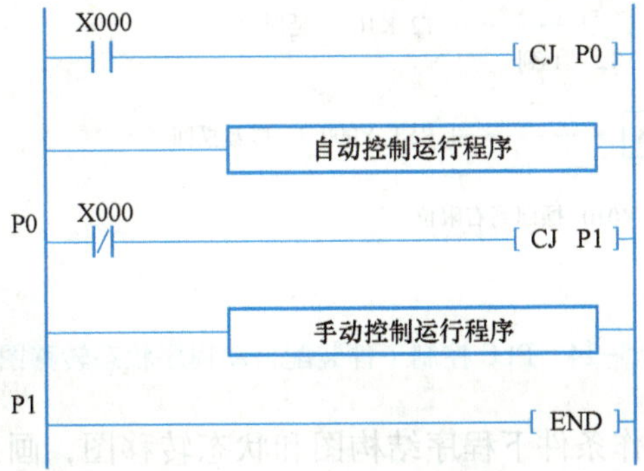

图 5-13　手动、自动工作条件下程序结构

3）根据自动运行时工艺要求画出状态转移图，如图 5-14 所示。

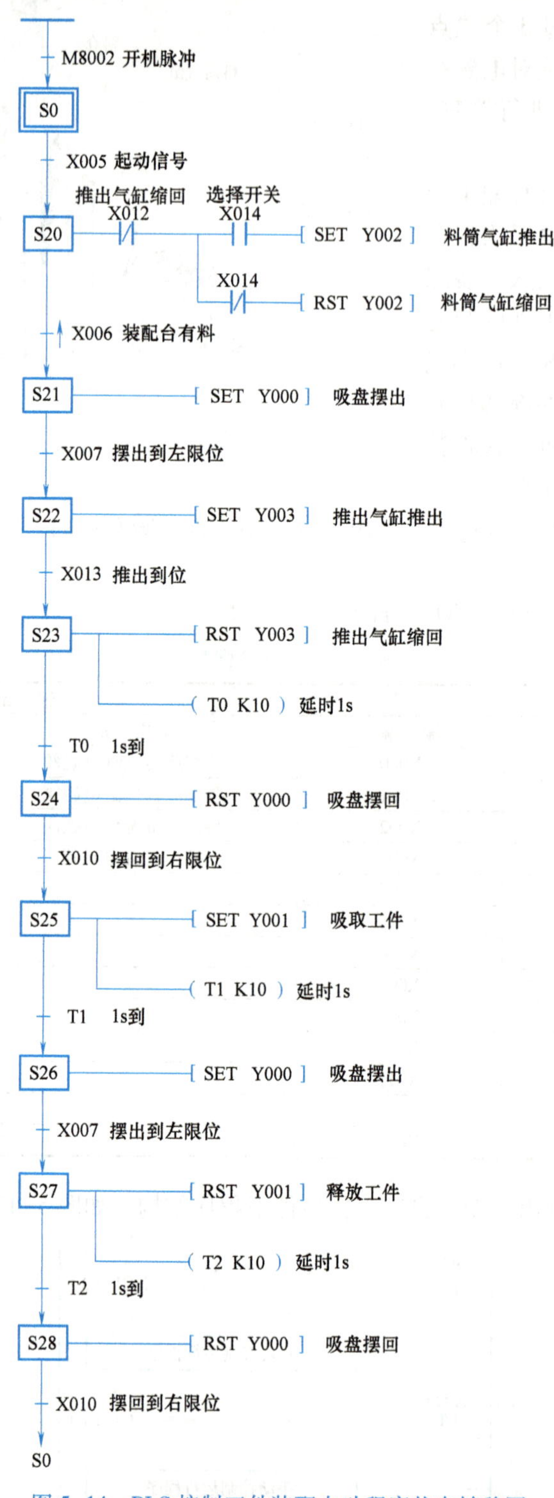

图 5-14 PLC 控制工件装配自动程序状态转移图

4）根据手动、自动工作条件下程序结构图和状态转移图，画出其梯形图如图 5-15 所示，其指令语句表如图 5-16 所示。

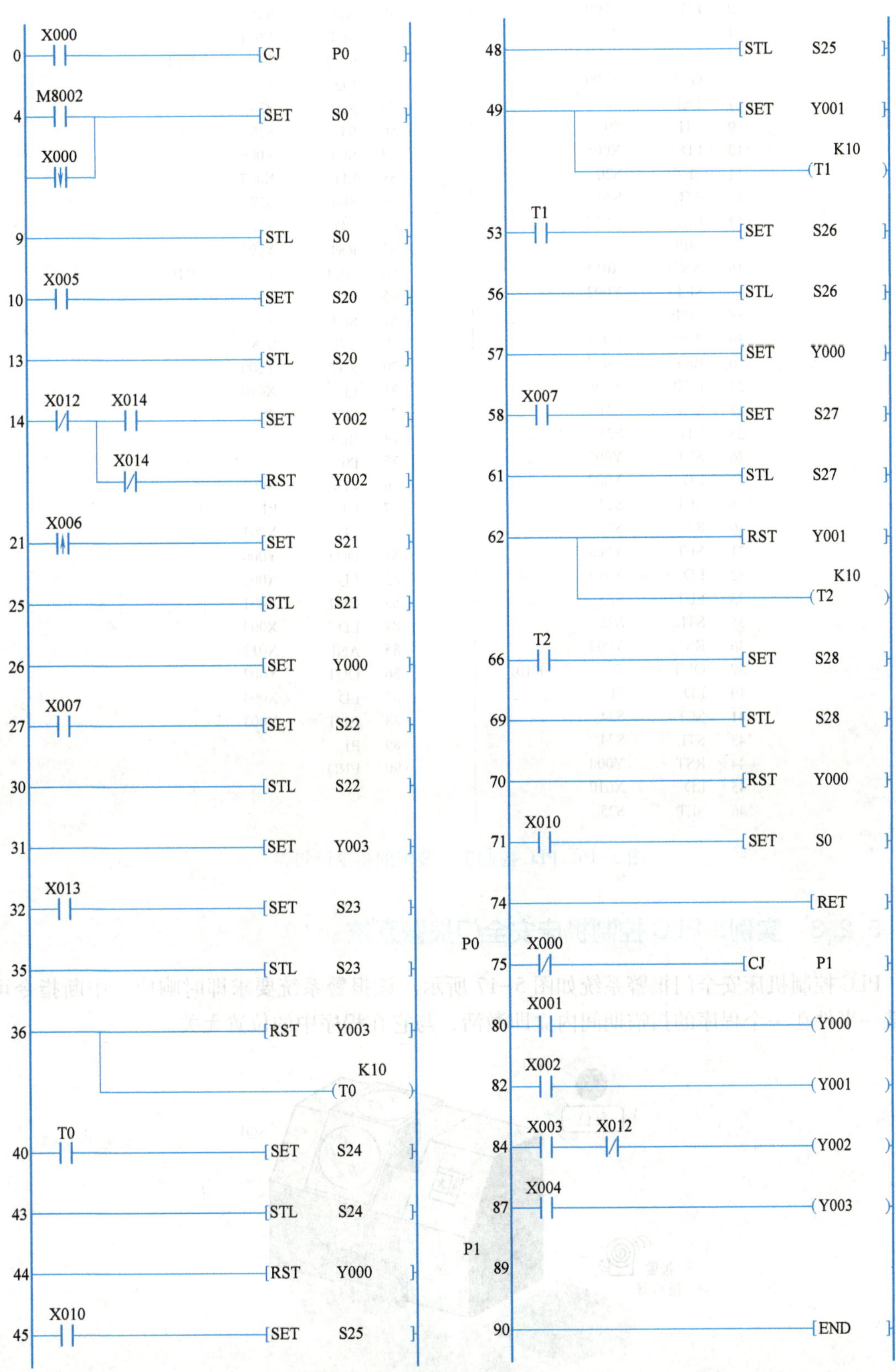

图 5-15　PLC 控制工件装配的梯形图

```
0   LD    X000
1   CJ    P0
4   LD    M8002
5   ORF   X000
7   SET   S0
9   STL   S0
10  LD    X005
11  SET   S20
13  STL   S20
14  LDI   X012
15  MPS
16  AND   X014
17  SET   Y002
18  MPP
19  ANI   X014
20  RST   Y002
21  LDP   X006
23  SET   S21
25  STL   S21
26  SET   Y000
27  LD    X007
28  SET   S22
30  STL   S22
31  SET   Y003
32  LD    X013
33  SET   S23
35  STL   S23
36  RST   Y003
37  OUT   T0     K10
40  LD    T0
41  SET   S24
43  STL   S24
44  RST   Y000
45  LD    X010
46  SET   S25
48  STL   S25
49  SET   Y001
50  OUT   T1     K10
53  LD    T1
54  SET   S26
56  STL   S26
57  SET   Y000
58  LD    X007
59  SET   S27
61  STL   S27
62  RST   Y001
63  OUT   T2     K10
66  LD    T2
67  SET   S28
69  STL   S28
70  RST   Y000
71  LD    X010
72  SET   S0
74  RET
75  P0
76  LDI   X000
77  CJ    P1
80  LD    X001
81  OUT   Y000
82  LD    X002
83  OUT   Y001
84  LD    X003
85  ANI   X012
86  OUT   Y002
87  LD    X004
88  OUT   Y003
89  P1
90  END
```

图 5-16　PLC 控制工件装配的指令语句表

5.2.3　实例：PLC 控制机床安全门报警系统

PLC 控制机床安全门报警系统如图 5-17 所示。该报警系统要求即时响应。中断指令可使某一事件在一个程序的扫描期间内立即激活，与它在程序中的位置无关。

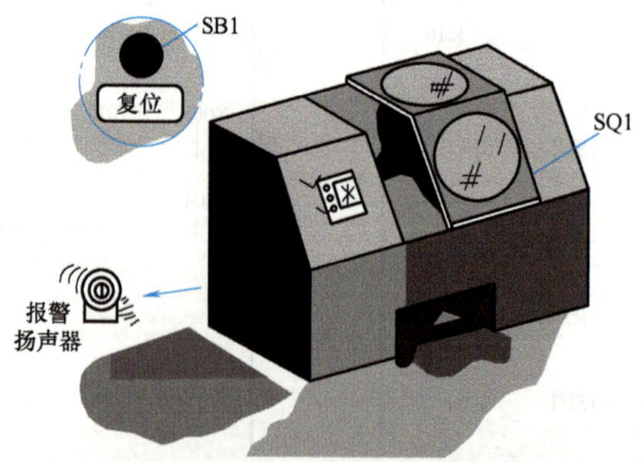

图 5-17　机床安全门报警系统示意图

解：1）输入/输出分配表见表 5-2。

表 5-2　I/O 分配表

输　入		输　出	
输入设备	输入编号	输出设备	输出编号
“复位”按钮 SB1	X000	报警扬声器	Y000
中断门限位 SQ1	X001		

2）根据工艺要求画出 PLC 控制机床安全门报警系统的梯形图，如图 5-18 所示。

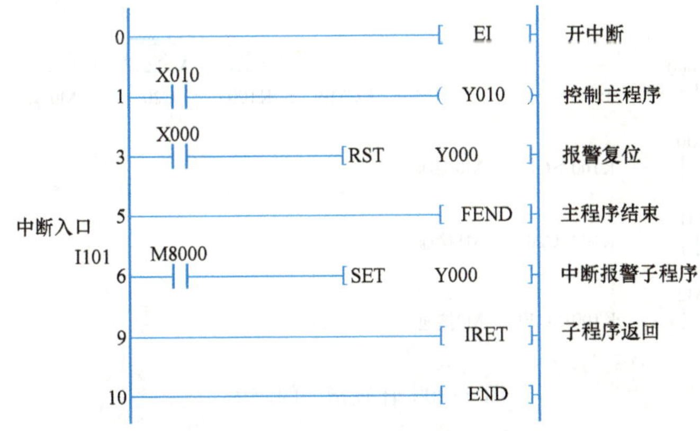

图 5-18　PLC 控制机床安全门报警系统梯形图

在任何时刻，如果机床的安全门被打开，一个专用的中断输入 X001 就触发中断程序 I101。当输入 X001 从断开变为接通时，指针 I101 同时作为程序标记和所使用的中断标记。当中断处理完成后，程序返回到“紧急情况”前执行的最后一步。这样处理可帮助编程人员保持程序的顺序。主要问题是某个特殊功能被激活或者一个子程序运行，并且当控制返回主程序时，操作顺序与机器操作是否有不协调的问题，因此任何形式的程序中断都应小心处理。中断运行完毕，输出 Y000 设置为接通，铃声响起，由此作为声音报警。程序中通过激活输入 X000 来使报警复位。

5.3　传送比较指令及其应用

5.3.1　比较类指令

1. 比较指令 FNC10　CMP

源操作数(S1)、(S2)：KnX、KnY、KnM、KnS、T、C、D、V、Z、K、H。

目的操作数(D)：Y、M、S、D□. b。

比较指令的功能如图 5-19 所示。当指令输入使控制条件接通时，执行比较程序：将比较源(S1·)和比较源(S2·)的内容进行比较，其大小比较是按代数形式进行的，且所用源操作数都被看为二进制值处理，根据其结果使(D·)、(D·)+1、(D·)+2 中的一个接通。当控制条件断开后不再执行 CMP 指令，但(D·)、(D·)+1、(D·)+2 仍保持控制条件断开之前的状态。

比较指令的应用如图 5-20 所示。当 X000 接通时比较源操作数 K100 和源操作数 C20 的内容。比较大小结果控制目的操作数 M0、M1、M2 的对应动作。当 X000 断开后不再执行 CMP 指令，但 M0~M2 仍保持 X000 断开之前的状态。

若在图 5-20 中，不执行比较指令，想要清除比较结果时，可使用复位指令，如图 5-21 所示。

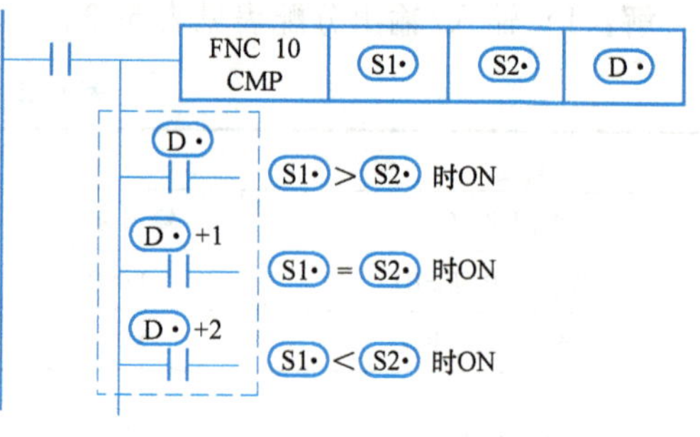

图 5-19 比较指令的功能

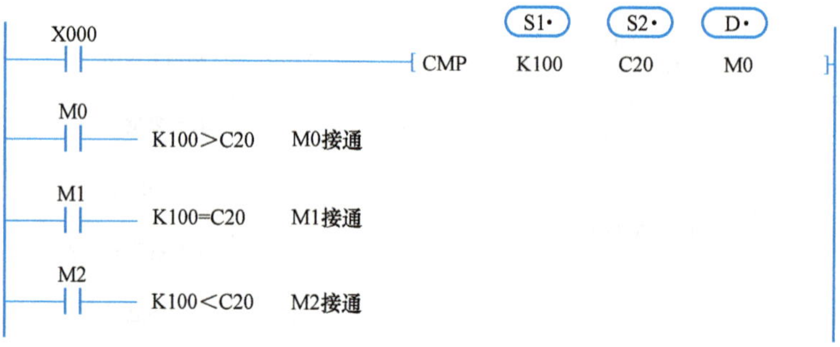

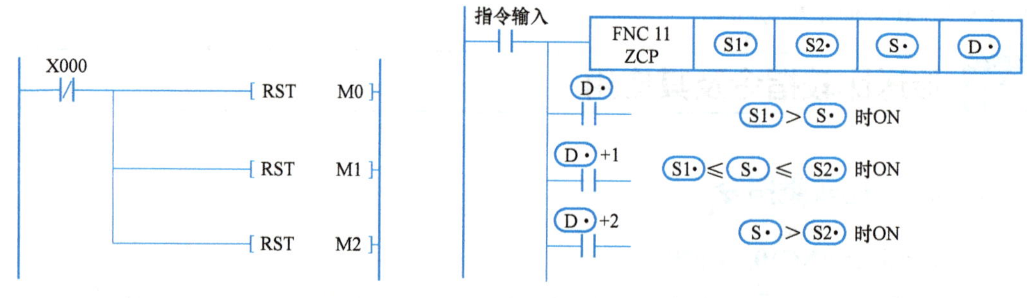

图 5-20 比较指令的应用

2. 区间比较指令 FNC11 ZCP

源操作数 S1、S2、S：KnX、KnY、KnM、KnS、T、C、D、V、Z、K、H。

目的操作数 D：Y、M、S、D□. b。

区间比较指令的功能如图 5-22 所示。该指令是对两点的设定值进行大小比较，其源操作数 S1· 的内容不得大于源操作数 S2· 的内容，其大小比较是按代数形式进行的，且所用源操作数都被看为二进制值处理。比较结果用来控制目的操作数 D·、D·+1、D·+2 的对应动作。

图 5-21 比较指令不执行时清除比较结果

图 5-22 区间比较指令的功能

区间比较指令的应用如图 5-23 所示。图中目的操作数指定为 M10，则当 X000 接通时，将 C20 的数据分别与 K100、K200 进行比较，比较结果控制 M10、M11、M12 的通断状态。当 X000 断开后不再执行 ZCP 指令，但 M10~M12 仍保持 X000 断开之前的状态。不执行 ZCP 指令时，想要清除比较结果，可使用复位指令。

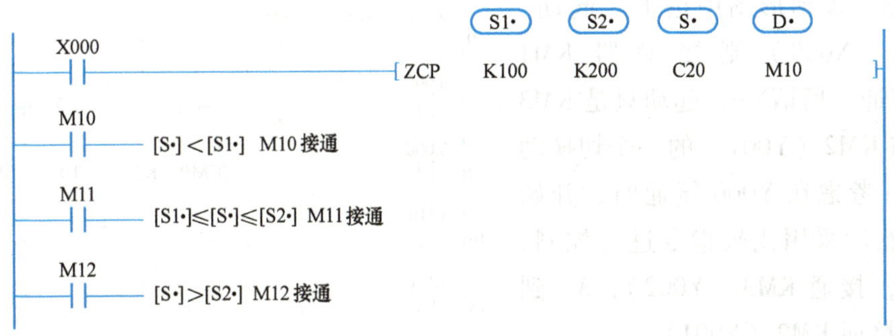

图 5-23　区间比较指令的应用

5.3.2　实例：PLC 控制Y-△减压起动

码 5-2　PLC 控制星-三角减压起动

Y-△减压起动控制系统主电路如图 5-24 所示。其基本控制功能为：按下“起动”按钮 SB2 时，使 KM1 接触器线圈得电，KM1 主触点闭合使电动机 M 得电，同时 KM3 接触器线圈得电，KM3 主触点闭合使电动机接成星形起动，时间继电器 KT 接通开始定时。当松开“起动”按钮 SB2 后，由于 KM1 常开触点闭合形成自锁，使电动机 M 继续星形起动。当定时器定时时间到，则 KT 常闭触点断开，使 KM3 线圈失电，主触点断开星形联结，同时 KT 常开触点闭合，使 KM2 接触器线圈得电，KM2 主触点闭合使电动机接成三角形运行。按下“停止”按钮 SB1 时，其常闭触点断开，使接触器 KM1、KM2 线圈失电，其主触点断开使电动机 M 失电停止。当电路发生过载时，热继电器 FR 常闭触点断开，切断整个电路的通路，使接触器 KM1、KM2、KM3 线圈失电，其主触点断开使电动机 M 失电停止。

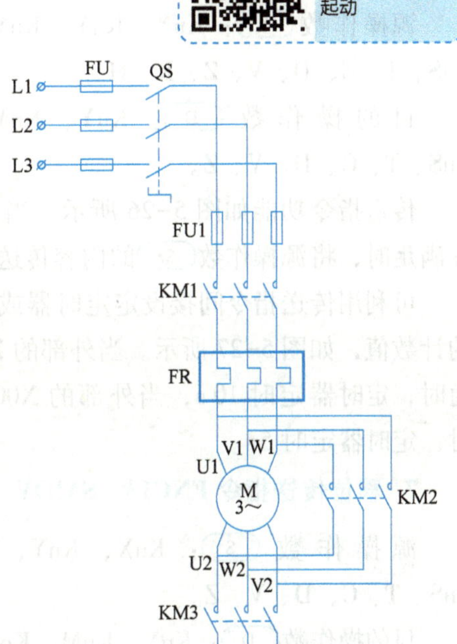

图 5-24　Y-△减压起动控制系统主电路

解：1）确定输入/输出（I/O）分配表，见表 5-3。

表 5-3　I/O 分配表

输　入		输　出	
输入设备	输入编号	输出设备	输出编号
“停止”按钮 SB1	X000	接触器 KM1	Y000
“起动”按钮 SB2	X001	接触器 KM2	Y001
热继电器 FR 常闭触点	X002	接触器 KM3	Y002

2）Y-△起动采用定时器延时，设延时时间为 3 s，可采用如图 5-25 所示比较指令实

现控制功能。该梯形图中按下“起动”按钮 SB2（X000）则接触器 KM1（Y000）接通，所谓Y-△起动只是 KM3（Y002）与 KM2（Y001）的一个切换动作，因此可考虑在 Y000 接通时，开始计时 3 s，然后采用比较指令进行控制，3 s 未到时，接通 KM3（Y002），3 s 到或 3 s 以上接通 KM2（Y001）。

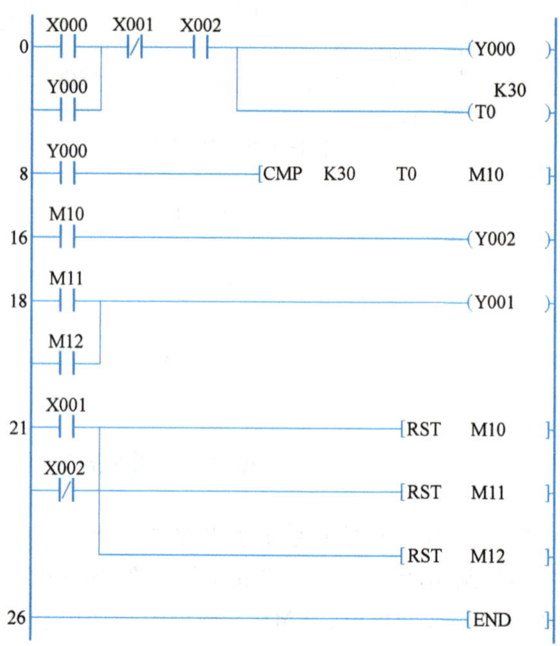

图 5-25　采用比较指令实现 PLC 控制Y-△减压起动

5.3.3　传送类指令

1. 传送指令 FNC12　MOV

源操作数(S)：KnX、KnY、KnM、KnS、T、C、D、V、Z、K、H。

目的操作数(D)：KnY、KnM、KnS、T、C、D、V、Z。

传送指令功能如图 5-26 所示。当条件满足时，将源操作数(S·)的内容传送到目的操作数(D·)，且源操作数的内容不变。

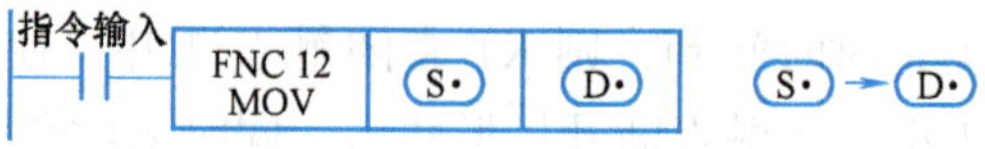

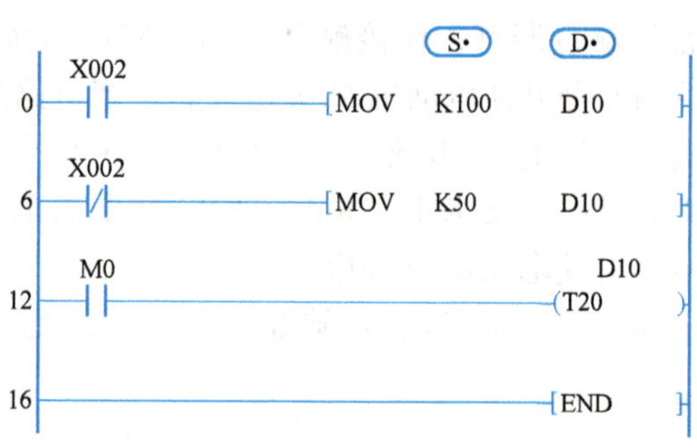

图 5-26　传送指令功能

可利用传送指令间接设定定时器或计数器的计数值，如图 5-27 所示。当外部的 X002 接通时，定时器定时 10 s，当外部的 X002 断开时，定时器定时 5 s。

图 5-27　用传送指令间接设定定时器计数值

2. 移位传送指令 FNC13　SMOV

源操作数(S)：KnX、KnY、KnM、KnS、T、C、D、V、Z。

目的操作数(D)：KnY、KnM、KnS、T、C、D、V、Z。

移位传送指令功能如图 5-28 所示。该指令将传送源(S)和传送目标(D)的内容转换（0000~9999）成 4 位数的 BCD 码，将传送源(S)对应 BCD 码的 m1 位数起的低 m2 位数对应的部分传送到传送目标(D)的 n 位数起始处，然后转换成 BIN 码保存在传送目标(D)中。

移位传送指令的应用如图 5-29 所示。当 X000 接通时将源操作数［S·］的 BCD 转换值从其第 4 位（m1=4）起的低 2 位对应部分（m2=2）的内容传送到目的操作数［D·］的第 3 位（n=3）起始处，然后将其转换为 BIN 码，即 D2 的 10^3位和 10^0位在从 D1 传送时不受影响。

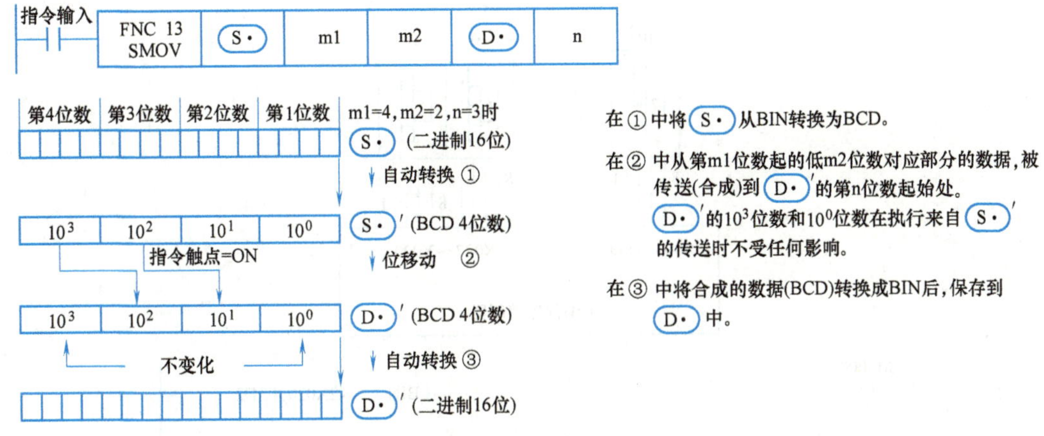

图 5-28　移位传送指令功能

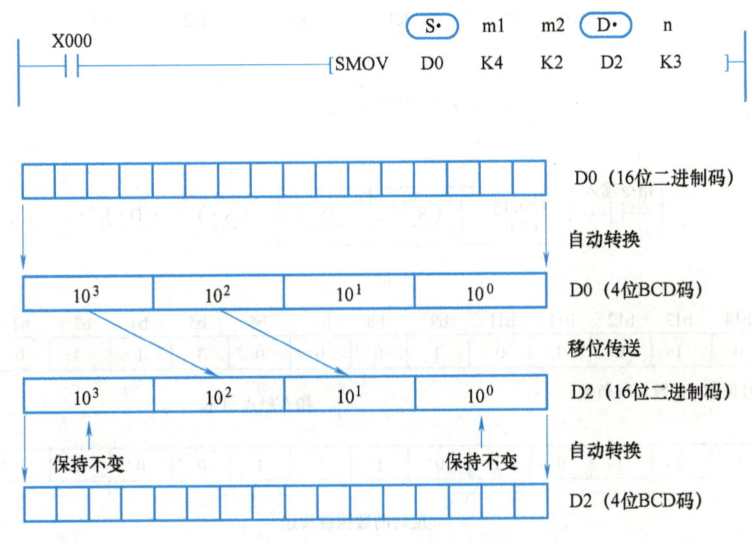

图 5-29　移位传送指令应用

图 5-30 所示为利用移位传送指令组合数据的典型例子。图中采用拨码盘输入数据，但 10^2位与 10^1、10^0并不是从连续的输入端输入，对 D1 转换值将其第 1 位（m1=1）起的 1 位部分（m2=1）的内容传送到 D2 的第 3 位（n=3），然后将其转换为 BIN 码。

3. 取反传送指令 FNC14　CML

源操作数(S)：K、H、KnX、KnY、KnM、KnS、T、C、D、V、Z。

目的操作数(D)：KnY、KnM、KnS、T、C、D、V、Z。

取反传送指令的功能如图 5-31a 所示，当条件接通时将源操作数(S)的内容每位取反（0→1，1→0）后，将其再传送到目的操作数(D)。执行结果如图 5-31b 所示。

4. 块传送指令 FNC15　BMOV

源操作数(S)：KnX、KnY、KnM、KnS、T、C、D。

目的操作数(D)：KnY、KnM、KnS、T、C、D。

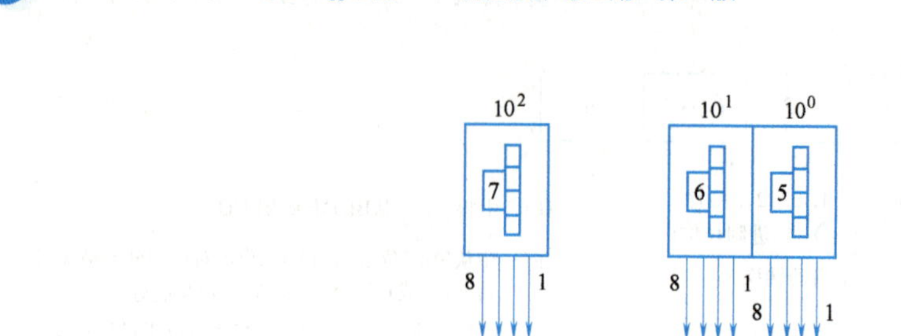

图 5-30 移位传送指令组合数据的典型例子

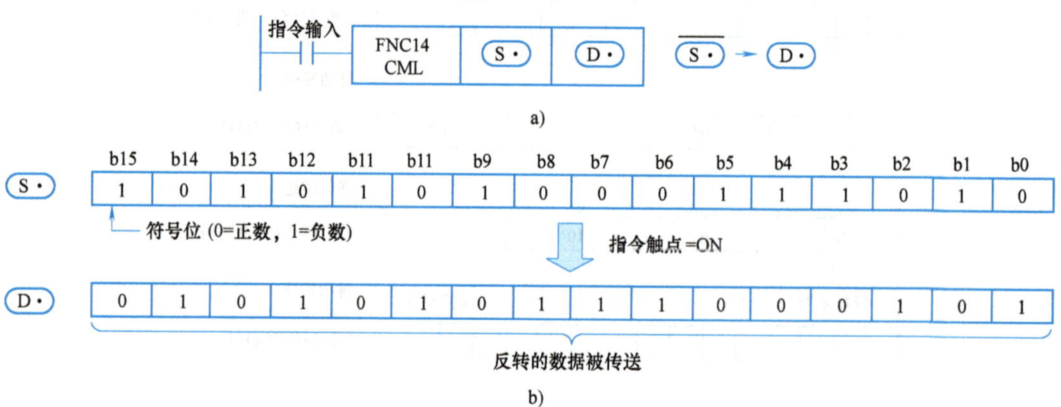

图 5-31 取反传送指令的功能

其他操作数 n：K、H。

块传送指令的功能如图 5-32 所示，(S)为存放被传送数据块的首地址，(D)为存放传送来的数据块的首地址，n 为数据块的长度。其功能是将(S·)开始的 n 点的数据传送到(D·)开始的 n 点中。

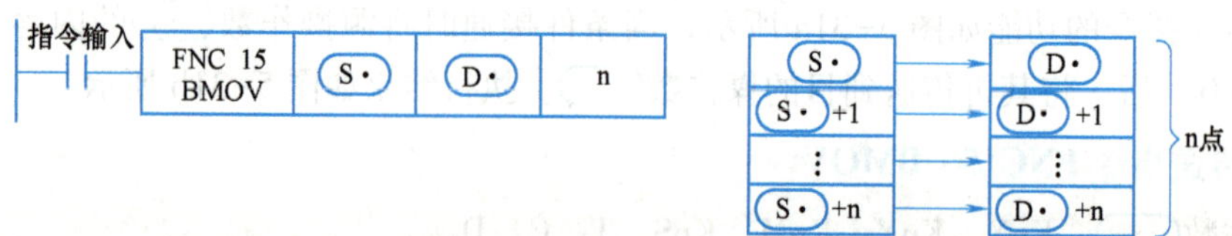

图 5-32 块传送指令的功能

块传送指令的应用如图 5-33 所示。传送顺序既可从高元件号开始，也可从低元件号开始，传送顺序自动决定。若用到需要指定位数的位元件，则源操作数和目标操作数的指定位数应相同。

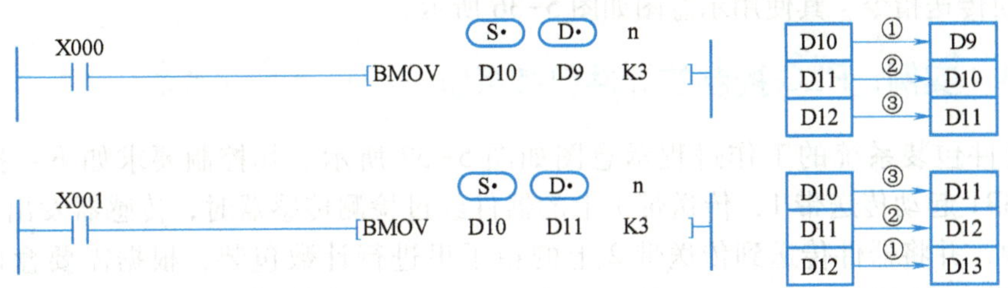

图 5-33　块传送指令的应用

5. 多点传送指令 FNC16　FMOV

源操作数(S)：K、H、KnX、KnY、KnM、KnS、T、C、D、V、Z。

目的操作数(D)：KnY、KnM、KnS、T、C、D。

其他操作数 n：K、H。

图 5-34a 所示为多点传送指令的功能。该指令可将源操作数(S·)的软元件内容向目的操作数(D·)指定为开头的 n 点软元件进行传送，传送后目的软元件中的内容都一样。其结果如图 5-34b 所示。

6. 数据交换指令 FNC17　XCH

目的操作数(D1)、(D2)：KnY、KnM、KnS、T、C、D、V、Z。

此指令用以进行 16/32 位数据的交换。如使用连续执行指令时，每个扫描周期均进行数据交换，其使用如图 5-35 所示。

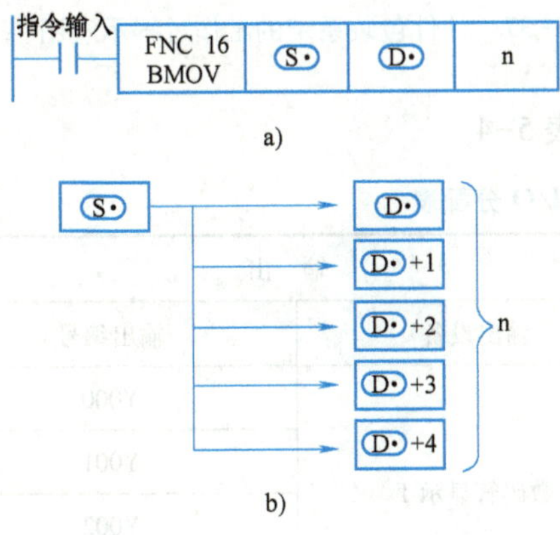

图 5-34　多点传送指令的功能

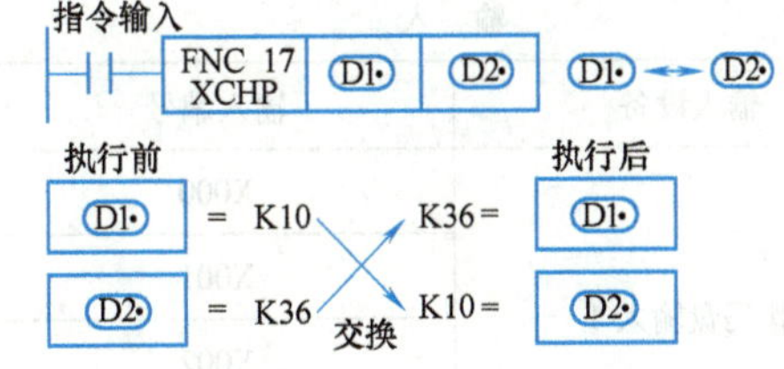

图 5-35　数据交换指令的使用

7. 变换指令

BCD 变换：FNC18　BCD。

BIN 变换：FNC19　BIN。

源操作数(S)：KnX、KnY、KnM、KnS、T、C、D、V、Z。

目的操作数(D)：KnY、KnM、KnS、T、C、D、V、Z。

四则运算指令、增量指令及减量指令等运算都用 BIN 码运行，因此可编程序控制器获取 BCD 的数字开关信息时要使用 BIN 转换传送指令，另外向 BCD 的七段显示器输出时应使用 BCD 转换传送指令。其使用示意图如图 5-36 所示。

5.3.4 实例：PLC 控制的计件包装系统

某一计件包装系统的工作过程示意图如图 5-37 所示。其控制要求如下：按下“起动”按钮 SB1 起动传送带 1，传送带 1 上的器件经过检测传感器时，传感器发出一个器件的计数脉冲，并将器件传送到传送带 2 上的箱子里进行计数包装，根据需要盒内的工件数量由外部拨码盘设定（0~99），且只有在系统停止时才能设定，用两位数码管显示当前计数值，计数到达时延时 3 s，停止传送带 1，同时起动传送带 2，传送带 2 保持运行 5 s 后，再起动传送带 1，重复以上计数过程。当中途按下“停止”按钮 SB2，本次包装结束系统才能停止。

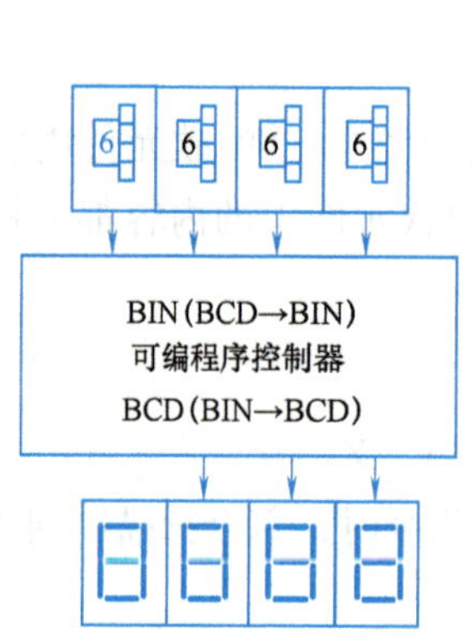

图 5-36 变换指令使用示意图

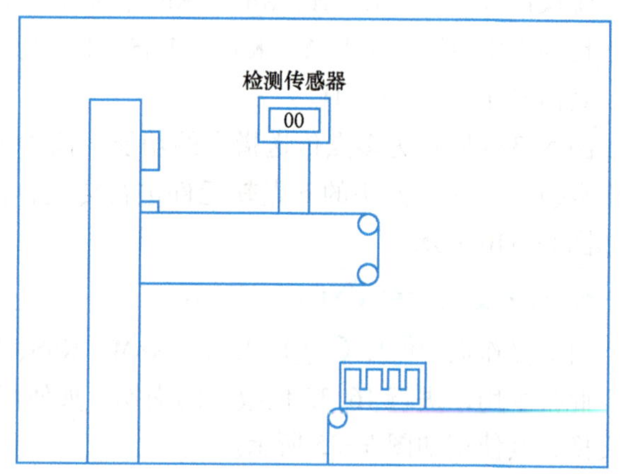

图 5-37 计件包装系统的工作过程示意图

解： 1）确定输入/输出（I/O）分配明细，见表 5-4。

表 5-4 计件包装系统 I/O 分配表

输入		输出	
输入设备	输入编号	输出设备	输出编号
拨码盘输入 1	X000	数码管显示 1	Y000
	X001		Y001
	X002		Y002
	X003		Y003
拨码盘输入 2	X004	数码管显示 2	Y004
	X005		Y005
	X006		Y006
	X007		Y007

（续）

输 入		输 出	
输入设备	输入编号	输出设备	输出编号
“起动”按钮 SB1	X010	传送带 1	Y010
“停止”按钮 SB2	X011	传送带 2	Y011
检测传感器	X012		

2）根据工艺要求画出状态转移图，如图 5-38 所示。

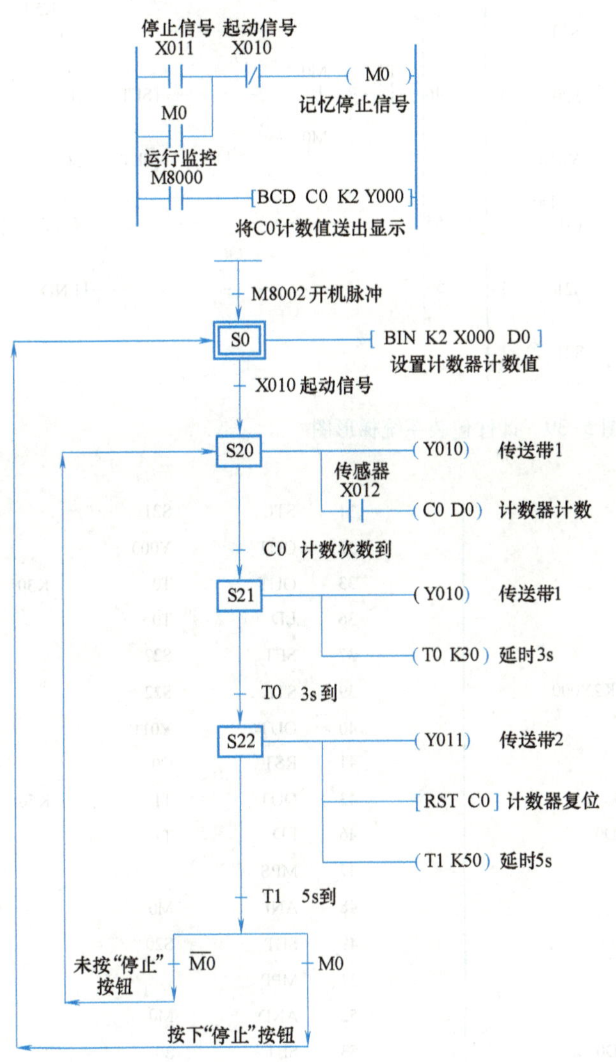

码 5-3 PLC 控制计件包装系统

图 5-38 计件包装系统状态转移图

3）根据状态转移图画出的梯形图如图 5-39 所示，其对应的指令语句表如图 5-40 所示。

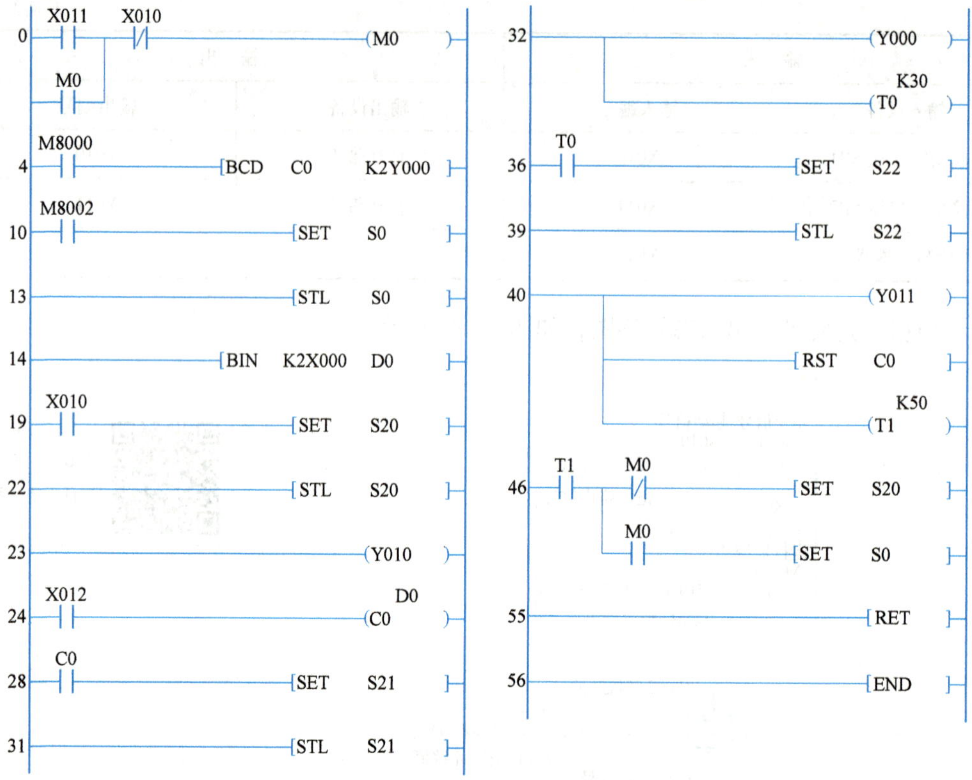

图 5-39 计件包装系统梯形图

0	LD	X011		31	STL	S21	
1	OR	M0		32	OUT	Y000	
2	ANI	X010		33	OUT	T0	K30
3	OUT	M0		36	LD	T0	
4	LD	M8000		37	SET	S22	
5	BCD	C0	K2Y000	39	STL	S22	
10	LD	M8002		40	OUT	Y011	
11	SET	S0		41	RST	C0	
13	STL	S0		43	OUT	T1	K50
14	BIN	K2X000	D0	46	LD	T1	
19	LD	X010		47	MPS		
20	SET	S20		48	ANI	M0	
22	STL	S20		49	SET	S20	
23	OUT	Y010		51	MPP		
24	LD	X012		52	AND	M0	
25	OUT	C0	D0	53	SET	S0	
28	LD	C0		55	RET		
29	SET	S21		56	END		

图 5-40 计件包装系统指令语句表

5.4 数学运算指令及其应用

5.4.1 数学运算指令

1. 算术运算指令

加法指令：FNC20　ADD。

减法指令：FNC21　SUB。

乘法指令：FNC22　MUL。

除法指令：FNC23　DIV。

源操作数(S1)、(S2)：KnX、KnY、KnM、KnS、T、C、D、V、Z、K、H。

目的操作数(D)：KnY、KnM、KnS、T、C、D、V、Z。

加法指令的功能如图 5-41 所示，两个源操作数(S1·)、(S2·)进行二进制加法后，将结果放入目的操作数(D·)中。当进行 32 位运算时，字软元件的低 16 位软元件被指定为低位，紧接着该软元件编号后的软元件作为高位。为避免编号重复，建议将软元件指定为偶数编号。

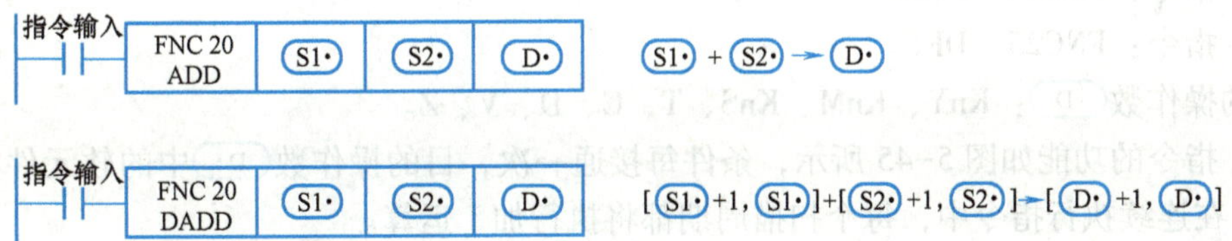

图 5-41　加法指令的功能

减法指令的功能如图 5-42 所示，源操作数(S1·)指定的软元件内容减去源操作数(S2·)指定的软元件内容，其结果存入目的操作数(D·)指定的软元件中。

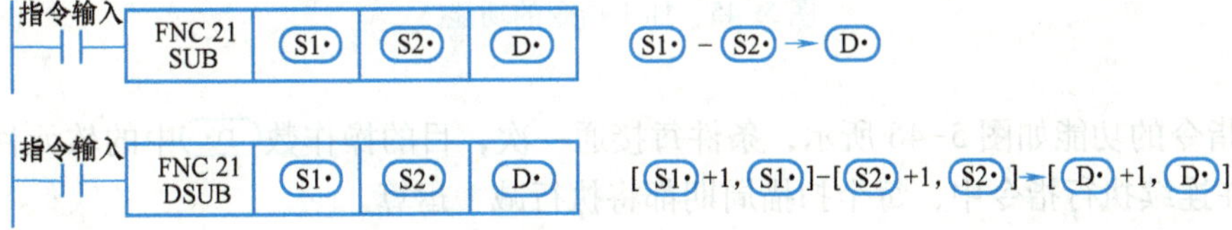

图 5-42　减法指令的功能

乘法指令的功能如图 5-43 所示，源操作数(S1·)指定的软元件内容与源操作数(S2·)指定的软元件内容相乘，其结果存入目的操作数(D·)作为起始指定的软元件中。

除法指令的功能如图 5-44 所示，源操作数(S1·)指定的软元件内容除以源操作数(S2·)指定的软元件内容，其结果存入目的操作数(D·)作为起始指定的软元件中。

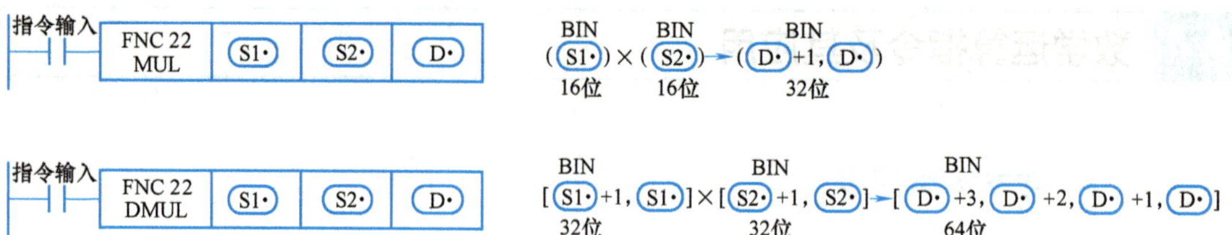

图 5-43 乘法指令的功能

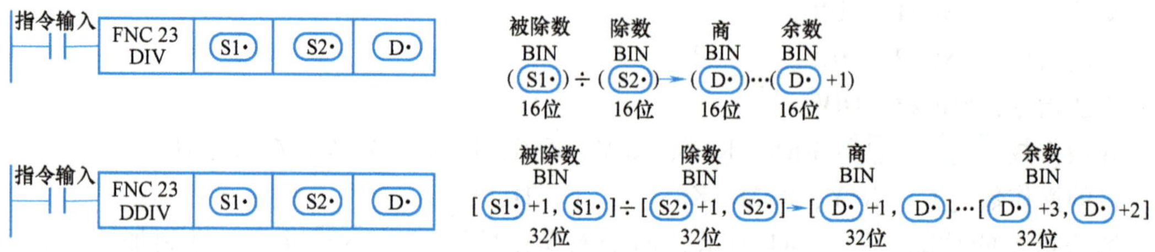

图 5-44 除法指令的功能

2. 二进制加 1、减 1 指令

加 1 指令：FNC24 INC。

减 1 指令：FNC25 DEC。

目的操作数(D)：KnY、KnM、KnS、T、C、D、V、Z。

加 1 指令的功能如图 5-45 所示，条件每接通一次，目的操作数(D·)中的软元件内容自动加 1。在连续执行指令中，每个扫描周期都将执行加 1 运算。

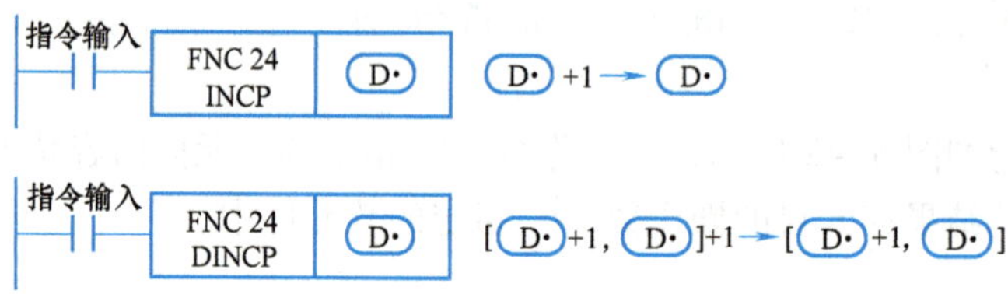

图 5-45 加 1 指令的功能

减 1 指令的功能如图 5-46 所示，条件每接通一次，目的操作数(D·)中的软元件内容自动减 1。在连续执行指令中，每个扫描周期都将执行减 1 运算。

指令输入 FNC 25 DECP (D·)　(D·)-1→(D·)

指令输入 FNC 25 DDECP (D·)　[(D·)+1, (D·)]-1→[(D·)+1, (D·)]

图 5-46 减 1 指令的功能

5.4.2　实例：PLC 控制循环次数可设定的冲压流水线

某一冷加工冲压流水线工作过程示意图如图 5-47 所示。

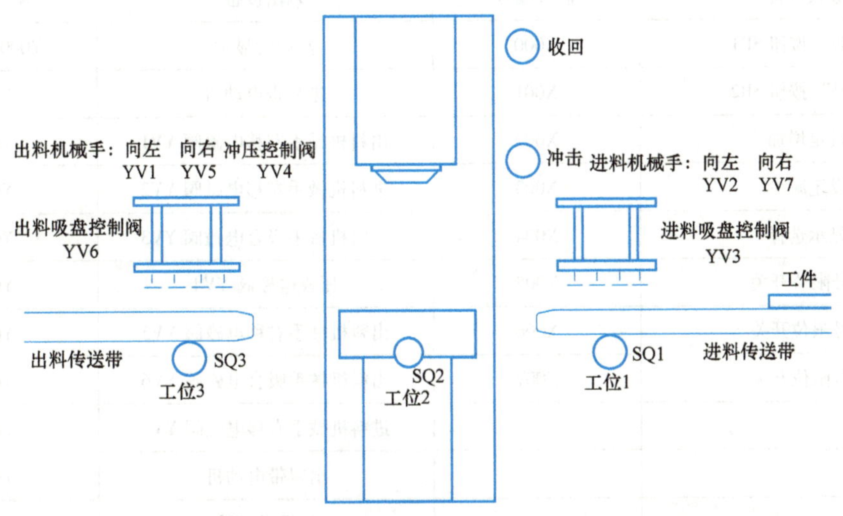

图 5-47　冷加工冲压流水线工作过程示意图

该流水线在设备停止时，待冲压的工件个数可根据需要用两个按钮设定（0~99），并通过另一个按钮切换显示设定数、已加工数和待加工数。其控制要求如下：

1）按“起动”按钮 SB1 起动传送带电动机，延时 3 s 后停止。

2）进料机械手吸合电磁阀 YV3 接通，吸合工件，延时 1 s。

3）进料机械手左移电磁阀 YV2 接通，进料机械手开始左移，碰到工位 2 限位 SQ2 时停止。

4）进料机械手吸合电磁阀 YV3 断开，放下工件，延时 1 s。

5）进料机械手右移电磁阀 YV7 接通，使进料机械手退回到工位 1 限位 SQ1 时停止。

6）压模电磁阀 YV4 接通，下降停 1 s 后完成冲压，压模电磁阀 YV4 断开，开始上升，延时 1 s。

7）出料机械手右移电磁阀 YV5 接通，使出料吸盘右移到工位 2 限位 SQ2 时停止。

8）出料机械手吸合电磁阀 YV6 吸合工件，延时 1 s。

9）出料机械手左移电磁阀 YV1 接通，使出料机械手左移到工位 3 限位 SQ3 时停止。

10）延时 1 s 后，出料机械手吸合电磁阀 YV6 断开，放下工件。

11）延时 1 s 后，传送带电动机转动，3 s 后停止，完成一次冲压工作。

12）即使按了“暂停”按钮 SB2 也要等整个工艺完成时才能暂停加工，再按“起动”按钮继续运行。

解：1）确定输入/输出（I/O）分配表，见表 5-5。

表 5-5　I/O 分配表

输　入		输　出	
输入设备	输入编号	输出设备	输出编号
“起动”按钮 SB1	X000	数码管显示	Y000～Y007
“暂停”按钮 SB2	X001	进料带电动机	Y010
设定增加	X002	出料机械手左移电磁阀 YV1	Y011
设定减少	X003	进料机械手左移电磁阀 YV2	Y012
显示选择	X004	进料机械手吸合电磁阀 YV3	Y013
1 号限位开关	X005	压模电磁阀 YV4	Y014
2 号限位开关	X006	出料机械手右移电磁阀 YV5	Y015
3 号限位开关	X007	出料机械手吸合电磁阀 YV6	Y016
		进料机械手右移电磁阀 YV7	Y017
		出料带电动机	Y020
		显示设定数	Y021
		显示已加工数	Y022
		显示待加工数	Y023

2）根据工艺要求画出的显示部分梯形图如图 5-48 所示，画出控制状态转移图如图 5-49 所示。根据显示部分梯形图和状态转移图，读者可自行画出完整的梯形图及指令语句表。

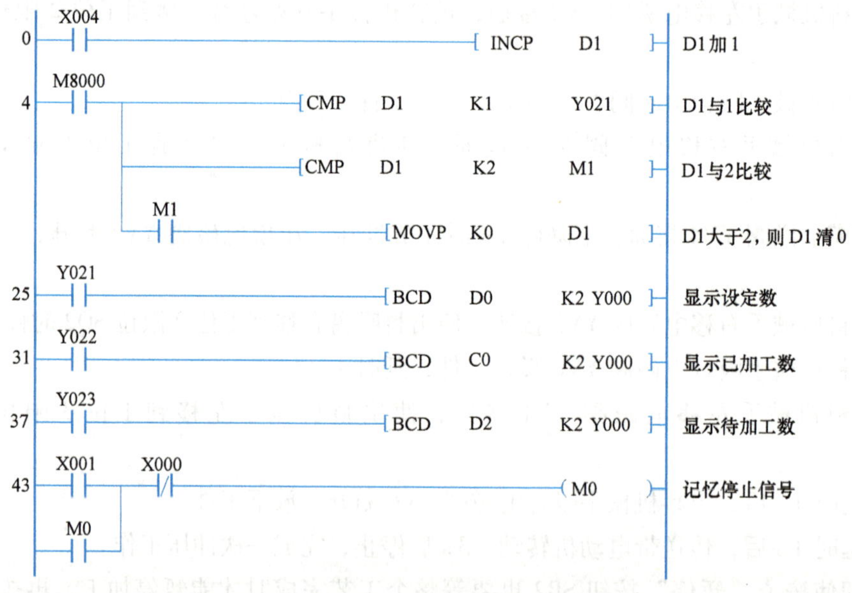

图 5-48　PLC 控制冲压流水线的显示部分梯形图

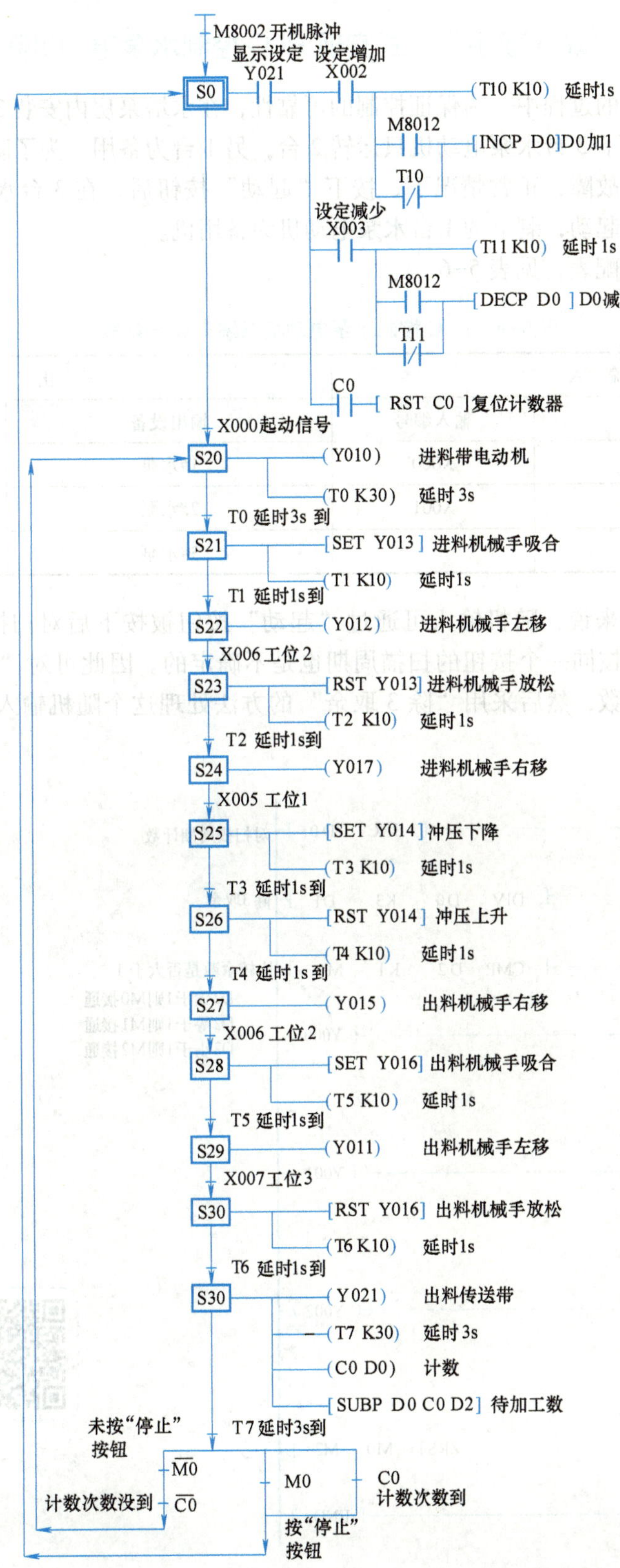

图 5-49　PLC 控制冲压流水线的状态转移图

5.4.3 实例："除 3 取余"方式实现 PLC 控制水泵电动机随机起动

通常在水塔控制的过程中，为保证控制的可靠性，在水塔泵房内安装 3 台交流异步电动机水泵，在正常情况下 3 台水泵电动机只运转 2 台，另 1 台为备用。为了防止备用机组因长期闲置而出现锈蚀等故障，正常情况下，按下"起动"按钮后，在 3 台水泵电动机中随机选择 2 台水泵电动机起动，剩下的 1 台水泵电动机为备用机。

解： 设定 I/O 分配表，见表 5-6。

表 5-6 PLC 控制水泵电动机系统 I/O 分配表

输入		输出	
输入设备	输入编号	输出设备	输出编号
"起动"按钮 SB1	X000	1#水泵	Y000
"停止"按钮 SB2	X001	2#水泵	Y001
		3#水泵	Y002

从该控制的本质来说，随机输入可通过"起动"按钮被按下后对扫描周期进行计数，因为即便是同一个人按同一个按钮的扫描周期也是不确定的。因此可对"起动"按钮被按下的扫描周期进行计数，然后采用"除 3 取余"的方法处理这个随机输入信号。其梯形图如图 5-50 所示。

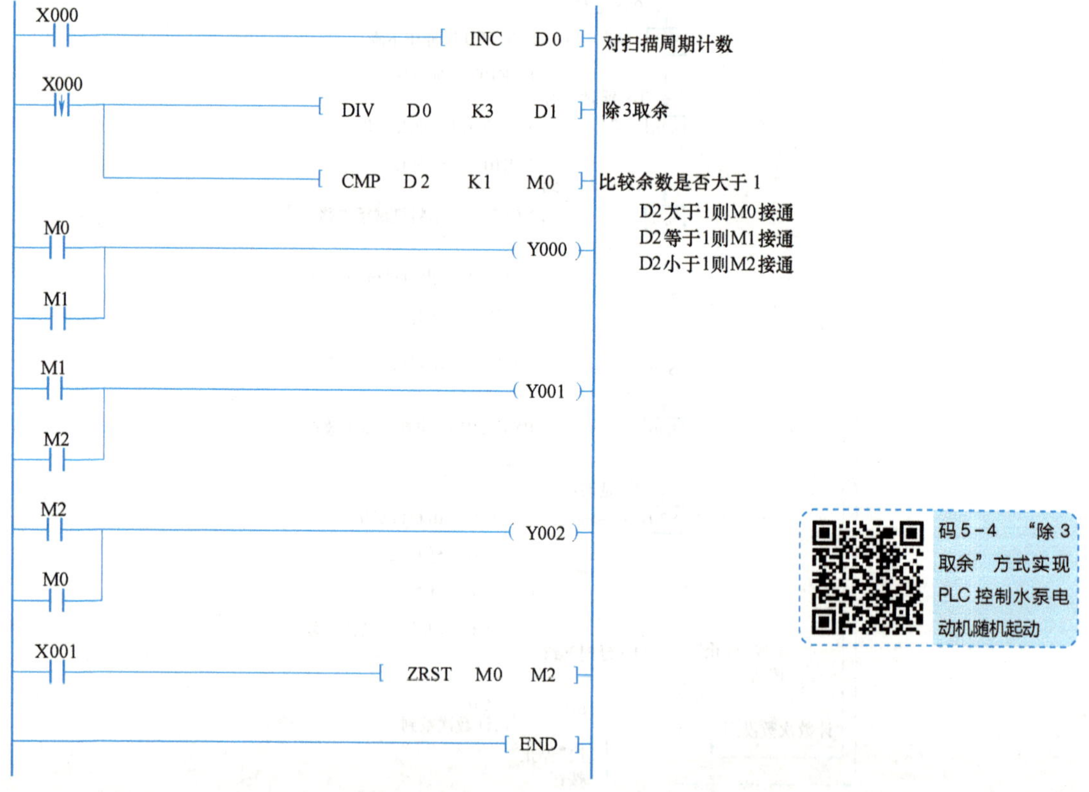

图 5-50 采用"除 3 取余"方式实现的随机水泵起动控制梯形图

码 5-4 "除 3 取余"方式实现 PLC 控制水泵电动机随机起动

5.5 移位指令及其应用

5.5.1 移位指令

1. 循环移位指令

循环右移：FNC30　ROR。

循环左移：FNC31　ROL。

目的操作数(D)：KnY、KnM、KnS、T、C、D、V、Z。

其他操作数 n：K。

循环移位指令还可分为连续执行型和脉冲执行型。连续执行型指令在每一个扫描周期都进行移位动作，因此通常采用脉冲执行型指令。在位组合元件情况下，只有 K4（16 位指令）和 K8（32 位指令）是有效的。

图 5-51 所示为循环右移位指令执行情况，每次条件接通瞬间，右移 n 位，最终位被存入进位标志位 M8022 特殊辅助继电器中。

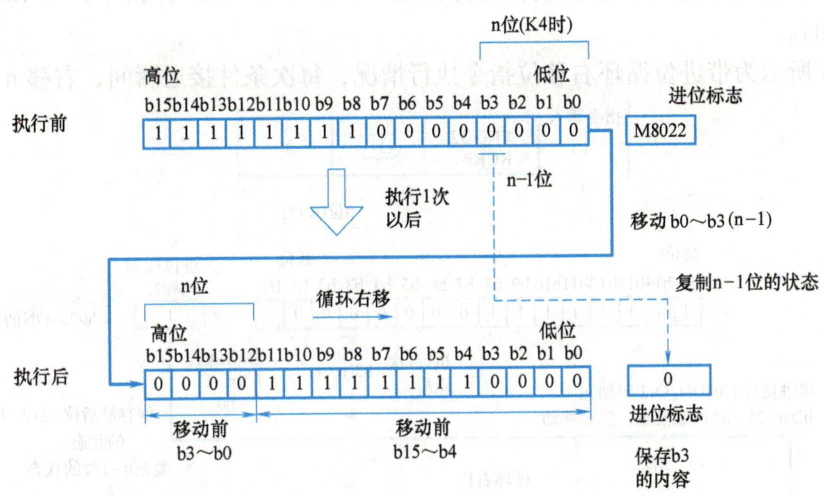

图 5-51　循环右移位指令执行情况

图 5-52 所示为循环左移位指令执行情况，每次条件接通瞬间，左移 n 位，最终位被存入进位标志位 M8022 特殊辅助继电器中。

2. 带进位循环移位指令

带进位循环右移：FNC32　RCR。

带进位循环左移：FNC33　RCL。

目的操作数(D)：KnY、KnM、KnS、T、C、D、V、Z。

其他操作数 n：K。

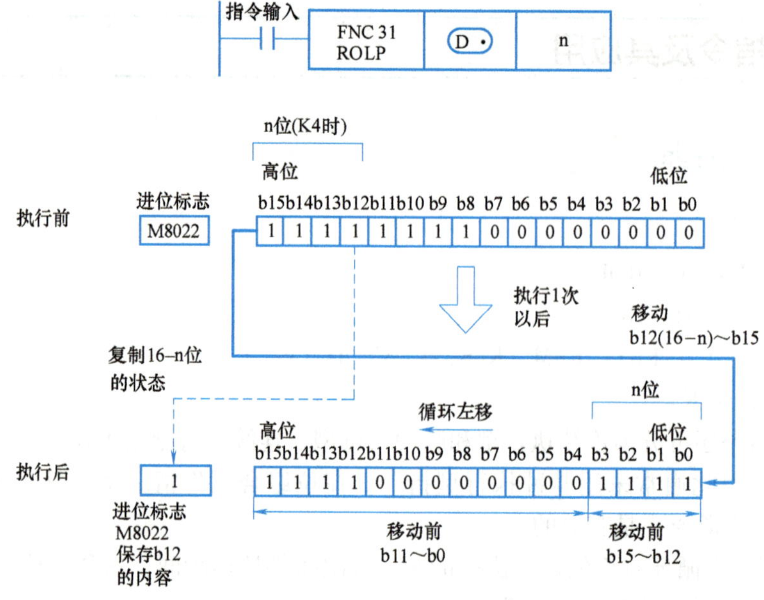

图 5-52 循环左移位指令执行情况

由于循环移位回路中有进位标志，所以执行指令前应先驱动进位标志位 M8022 特殊辅助继电器，可以将其送入目的地址中。连续执行型指令每一个扫描周期都进行移位动作，因此通常采用脉冲执行型指令。在位组合元件情况下，只有 K4（16 位指令）和 K8（32 位指令）是有效的。

图 5-53 所示为带进位循环右移位指令执行情况，每次条件接通瞬间，右移 n 位。

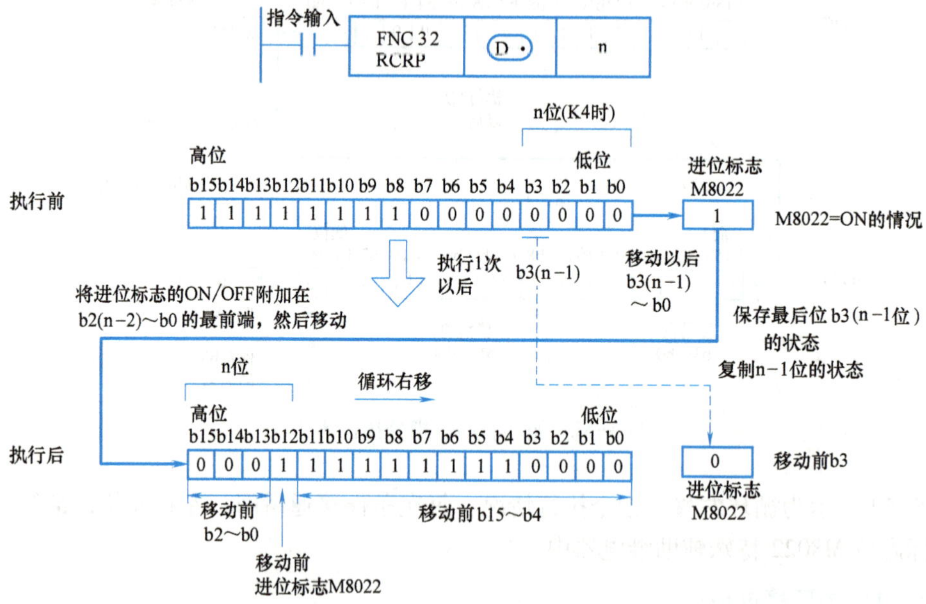

图 5-53 带进位循环右移位指令执行情况

图 5-54 所示为带进位循环左移位指令执行情况，每次条件接通瞬间，左移 n 位。

3. 位移位指令

位右移：FNC34 SFTR。

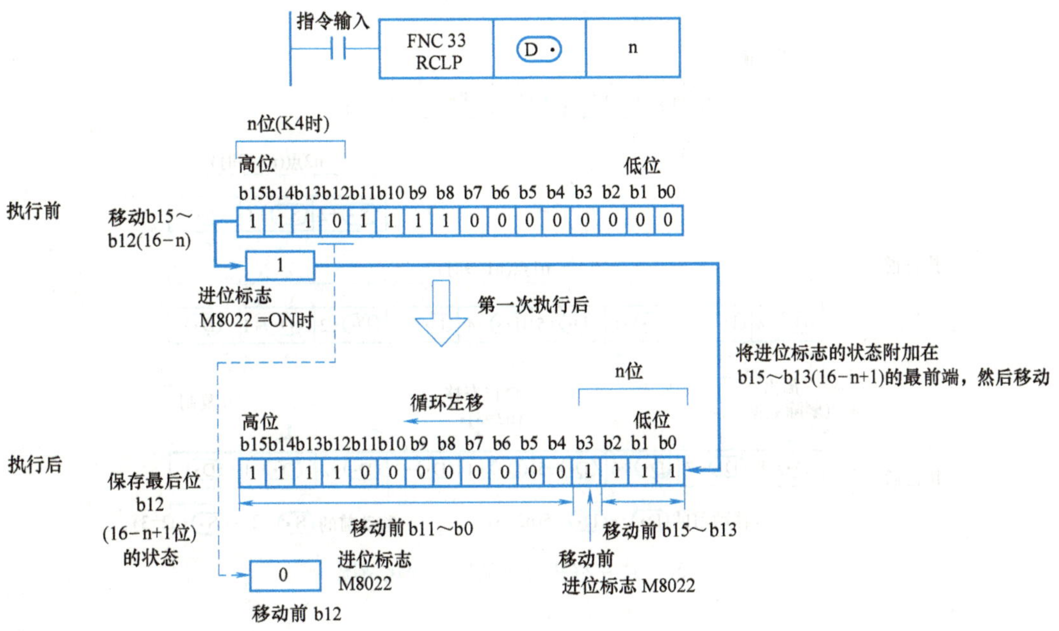

图 5-54　带进位循环左移位指令执行情况

位左移：FNC35　SFTL。

源操作数(S)：X、Y、M、S、D□. b。

目的操作数(D)：Y、M、S。

其他操作数 n1、n2：K、H。

该指令用以对 n1 位（移动寄存器的长度）的位元件进行 n2 位的右移或左移，也分为连续和脉冲执行型。连续执行型的指令每个扫描周期都执行移位，采用脉冲执行型指令时，每一次驱动输入由断开到接通瞬间变化时，执行 n2 位的移位。若每次移动一位，可将 n2 设为 K1。图 5-55 所示为位右移执行时的数据变化情况，图 5-56 所示为位左移执行时的数据变化情况。

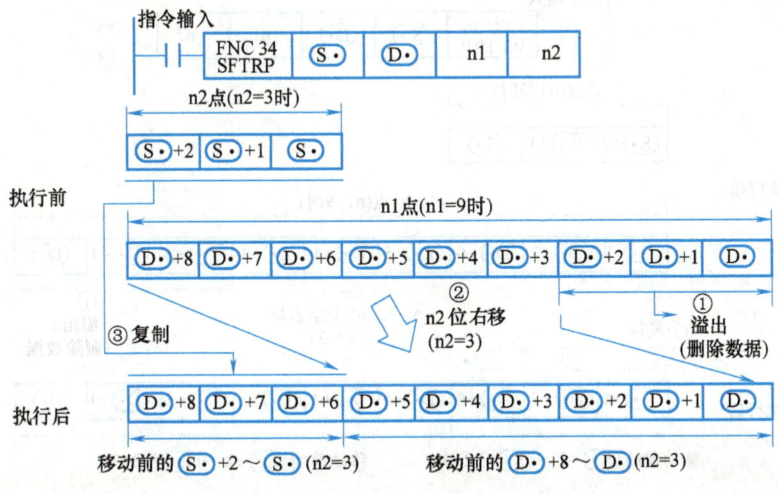

图 5-55　位右移执行时的数据变化情况

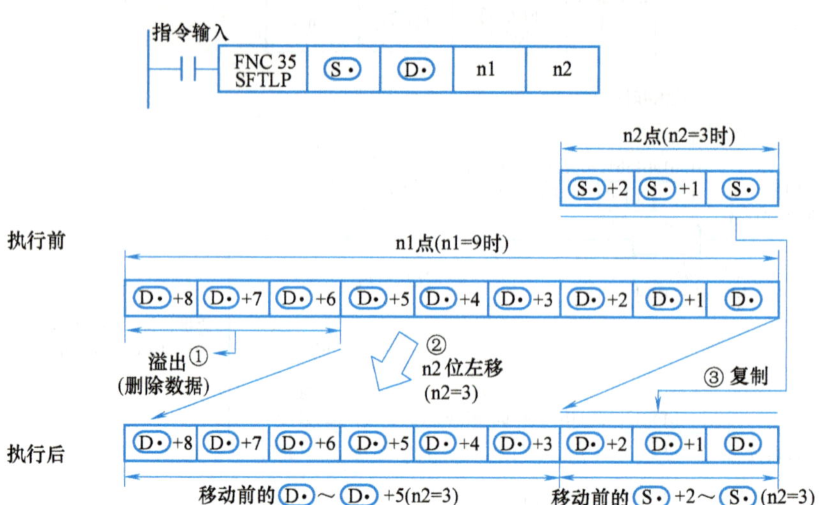

图 5-56 位左移执行时的数据变化情况

4. 字移位指令

字右移：FNC36 WFTR。

字左移：FNC37 WFTL。

源操作数(S)：KnX、KnY、KnM、KnS、T、C、D。

目的操作数(D)：KnY、KnM、KnS、T、C、D。

其他操作数 n1、n2：K、H。

该指令以字为单位，可对 n1 个字的字元件进行 n2 个字的右移或左移（n2≤n1≤512），也分为连续和脉冲执行型。连续执行型的指令每个扫描周期都执行字移位，采用脉冲执行型指令时，每一次驱动输入由断开到接通瞬间变化时，执行 n2 个字的移位。图 5-57 所示为字右移执行时的数据变化情况，图 5-58 所示为字左移执行时的数据变化情况。

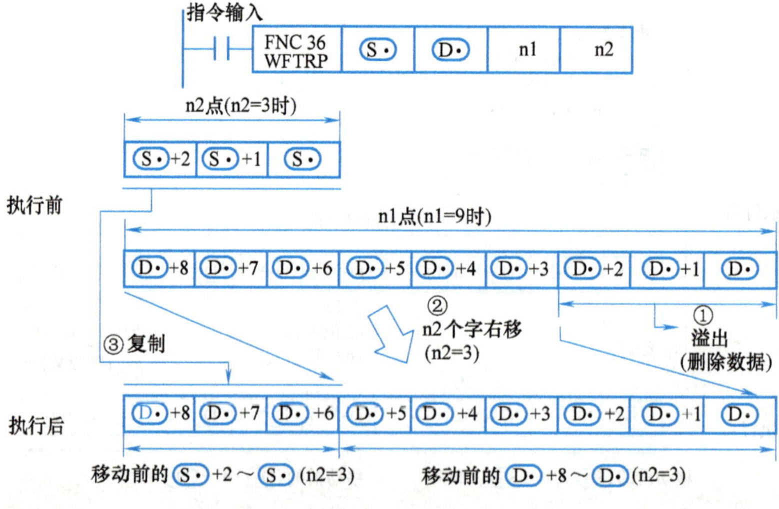

图 5-57 字右移执行时的数据变化情况

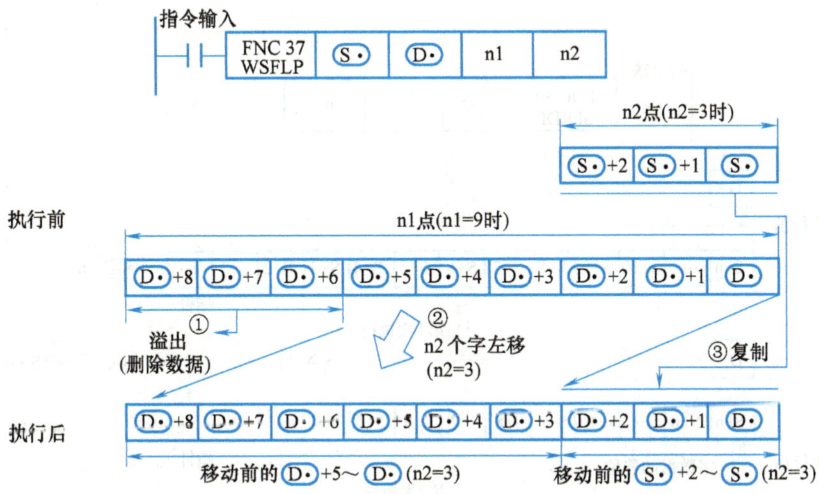

图 5-58　字左移执行时的数据变化情况

5. 移位写入指令和移位读出指令

移位写入指令：FNC38　SFWR。

移位读出指令：FNC39　SFRD。

源操作数 S ：KnX、KnY、KnM、KnS、T、C、D。

目的操作数 D ：KnY、KnM、KnS、T、C、D。

其他操作数 n：K、H。

移位写入指令 SFWR 如图 5-59 所示，其作用是在 D· +1 开始的 n-1 点中依次写入 S· 的内容，并对 D· 中保存的数据+1。例如， D· =0 时写入 D· +1， D· =1 时写入 D· +2。

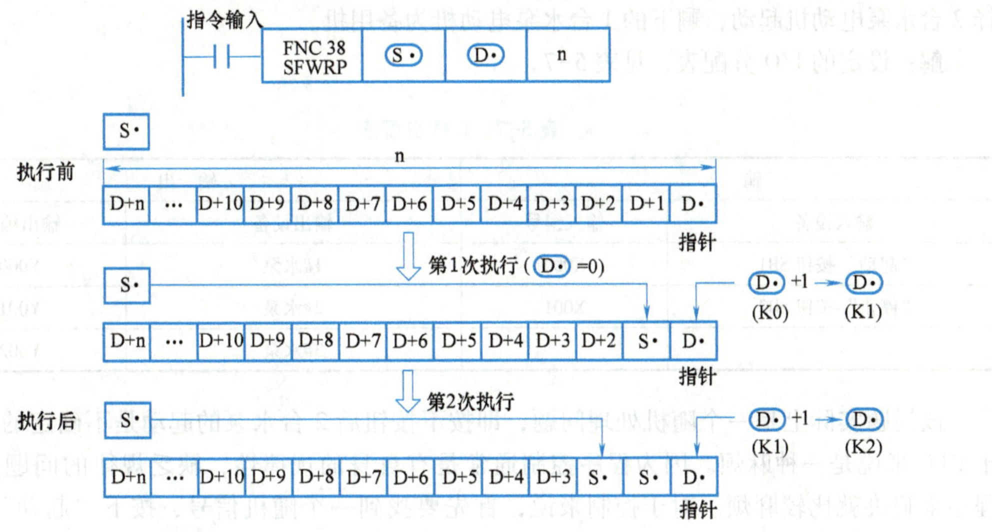

图 5-59　移位写入指令 SFWR 执行时的数据变化情况

移位读出指令 SFRD 如图 5-60 所示，其作用是将 S· +1 开始的 n-1 点数据逐字右移读出到 D· 中，并对 S· 中保存的数据-1。该指令配合移位写入指令 SFWR 可组成队列缓存。

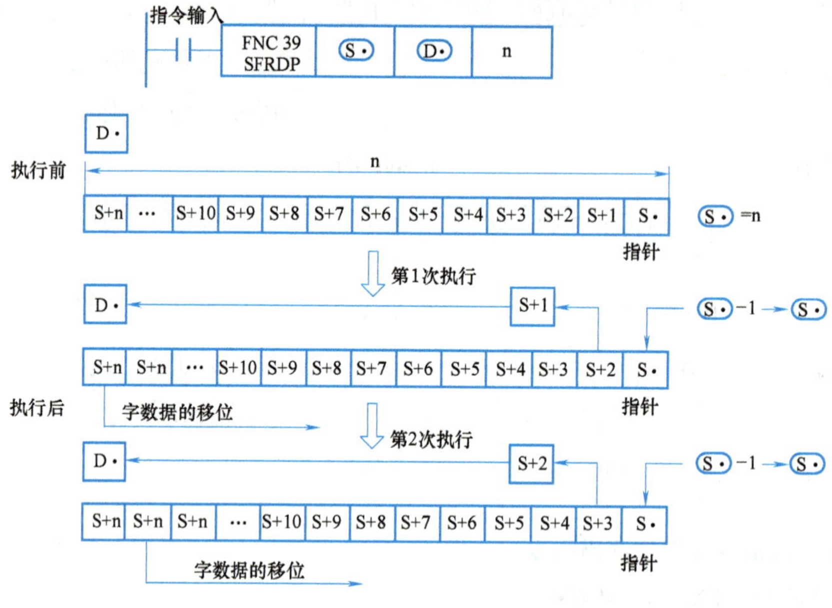

图 5-60 移位读出指令 SFRD 执行时的数据变化情况

5.5.2 实例：采用移位指令实现 PLC 控制水泵电动机随机起动

通常在水塔控制的过程中，为保证控制的可靠性，在水塔泵房内安装 3 台交流异步电动机水泵，正常情况下 3 台水泵电动机只运转 2 台，另 1 台为备用。为了防止备用机组因长期闲置而出现锈蚀等故障，正常情况下，按下“起动”按钮后，在 3 台水泵电动机中随机选择 2 台水泵电动机起动，剩下的 1 台水泵电动机为备用机。

解：设定的 I/O 分配表，见表 5-7。

表 5-7 I/O 分配表

输入		输出	
输入设备	输入编号	输出设备	输出编号
“起动”按钮 SB1	X000	1#水泵	Y000
“停止”按钮 SB2	X001	2#水泵	Y001
		3#水泵	Y002

该问题实际上是一个随机处理问题，即按下按钮后 2 台水泵的起动是不确定的。这对于 PLC 来说是一种麻烦。因为程序控制通常是有自身的规律性，缺乏规律的问题要依靠程序来解决就比较麻烦。对于控制来说，首先要找到一个随机信号，按下“起动”按钮，运行多少个扫描周期是不确定的。设定 M0 为“1”，使每个扫描周期该“1”信号在 M0～M2 中循环左移 1 次，如图 5-61 所示。由于 M0～M2 中只有 1 位为“1”，此方法类似小时候的“击鼓传花”游戏，故输出信号只有两个泵随机输出。其对应的指令语句表如图 5-62 所示。

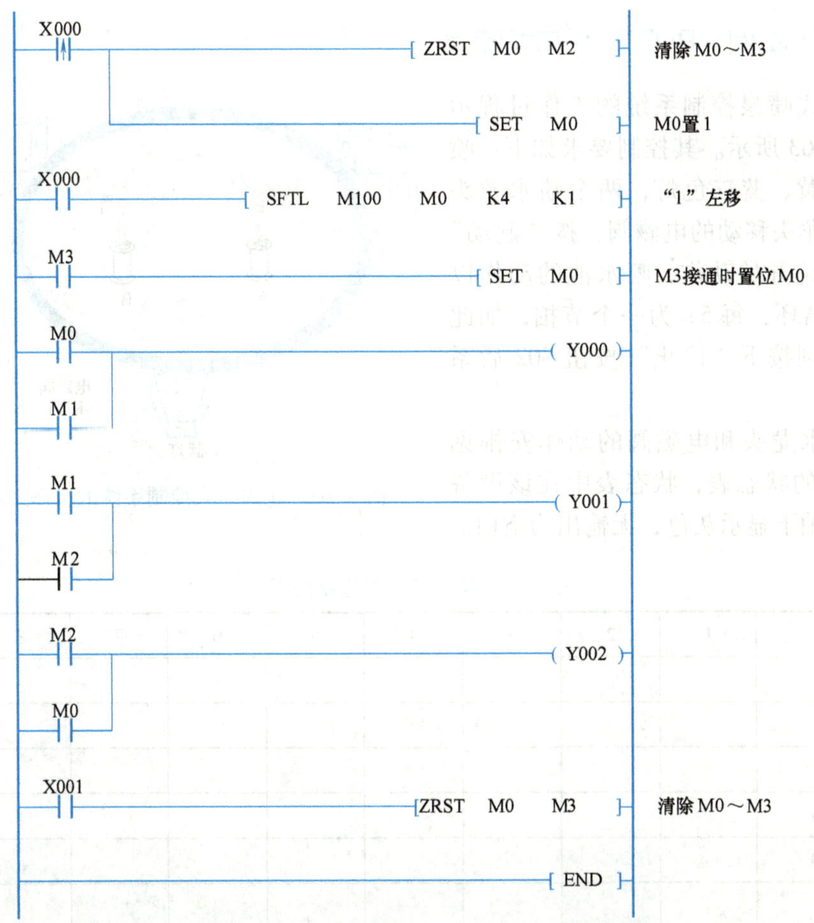

图 5-61　采用移位指令控制水泵电动机随机起动的控制梯形图

```
LDP     X000
ZRST    M0     M3
SET     M0
LD      X000
SFTL    M100   M0     K4     K1
LD      M3
SET     M0
LD      M0
OR      M1
OUT     Y000
LD      M1
OR      M2
OUT     Y001
LD      M2
OR      M0
OUT     Y002
LD      X001
ZRST    M0     M3
END
```

图 5-62　采用移位指令控制水泵电动机随机起动的指令语句表

5.5.3 实例：PLC 控制花式喷泉

某一花式喷泉控制系统的工作过程示意图如图 5-63 所示。其控制要求如下：喷水池有红、黄、蓝三色灯，两个喷水龙头和一个带动龙头移动的电磁阀，按“起动”按钮 S01 系统开始动作，喷水池的动作以 45 s 为一个循环，每 5 s 为一个节拍，如此不断循环直到按下“停止”按钮 S02 后系统停止。

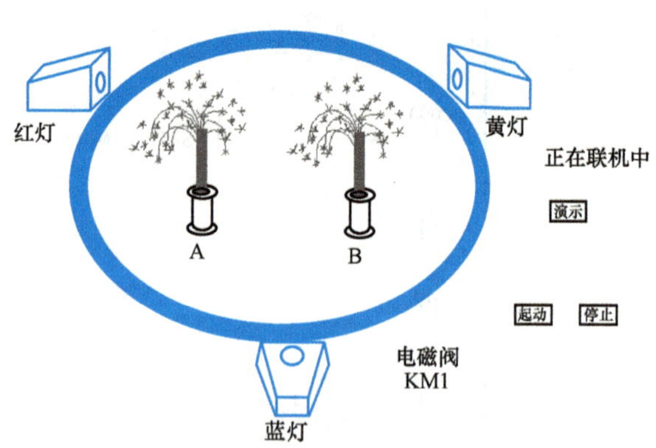

图 5-63 花式喷泉控制系统的工作过程示意图

灯、喷水龙头和电磁阀的动作安排见表 5-8 所列的状态表，状态表中在该设备有输出的节拍下显示灰色，无输出为空白。

表 5-8 花式喷泉工作状态表

设备	1	2	3	4	5	6	7	8	9
红灯									
黄灯									
蓝灯									
喷水龙头 A									
喷水龙头 B									
电磁阀									

设定输入/输出（I/O）分配明细见表 5-9。

表 5-9 I/O 分配表

输 入		输 出	
输入设备	输入编号	输出设备	输出编号
“起动”按钮 S01	X000	红灯	Y000
“停止”按钮 S02	X001	黄灯	Y001
		蓝灯	Y002
		喷水龙头 A	Y003
		喷水龙头 B	Y004
		电磁阀	Y005

通常在这类程序中可考虑采用移位指令来实现控制要求。其根本原理是在数据中的最低位（或最高位）存放一个“1”，其他位均为“0”，然后在满足条件的情况下，依次将数据中的“1”进行移位，由于数据中始终只有一位为“1”，每次移位后就相当于转移了一个状态。此方法与状态转移图的方法是异曲同工的。根据工艺要求画出控制梯形图，如图 5-64 所示。

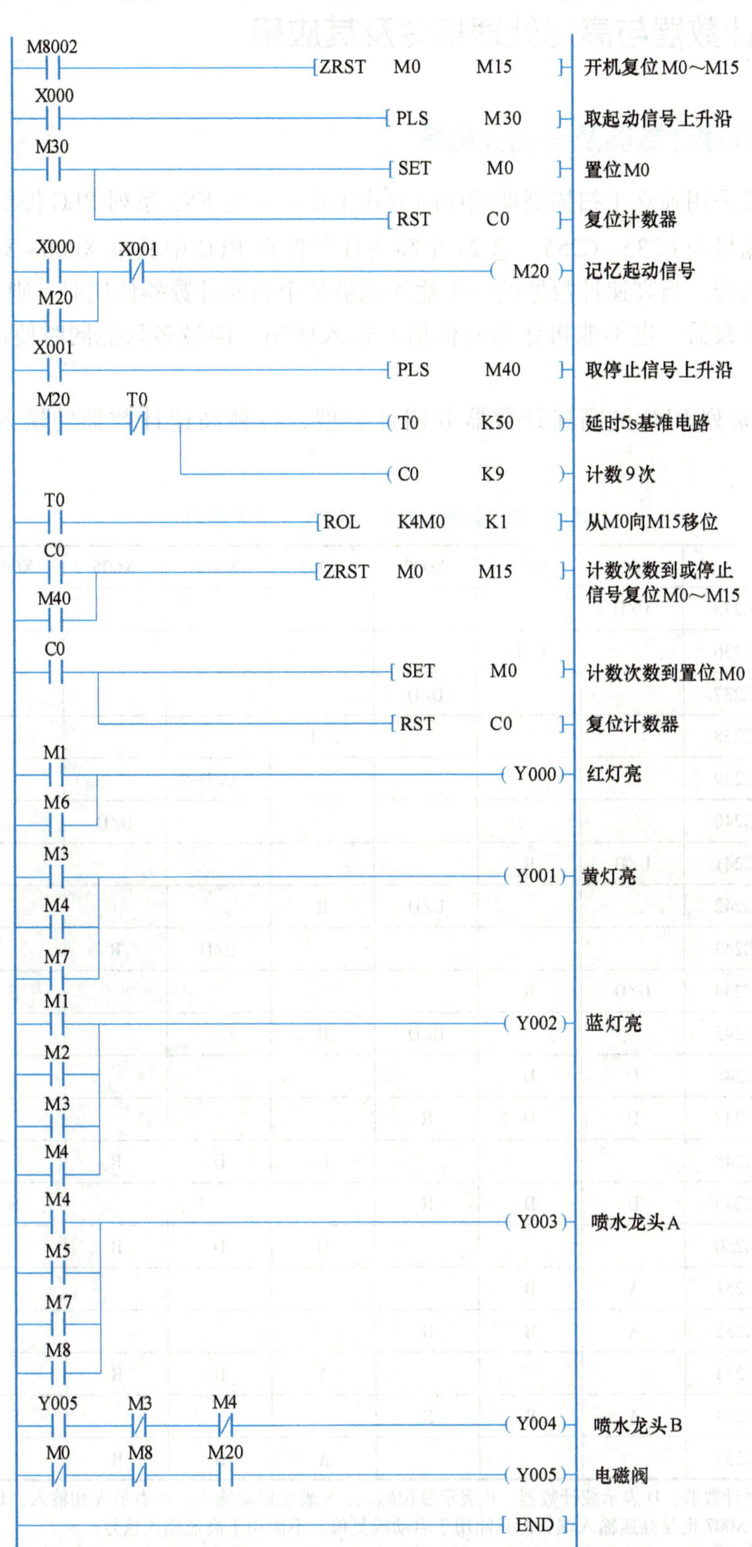

图 5-64　花式喷泉控制系统梯形图

5.6 高速计数器与高速处理指令及其应用

5.6.1 高速计数器及其相关指令

高速计数器采用独立于扫描周期的中断方式工作。三菱 FX_{3U}系列 PLC 提供了 21 个高速计数器，元件编号为 C235～C255。这 21 个高速计数器在 PLC 中共享 X000～X005 这 6 个高速计数器的输入端。当高速计数器的一个输入端被某个高速计数器使用时，则不能同时再用于另一个高速计数器，也不能再作为其他信号输入使用。即最多只能同时使用 6 个高速计数器。

三菱 FX_{3U}系列 PLC 的高速计数器分四种类型，各种高速计数器的输入分配关系见表 5-10。

表 5-10　高速计数器的输入分配关系表

输入端		X000	X001	X002	X003	X004	X005	X006	X007
单相单高速计数器无启动/复位	C235	U/D							
	C236		U/D						
	C237			U/D					
	C238				U/D				
	C239					U/D			
	C240						U/D		
单相单高速计数器带启动/复位	C241	U/D	R						
	C242			U/D	R				
	C243					U/D	R		
	C244	U/D	R					S	
	C245			U/D	R				S
单相双向型高速计数器	C246	U	D						
	C247	U	D	R					
	C248				U	D	R		
	C249	U	D	R				S	
	C250				U	D	R		S
双相 A-B 相型高速计数器	C251	A	B						
	C252	A	B	R					
	C253				A	B	R		
	C254	A	B	R				S	
	C255				A	B	R		S

注：1. U 表示增计数器，D 表示减计数器，R 表示复位输入，S 表示启动输入，A 表示 A 相输入，B 表示 B 相输入。
2. X006 与 X007 也是高速输入端，但只能用于启动或复位，不能用于高速输入信号。

1. 单相单高速计数器（无启动/复位型）

单相单高速计数器（无启动/复位型）C235～C240 共 6 点，均为 32 位高速双向计数器，计数信号输入作增计数或减计数由特殊辅助继电器 M8235～M8240 进行对应设置。例如：M8235 为 ON，则设置 C235 减计数，M8236 为 OFF，则设置 C236 加计数。作增计数时，当计数器达到设定值时其触点动作并保持，作减计数时，当计数器达到设定值时其触点复位。

如图 5-65 所示，当 X010 为 OFF 时，接通 X012 则 C235 的计数输入信号从 X000 送入作加计数，当 X010 为 ON 时，接通 X012 则 C235 的计数输入信号从 X000 送入作减计数，当 X011 接通时，C235 复位。C235 的动作如图 5-66 所示，利用计数输入 X000，通过中断 C235 进行增计数或减计数。当计数器的当前值由-6→-5 增大时，输出触点被置位，由-5→-6 减小时，输出触点被复位。如果复位输入 X011 为 ON，则在执行 RST 指令时，计数器的当前值为 0，输出触点复位。

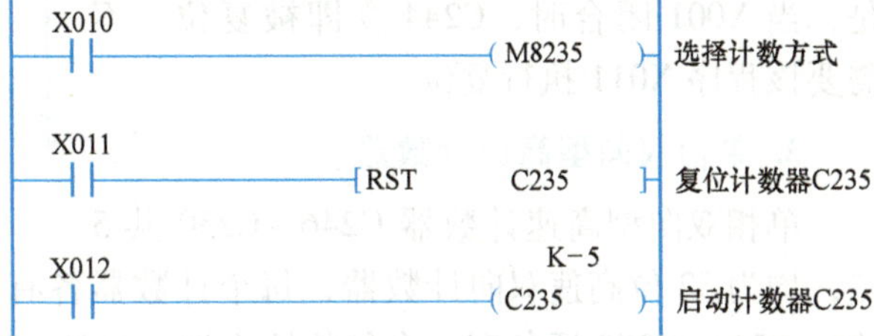

图 5-65　单相无启动/复位型高速计数器应用

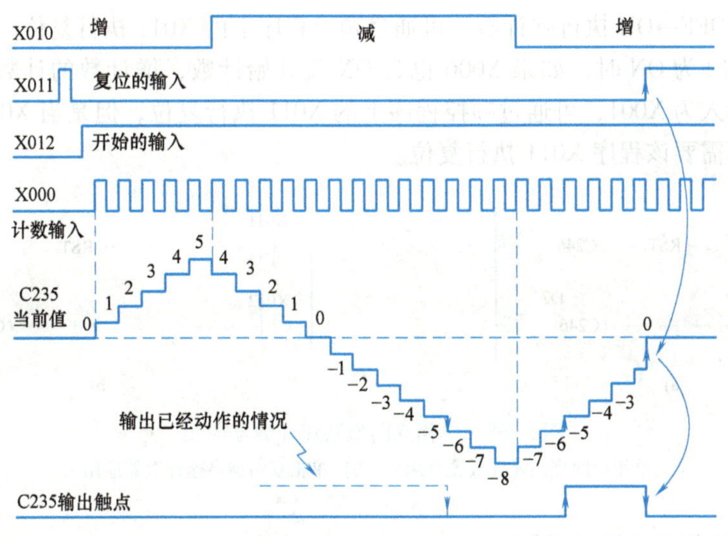

图 5-66　图 5-65 中 C235 的动作

虽然当前值的增减与输出触点的动作无关，但是，如果由 2147483647 增计数，则变成-2147483648。同理，如果由-2147483648 减计数，则变成 2147483647（这类动作被称为环形计数）。在供停电保持用的高速计数器中，即使断开电源，计数器的当前值、输出触点动作、复位状态也被停电保持。

2. 单相单高速计数器（带启动/复位型）

单相单高速计数器（带启动/复位型）C241～C245 共 5 点，均为 32 位高速双向计数器，计数信号输入作增计数或减计数由特殊辅助继电器 M8241～M8245 进行对应设置，M82XX 为 ON，则设置 C2XX 减计数，M82XX 为 OFF，则设置 C2XX 加计数。每个计数器各有一个计数输入端和一个复位输入端。另外 C244 和 C245 还各有一个启动输入端。作增计数时，当计数器达到设定值时其触点动作并保持，作减计数时，当计数器达到设定值时其触点复位。

如图 5-67 所示，C244 在 X012 为 ON 时，如果输入 X006 也为 ON，则立即开始计数。计数输入为 X000，在此例中的设定值采用间接指定的数据寄存器的内容（D1，D0），如图所示。可通过程序上的 X011 执行复位。但是，当 X001 闭合时，C244 立即被复位。不需要该程序 X011 执行复位。

X010 (M8244) 选择计数方式
X011 [RST C244] 复位计数器C244
X012 (C244 D0) 启动计数器C244

图 5-67 单相带启动/复位型高速计数器应用

3. 单相双向型高速计数器

单相双向型高速计数器 C246～C250 共 5 点，均为 32 位高速双向计数器，每个计数器各有一个加计数输入端和一个减计数输入端。此外 C247～C250 还各有一个复位输入端，另外 C249 和 C250 还各有一个启动输入端。做增计数时，当计数器达到设定值时其触点动作并保持，做减计数时，当计数器达到设定值时其触点复位。利用 M8246～M8250 的 ON/OFF 动作可监控 C246～C250 的增计数/减计数动作。

如图 5-68a 所示，C246 在 X012 为 ON 时，通过输入 X000 的 OFF→ON 执行增计数，通过输入 X001 的 OFF→ON 执行减计数。可通过顺控程序上的 X011 执行复位。如图 5-68b 所示，C249 在 X012 为 ON 时，如果 X006 也为 ON 就开始计数，增计数的计数输入为 X000，减计数的计数输入为 X001，可通过顺控程序上的 X011 执行复位，但是当 X002 闭合时，也可进行复位，不需要该程序 X011 执行复位。

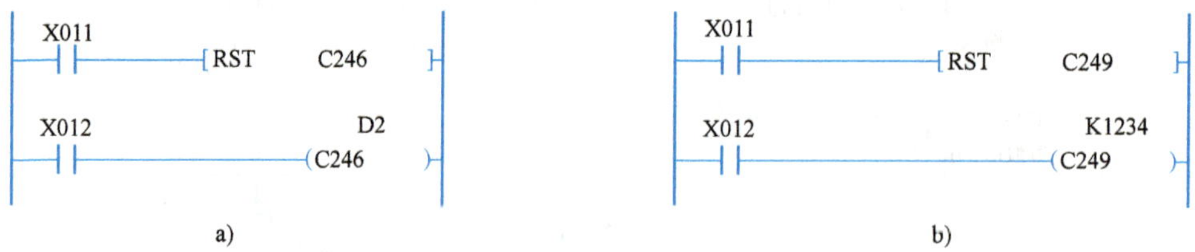

图 5-68 单相双向型高速计数器应用

a）单相双向型高速计数器应用一 b）单相双向型高速计数器应用二

4. 双相 A-B 相型高速计数器

双相 A-B 相型高速计数器 C251～C255 共 5 点，均为 32 位高速双向计数器，每个计数器各有两个输入输出端。此外 C252～C255 还各有一个复位输入端，另外 C254 和 C255 还各有一个启动输入端。这种计数器在 A 相输入接通的同时，B 相输入为 OFF→ON 时为增计数，在 ON→OFF 时为减计数。通过 M8251～M8255 的接通/断开，可监控 C251～C255 的增计数/减计数状态。双相式编码器输出的是有 90°相位差的 A 相和 B 相，高速计数器如图 5-69 所示进行增计数/减计数动作。此类双相计数器作为递增一倍的计数器动作。

如图 5-70 所示，当 X012 为 ON 时，C251 通过中断，对输入 X000（A 相）、X001（B 相）的动作计数。当 X011 为 ON 时，则执行 RST 指令复位。如果当前值超过设定值，则 Y002 为 ON，如果当前值小于设定值，则为 OFF。根据不同的计数方向，Y003 接通增计数，断开减计数。

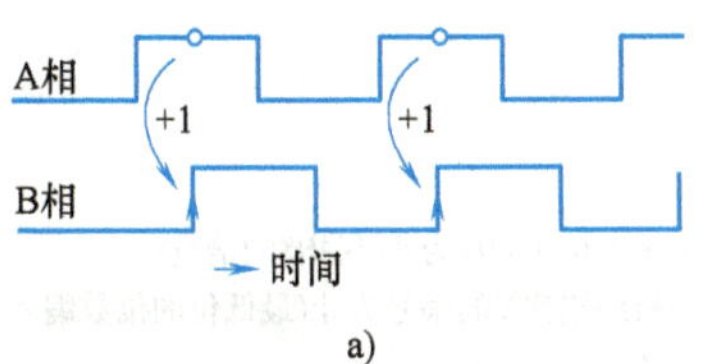

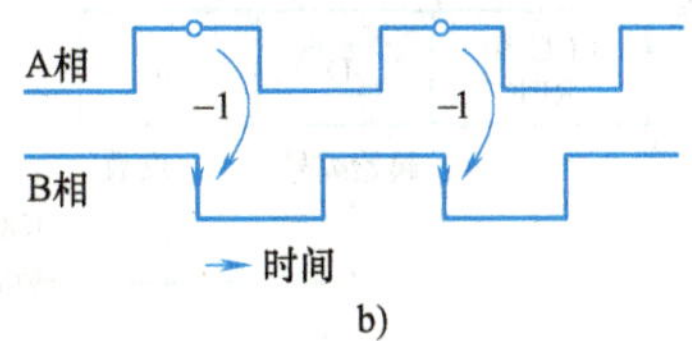

图 5-69　双相式编码器输出进行高速计数
a）正转时的上行动作　b）反转时的下行动作

如图 5-71 所示，当 X012 为 ON 时，如果 X006 也为 ON，C254 就立即开始计数。计数输入 X000（A 相）、X001（B 相）的动作。当 X011 为 ON 时，则执行 RST 指令复位，但是当 X002 闭合时，也可进行复位。如果当前值超过设定值，则 Y004 为 ON，如果当前值小于设定值，则为 OFF。根据不同的计数方向，Y005 接通增计数，断开减计数。

X011 — RST C251
X012 — K1234 C251
C251 — Y002
M8251 — Y003

图 5-70　双相 A-B 相型高速计数器应用一

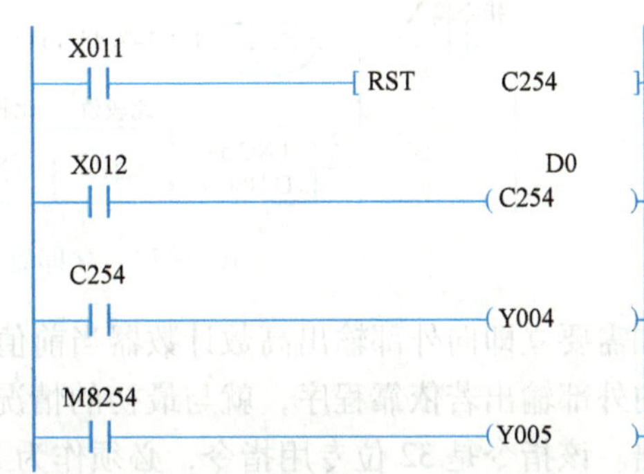

图 5-71　双相 A-B 相型高速计数器应用二

各输入端的响应速度受硬件限制，因此不能响应频率非常高的输入信号。当只用其中一个高速计数器时，输入点 X000~X005 的最高输入信号频率为 40 kHz。

5.6.2　PLC 高速处理指令

1. 输入/输出刷新指令

FNC50　REF

操作数：(D)：KnX、KnY。

其他操作数 n：K、H。

可编程序控制器采用输入输出批次刷新方式，输入端信息在输入采样阶段存入输入映像区，输出则在 END 指令后进行输出刷新。但是，在运算过程中，需要最新的输入信息以及希望立即输出运算结果时，可使用输入输出刷新指令。

如图 5-72 所示，刷新输出开始的 n 点（8 点为 1 个单位）。

2. 高速计数器比较置位/复位指令

比较置位：FNC53　HSCS。

比较复位：FNC54　HSCR。

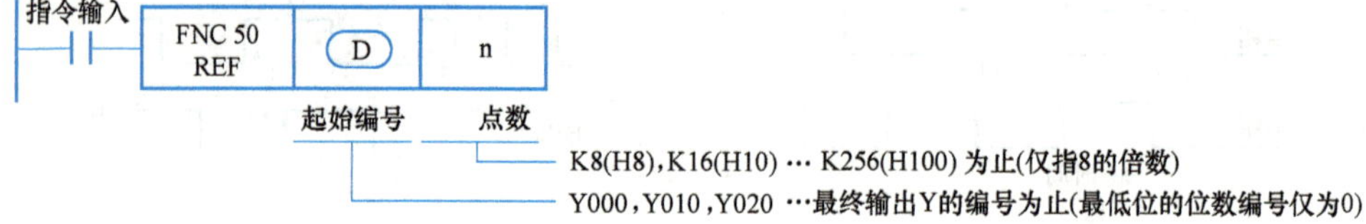

图 5-72 输出刷新

源操作数(S1)：KnX、KnY、KnM、KnS、T、C、D、V、Z 、K、H。

源操作数(S2)：C235～C255。

其他操作数(D)：Y、M、S、D□. b。

高速计数器是根据计数输入的 OFF→ON 时刻，以中断方式计数。计数器的当前值等于设定值时，计数器的输出节点立即工作。向外部输出与顺控有关，受扫描周期的影响。使用 HSCS 指令，能中断处理比较和外部输出。所以 HSCS 指令的当前值(S2·)变为(S1·)的值时，(D·)立即置位，如图 5-73 所示。

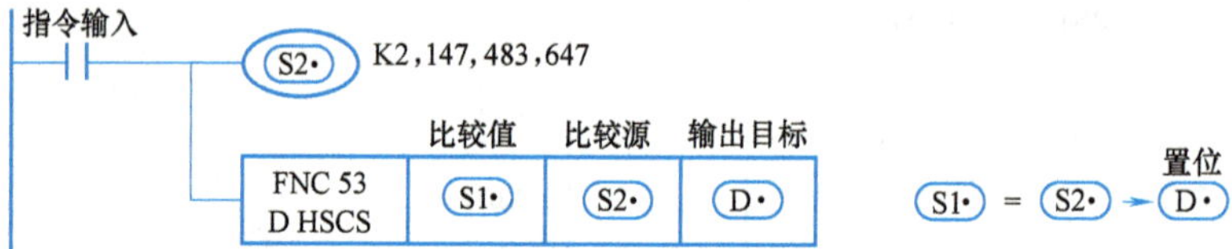

图 5-73 立即置位的高速计数方式

如需要立即向外部输出高数计数器当前值比较结果，则使用 HSCS。但是(D·)指定的软元件向外部输出若依靠程序，就与最初的情况一样，受扫描周期的影响，在 END 处理后驱动输出。该指令是 32 位专用指令，必须作为 DHSCS 指令输入。

这些指令在脉冲输入时进行比较结果动作。因此，可以用 DMOV 指令等改写作为比较对象的字软元件的内容，以及将计数器的当前值在程序上复位，使其作为比较结果的输出，内置 ON 或 OFF 的条件，但是单纯驱动指令不能改变比较结果。

比较置位指令 HSCS、比较复位指令 HSCR、区间比较指令 HSZ 与普通指令一样可以多次使用，但这些指令同时驱动的个数限制在总计 6 个指令以下。

多次驱动 HSCS 指令或与 HSCR、HSZ 指令同时驱动，对象输出 Y 的高 2 位作为同一序号的软元件。例如：使用 Y000 时为 Y000～Y007，使用 Y010 时为 Y010～Y017 等。

如图 5-74 所示，使用 HSCR 指令由于比较和外部输出一起采用中断处理，(S2·)的当前值变为(S1·)时，不受扫描周期影响，(D·)立即复位。

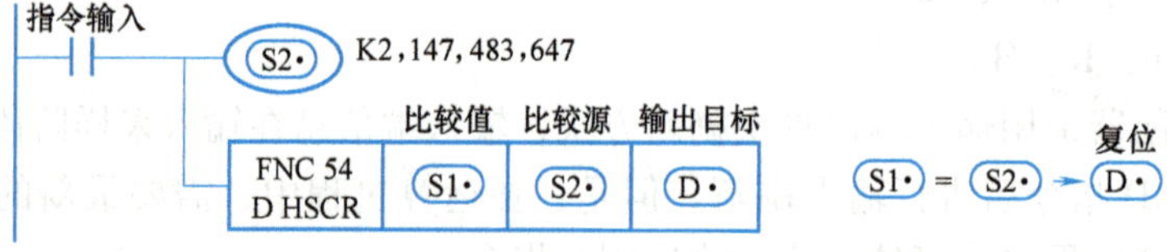

图 5-74 比较复位指令的应用

3. 高速计数器区间比较指令

FNC55 HSZ

操作数：(S1)、(S2)：KnX、KnY、KnM、KnS、T、C、D、V、Z、K、H。

源操作数(S)：C235～C255。

目的操作数(D)：Y、M、S。

如图 5-75 所示，使用区间比较指令 HSZ，对比较结果与外部输出一起进行中断处理。(S1·)>(S·)当前值时，(D·)为 ON。(S1·)≤(S·)≤(S2·)时，(D·)+1 为 ON。(S·)≥(S2·)时，(D·)+2 为 ON。这些输出不受扫描周期的影响。

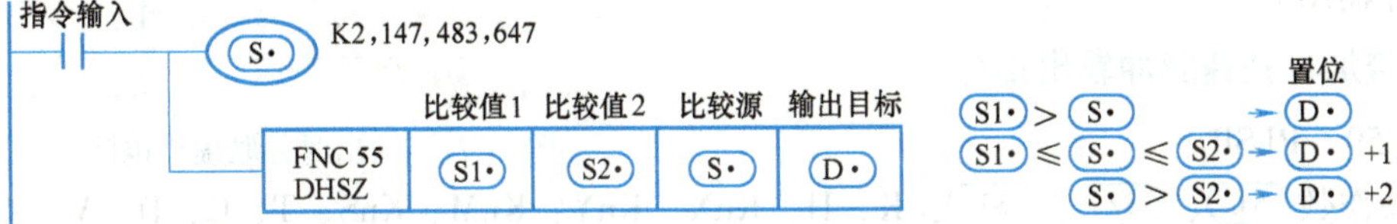

图 5-75　区间比较指令 HSZ 的应用

该指令为 32 位专用指令，必须作为 DHSZ 指令输入。该指令在脉冲输入时输出比较结果。因此，作为比较结果的输出即使应存 ON 的状态，但只单纯给予 ON 的指令，比较输出不执行 ON。

4. 脉冲输出指令

FNC57　PLSY

源操作数(S1)、(S2)：KnX、KnY、KnM、KnS、T、C、D、V、Z、K、H。

目的操作数(D)：Y。

源操作数(S1·)用于指定脉冲的频率，对于 FX_{3U}系列 PLC，其取值为 2～20000 Hz，在指令执行过程中，改变(S1·)指定的字元件的内容，输出频率也随之发生改变。

源操作数(S2·)用于指定输出脉冲的数量，当使用 16 位指令格式时，允许设定范围为1～32767；当使用 32 位指令格式时，允许设定范围为 1～2147483647。当源操作数(S2·)的值指定为 0 时，则对产生的脉冲不做限制。在指令执行过程中，改变源操作数(S2·)指定字元件的内容后，将从下一个指令驱动开始执行变更的内容。

目的操作数(D·)是输出脉冲 Y 的编号，仅限于 Y000 或 Y001 有效。

PLSY 指令的使用如图 5-76 所示。当条件接通后，(D·)开始输出频率为(S1·) Hz 的脉冲，其个数由(S2·)寄存器的数值确定。条件断开后，输出中断，(D·)也断开。再次接通时，从初始状态开始动作。脉冲的占空比为 50%ON 和 50%OFF。输出控制不受扫描周期影响，采用中断方式控制。当设定脉冲发完后，执行结束后标志 M8029 特殊辅助继电器动作。

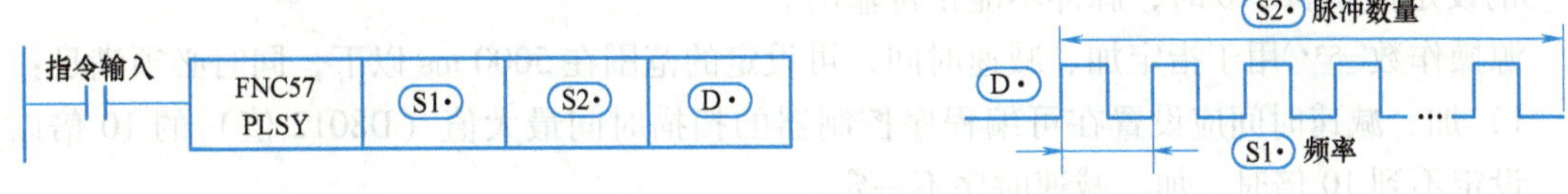

图 5-76　PLSY 指令使用

从 Y000 输出的脉冲数保存于 D8141（高位）和 D8140（低位）寄存器中，从 Y001 输出的脉冲数保存于 D8143（高位）和 D8142（低位）寄存器中，Y000 与 Y001 输出的脉冲总数保存于 D8137（高位）和 D8136（低位）寄存器中。各寄存器内容可以采用“DMOV K0 D81××”进行清零。

使用脉冲输出指令时，可编程序控制器必须使用晶体管输出方式。可编程序控制器执行高频脉冲输出时，可并联虚拟电阻来保证输出晶体管上是额定负载电流，如图 5-77 所示。在编程过程中可同时使用 2 个 PLSY 指令，在 Y000 和 Y001 上分别产生各自独立的脉冲输出。

图 5-77　输出时并联虚拟电阻

5. 带加、减速脉冲输出指令

FNC59　PLSR

源操作数 S1 、S2 、S3 ：K、H、KnX、KnY、KnM、KnS、T、C、D、V、Z。

目的操作数 D ：Y。

带加、减速脉冲输出指令 PLSR 可产生带加、减速功能的定尺寸传送的脉冲输出，针对指令的最高频率进行加速，在达到所指定的输出脉冲后进行减速。各操作数的作用如图 5-78 所示。

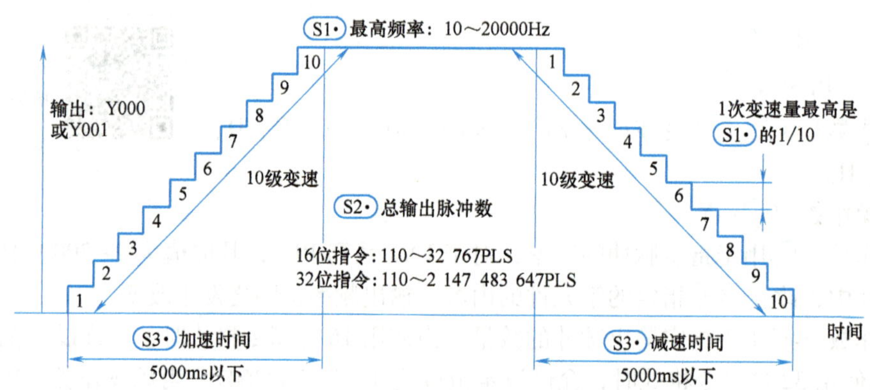

图 5-78　PLSR 指令各操作数的作用

源操作数 S1· 用于指定脉冲的最高频率，对于 FX_{3U} 系列 PLC，其取值为 10~20000 Hz，频率以 10 的倍数进行指定，最高频率中指定的 1/10 可作为减速时的一次变速量（频率），应设定在步进电机不失调的范围内。

源操作数 S2· 用于指定输出脉冲的数量，当使用 16 位指令格式时，允许设定的范围为 110~32767；当使用 32 位指令格式时，允许设定的范围为 110~2147483647。当源操作数 S2· 的设定值不满 110 时，脉冲不能正常输出。

源操作数 S3· 用于指定加、减速时间，可设定的范围在 5000 ms 以下，同时必须满足：

1）加、减速时间应设置在可编程序控制器的扫描时间最大值（D8012 值）的 10 倍以上，设定不到 10 倍时，加、减速时序不一定。

2）加、减速时间可以设定的最小值计算公式如下：

$$\text{S3·} \geq \frac{90000}{\text{S1·}} \times 5$$

设定值不满足上述公式时，加、减速时间的误差增大，当设定值不到 90000/ S1· 时，运行中对 90000/ S1· 做四舍五入处理。

3）加、减速时间可以设定的最大值计算公式如下：

$$\text{S3}\cdot \leqslant \frac{\text{S2}\cdot}{\text{S1}\cdot}\times 818$$

4）加、减速时的变速次数（段数）固定在 10 次，在不能按这些条件设定时，应降低最高频率(S1·)。

目的操作数(D·)是输出脉冲 Y 的编号，仅限于 Y000 或 Y001 有效。

PLSR 指令的应用如图 5-79 所示。当 X010 接通（ON）后，Y000 开始输出频率为 10～20000 Hz 的脉冲，其个数由 D0 寄存器的数值确定。最高速度、加减速时的变速速度若超过此范围，自动在范围值内调低或进位。当 X010 断开时，以中断方式输出，当 X010 再度接通时，从初始动作开始。输出控制不受扫描周期影响，采用中断方式控制。当设定脉冲发完后，执行结束后标志 M8029 特殊辅助继电器动作。

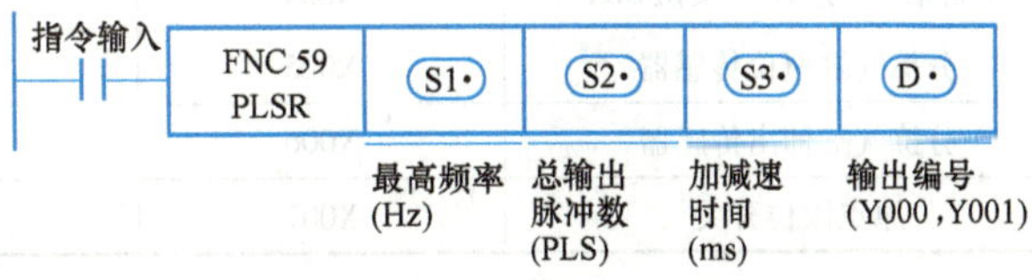

图 5-79　PLSR 指令的应用

从 Y000 输出的脉冲数保存于 D8141（高位）和 D8140（低位）寄存器中，从 Y001 输出的脉冲数保存于 D8143（高位）和 D8142（低位）寄存器中，Y000 与 Y001 输出的脉冲总数保存于 D8137（高位）和 D8136（低位）寄存器中。各寄存器内容可以采用“DMOV K0 D81××”进行清零。

5.6.3　实例：PLC 控制步进电动机的出料控制系统

某一 PLC 控制步进电动机出料控制系统的工作过程示意图如图 5-80 所示。其控制要求如下：当上料检测传感器检测到有物料放入推料槽，延时 3 s，步进电动机被起动，将物料运送到对应的出料槽后，分拣气缸活塞推出物料到相应的出料槽，然后分拣气缸活塞缩回，步进电动机反转，回到原点后停止，等待下一次上料。物料推入推料槽 1～4 根据“选择”按钮 SB1～SB4 选择。

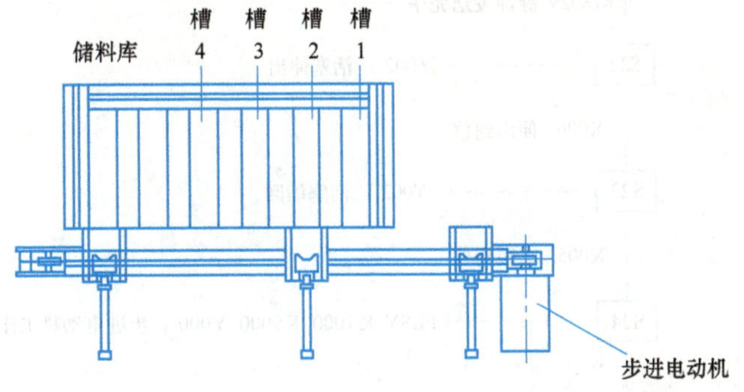

图 5-80　步进电动机出料控制系统的工作过程示意图

解：1）确定输入/输出（I/O）分配明细，见表 5-11。

表 5-11 I/O 分配表

输入		输出	
输入设备	输入编号	输出设备	输出编号
上料检测传感器	X000	PUL 步进电动机脉冲输入	Y000
出料槽 1 “选择” 按钮 SB1	X001	DIR 步进电动机方向输入	Y001
出料槽 2 “选择” 按钮 SB2	X002	分拣气缸电磁阀伸出	Y002
出料槽 3 “选择” 按钮 SB3	X003	分拣气缸电磁阀缩回	Y003
出料槽 4 “选择” 按钮 SB4	X004		
分拣气缸原位传感器	X005		
分拣气缸伸出传感器	X006		
原点限位开关	X007		

2）根据工艺要求画出控制状态转移图，如图 5-81 所示。根据状态转移图，读者可自行画出梯形图及指令语句表，此处略。

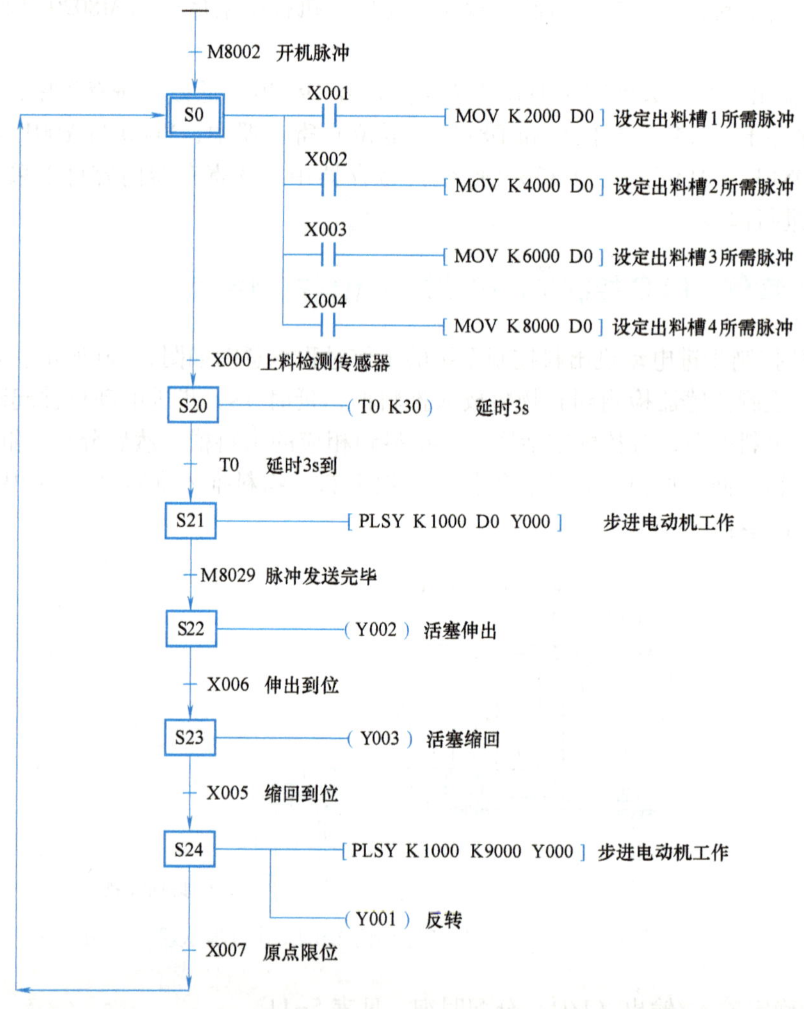

图 5-81 PLC 控制步进电动机的出料控制系统状态转移图

5.7　逻辑运算指令及其应用

5.7.1　逻辑运算指令

逻辑“与”：FNC26　WAND。

逻辑“或”：FNC27　WOR。

逻辑“异或”：FNC28　WXOR。

源操作数(S1)、(S1)：KnX、KnY、KnM、KnS、T、C、D、V、Z、K、H。

目的操作数(D)：KnY、KnM、KnS、T、C、D、V、Z。

逻辑“与”指令 WAND 的功能如图 5-82 所示，当输入条件接通时，将传送源(S1·)和(S2·)的内容以位为单位进行逻辑“与”运算，并将结果传送到目标(D·)中。当输入条件断开后，传送目标(D·)的数值不变。若传送源(S1·)和(S2·)中指定常数为 K 时，会自动将指定的常数转换为 BIN 码。

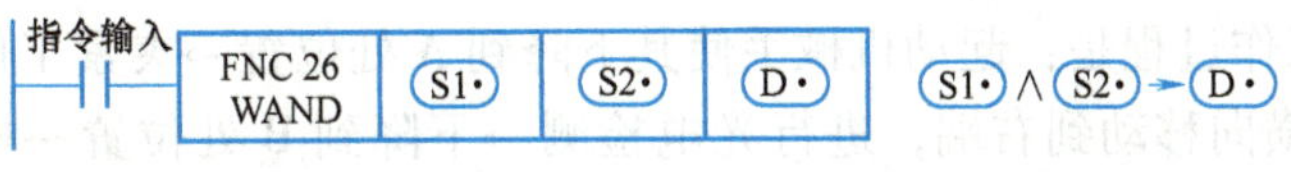

图 5-82　逻辑“与”指令 WAND 的功能

逻辑“或”指令 WOR 的功能如图 5-83 所示，当输入条件接通时，将传送源(S1·)和(S2·)的内容以位为单位进行逻辑“或”运算，并将结果传送到目标(D·)中。当输入条件断开后，传送目标(D·)的数值不变。若传送源(S1·)和(S2·)中指定常数为 K 时，会自动将指定的常数转换为 BIN 码。

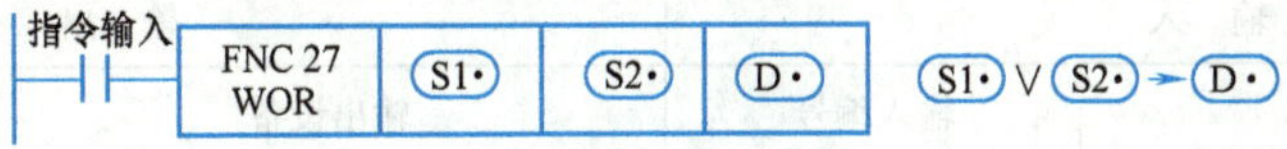

图 5-83　逻辑“或”指令 WOR 的功能

逻辑“异或”指令 WXOR 的功能如图 5-84 所示，当输入条件接通时，将传送源(S1·)和(S2·)的内容以位为单位进行逻辑“异或”运算，并将结果传送到目标(D·)中。当输入条件断开后，传送目标(D·)的数值不变。若传送源(S1·)和(S2·)中指定常数为 K 时，会自动将指定的常数转换为 BIN 码。

图 5-84　逻辑“异或”指令 WXOR 的功能

5.7.2　实例：PLC 控制机械手系统

PLC 控制机械手系统的示意图如图 5-85 所示。其控制要求如下：

码 5-7　PLC 控制机械手

1）定义机械手“取与放”搬运系统的原点为左上方所达到的极限位置，其左限位开关闭合，上限位开关闭合，机械手处于放松状态。

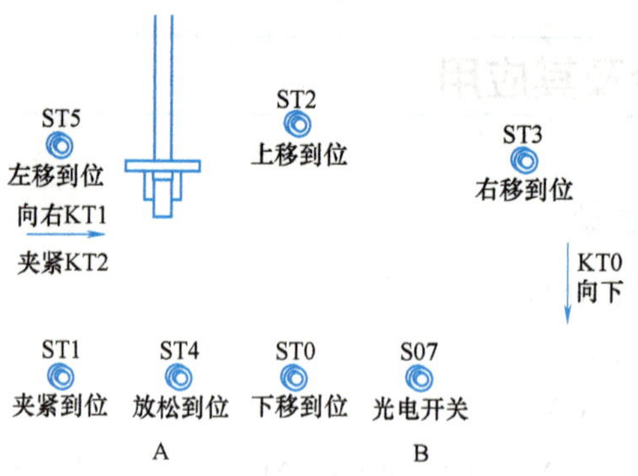

图 5-85　PLC 控制机械手系统示意图

2）搬运过程是机械手把工件从 A 处搬到 B 处。

3）上升和下降、左移和右移均由电磁阀驱动气缸来实现。

4）当工件处于 B 处上方准备下放时，为确保安全，用光电开关检测 B 处有无工件，只有在 B 处无工件时才能发出下放信号。

5）机械手的工作过程是：起动机械手使其下降到 A 处位置→夹紧工件→夹住工件上升到顶端→使机械手横向移动到右端，进行光电检测→下降到 B 处位置→机械手放松，把工件放到 B 处→使机械手上升到顶端→使机械手横向移动返回到左端原点处。

6）使机械手连续循环运动，按“停止”按钮 SB2，机械手立即回原点；再次按“起动”按钮 SB1，机械手恢复原来动作继续运行。

解：1）根据控制要求确定输入/输出（I/O）分配表，见表 5-12。

表 5-12　I/O 分配表

输　入		输　出	
输入设备	输入编号	输出设备	输出编号
“起动”按钮 SB1	X010	下降电磁阀 KT0	Y000
“停止”按钮 SB2	X011	右移电磁阀 KT1	Y001
下降到位 ST0	X002	夹紧电磁阀 KT2	Y002
夹紧到位 ST1	X003		
上升到位 ST2	X004		
右移到位 ST3	X005		
放松到位 ST4	X006		
左移到位 ST5	X007		
光电检测开关 S07	X000		

2）由于输出只有下降电磁阀 KT0（Y000）、右移电磁阀 KT1（Y001）、夹紧电磁阀 KT2（Y002），所以可知所使用的电磁阀均为单电控电磁阀，即得电动作，失电复位。根据工艺要求画出状态转移图，如图 5-86 所示。

3）若要满足按“停止”按钮 SB2 可使机械手立即回原点这个要求，根据单电控电磁阀（得电动作，失电复位）的特点，只需将 Y000、Y001 复位即可。但是必须指出，由于 Y002

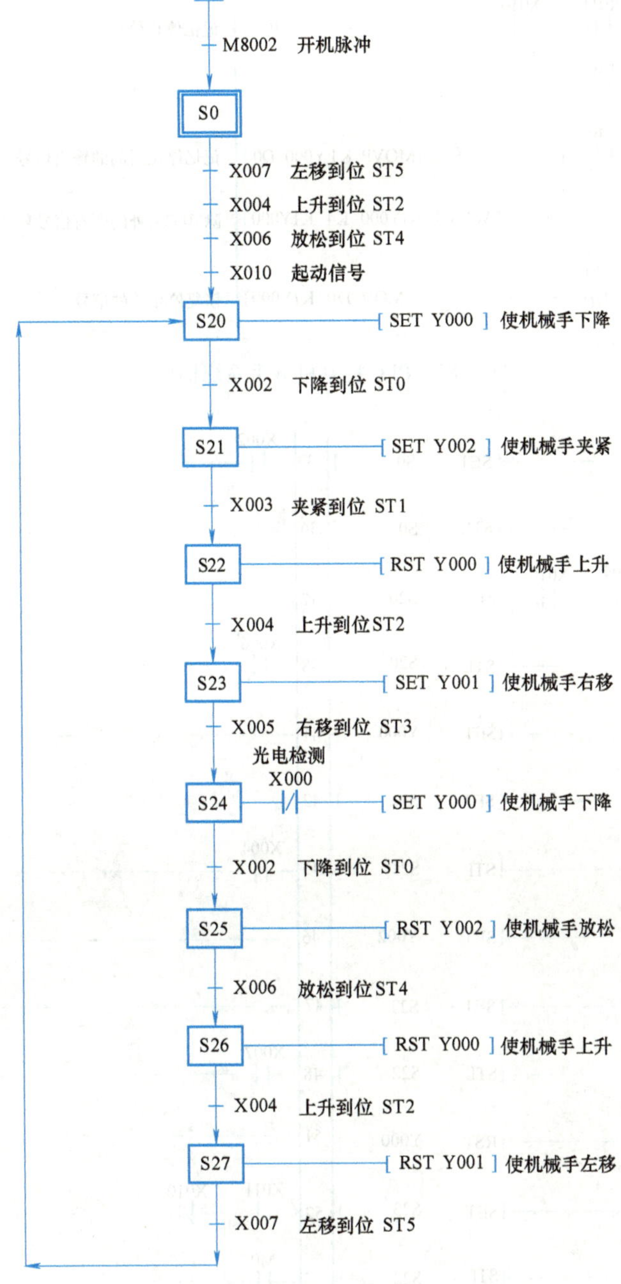

图 5-86　PLC 控制机械手的状态转移图

控制夹紧动作，需根据其本身的工作情况看是否保留。再次按“起动”按钮 SB1，使机械手恢复原来动作继续运行，则必须对原有输出进行记忆，画出的梯形图如图 5-87 所示。同时还必须指出，由于循环扫描问题，该梯形图必须放在步进顺控程序之后，否则无法正常执行。

4）根据图 5-86 的状态转移图及图 5-87 的梯形图，可得到完整的控制梯形图如图 5-88 所示。

图 5-87 PLC 控制机械手系统梯形图

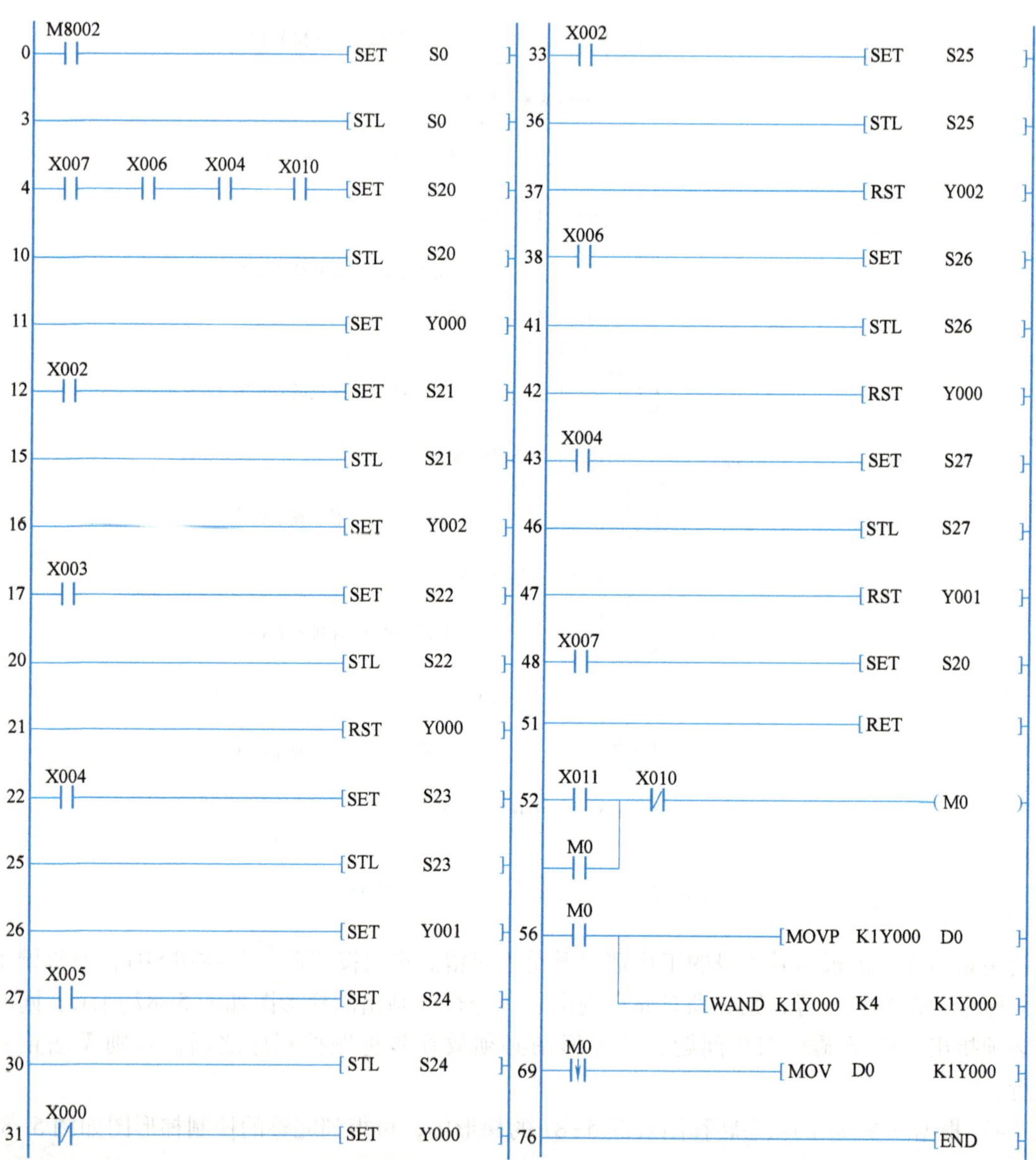

图 5-88 PLC 控制机械手系统完整梯形图

图 5-88 中使用了 WAND 指令，该指令采用按位相与的方式，可根据图 5-89 的方式，分析出保留 Y002 时进行逻辑“与”的数据。

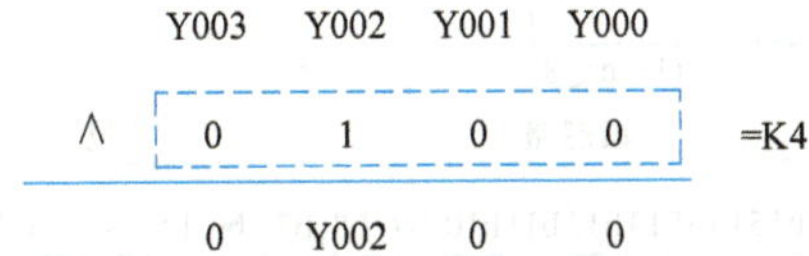

图 5-89　分析出保留 Y002 时进行逻辑“与”的数据

5.8 数据处理指令及其应用

5.8.1 数据处理指令

1. 区间复位指令：FNC40 ZRST

目的操作数(D1)、(D2)：Y、M、S、T、C、D。

目的操作数(D1·)、(D2·)必须是同一类的软元件，且(D1·)的编号应小于(D2·)的编号。当(D1·)的编号大于(D2·)的编号时，仅复位(D1·)中指定的软元件。ZRST 指令以 16 位执行，但是目的操作数(D1·)、(D2·)可以指定 32 位计数器，但不能混合指定。区间复位指令 ZRST 的使用如图 5-90 所示。

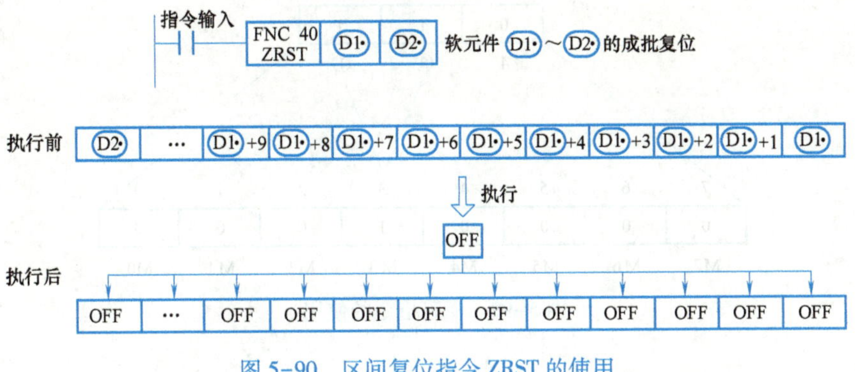

图 5-90　区间复位指令 ZRST 的使用

2. 译码指令：FNC41 DECO

源操作数(S)：KnX、KnY、KnM、KnS、T、C、D、V、Z、K、H。

目的操作数(D)：Y、M、S、T、C、D。

其他操作数 n：K、H。

译码指令 DECO 的作用如图 5-91 所示，是将(S·)值对应的(D·)～(D·)$+2^n-1$ 中的某一位置 1。

如图 5-92 所示，n=3 则表示(S·)源操作数为 3 位，即为 X010、X011、X012。其状态为二进制数，当值为 011 时相当于十进制 3，则由目的操作数 M7～M0 组成的 8 位二进制数的第 3 位 M3 被置 1，其余各位为 0。如果为 000 则 M0 被置 1。译码指令可通过(D·)中的数值来控制元件的开/关。

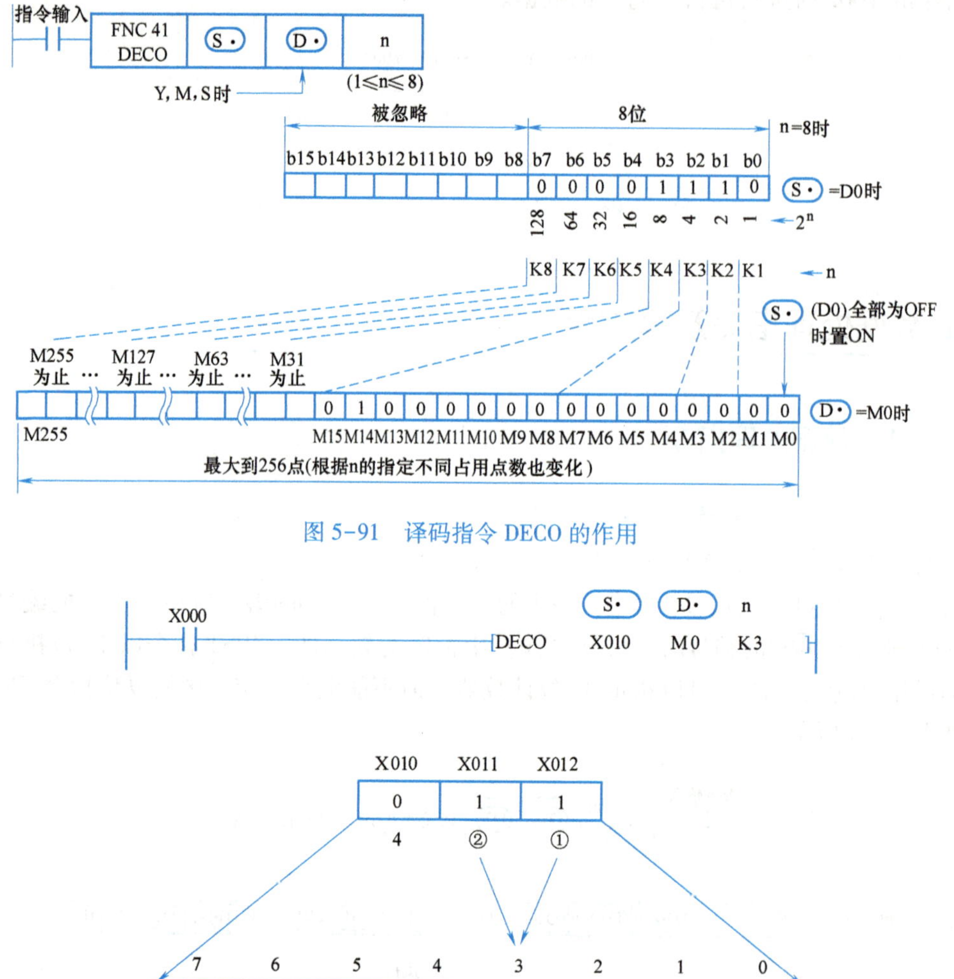

图 5-91 译码指令 DECO 的作用

图 5-92 译码指令的使用

使用译码指令时应注意：

① 位源操作数可取 X、T、M 和 S，位目的操作数可取 Y、M 和 S，字源操作数可取 K、H、T、C、D、V 和 Z，字目的操作数可取 T、C 和 D。

② 若(D·)指定的目标元件是字元件 T、C、D，则 n≤4；若是位元件 Y、M、S，则 n=1~8。译码指令为 16 位指令，占 7 个程序步。

3. 编码指令：FNC42 ENCO

源操作数(S)：X、Y、M、S、T、C、D、V、Z。

目的操作数(D)：T、C、D、V、Z。

其他操作数 n：K、H。

编码指令 ENCO 的作用如图 5-93 所示，是将为 ON 位的位置信号转换成 BIN 数据信息。

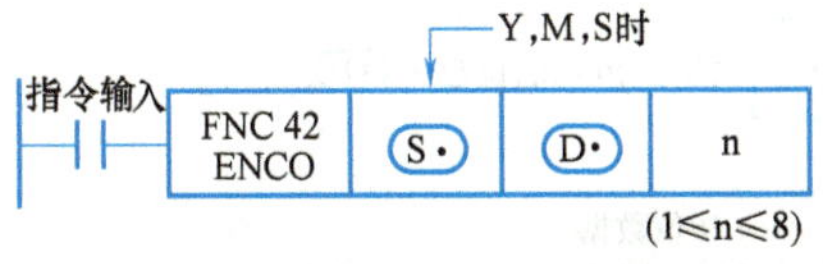

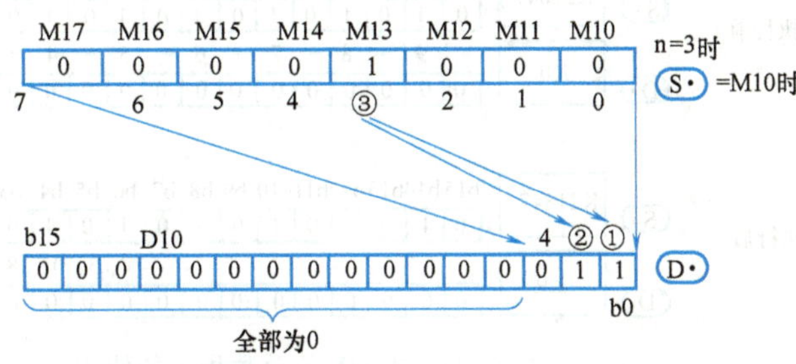

图 5-93　编码指令 ENCO 的作用

如图 5-94 所示，当 X000 有效时执行编码指令，将(S·)中最高位的 1（M3）所在位数放入目标元件 D10 中，即把 011 放入 D0 的低 3 位。

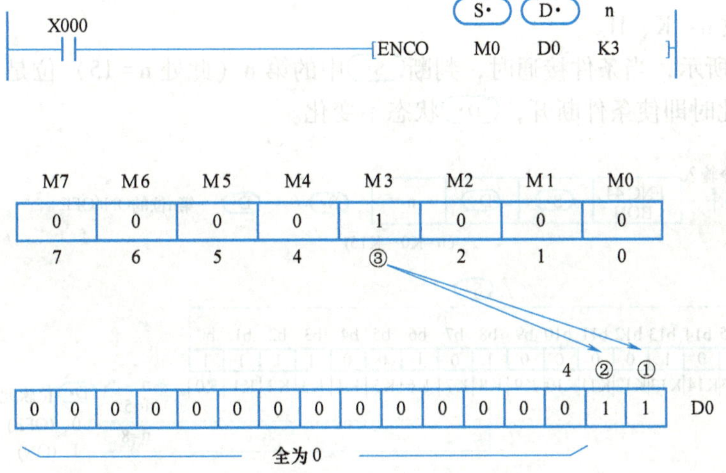

图 5-94　编码指令的使用

使用编码指令时应注意：

① 源操作数是字元件时，可以是 T、C、D、V 和 Z；源操作数是位元件时，可以是 X、Y、M 和 S。目标元件可取 T、C、D、V 和 Z。编码指令为 16 位指令，占 7 个程序步。

② 若操作数为字元件时，则 n≤4，为位元件时则 n=1~8，n=0 时不做处理。

③ 若指定源操作数中有多个 1，则只有最高位的 1 有效。

4. 求 ON 位总数指令：FNC43　SUM

源操作数(S)：KnX、KnY、KnM、KnS、T、C、D、V、Z、K、H。

目的操作数(D)：KnY、KnM、KnS、T、C、D、V、Z。

如图 5-95 所示，当条件接通时，将(S·)中 1 的个数存入(D·)中，当(S·)中无 1 时，零位标志特殊辅助继电器 M8020 会动作。

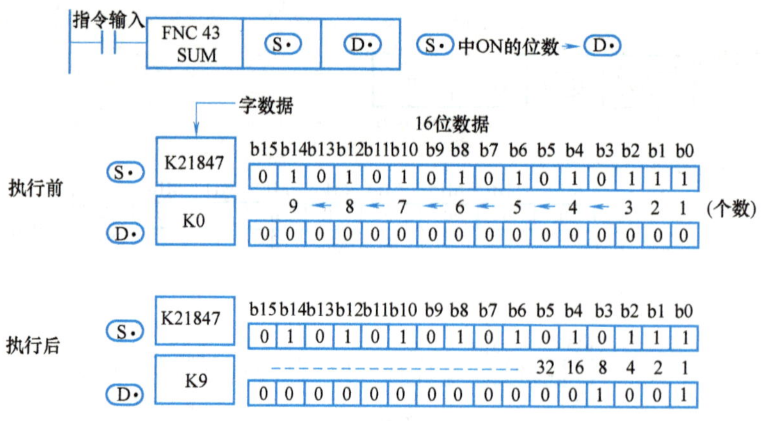

图 5-95 求 ON 位总数指令的使用

5. ON 位判断指令：FNC44 BON

源操作数(S)：KnX、KnY、KnM、KnS、T、C、D、V、Z、K、H。

目的操作数(D)：Y、M、S。

其他操作数 n：K、H。

如图 5-96 所示，当条件接通时，判断(S·)中的第 n（此处 n=15）位是否为 1，若为 1 则(D·)接通。此时即使条件断开，(D·)状态不变化。

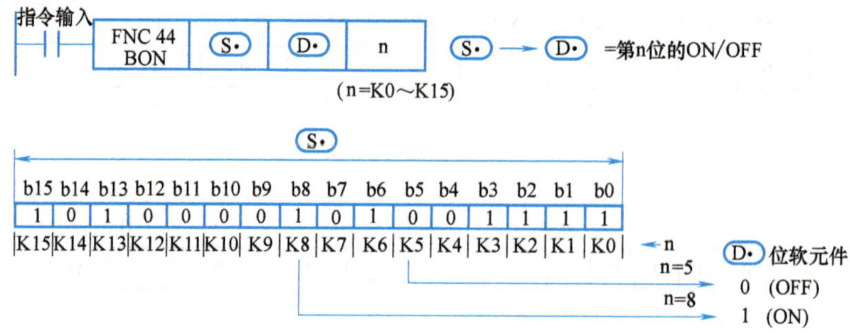

图 5-96 ON 位判断指令的使用

6. 求平均值指令：FNC45 MEAN

源操作数(S)：KnX、KnY、KnM、KnS、T、C、D、K、H。

目的操作数(D)：KnY、KnM、KnS、T、C、D、V、Z。

其他操作数 n：K、H。

将 n 点的源操作数的平均值存入目的操作数。将余数舍去，超过软元件编号时，则在可能的范围内取 n 的最小值。n 的取值在 1～64 以外时，会发生错误。其使用如图 5-97 所示。

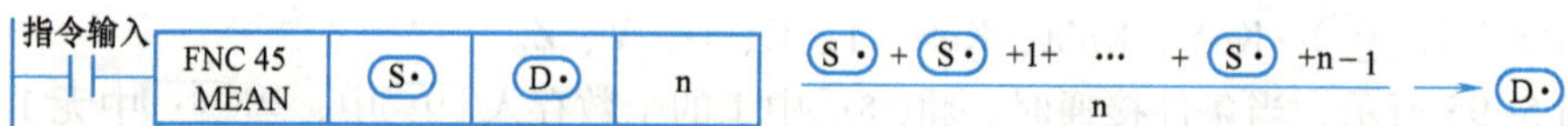

图 5-97 求平均值指令的使用

7. 报警器置位/复位指令

报警器置位指令：FNC46　ANS。

源操作数(S)：T。

目的操作数(D)：S。

其他操作数 m：1~32767。

该指令用于驱动信号报警器。如图 5-98 所示，如果指令条件同时接通达 m 秒以上，则(D·)接通，以后即使指令输入条件断开，定时器复位，(D·)仍保持。

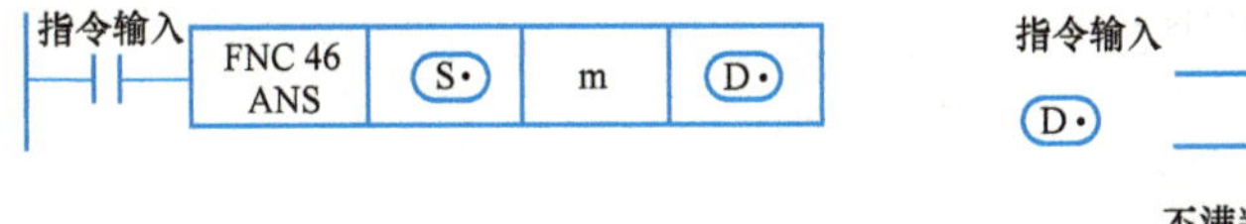

指令输入
D·
不满判定时间
(不满 n×100ms)
超出判定时间
(超出m×100ms)

图 5-98　报警器置位指令的使用

报警器复位指令：FNC47　ANR　无操作数。

如图 5-99 所示，如果指令输入条件接通，则 S900~S999 中正在动作的信号报警器被复位。如果同时有多个报警元件动作，则复位最新的一个报警元件。若将指令输入条件再次接通，则下一编号的状态被复位。若采用连续执行指令，则在各扫描周期中按顺序复位。

指令输入
FNC 47
ANRP

图 5-99　报警器复位指令的使用

5.8.2　实例：PLC 控制花式彩灯

花式彩灯控制具有多种控制方式。如图 5-100 所示。

花式一控制方式：

1号灯亮 → 延时1s → 2号灯亮 → 延时1s → 3号灯亮 → 延时1s → 4号灯亮 → 延时1s → 5号灯亮 → 延时1s → 6号灯亮 → 延时1s → 7号灯亮 → 延时1s → 8号灯亮 → 延时1s → 1号灯亮

花式二控制方式：

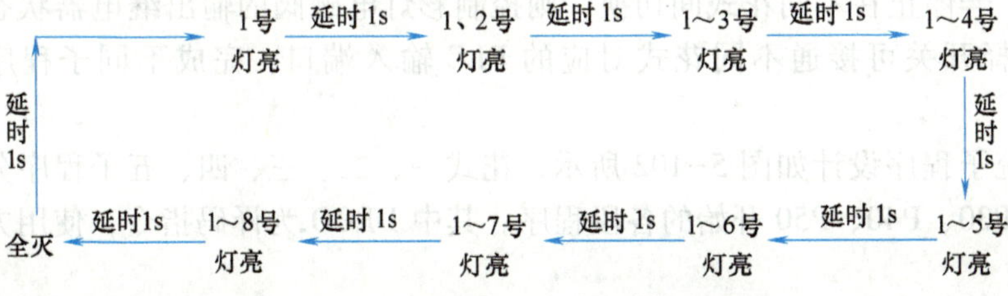

图 5-100　花式彩灯的控制方式

花式三控制方式：

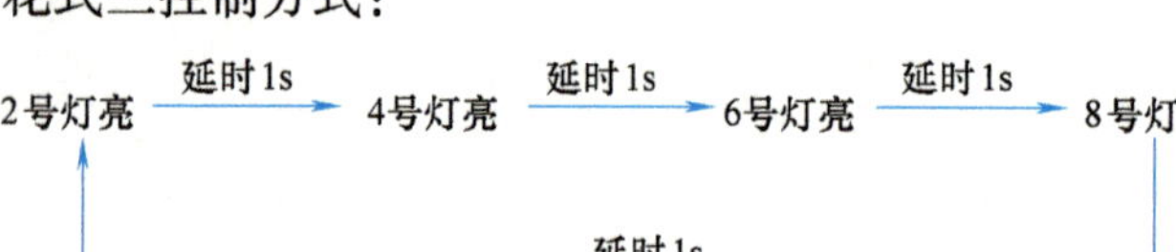

花式四控制方式：

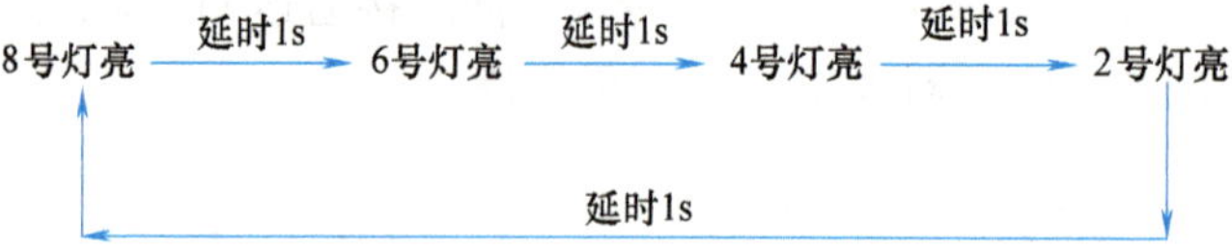

花式五控制方式：

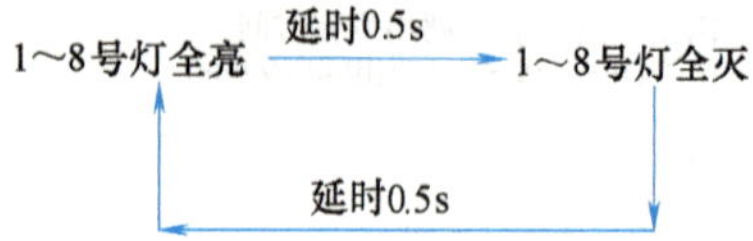

图 5-100 花式彩灯的控制方式（续）

解： 根据要求设置 PLC 系统的 I/O 分配，见表 5-13。

表 5-13 I/O 分配表

输 入		输 出	
输入设备	输入编号	输出设备	输出编号
花式一控制方式 SA-1	X000	彩灯 1	Y000
花式二控制方式 SA-2	X001	彩灯 2	Y001
花式三控制方式 SA-3	X002	彩灯 3	Y002
花式四控制方式 SA-4	X003	彩灯 4	Y003
花式五控制方式 SA-5	X004	彩灯 5	Y004
		彩灯 6	Y005
		彩灯 7	Y006
		彩灯 8	Y007

花式彩灯控制系统主程序设计如图 5-101 所示，PLC 运行开始，数据寄存器 D0 中的数据为十六进制数 1。若停止在不同花式间切换，则控制彩灯电磁阀的输出继电器状态全部清零。通过花式选择开关可接通不同花式对应的 PLC 输入端口，完成不同子程序的调用。

花式彩灯控制系统子程序设计如图 5-102 所示，花式一、二、三、四、五子程序分别对应指针 P10、P20、P30、P40、P50 开始的各段程序。其中 DECO 为译码指令，使用方法如图 5-91 所示。

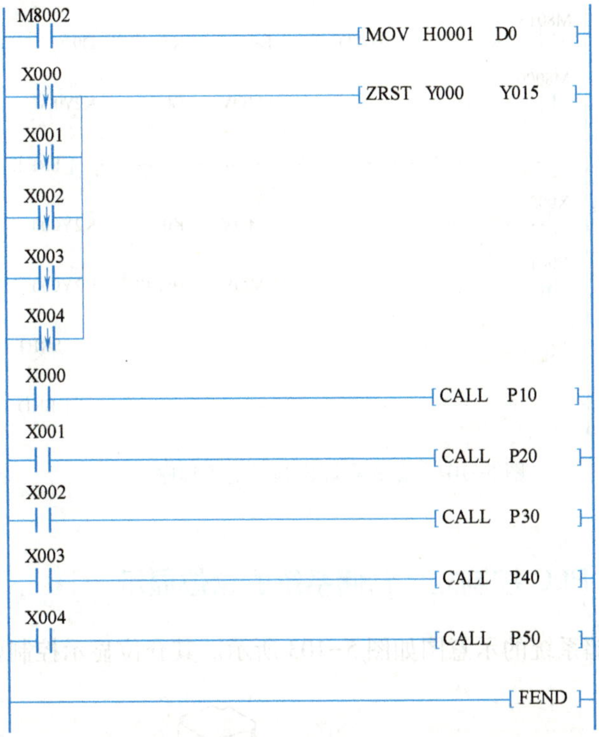

M8002
MOV H0001 D0
X000
ZRST Y000 Y015
X001
X002
X003
X004
X000
CALL P10
X001
CALL P20
X002
CALL P30
X003
CALL P40
X004
CALL P50
FEND

图 5-101　花式彩灯控制系统主程序

P10
M8013
INCP D0
M8000
DECO D0 Y000 K3
SRET
P20
M8013
MOV H0001 D0
= Z0 K7
M8013
MOV K0 Z0
M8013
INCP Z0
SRET
P30
M8013
ADDP D0 K2 D0
M8013
MOV D0 K4M0
M8000
DECO M0 Y0 K3
SRET
P40
X003
MOV K128 D0
Y001

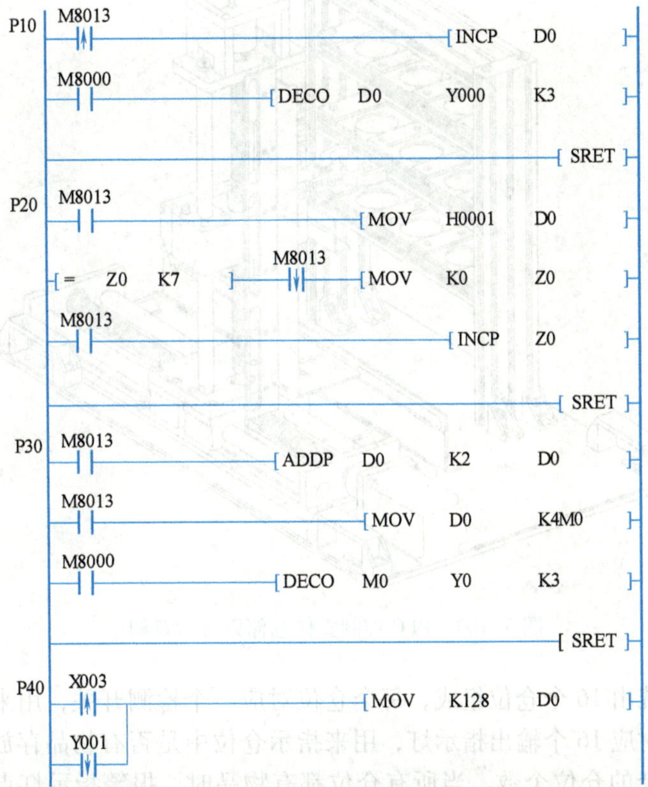

图 5-102　花式彩灯控制系统子程序

```
     M8013
     ─┤├──────────────[DIVP   D0     K4     D0    ]
     M8000
     ─┤├──────────────────[MOV    D0     K2Y000   ]
     ─────────────────────────────────────[SRET   ]
P50  X003
     ─┤↑├─────────────────[MOV    K0     K2Y000   ]
     Y001
     ─┤↓├─────────────────[MOV    H00FF  K2Y000   ]
     ─────────────────────────────────────[SRET   ]
     ─────────────────────────────────────[END    ]
```

图 5-102 花式彩灯控制系统子程序（续）

5.8.3 实例：PLC 控制立体仓储系统的仓位显示

PLC 控制立体仓储系统的示意图如图 5-103 所示。其仓位显示控制要求如下：

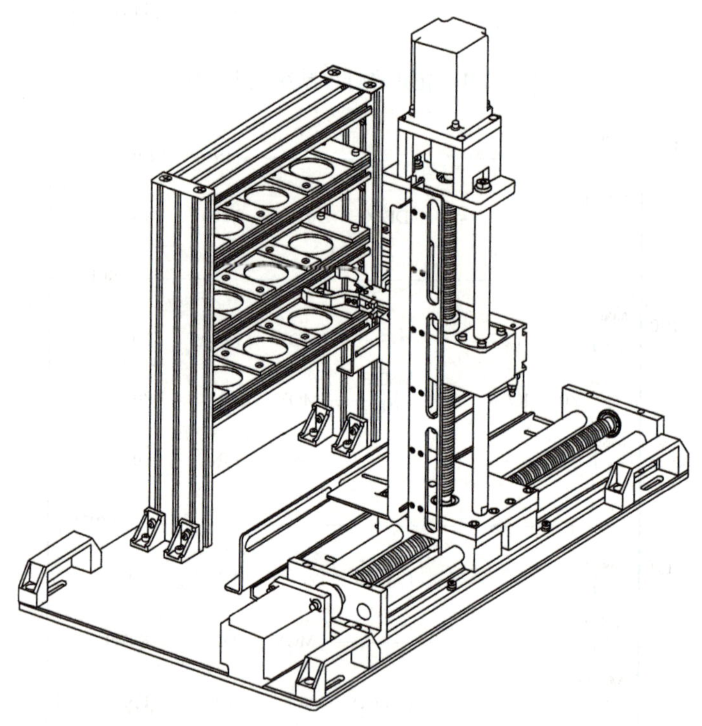

图 5-103 PLC 控制立体仓储系统示意图

该立体仓储系统由 16 个仓位组成，每个仓位对应一个检测开关，用来检测仓位中是否有物品存放。同时对应 16 个输出指示灯，用来指示仓位中是否有物品存放。此外还有一个数码管输出显示空余的仓位个数。当所有仓位都有物品时，报警指示灯点亮，提示仓位已满，不能再存放新物品。

解：1）根据控制要求确定输入/输出（I/O）分配表，见表 5-14。

表 5-14　I/O 分配表

输　入		输　出	
输入设备	输入编号	输出设备	输出编号
仓位 1~仓位 16 检测	X000~X015	仓位 1~仓位 16 指示灯	Y000~Y015
		空余仓位显示	Y020~Y027
		报警信号灯	Y030

2）根据控制要求编写梯形图，采用 SUM 指令可使得梯形图十分简洁，如图 5-104 所示。

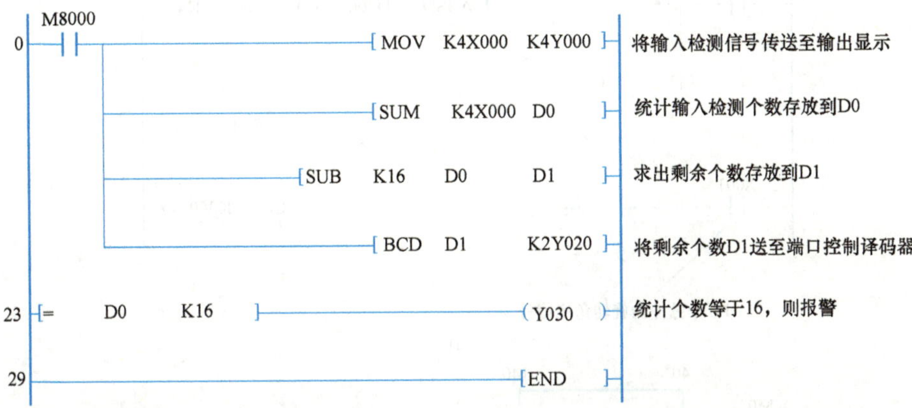

图 5-104　立体仓储系统梯形图

5.9　便捷指令及其应用

5.9.1　便捷指令

便捷指令可以利用简单的顺序控制程序进行复杂的控制。该类指令有状态初始化、数据搜索、数据排序等 27 种。

1. 绝对值式凸轮顺控指令：FNC62　ABSD

源操作数(S1)：KnX、KnY、KnM、KnS、T、C、D。

源操作数(S2)：C。

目的操作数(D)：Y、M、S、D□. b。

其他操作数 n：K、H。

该指令是用来产生一组对应于计数值在 360°范围内变化的输出波形，用来控制最多 64 个输出变量（Y、M、S）的开/关，如图 5-105a 所示。图中 n 为 4，表明(D·)由 M0~M3 共 4 点输出。预先通过 MOV 指令将对应的数据写入 D300~D307 中，开通点数据以写入偶数元件，关断点数据以放入奇数元件，见表 5-15。

表 5-15 预先写入 D300~D307 中的数据

上升点	下降点	对象输出
D300=40	D301=140	M0
D302=100	D303=200	M1
D304=160	D305=60	M2
D306=240	D307=280	M3

当执行条件的 X000 由 OFF 变 ON 时，M0~M3 将得到如图 5-105b 所示的波形，通过改变 D300~D307 的数据可改变波形。若 X000 为 OFF，则各输出点状态不变。这一指令只能使用一次。

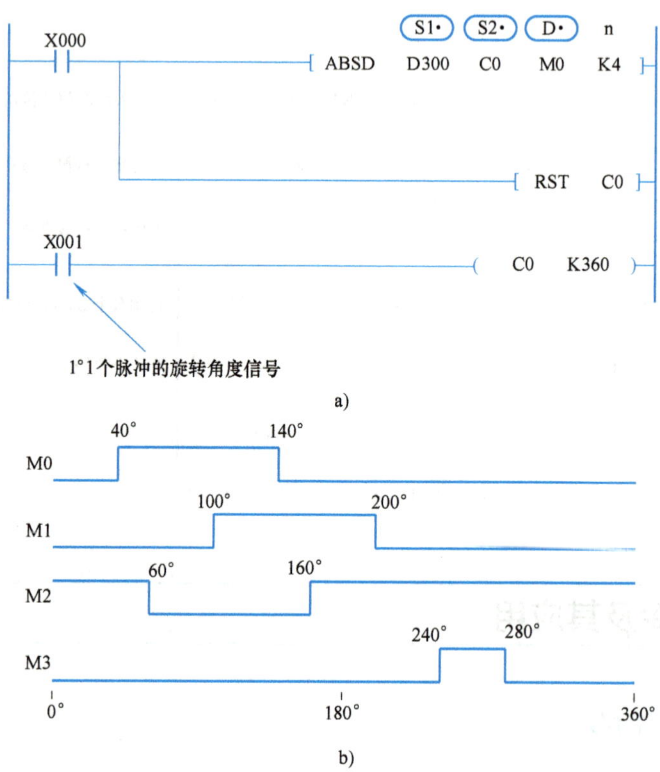

图 5-105 绝对值式凸轮顺控指令的使用

a）绝对值式凸轮顺控指令 b）输出波形

2. 增量式凸轮顺控指令：FNC63 INCD

源操作数(S1)：KnX、KnY、KnM、KnS、T、C、D。

源操作数(S2)：C。

目的操作数(D)：Y、M、S、D□.b。

其他操作数 n：K、H。

该指令也是用来产生一组对应于计数值变化的输出波形，可实现最多 64 个输出变量的循环控制，如图 5-106 所示。根据时序表，对控制 n=4 点 M0~M3 的例子予以说明：设定 D300=20，D301=30，D302=10，D303=40。则当计数器 C0 到达 D300~D303 设定值时，M0~M3 按顺序自动复位。对应工作计数器 C1 的当前值，M0~M3 按顺序工作。当 M3 工作结束时，M8029 动作，重新开始同样的工作。当 X000 置于 OFF 时，C0、C1 被清除，M0～M3 也关断。当 X000 再次置于 ON 时，从初始状态重新开始工作。

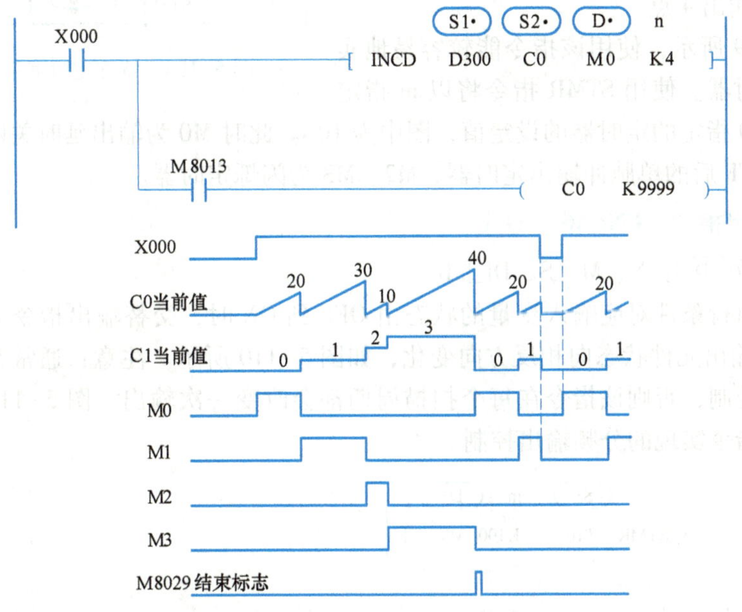

图 5-106　增量式凸轮顺控指令的使用

3. 示教定时器指令：FNC64　TTMR

目的操作数(D)：D。

其他操作数 n：K、H。

该指令可用一个按钮来调整定时器的设定时间。如图 5-107 所示，当 X010 为 ON 时，执行 TTMR 指令，X010 按下的时间由 D301 记录，该时间乘以 10n 后存入 D300。如果按钮被按下的时间为 t，则存入 D300 的值为 10n×t 。X010 为 OFF 时，D301 复位，D300 保持不变。

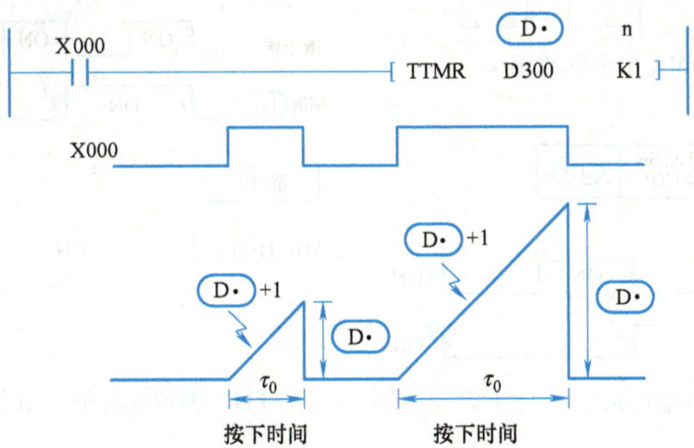

图 5-107　示教定时器指令的使用

4. 特殊定时器指令：FNC65　STMR

源操作数(S)：T。

目的操作数(D)：Y、M、S、D□. b。

其他操作数 m：K、H。

特殊定时器指令 STMR 如图 5-108 所示，其作用是将其他操作数 m 指定的值作为源操作数(S·)中指定定时器的设定值，同时从目的操作数(D·)开始输出 4 点。

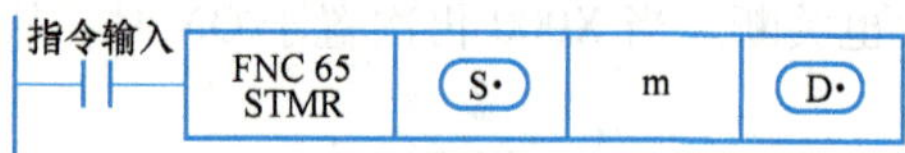

图 5-108 特殊定时器指令 STMR

如图 5-109 所示，使用该指令能较容易地实现输出振荡定时器。使用 STMR 指令将以 m 指定的值作为以 T10 指定的定时器的设定值，图中为 10 s。此时 M0 为输出延时关断定时器，M1 为输入 ON→OFF 后的单脉冲输出定时器，M2、M3 为闪烁定时器。

5. 交替输出指令：FNC66 ALT

目的操作数(D)：Y、M、S、D□. b。

在每一次执行条件对应输入变量的状态由 OFF 到 ON 时，交替输出指令 ALT 使目的操作数(D·)中的输出元件状态向相反方向变化，如图 5-110 所示。注意：通常在使用 ALT 指令时采用跳沿控制，否则该指令在每个扫描周期都会改变一次输出。图 5-111 所示为采用两段交替输出指令实现的分频输出控制。

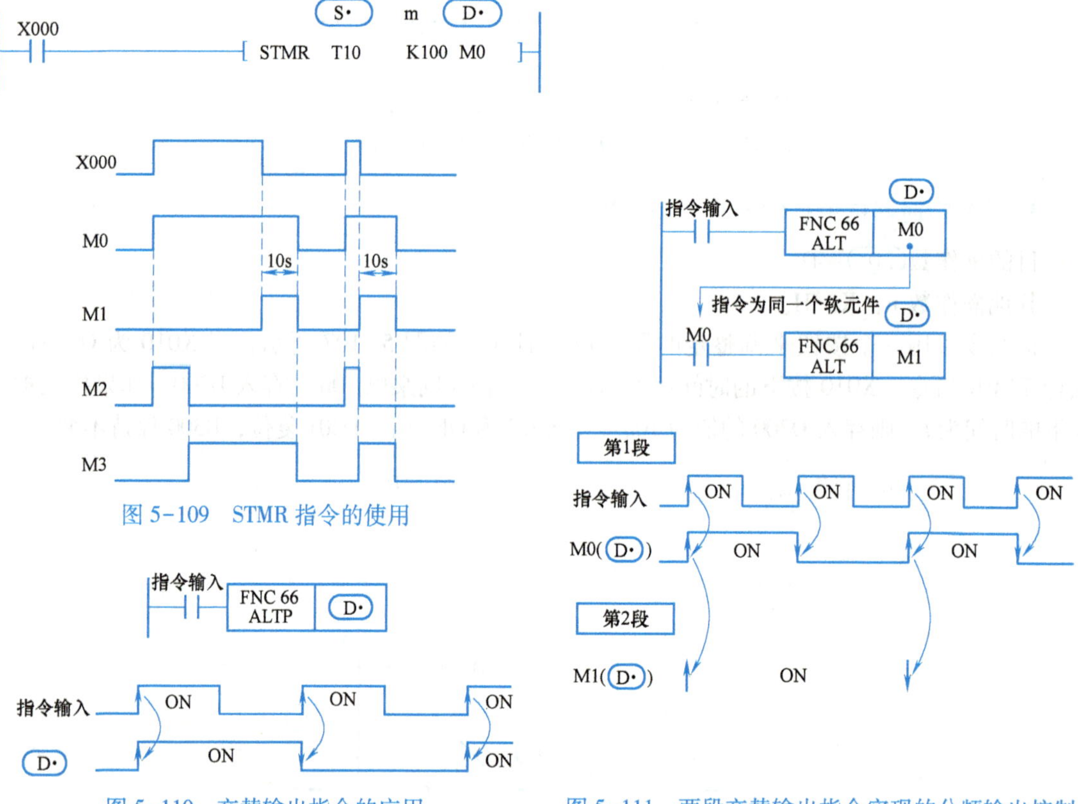

图 5-109 STMR 指令的使用

图 5-110 交替输出指令的应用

图 5-111 两段交替输出指令实现的分频输出控制

5.9.2 实例：单按钮控制启停问题

单按钮控制启停实际上是要形成一个二分频电路，其方法有很多，如采用基本常开/常闭触点处理二分频电路、采用跳沿指令处理二分频电路、采用交替输出指令处理二分频电路等。

二分频电路的基本来源实际上是用一个按钮 X000 控制一个输出 Y000，第一次按下按钮 X000 输出 Y000 为“1”，第二次按下按钮 X000 输出 Y000 为“0”，第三次按下按钮 X000

输出 Y000 为“1”……如此不断循环，其时序图如图 5-112 所示。

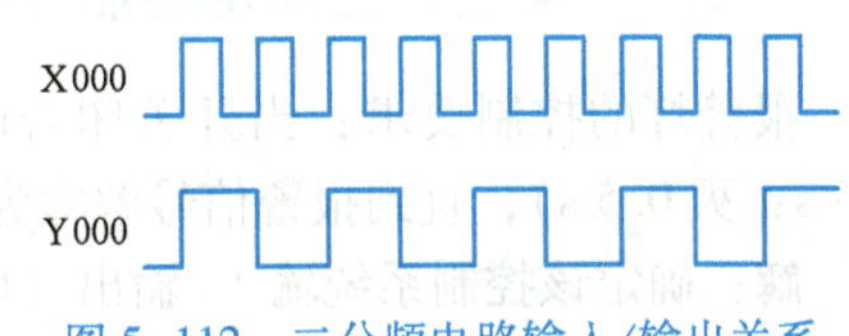

图 5-112　二分频电路输入/输出关系

采用基本常开/常闭触点形成二分频电路如图 5-113所示。按下 X000，由于 M1 常闭触点闭合，M0 线圈输出信号，但 M1 线圈在 M0 输出信号后立即闭合，其常闭触点在下一个扫描周期起作用，断开 M0 线圈，所以 M0 输出为一个扫描周期宽度的脉冲。当 M0 第一次接通时，Y000 常闭触点闭合，线圈 Y000 输出，在下一扫描周期时 Y000 常闭触点断开，常开触点闭合，此时 M0 已断开，因此 M0 常闭触点与 Y000 常开触点电路串联后形成自锁，保证 Y000 继续输出“1”。第二次按下 X000，M0 再次输出一个扫描周期的脉冲，此时由于 Y000 常闭触点断开，M0 常开触点闭合，但不影响 Y000 的输出，而 M0 常闭动作切断 Y000 的自锁电路，Y000 输出为“0”。

X000　M1　(M0)
X000　(M1)
使M0输出为一个扫描周期宽度的脉冲
M0　Y000　(Y000)
M0　Y000
使Y000输出为交替变化的信号
[END]

图 5-113　采用基本常开/常闭触点形成二分频电路

采用跳沿指令处理二分频电路的控制梯形图如图 5-114 所示。其基本原理与图 5-113 相同，只是采用了 PLS 指令，直接产生一个扫描周期的脉冲。

X000　[PLS　M0]
使M0输出为一个扫描周期宽度的脉冲
M0　Y000　(Y000)
M0　Y000
使Y000输出为交替变化的信号
[END]

码 5-8　单按钮控制启停

图 5-114　采用跳沿指令处理二分频电路的控制梯形图

采用交替输出指令处理二分频电路的梯形图如图 5-115 所示。

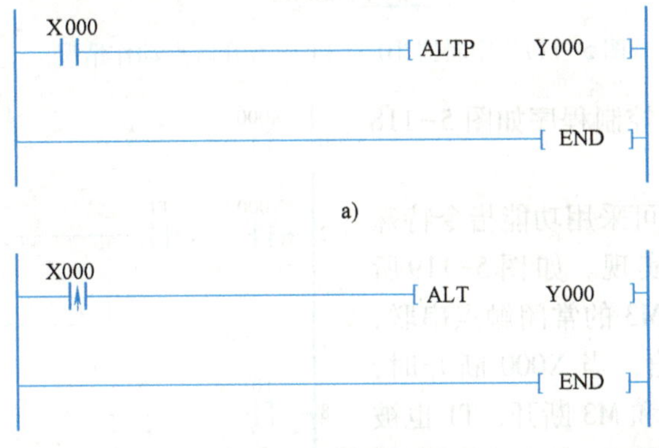

图 5-115　采用交替输出指令处理二分频电路的梯形图
a）采用 ALTP 指令输出　b）采用 ALT 指令输出

5.9.3 实例：特殊定时器控制报警灯

报警灯的控制要求：当开关闭合时，报警扬声器发出警报声，同时报警灯闪烁（亮 0.5 s，灭 0.5 s），直到报警信号解除为止。

解：确定该控制系统输入/输出（I/O）分配表，见表 5-16。

表 5-16 I/O 分配表

输入		输出	
输入设备	输入编号	输出设备	输出编号
报警信号 SB1	X000	扬声器	Y000
		报警灯	Y001
		电磁阀 YV3	Y002
		接触器 KM1	Y003

根据控制工艺，在控制过程中绘制的标准振荡电路通常如图 5-116 所示。该梯形图中采用了两个定时器 T0 和 T1，当起动 PLC 后，定时器 T0 线圈得电，开始延时 0.5 s，时间到后，T0 常开触点接通，T1 定时器线圈得电，定时器 T1 开始延时 0.5 s，0.5 s 时间到，则定时器 T1 常闭触点断开，使得定时器 T0 线圈失电，定时器 T0 常开触点断开，由于 T0 常开触点断开使得定时器 T1 线圈失电，则常闭触点重新闭合，振荡电路的定时器 T0 重新开始延时。

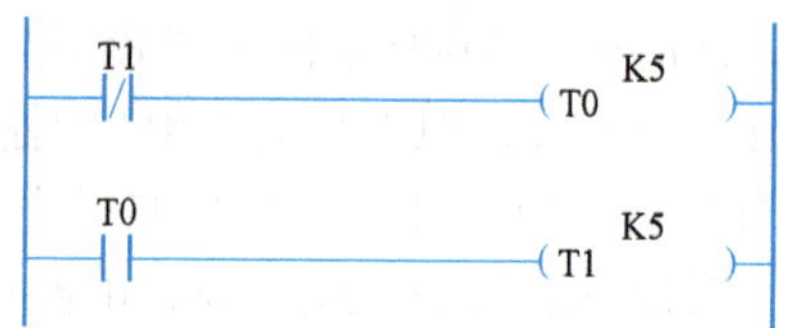

图 5-116 标准振荡电路

定时器 T0 与 T1 的常开触点动作情况如图 5-117 所示。可见定时器 T0 的常开触点先断开 0.5 s，再接通 0.5 s，形成标准的以 1 s 为周期的振荡信号。而定时器 T1 的常开触点仅在 T1 断开的时刻接通一个扫描周期。

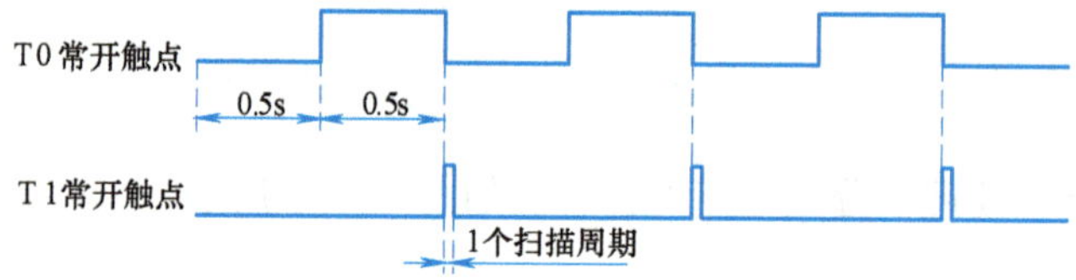

图 5-117 定时器 T0 与 T1 的常开触点动作情况

PLC 控制报警灯的控制程序如图 5-118 所示。

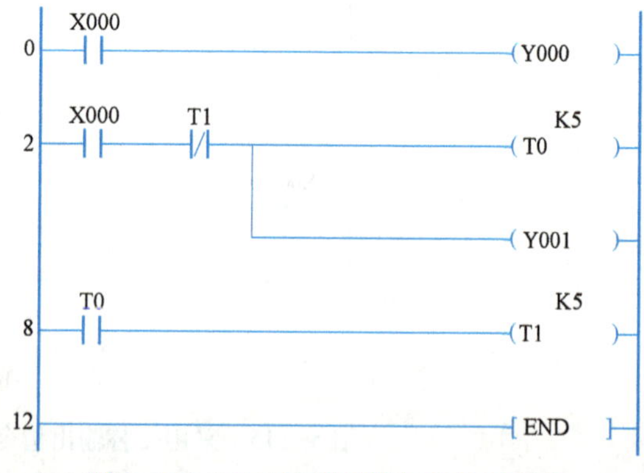

图 5-118 PLC 控制报警灯的控制程序

振荡电路的处理还可采用功能指令特殊定时器指令 STMR 来实现。如图 5-119 所示，控制开关 X000 与 M3 的常闭触点串联，则 M1、M2 将振荡输出，当 X000 断开时，则设定时间后 M0、M1 和 M3 断开，T1 也被复位。必须指出：定时器 T1 在此处使用后，则不能再用于程序的其他地方。使用图 5-119 中的 STMR 指令构成以 1 s 为周期的振荡定时电路梯形图。

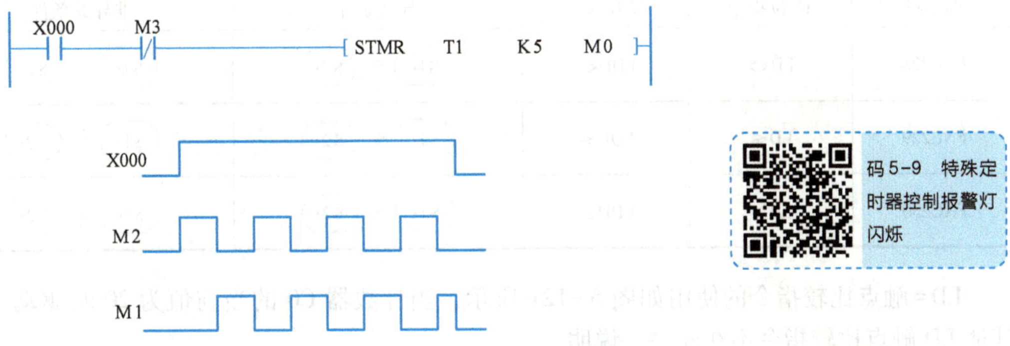

码 5-9　特殊定时器控制报警灯闪烁

图 5-119　STMR 指令构成以 1 s 为周期的振荡定时电路

若用 M1 的常开触点来替代图 5-118 中的 T1 常开触点，即可使用特殊定时器指令构成闪烁定时电路实现声光报警的控制梯形图，如图 5-120 所示。

```
     X000
0  ──┤├──────────────────────────(Y000   )
       │   M3
       └──┤/├───[ STMR   T1   K5   M0  ]
     X000    M1
10 ──┤├─────┤/├──────────────────(Y001   )
13 ──────────────────────────────[END    ]
```

图 5-120　使用特殊定时器指令实现声光报警电路

5.10　触点比较指令及其应用

5.10.1　触点比较指令

源操作数(S)：KnX、KnY、KnM、KnS、T、C、D、V、Z、K、H。

目的操作数(D)：KnX、KnY、KnM、KnS、T、C、D、V、Z、K、H。

1. LD 触点比较指令

LD 触点比较指令的助记符、代码、功能见表 5-17。

表 5-17　LD 触点比较指令

助记符	16 位指令	32 位指令	导通条件	非导通条件
FNC224	LD=	LDD=	(S1·) = (S2·)	(S1·) ≠ (S2·)
FNC225	LD>	LDD>	(S1·) > (S2·)	(S1·) ≤ (S2·)
FNC226	LD<	LDD<	(S1·) < (S2·)	(S1·) ≥ (S2·)

（续）

助记符	16 位指令	32 位指令	导通条件	非导通条件
FNC228	LD<>	LDD<>	S1· ≠ S2·	S1· = S2·
FNC229	LD≤	LDD≤	S1· ≤ S2·	S1· > S2·
FNC230	LD≥	LDD≥	S1· ≥ S2·	S1· < S2·

LD=触点比较指令的使用如图 5-121 所示，当计数器 C0 的当前值为 20 时驱动 Y010。其他 LD 触点比较指令不在此一一说明。

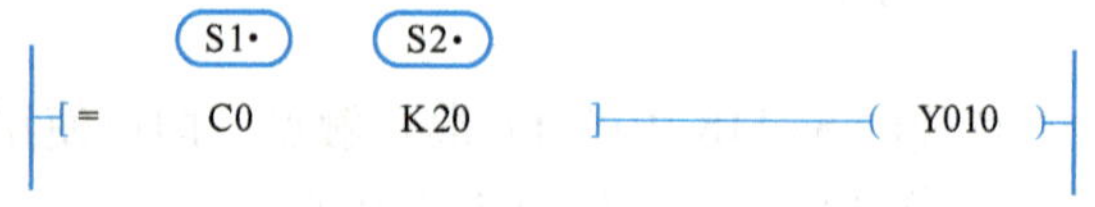

图 5-121 LD= 触点比较指令的使用

2. AND 触点比较指令

AND 触点比较指令的助记符、代码、功能见表 5-18。

表 5-18 AND 触点比较指令

助记符	16 位指令	32 位指令	导通条件	非导通条件
FNC232	AND=	ANDD=	S1· = S2·	S1· ≠ S2·
FNC233	AND >	ANDD>	S1· > S2·	S1· ≤ S2·
FNC234	AND <	ANDD<	S1· < S2·	S1· ≥ S2·
FNC236	AND<>	ANDD<>	S1· ≠ S2·	S1· = S2·
FNC237	AND≤	ANDD≤	S1· ≤ S2·	S1· > S2·
FNC238	AND≥	ANDD≥	S1· ≥ S2·	S1· < S2·

AND=触点比较指令的使用如图 5-122 所示，当 X000 为 ON 且计数器 C0 的当前值为 20 时，驱动 Y010。

图 5-122 AND= 触点比较指令的使用

3. OR 触点比较指令

OR 触点比较指令的助记符、代码、功能见表 5-19。

表 5-19　OR 触点比较指令

助记符	16 位指令	32 位指令	导通条件	非导通条件
FNC240	OR=	ORD=	(S1·) = (S2·)	(S1·) ≠ (S2·)
FNC241	OR >	ORD>	(S1·) > (S2·)	(S1·) ≤ (S2·)
FNC242	OR <	ORD<	(S1·) < (S2·)	(S1·) ≥ (S2·)
FNC244	OR<>	ORD<>	(S1·) ≠ (S2·)	(S1·) = (S2·)
FNC245	OR≤	ORD≤	(S1·) ≤ (S2·)	(S1·) > (S2·)
FNC246	OR≥	ORD≥	(S1·) ≥ (S2·)	(S1·) < (S2·)

OR=指令的使用如图 5-123 所示，当 X000 处于 ON 或计数器的当前值为 20 时，驱动 Y010。触点比较指令源操作数可取数据格式的任何一种。16 位运算占 5 个程序步，32 位运算占 9 个程序步。

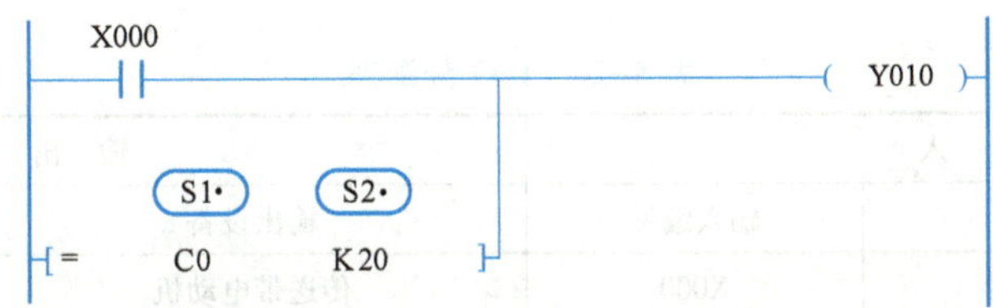

图 5-123　OR=指令的使用

5.10.2　实例：PLC 控制的环形传输分拣系统

环形传输分拣系统外观如图 5-124 所示，在整个系统中，起着向系统中的其他单元提供原料的作用。其具体的功能是：按照需要将放置在料仓中待加工的工件（原料）自动地推出到物料台上，然后按要求进行分拣输送，以便输送单元的机械手将其抓取，并输送到其他单元上。

环形传输分拣系统控制要求如下：

运行前应先随机在供料仓中放入大工件，按下“起动”按钮后，驱动环形传送带的电动机开始正向运行。上料机构送出一个大工件后，按以下情况分拣：若上料机构输出的大工件为金属工件，则由推料杆气缸 A 推拉杆将其剔除后重新等待供料，若上料机构输出的大工件为白色工件，则由推料杆气缸 B 推拉杆将其剔除后重新等待供料。

送料台传感器检测到送出工件到位时，使升降气缸提升到位，由机器人搬运至装配单元。待装配单元装配完成后，再由机器人将其搬运至立体仓库的仓储单元，将工件放置到立体仓库检测平台后，搬运机器人返回原点，继续搬运下一个工件。直至按下“停止”按钮后，搬运机器人完成当前搬运工作后停止。

为方便编程控制，可将 B 工件位的色标传感器与 A 工件位的材质传感器安装位置互换。设定环形传输分拣系统输入/输出（I/O）分配表，见表 5-20。

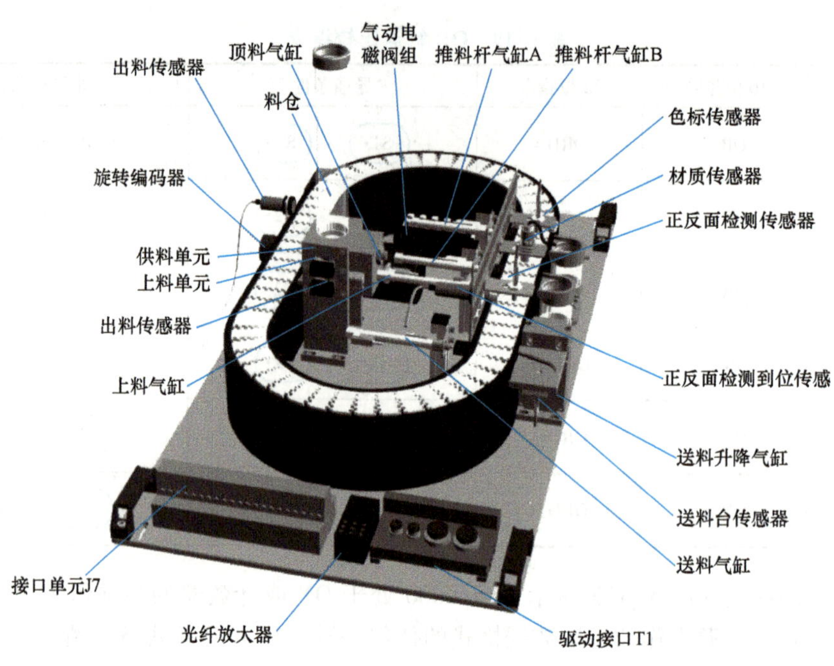

图 5-124　环形传输分拣系统外观

表 5-20　I/O 分配表

输　入		输　出	
输入设备	输入编号	输出设备	输出编号
传送带电动机编码器	X000	传送带电动机	Y000
推料伸出限位	X001	顶料气缸电磁阀	Y001
顶料伸出限位	X002	推料气缸电磁阀	Y002
有料传感器	X003	推料杆气缸 A 电磁阀	Y003
出料台传感器	X004	推料杆气缸 B 电磁阀	Y004
推料杆气缸 A 推出限位	X005	送料气缸电磁阀	Y005
A 工件位材质传感器	X006		
推料杆气缸 B 推出限位	X007		
B 工件位色标传感器	X010		
送料气缸伸出限位	X011		
升降气缸上升限位	X012		
“起动” 按钮 SB1	X013		
“停止” 按钮 SB2	X014		

PLC 控制的环形传输分拣控制过程可采用状态转移图的方式进行编程，根据控制工艺编写的状态转移图中环形分拣部分控制的状态转移图如图 5-125 所示，其中状态 S25 中的 D0 数据为元件进入 A 位置范围脉冲数，D1 数据为元件离开 A 位置范围脉冲数，由这两个数据可确保元件在 A 位置范围内。同样，状态 S35 中的 D2 数据为元件进入 B 位置范围脉冲数，D3 数据为元件离开 B 位置范围脉冲数，由这两个数据可确保元件在 B 位置范围内。状态 S45 中的 D4 数据为元件进入出料位置范围脉冲数，D5 数据为元件离开出料位置范围脉冲

数，由这两个数据可确保元件在出料位置范围内。以上数据需要用户根据实际测试得到，测试得到的数据可通过在状态转移图上方增加 MOV 指令设定。

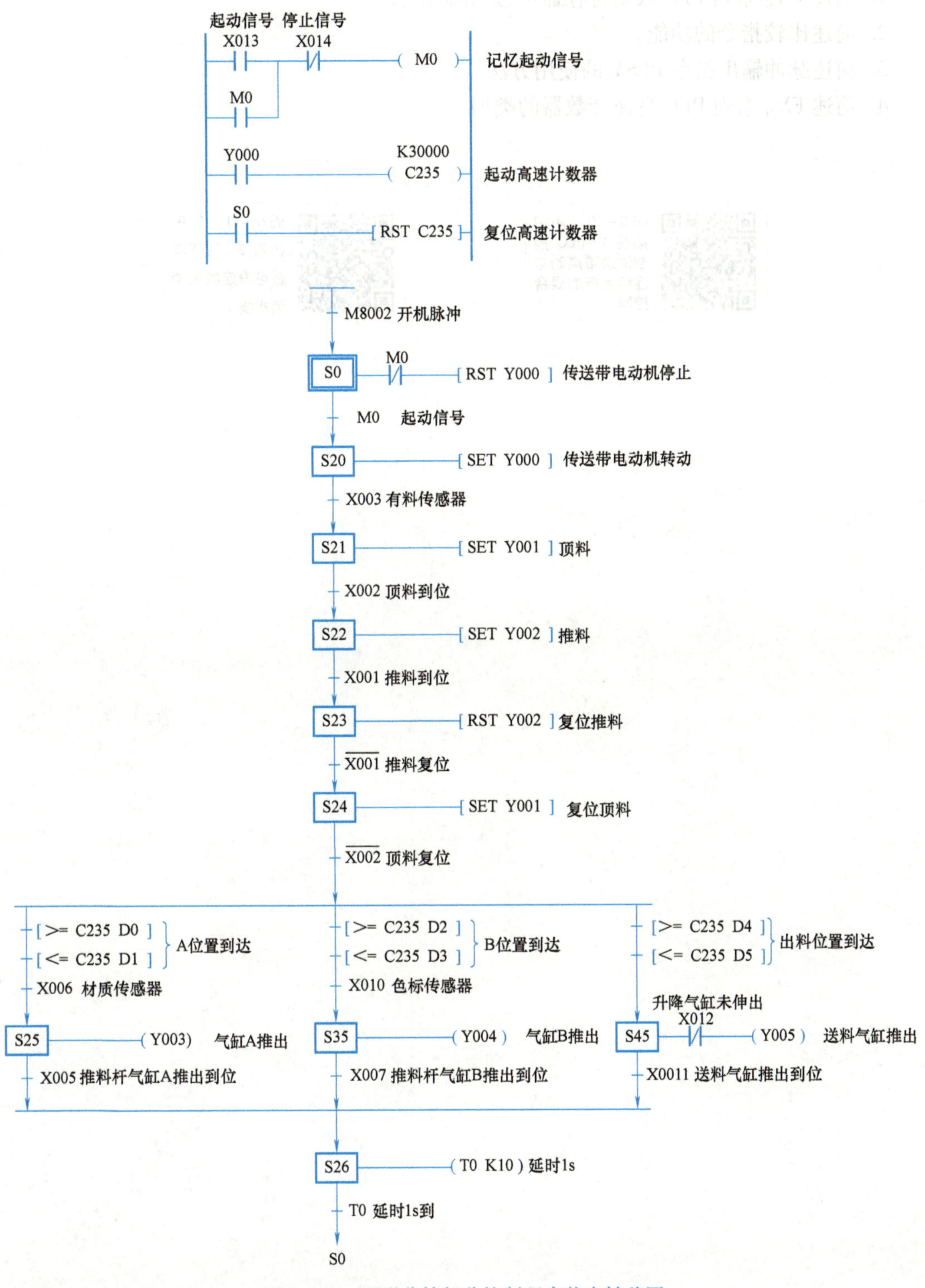

图 5-125　环形分拣部分控制程序状态转移图

5.11 思考题

1. 简述 FX_{3U} 系列 PLC 数据寄存器可分为哪几类。
2. 简述比较指令的功能。
3. 简述脉冲输出指令 PLSY 的使用方法。
4. 简述 FX_{3U} 系列 PLC 高速计数器的类型。

码 5-10 知识拓展 1-PLC 控制输送带点动与连续运行的混合控制

码 5-11 知识拓展 2-循环次数可设定的喷漆流水线

*第 6 章 模拟量控制和通信

6.1 A-D 转换模块应用

6.1.1 FX_{2N}-2AD 模拟量输入模块

PLC 主要的控制对象是机电产品，以开关量居多，但许多实际生产控制中，往往既有开关量又有模拟量，因而 PLC 必须有处理模拟量的能力。PLC 有许多功能指令可以处理各种形式的数字量，只需加上硬件的 A-D 接口，实现模-数转换，PLC 就可以方便地处理模拟量了。

1. FX_{2N}-2AD 概述

FX_{2N}-2AD 模拟量输入模块是 FX 系列 PLC 专用的模拟量输入模块之一，其外形如图 6-1 所示。

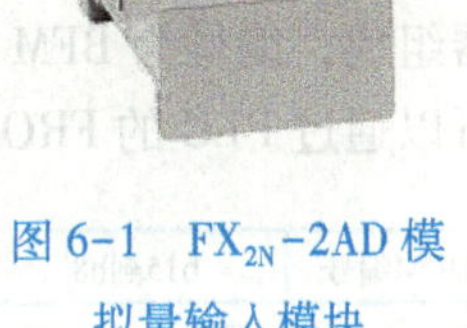

图 6-1 FX_{2N}-2AD 模拟量输入模块

FX_{2N}-2AD 模块将接收的两点模拟输入（电压输入和电流输入）转换成 12 位二进制的数字量，并以补码的形式存于 16 位数据寄存器中，数值范围是-2048~+2047。该模块有两个输入通道，通过输入端子变换，可以任意选择电压或电流输入状态。电压输入时，输入信号范围为 DC 0~10 V，DC 0~5 V；电流输入时，输入信号范围为 DC 4~20 mA。其性能指标见表 6-1。

表 6-1 性能指标

项　目	电压输入	电流输入
	电压或电流输入的选择基于对输入端子的选择，一次可同时使用两个输入点	
模拟输入范围	DC 0~10 V，DC 0~5 V（输入阻抗 200 kΩ） 注意：如果输入电压小于-0.5 V 或大于+15 V 时，单元会被损坏	DC 4~20 mA（输入阻抗 250 Ω） 注意：如果输入电流小于-2 mA 或大于+60 mA 时，单元会被损坏
数字输出	12 位	
分辨率	2.5 mV（10 V/4000），1.25 mV（5 V/4000）	4 μA
总体精度	±1%（全范围 0~10 V）	±1%（全范围 4~20 mA）
处理时间	2.5 ms/通道	

2. 接线

FX_{2N}-2AD 的接线图如图 6-2 所示。其接线说明如下：

1）模拟输入信号采用双绞屏蔽电缆与 FX_{2N}-2AD 连接，电缆应远离电源线或其他可能产生电气干扰的导线。

2）如果输入有电压波动，或在外部接线中有电气干扰，可以接一个 0.1~0.47 μF（25 V）的电容。

3）如果是电流输入，应将端子 VIN 和 IIN 连接。

4）FX_{2N}-2AD 接地端与 PLC 主单元接地端连接，如果存在过多的电气干扰，再将外壳接地端和 FX_{2N}-2AD 接地端连接。

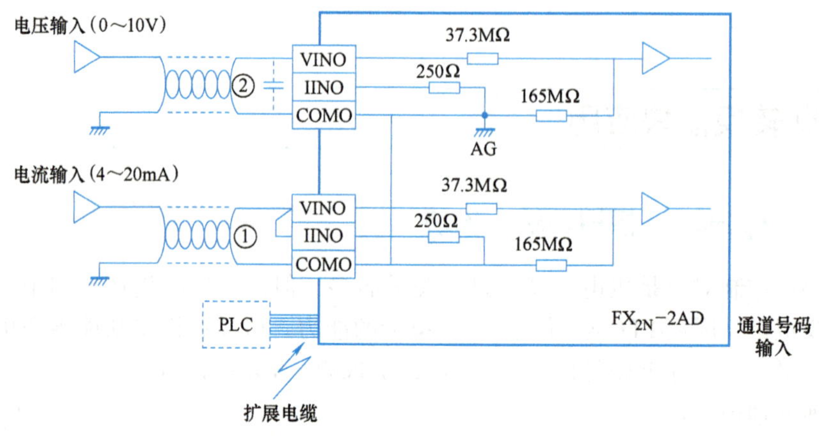

图 6-2　FX_{2N}-2AD 的接线图

3. 数据缓冲存储器（BFM）分配

FX_{2N}-2AD 模拟量模块内部有一个数据缓冲存储器（BFM）区，它由 32 个 16 位的寄存器组成，编号为 BFM（#0~#31），其内容与作用如图 6-3 所示。数据缓冲存储器区的内容可以通过 PLC 的 FROM 和 TO 指令来读、写。

BFM编号	b15到b8	b7到b4	b3	b2	b1	b0
#0	保留	输入数据的当前值(低8位数据)				
#1	保留		输入数据当前值(高4位数据)			
#2～#16	保留					
#17	保留				模拟量到数字量转换开始	模拟量到数字量转换通道
#18或更大	保留					

图 6-3　FX_{2N}-2AD 数据缓冲存储器（BFM）的分配

BFM#0：由 BFM#17（低 8 位数据）指定通道的输入数据当前值被存储，当前值数据以二进制形式存储。

BFM#1：输入数据当前值（高 4 位数据）被存储，当前值数据以二进制形式存储。

BFM#17：b0 为 0，表示选择模拟量输入通道 1；b0 为 1，表示选择模拟量输入通道 2；b1 从 0 到 1，启动 A-D 转换。

6.1.2　外部设备 BFM 读出/写入指令

特殊功能模块使用缓冲存储器（BFM）能与可编程序控制器进行数据交换。可以连接

在 FX_{3U} 可编程控制器上的 FX_{2N}、FX_{0N} 用模拟量特殊功能模块见表 6-2。

表 6-2　FX_{2N}、FX_{0N} 用模拟量特殊功能模块

FX 系列	型　号
FX_{3U} 用模拟量特殊功能模块	FX_{3U}-4AD、FX_{3U}-4DA
FX_{2N} 用模拟量特殊功能模块	FX_{2N}-8AD、FX_{2N}-4AD、FX_{2N}-2AD、FX_{2N}-2DA、FX_{2N}-5A、FX_{2N}-4AD-PT、FX_{2N}-4AD-TC、FX_{2N}-2LC
FX_{0N} 用模拟量特殊功能模块	FX_{0N}-3AD

FX_{3U} 可编程控制器从左侧连接特殊功能模块，此时最多可连接 8 台特殊功能模块（不包括特殊适配器），如图 6-4 所示。此时从左侧的特殊功能模块开始，依次分配单元号0~7，如图 6-5 所示。

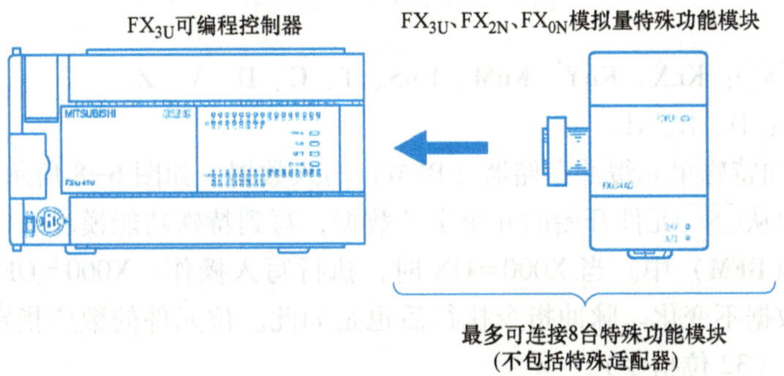

图 6-4　FX_{3U} 可编程控制器从左侧连接的特殊功能模块

		单元号0	单元号1		单元号2
基本单元（FX_{3U} 可编程控制器）	输入输出扩展模块	特殊功能模块	特殊功能模块	输入输出扩展模块	特殊功能模块

图 6-5　分配单元号

1. 特殊功能模块的 BFM 读出指令：FNC78　FROM

其他操作数 m1、m2：D、K、H。

目的操作数 (D)：KnY、KnM、KnS、T、C、D、V、Z。

其他操作数 n：D、K、H。

FROM 指令用于从特殊单元缓冲存储器（BFM）中读入数据，如图 6-6 所示。这条指令是在编号为 m1 的特殊单元模块内，将缓冲存储器（BFM）号从 m2 开始的 n 个数据读入基本单元，并存放在从 (D·) 开始的 n 个数据寄存器中。当指令条件满足时，执行读出操作。指令条件不满足时，不执行传送，传送地点的数据不变化。

FROM 指令的使用如图 6-7 所示，当条件满足时，从单元号 1 的缓冲存储区 BFM#10 读出数据，存入 D10 寄存器。

2. 特殊功能模块的 BFM 写入指令：FNC79　TO

其他操作数 m1、m2：D、K、H。

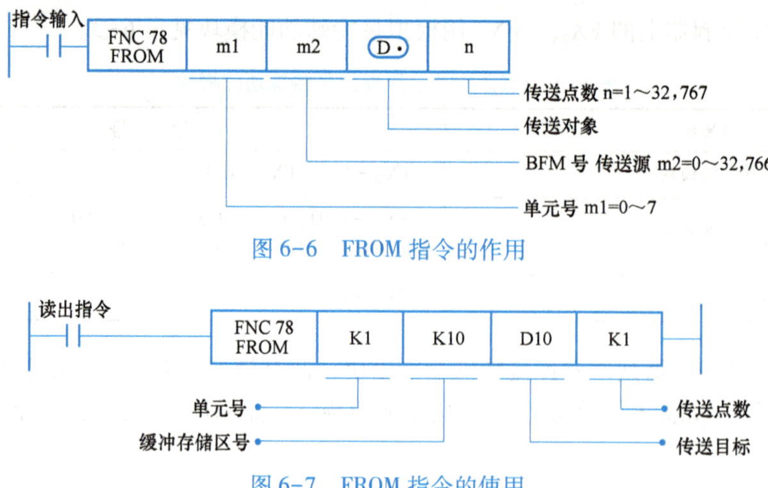

图 6-6 FROM 指令的作用

读出指令
FNC 78
FROM
K1
K10
D10
K1
单元号
缓冲存储区号
传送点数
传送目标

图 6-7 FROM 指令的使用

目的操作数(S)：KnX、KnY、KnM、KnS、T、C、D、V、Z。

其他操作数 n：D、K、H。

TO 指令用于向特殊单元缓冲存储器（BFM）写入数据，如图 6-8 所示。这条指令是将可编程序控制器中从(S·)元件开始的 n 个字的数据，写到特殊功能模块 m1 中编号从 m2 开始的缓冲存储器（BFM）中。当 X000 = ON 时，执行写入操作。X000 = OFF 时，不执行传送，传送地点的数据不变化。脉冲指令执行后也是如此。位元件的数应指定为 K1 ~ K4（16 位指令）、K1 ~ K8（32 位指令）。

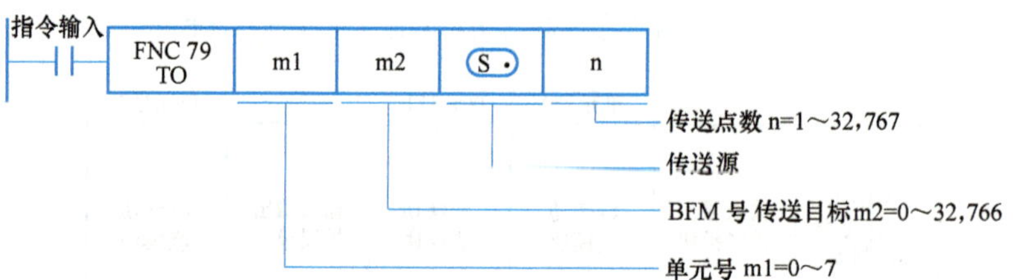

图 6-8 TO 指令的作用

TO 指令的使用如图 6-9 所示，当条件满足时，向单元号 1 的缓冲存储区 BFM#0 写入一个 H3300 的数据。

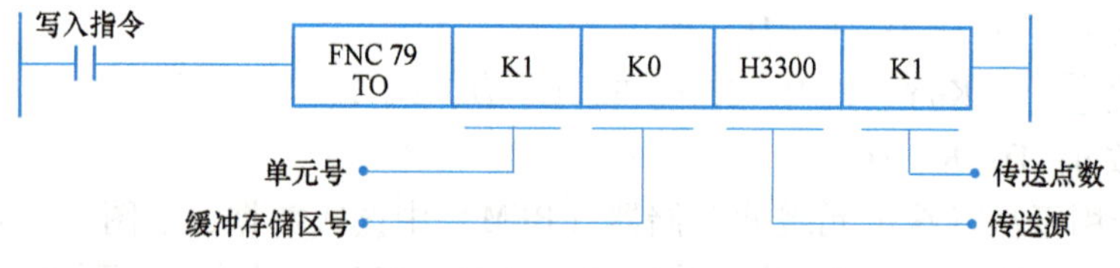

图 6-9 TO 指令的使用

3. FROM 和 TO 指令操作数的处理说明

1）m1：特殊功能模块的模块号码。

特殊功能模块的模块号码从最靠近基本单元的那一个开始顺次编为 0~7 号。需要注意的是，输入输出扩展模块参与编号，而且它们的位置可以任意放置。模块号用于帮助 FROM/TO 指令指定哪个模块工作。

2）m2：缓冲存储器（BFM）号码。

特殊功能模块中包括 32 点 16 位 RAM 存储器，即缓冲存储器。缓冲存储器号为#0～#31，其内容根据各模块的控制目的而设定。

用 32 位指令对 BFM 处理时，指定的 BFM 为低 16 位，其后续编号的 BFM 为高 16 位。

3）n：待传送数据的字数。

16 位指令中 n=2 和 32 位指令中 n=1 为相同含义。

在特殊辅助继电器 M8164（FROM/TO 指令的传送点数为可变模式）为 ON 后可执行 FROM/TO 指令时，特殊数据寄存器 D8164（FROM/TO 指令的传送点数为指定寄存器）的内容作为传送点数 n 进行处理。

4）特殊辅助继电器 M8028 的作用。

D8028=OFF 时，FROM、TO 指令执行时自动进入中断禁止状态，输入中断或定时器中断将不能执行。这期间发生的中断在 FROM、TO 指令完成后，立即执行。另外，FROM、TO 指令也可以在中断程序中使用。

M8028=ON 时，FROM、TO 指令执行时如果发生中断则执行中断程序，但是中断程序中不可使用 FROM、TO 指令。

4. 缓冲存储区的直接指定

在 FX_{3U} 系列可编程序控制器中除了采用上述 FROM/TO 指令读取/写入 BFM，还可直接指定 BFM 进行操作。此时采用如图 6-10 所示的方式指定软元件为直接应用指令的源操作数或目的操作数。

图 6-10　缓冲存储区的直接指定方式

图 6-11 所示为采用 FROM 指令读取缓存区 BFM 与直接指定方式的对比。图 6-11a 所示采用 FROM 指令的作用与图 6-11b 所示采用 MOV 指令的作用相同。图 6-11c 所示采用 FROMP 指令的作用与图 6-11d 所示采用 BMOVP 指令的作用相同。

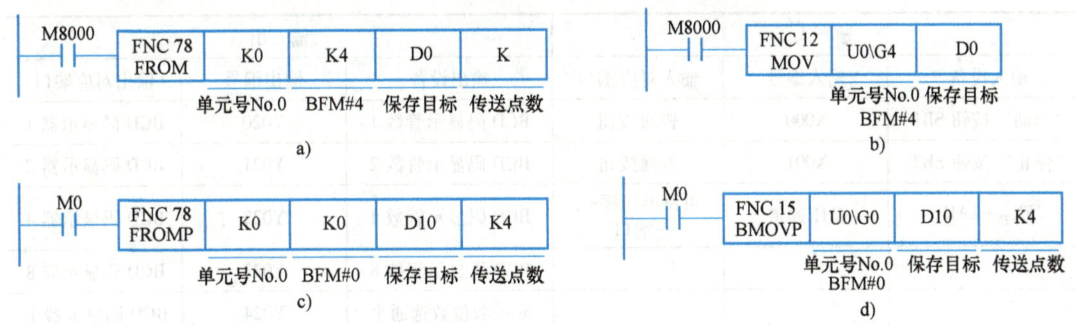

图 6-11　采用 FROM 指令读取缓存区 BFM 与直接指定方式的对比
a）采用 FROM 指令　b）采用 MOV 指令　c）采用 FROMP 指令　d）采用 BMOVP 指令

FX_{3U} 中采用直接读取 BFM 的方式更加方便。如图 6-12 所示，该程序将单元号 1 的缓冲存储区 BFM10 中的数据乘以 K10，并将结果存入 D11、D10 单元。如图 6-13 所示，该程序将数据寄存器 D20 的内容加上数据 K10，并将结果直接写入单元号 1 的缓冲存储区 BFM6 中。

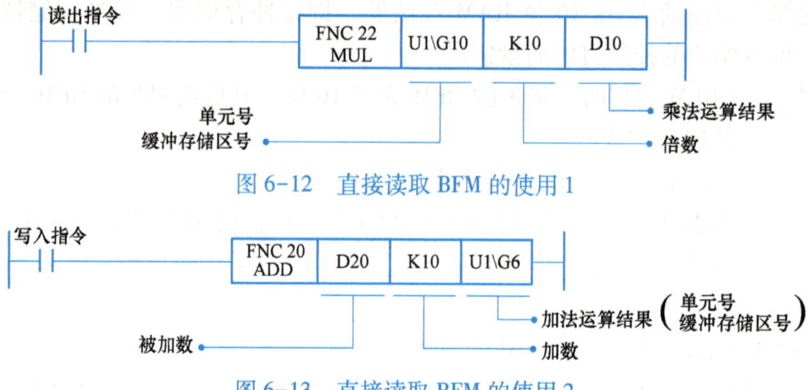

图 6-12 直接读取 BFM 的使用 1

图 6-13 直接读取 BFM 的使用 2

6.1.3 实例：PLC 控制电压采样显示系统

电压采样显示系统示意图如图 6-14 所示，在 0~10 V 的范围内任意设定电压值（电压值可在电压表上反映），按下“起动”按钮 SB1 后，PLC 每隔 10 s 对设定的电压值采样一次，同时数码管显示采样值。按下“停止”按钮 SB2 后，停止采样，并可重新起动（显示电压值单位为 0.1 V）。

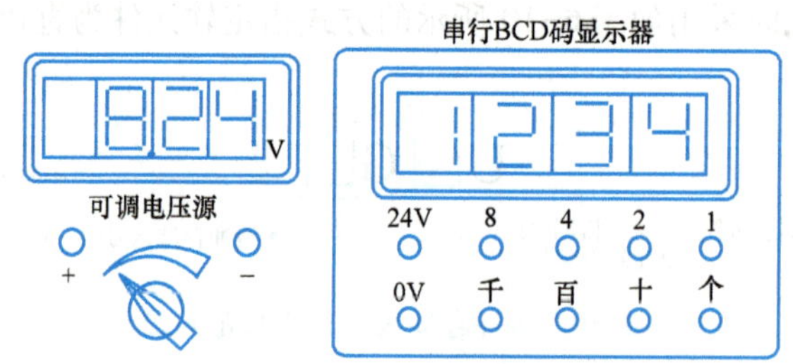

图 6-14 电压采样显示系统示意图

解：1）确定输入/输出（I/O）分配表，见表 6-3。

表 6-3 I/O 分配表

输 入			输 出		
输入设备	输入编号	输入对应端口	输出设备	输出编号	输出对应端口
“起动”按钮 SB1	X000	普通按钮	BCD 码显示管数 1	Y020	BCD 码显示器 1
“停止”按钮 SB2	X001	普通按钮	BCD 码显示管数 2	Y021	BCD 码显示器 2
FX_{2N}-2AD	CH1 通道	可调电压源+、-端口	BCD 码显示管数 4	Y022	BCD 码显示器 4
			BCD 码显示管数 8	Y023	BCD 码显示器 8
			显示数位数选通个	Y024	BCD 码显示器个
			显示数位数选通十	Y025	BCD 码显示器十
			显示数位数选通百	Y026	BCD 码显示器百

2）根据控制要求，绘制控制流程图如图 6-15 所示。

3）根据控制流程图绘制的梯形图如图 6-16 所示。

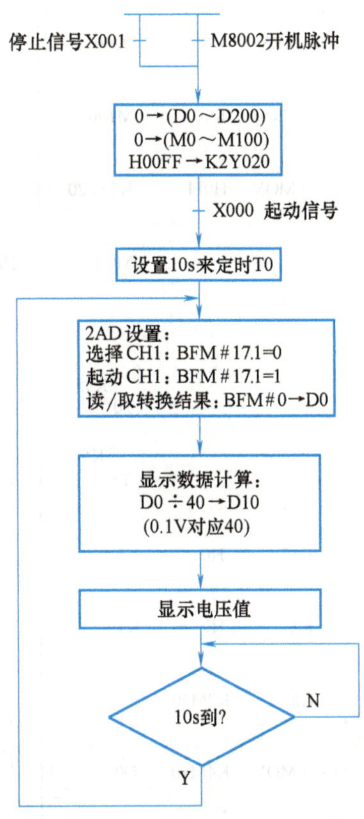

图 6-15　PLC 控制的电压采样显示系统控制流程图

图 6-16 中的七段码分时显示指令 SEGL，其操作数如下：

源操作数(S)：KnX、KnY、KnM、KnS、T、C、D、U□\G□、V、Z、K、H。目的操作数：Y。

其他操作数 n：K、H。

七段码分时显示指令 SEGL 如图 6-17 所示，其作用是将(S·)的 4 位数值转换成 BCD 数据，采用分时方式，从(D·)~(D·)+3 依次将每一位数输出到对每一位带 BCD 译码器的 7 段数码管中，同时(D·)+4~(D·)+7 也依次以分时方式输出，锁定为 4 位数为 1 组的 7 段数码显示。此时，(S·)为 0~9999 范围内的 BIN 数据时有效。特别指出：当该指令执行结束时，M8029 接通一个扫描周期。

6.1.4　FX_{2N}-4AD 模拟量输入模块

1. FX_{2N}-4AD 概述

FX_{2N}-4AD 模拟量输入模块也是 FX 系列 PLC 专用的模拟量输入模块之一。FX_{2N}-4AD 模块为 4 通道 12 位 A-D 转换模块。它将接收的模拟信号转换成 12 位二进制的数字量，并以补码的形式存于 16 位数据寄存器中，数值范围是-2048~+2047。通过输入端子变换，可以任意选择电压或电流输入状态。电压输入时，输入信号范围为 DC -10~10 V；电流输入时，输入信号范围为 DC 4~20 mA，DC -20~20 mA。其性能指标见表 6-4。

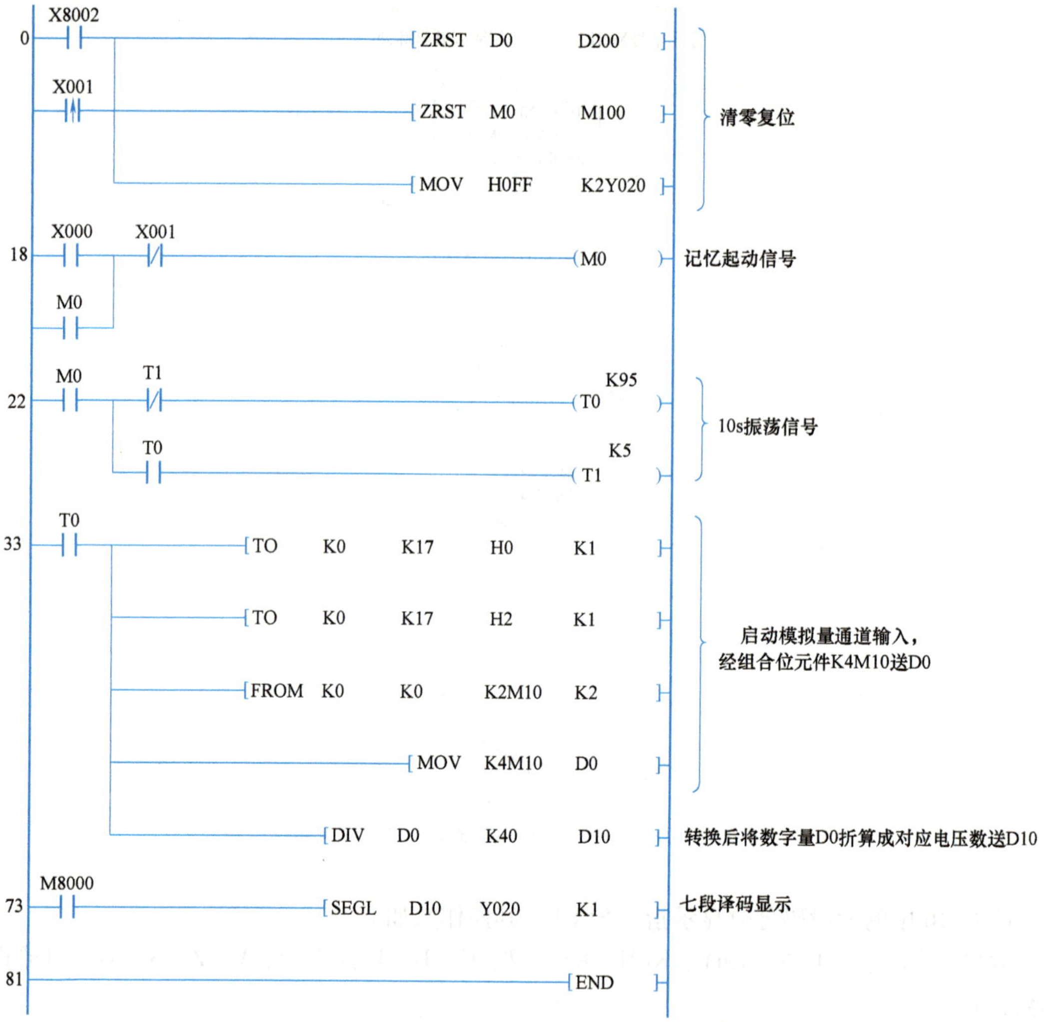

```
0   X8002                          [ZRST  D0     D200   ]  }
    X001(↑)                        [ZRST  M0     M100   ]  } 清零复位
                                   [MOV   H0FF   K2Y020 ]  }
18  X000  X001(常闭)                (M0)                      记忆起动信号
    M0
22  M0    T1(常闭)                  (T0  K95)                 }
          T0                       (T1  K5)                  } 10s振荡信号
33  T0            [TO    K0   K17    H0     K1]   }
                  [TO    K0   K17    H2     K1]   } 启动模拟量通道输入，
                  [FROM  K0   K0     K2M10  K2]   } 经组合位元件K4M10送D0
                         [MOV    K4M10  D0    ]   }
                  [DIV   D0   K40    D10      ]   转换后将数字量D0折算成对应电压数送D10
73  M8000         [SEGL  D10  Y020   K1       ]   七段译码显示
81                                 [END]
```

图 6-16　PLC 控制的电压采样显示系统控制梯形图

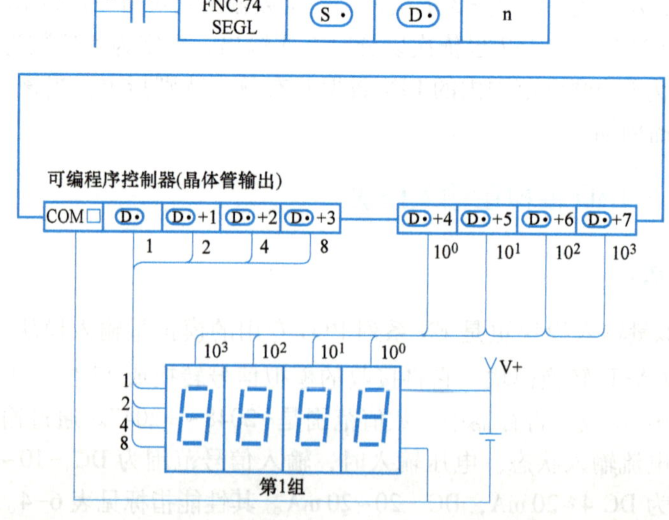

图 6-17　七段码分时显示指令 SEGL 的作用

表 6-4　性能指标

<table>
<tr><th rowspan="2">项　目</th><th colspan="2">电压或电流输入的选择基于对输入端子的选择（一次可同时使用 4 个输入点）</th></tr>
<tr><th>电压输入</th><th>电流输入</th></tr>
<tr><td>模拟输入范围</td><td>DC −10～10 V（输入阻抗 200 kΩ）
注意：如果输入电压超过±15 V 时，单元会被损坏</td><td>DC 4～20 mA，DC −20～20 mA（输入阻抗 250 Ω）
注意：如果输入电流超过±32 mA 时，单元会被损坏</td></tr>
<tr><td>数字输出</td><td colspan="2">12 位</td></tr>
<tr><td>分辨率</td><td>5 mV（10 V/2000）</td><td>20 μA（20 mA/1000）</td></tr>
<tr><td>总体精度</td><td>±1%（对于−10～10 V 的范围）</td><td>±1%（对于−20～20 mA 的范围）</td></tr>
<tr><td>处理时间</td><td colspan="2">15 ms/通道（常速），6 ms/通道（高速）</td></tr>
</table>

2. 接线

FX_{2N}-4AD 的接线图如图 6-18 所示。其接线说明如下：

1）模拟输入信号采用双绞屏蔽电缆与 FX_{2N}-4AD 连接，电缆应远离电源线或其他可能产生电气干扰的导线。

2）如果输入有电压波动，或在外部接线中有电气干扰，可以接一个 0.1～0.47 μF（25 V）的电容。

3）如果是电流输入，应将端子 V+和 I+连接。

4）如果存在过多的电气干扰，需将电缆屏蔽层与 FG 端连接，并连接到 FX_{2N}-4AD 的接地端。

5）连接 FX_{2N}-4AD 接地端与 PLC 主单元接地端连接，若可行，在主单元使用 3 级接地。

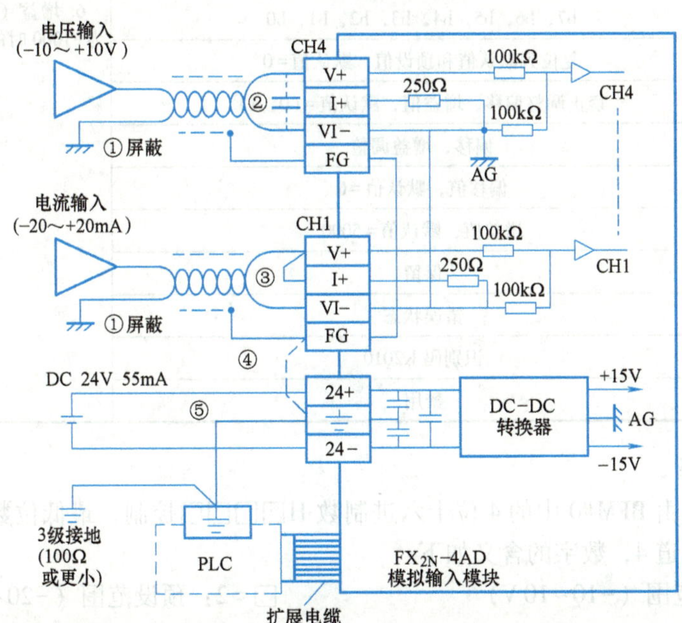

图 6-18　FX_{2N}-4AD 的接线图

3. 数据缓冲存储器（BFM）分配

FX_{2N}-4AD 共有 32 个数据缓冲存储器（BFM），每个 BFM 均为 16 位，BFM 的分配见表 6-5。

表 6-5 BFM 分配表

<table>
<tr><th>BFM</th><th colspan="2">内 容</th><th>说 明</th></tr>
<tr><td>*#0</td><td colspan="2">通道初始化，默认值=H0000</td><td rowspan="27">1. 带*号的 BFM 可以使用 TO 指令从 PLC 写入
2. 不带*号的 BFM 可以使用 FROM 指令从 PLC 读出
3. 在从模拟特殊功能模块读出数据之前，确保这些设置已经送入模拟特殊功能模块中，否则，将使用模块中以前保存的数值
4. BFM 提供了利用软件调整偏移和增益的手段
5. 偏移（截距）：当数字输出为 0 时的模拟量输入值
6. 增益（斜率）：当数字输出为+1000 时的模拟量输入值</td></tr>
<tr><td>*#1</td><td>通道 1</td><td rowspan="4">包含采样数（1~4096），用于得到平均结果
默认值设为 8——正常速度
高速操作可选择 1</td></tr>
<tr><td>*#2</td><td>通道 2</td></tr>
<tr><td>*#3</td><td>通道 3</td></tr>
<tr><td>*#4</td><td>通道 4</td></tr>
<tr><td>#5</td><td>通道 1</td><td rowspan="4">这些缓冲区包含采样数的平均输入值；这些采样数是分别输入#1~#4 缓冲区中的通道数据</td></tr>
<tr><td>#6</td><td>通道 2</td></tr>
<tr><td>#7</td><td>通道 3</td></tr>
<tr><td>#8</td><td>通道 4</td></tr>
<tr><td>#9</td><td>通道 1</td><td rowspan="4">这些缓冲区包含每个输入通道读入的当前值</td></tr>
<tr><td>#10</td><td>通道 2</td></tr>
<tr><td>#11</td><td>通道 3</td></tr>
<tr><td>#12</td><td>通道 4</td></tr>
<tr><td>#13、#14</td><td colspan="2">保留</td></tr>
<tr><td rowspan="2">#15</td><td rowspan="2">选择 A-D 转化速度</td><td>如设为“0”，则选择正常速度，15 ms/通道（默认）</td></tr>
<tr><td>如设为“1”，则选择高速，6 ms/通道</td></tr>
<tr><td>#16~#19</td><td colspan="2">保留</td></tr>
<tr><td>BFM</td><td colspan="2">b7，b6，b5，b4，b3，b2，b1，b0</td></tr>
<tr><td>*#20</td><td colspan="2">复位到默认值和预设值，默认值=0</td></tr>
<tr><td>*#21</td><td colspan="2">禁止调整偏移、增益值，默认值=(0、1)</td></tr>
<tr><td>*#22</td><td colspan="2">偏移、增益调整</td></tr>
<tr><td>*#23</td><td colspan="2">偏移值，默认值=0</td></tr>
<tr><td>*#24</td><td colspan="2">增益值，默认值=5000</td></tr>
<tr><td>#25~#28</td><td colspan="2">保留</td></tr>
<tr><td>#29</td><td colspan="2">错误状态</td></tr>
<tr><td>#30</td><td colspan="2">识别码 K2010</td></tr>
<tr><td>#31</td><td colspan="2">禁用</td></tr>
</table>

（1）通道选择

通道的初始化由 BFM#0 中的 4 位十六进制数 H□□□□控制，最低位数字控制通道 1，最高位数字控制通道 4，数字的含义如下：

□=0：预设范围（-10~10 V）　　□=2：预设范围（-20~20 mA）

□=1：预设范围（4~20 mA）　　□=3：通道关闭（OFF）

例：H3210 中，

CH1：预设范围（-10~10 V）

CH2：预设范围（4~20 mA）

CH3：预设范围（-20~20 mA）

CH4：通道关闭（OFF）

（2）模拟量到数字量转换速度的改变

在 FX_{2N}-4AD 的 BFM#15 中写入 0 或 1，可以改变 A-D 转换的速度，不过要注意下列几点：

① 为保持高速转换率，尽可能少使用 FROM/TO 指令。

② 当改变了转换速度后，BFM#1~#4 将立即设置为默认值，这一操作将不考虑它们原有的数值。如果速度改变作为正常程序执行的一部分，请记住此点。

（3）调整增益和偏移值

① 通过将 BFM#20 设为 K1，将其激活后，包括模拟特殊功能模块在内的所有设置将被复位成默认值，对于消除不希望的增益/偏移调整，这是一种快速的方法。

② 如果 BFM#21 的（b1，b0）设为（1，0），增益/偏移的调整将被禁止，防止操作者不正确的改动，若需要改变增益/偏移，（b1，b0）必须设为（0，1），默认值是（0，1）。

③ BFM#23 和 BFM#24 的增益/偏移量被传送进指定输入通道增益/偏移的寄存器，待调整的输入通道可以由 BFM#22 适当的 G-O（增益-偏移）位来指定。

例：如果 G1 和 O1 设为 1，当用 TO 指令写入 BFM#22 后，将调整输入通道 1。

④ 对于具有相同增益/偏移量的通道，可以单独或一起调整。

⑤ BFM#23 和 BFM#24 中的增益/偏移量的单位是 mV 或 μA，由于单元分辨率的限制，实际的响应将以 5 mV 或 20 μA 为最小刻度。

（4）状态信息

BFM#29 为 FX_{2N}-4AD 运行正常与否的信息。BFM#29 的状态信息见表 6-6。

表 6-6　BFM#29 状态信息

BFM#29 的位设备	ON	OFF
b0：错误	b1~b4 中任何一个为 ON 如果 b2~b4 中任何一个为 ON，所有通道的 A-D 转换停止	无错误
b1：偏移/增益错误	在 EEPROM 中的偏移/增益数据不正常或者调整错误	偏移/增益正常
b2：电源故障	DC 24 V 电源故障	电源正常
b3：硬件错误	A-D 转换器或其他硬件故障	硬件正常
b10：数字范围错误	数字输出值小于-2048 或大于+2047	数字输出值正常
b11：平均值采样错误	平均值采样不小于 4097，或者不大于 0（使用默认值 8）	平均值正常（在 1~4097 之间）
b12：偏移/增益调整禁止	禁止 BFM#21 的（b1，b0）设为（1，0）	允许 BFM#21 的（b1，b0）设为（1，0）

注：b4~b7、b9、b13~b15 没有定义。

（5）BFM#30 识别码

FX_{2N}-4AD 的识别码为 K2010。在传输/接收数据之前，可以使用 FROM 指令读出特殊功能模块的识别码（或 ID），以确认正在对此特殊功能模块进行操作。

（6）注意事项

① BFM#0、BFM#23 和 BFM#24 的值将复制到 FX_{2N}-4AD 的 EEPROM 中。只有数据写入增益/偏移命令缓冲 BFM#22 中时才复制 BFM#21 和 BFM#22。同样，BFM#20 也可以写入 EEPROM 中。EEPROM 的使用寿命大约是 10000 次（改变），因此不要频繁地使用程序修改这些 BFM。

② 写入 EEPROM 需要 30 ms 左右的延时，因此，在第二次写入 EEPROM 之前，需要使用延时器。

4. 增益和偏移

增益说明如图 6-19 所示，偏移说明如图 6-20 所示。

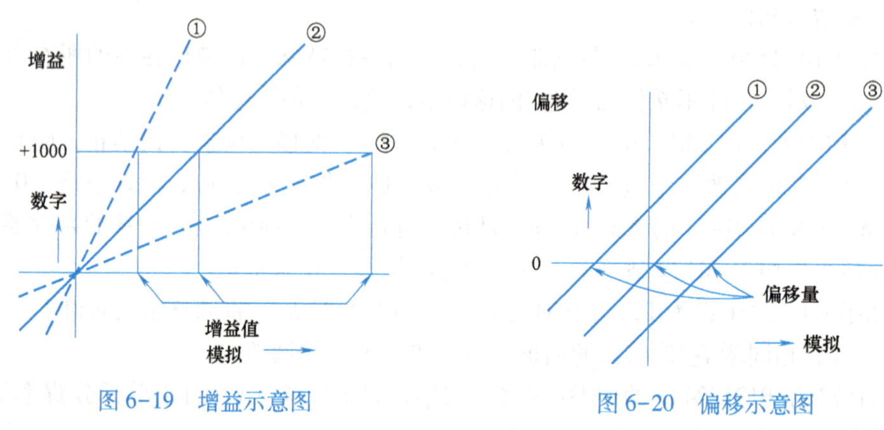

图 6-19 增益示意图　　图 6-20 偏移示意图

增益决定了校正线的角度或者斜率，由数字值 1000 标识，有如下 3 种情况：

① 小增益：读取数字值间隔大。

② 零增益：默认为 5 V 或 20 mA。

③ 大增益：读取数字值间隔小。

偏移是校正线的“位置”，由数字值 0 标识，有如下 3 种情况：

① 负偏移：数字值为 0 时模拟值为负。

② 零偏移：数字值为 0 时模拟值为 0。

③ 正偏移：数字值为 0 时模拟值为正。

偏移和增益可以独立或一起设置。合理的偏移范围是-5～+5 V 或-20～20 mA。合理的增益值范围是 1～15 V 或 4～32 mA。增益和偏移都可以用 PLC 的程序调整。

调整增益/偏移时，应该将增益/偏移 BFM#21 的 b1 和 b0 位设置为 0 和 1，以允许调整。一旦调整完毕，这些位元件应该设为 1 或 0，以防止进一步的变化。

6.1.5 实例：PLC 控制液压折板机系统

现在有一个液压折板机，需要执行压板的同步控制，其系统原理如图 6-21 所示。液压缸 A 为主动缸，液压缸 B 为从动缸，由电磁换向阀控制液压缸 A 的运动方向，单向节流阀调节其运动速度。位置传感器（滑杆电阻）1 和 2 用以检测液压缸 A 和液压缸 B 的位置，其输出范围是-10～+10 V。当两者的位置存在差别时，伺服放大器输出相应的电流，驱动电液伺服阀，使液压缸 B 产生相应的运动，从而达到同步控制的目的。本题中，要求伺服放大器的功能由 PLC、特殊功能模块 FX_{2N}-4AD 组成的系统来实现，试设计 PLC 程序。

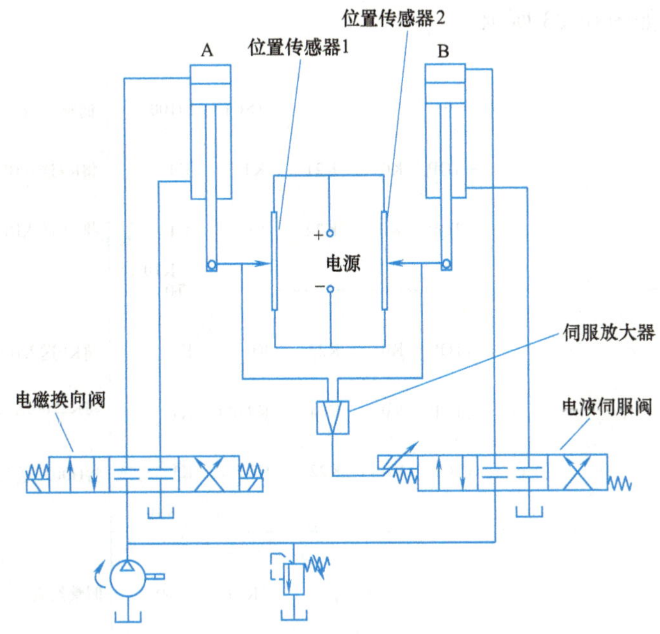

图 6-21　液压折板机压板的同步控制

液压折板机系统的 PLC 程序设计步骤如下：

（1）模块的安装连接

两个传感器 1 和 2 的输入信号分别用双绞线连接到特殊功能模块 FX_{2N}-4AD 的 CH1、CH2 相应的端子上。

（2）初始参数的设定

① 通道选择。由于本题中 CH1、CH2 的输入全部在-10～+10 V，CH3、CH4 暂不使用，所以根据表 6-5，BFM#0 单元的设置应该是 H3300。

② 模-数转换速度的选择。可以通过对 BFM #15 写入 0 或 1 来进行选择，输入 0 表示选择低速；输入 1 表示选择高速。本题输入 1 即选择高速。

③ 调整增益和偏移量。由题意可知，本题不需要调整偏移量，增益量设定为.K2500（2.5 V）。

（3）梯形图

此程序的梯形图由三部分组成。

① 初始化程序，如图 6-22 所示。

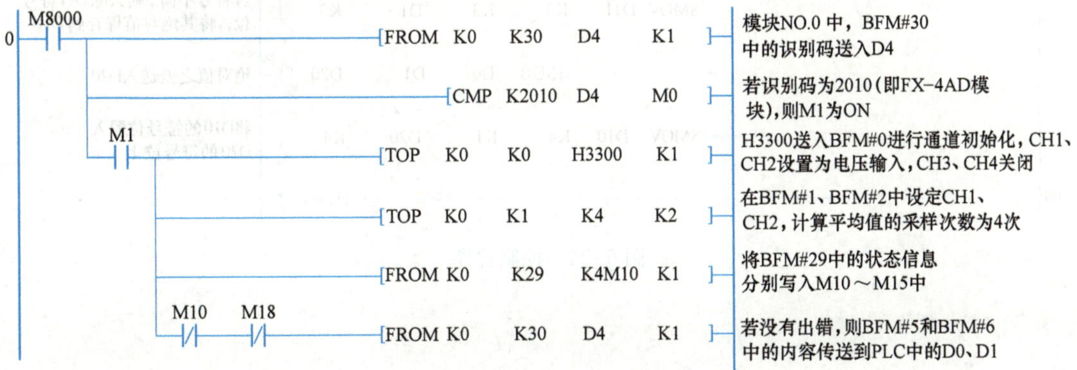

图 6-22　初始化程序

② 调整程序，如图 6-23 所示。

图 6-23 调整程序

③ 控制程序，如图 6-24 所示。

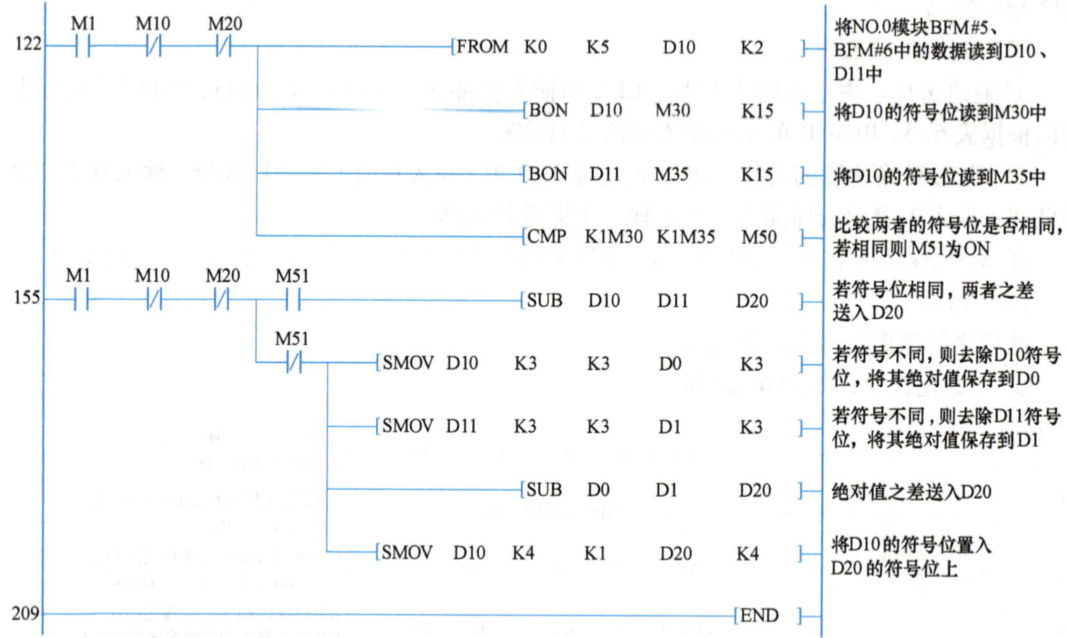

图 6-24 控制程序

6.2 D-A 转换模块应用

6.2.1 FX_{2N}-2DA 模拟量输出模块

1. FX_{2N}-2DA 概述

FX_{2N}-2DA 模拟量输出模块是 FX 系列 PLC 专用的模拟量输出模块之一，其外形如图 6-25 所示。

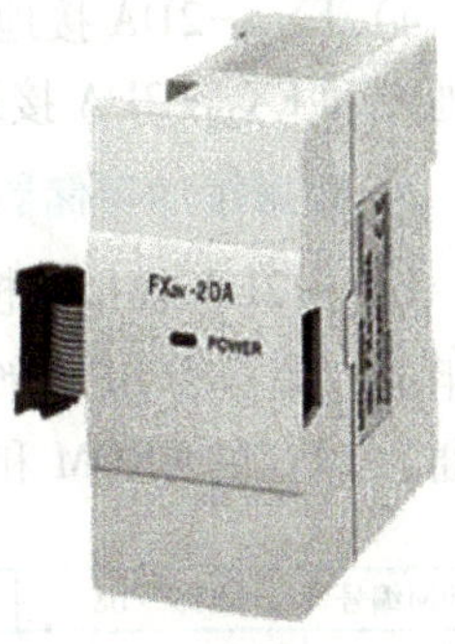

图 6-25　FX_{2N}-2DA 模拟量输出模块

FX_{2N}-2DA 模块用于将两点的数字量转换成电压或电流模拟量输出，使用模拟量控制外围设备。根据接线方法，模拟输出可在电压输出或电流输出中进行选择。电压输出时，输出信号范围为 DC 0~10 V，DC 0~5 V；电流输出时，输出信号范围为 DC 4~20 mA。其性能指标如表 6-7 所列。

表 6-7　FX_{2N}-2DA 性能指标

项　目	电压输出	电流输出
模拟输出范围	在应用时，对于 DC 0~10 V 的模拟电压输出，此单元调整的数字范围为 0~4000。当通过电流输出或 DC 0~5 V 输出时，就必须通过偏置和增益调节器进行再调节	
	DC 0~10 V，DC 0~5 V（外部负载阻抗为 2kΩ~1MΩ）	DC 4~20 mA（外部负载阻抗不大于 500Ω）
数字输入	12 位	
分辨率	2.5 mV（10 V/4000），1.25 mV（5 V/4000）	4 μA
总体精度	±1%（全范围 0~10 V）	±1%（全范围 4~20 mA）
处理时间	4 ms/通道	

2. 接线

FX_{2N}-2DA 的接线图如图 6-26 所示。

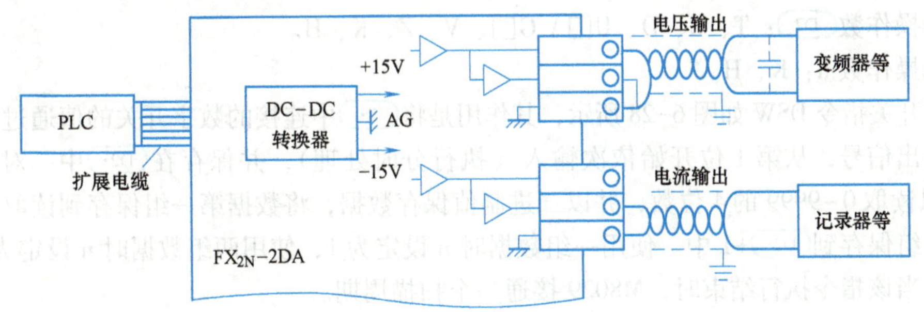

图 6-26　FX_{2N}-2DA 的接线图

接线说明：

1）模拟输出信号采用双绞屏蔽电缆与 FX_{2N}-2DA 连接，电缆应远离电源线或其他可能产生电气干扰的导线。

2）如果输入有电压波动，或在外部接线中有电气干扰，可以接一个 0.1～0.47 μF（25 V）的电容。

3）如果是电压输出，应将 OUT1 端子与 COM 端子短接。

4）FX_{2N}-2DA 接地端与 PLC 主单元接地端连接，如果存在过多的电气干扰，再将外壳接地端和 FX_{2N}-2DA 接地端连接。

3. 数据缓冲存储器（BFM）分配

FX_{2N}-2DA 模拟量模块内部有一个数据缓冲存储器（BFM）区，它由 32 个 16 位的寄存器组成，编号为 BFM #0～#31，其内容与作用如图 6-27 所示。数据缓冲存储器区的内容可以通过 PLC 的 FROM 和 TO 指令来读、写。

BFM编号	b15～b8	b7～b3	b2	b1	b0
#0～#15	保留				
#16	保留	输出数据的当前值(8位数据)			
#17	保留		D-A 低8位数据保持	通道1 D-A转换开始	通道2 D-A转换开始
#18 或更大	保留				

图 6-27　FX_{2N}-2DA 数据缓冲存储器（BFM）的分配

BFM#16：由 BFM#17（数字值）指定通道的 D-A 转换数据的写入。D-A 数据以二进制形式，并以低 8 位和高 4 位两部分顺序写入。

BFM#17：b0 从 1 变为 0 时，通道 2 的 D-A 转换开始；b1 从 1 变为 0 时，通道 1 的 D-A 转换开始；b2 从 1 变为 0 时，D-A 转换后低 8 位数据保持。

6.2.2　数字开关指令

数字开关指令：FNC72　DSW。

源操作数(S)：X。

目的操作数(D1)：Y。

目的操作数(D2)：T、C、D、U□\G□、V、Z、K、H。

其他操作数 n：K、H。

数字开关指令 DSW 如图 6-28 所示，其作用是将(S·)中连接的数字开关的值通过 100 ms 间隔的输出信号，从第 1 位开始依次输入（执行分时处理），并保存在(D2·)中。对于数据(D1·)可以读取 0~9999 的 4 位数，并以二进制值保存数据，将数据第一组保存到读取的(D2·)中，第二组保存到(D2·)+1 中。使用一组数据时 n 设定为 1，使用两组数据时 n 设定为 2。特别指出：当该指令执行结束时，M8029 接通一个扫描周期。

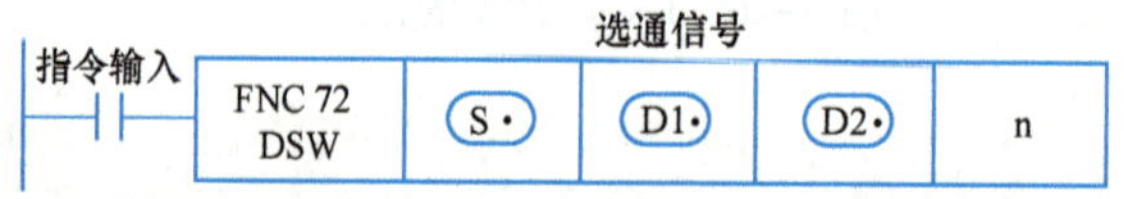

图 6-28　数字开关指令 DSW 作用

实际应用中，三菱 PLC 提供了读/取数字开关设定值的 DSW 指令。其采用的硬件接线形式如图 6-29 所示，采用扫描形式输入。此时将所有拨码盘的输入按 8421BCD 码的形式分别接在一起，但公共端分别接 Y010~Y013，将 COM3 端与输入的公共端相连，即由 Y010~Y013 来选通不同的拨码盘，这样 16 个输入端口只需用 4 个输入和 4 个输出（即共 8 个端口取代）。

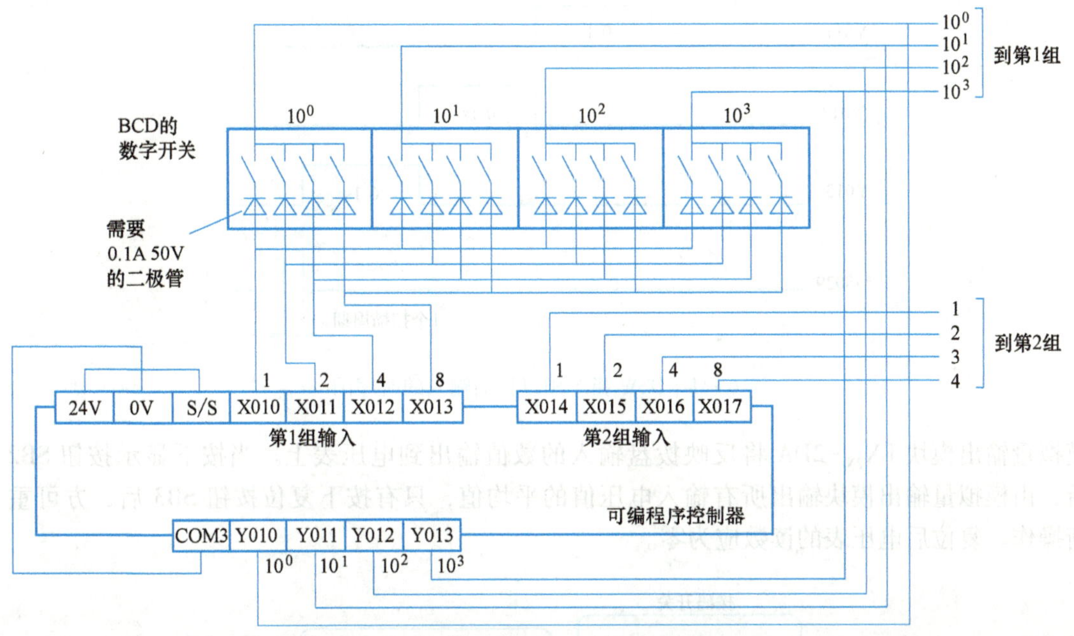

图 6-29　应用 DSW 指令时硬件接线形式

其控制梯形图如图 6-30 所示，此时指令对应的时序图如图 6-31 所示。从时序图可知，当接通 X000 时置位 M0，M0 接通后 Y010~Y013 彼此间隔 0.1 s 顺序接通，分别扫描四个拨码盘的输入信号，并将组合输入信号放入数据寄存器 D0。此时 D0 中的数据就是拨码盘设定的数据。

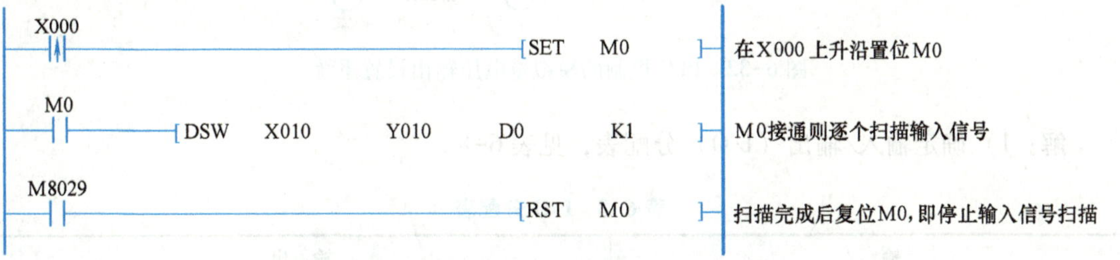

X000 ——[SET M0]　在X000上升沿置位M0

M0 ——[DSW X010 Y010 D0 K1]　M0接通则逐个扫描输入信号

M8029 ——[RST M0]　扫描完成后复位M0，即停止输入信号扫描

图 6-30　DSW 指令用以扫描输入的控制梯形图

6.2.3　实例：PLC 控制模拟量电压输出设置系统

模拟量电压输出设置系统示意图如图 6-32 所示，其工艺流程和控制要求为：通过数码拨盘、数据输入按钮 SB1 输入任意个数的电压值（输入范围为 0~10 V，单位为 0.1 V），由

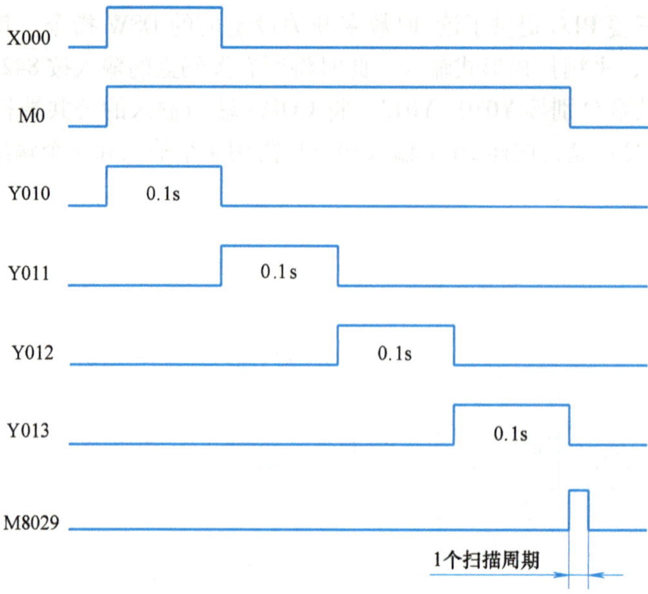

图 6-31 DSW 指令用以扫描输入的时序图

模拟量输出模块 FX_{2N}-2DA 将反映拨盘输入的数值输出到电压表上。当按下显示按钮 SB2 后，由模拟量输出模块输出所有输入电压值的平均值，只有按下复位按钮 SB3 后，方可重新操作。复位后电压表的读数应为零。

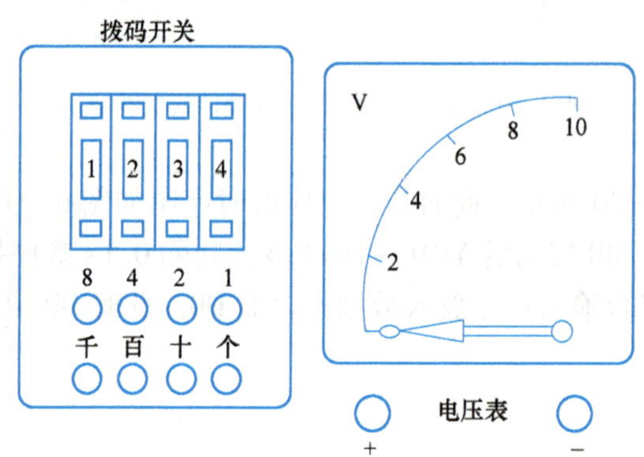

图 6-32 PLC 控制的模拟量电压输出设置系统

解： 1）确定输入/输出（I/O）分配表，见表 6-8。

表 6-8 I/O 分配表

输 入			输 出		
输入设备	输入编号	输入对应端口	输出设备	输出编号	输出对应端口
数据输入按钮	X000	普通按钮	拨盘位数选通信号个	Y010	拨盘开关个
显示按钮	X001	普通按钮	拨盘位数选通信号十	Y011	拨盘开关十
复位按钮	X002	普通按钮	拨盘位数选通信号百	Y012	拨盘开关百
拨盘数码 1	X010	拨盘开关 1	FX_{2N}-2DA	CH1 通道	电压表+、-端口

（续）

输　入			输　出		
输入设备	输入编号	输入对应端口	输出设备	输出编号	输出对应端口
拨盘数码 2	X011	拨盘开关 2			
拨盘数码 4	X012	拨盘开关 4			
拨盘数码 8	X013	拨盘开关 8			

2）根据控制要求，绘制的控制流程图如图 6-33 所示，其对应的梯形图如图 6-34 所示。

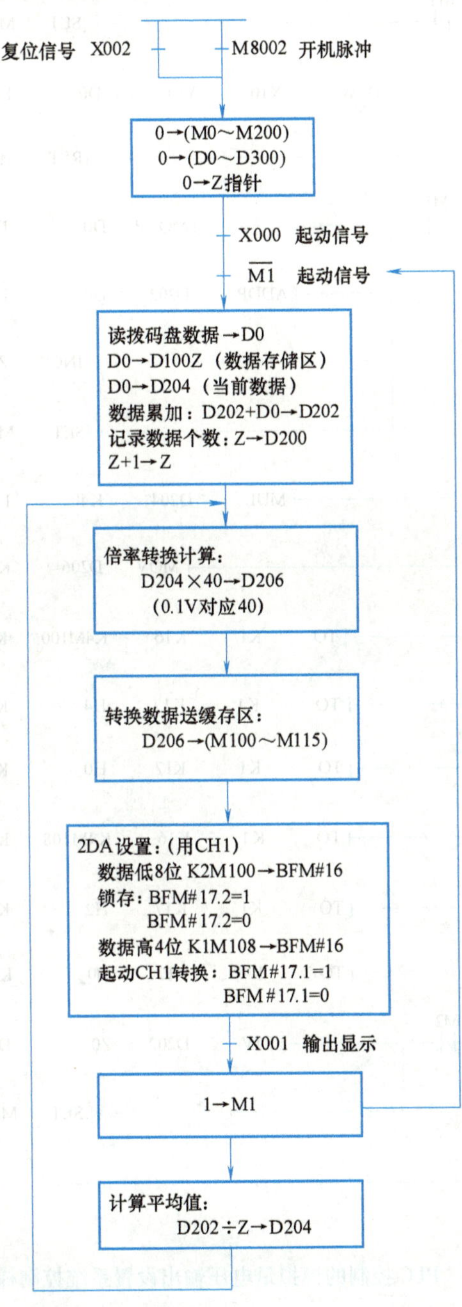

图 6-33　PLC 控制的模拟量电压输出设置系统控制流程图

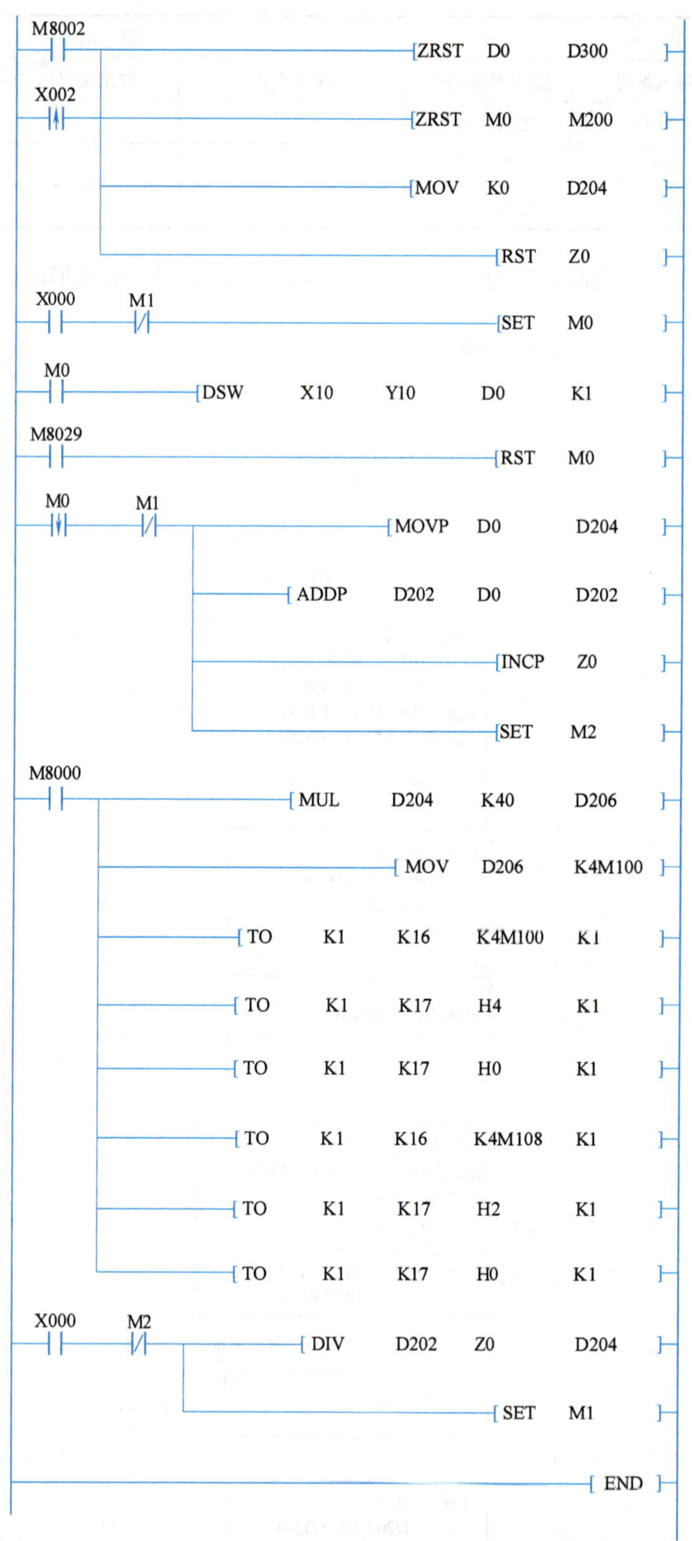

图 6-34 PLC 控制的模拟量电压输出设置系统控制梯形图

6.3 FX_{3U}联网通信

6.3.1 串行通信接口标准

1. 串行通信的基本知识

通信的基本方式可分为并行通信与串行通信两种。并行通信是指数据的各个位同时进行传输的一种通信方式。串行通信是指数据一位一位地传输的方式。

串行通信主要有两种类型：异步通信和同步通信。

异步通信是把一个字符看作一个独立的信息单元，字符开始出现在数据流的相对时间是任意的，每一个字符中的各位以固定的时间传送。

串行通信的连接方式有单工方式、半双工方式和全双工方式三种。单工方式只允许数据按照一个固定方向传送，通信两点中的一点为接收端，另一点为发送端，且这种确定是不可更改的。半双工方式信息可在两个方向上传输，但在某特定时刻接收和发送是确定的。全双工方式则同时可进行双向通信，两端可同时作为发送端和接收端。

2. RS-232C 串行接口标准

RS-232C 是 1969 年由美国电子工业协会（Electronic Industrial Association，EIA）公布的串行通信接口标准。“RS”是英文“推荐标准”一词的缩写，“232”是标志号，“C”表示此标准修改的次数。RS-232C 既是一种协议标准，又是一种电气标准，它规定了终端和通信设备之间信息交换的方式和功能。PLC 与计算机间的通信就是通过 RS-232C 标准接口来实现的。它采用按位串行通信的方式，传递速率即波特率规定为 19200Bd、9600Bd、4800Bd、2400Bd、1200Bd、600Bd、300Bd 等。PC 及其兼容机通常均配有 RS-232C 接口。在通信距离较短、波特率要求不高的场合可以直接采用，既简单又方便。但是，RS-232C 接口采用单端发送、单端接收，因此，在使用中有数据通信速率低、通信距离短、抗共模干扰能力差等缺点。

目前，RS-232 是 PC 与通信工业中应用最广泛的一种串行接口。RS-232 被定义为一种在低速率串行通信中的单端标准，以非平衡数据传输的界面方式工作，这种方式以一根信号线相对于接地信号线的电压来表示一个逻辑状态（Mark 或 Space）。图 6-35 所示为 RS-232 典型的连接方式。RS-232 是全双工传输模式，可以独立发送数据（TXD）及接收数据（RXD）。

图 6-35　RS-232 典型的连接方式

RS-232 连接线的长度不可超过 50ft（15.24m）或电容值不可超过 2500pF。如果以电容值为标准，一般连接线典型电容值为 17pF/ft（55.77pF/m），则允许的连接线长约 44m。如果是有屏蔽的连接线，则它的允许长度会更长。若在有干扰的环境下，连接线的允许长度会缩短。

RS-232 接口标准的不足之处如下：

1）接口的信号电平值较高，易损坏接口电路的芯片。

2）传输速率较低，在异步传输时，波特率为 20 kbit/s。

3）接口使用一根信号线和一根信号返回线构成共地的传输形式，这种共地传输容易产生共模干扰，所以抗噪声干扰能力差，随波特率增高其抗干扰的能力会迅速下降。

4）传输距离有限。

3. RS-422A 串行接口标准

图 6-36 平衡驱动、差分接收电路

RS-422A 采用平衡驱动、差分接收电路，如图 6-36 所示，从根本上取消了信号地线。平衡驱动器相当于两个单端驱动器，其输入信号相同，两个输出信号互为反相信号，图中的小圆圈表示反相。因为接收器是差分输入，所以共模信号可以互相抵消，而外部输入的干扰信号是以共模方式出现的，两根传输线上的共模干扰信号相同，因此只要接收器有足够的抗共模干扰能力，就能从干扰信号中识别出驱动器输出的有用信号，从而克服外部干扰的影响。RS-422A 在最大传输速率（10 Mbit/s）时，允许的最大通信距离为 12 m。传输速率为 100 kbit/s 时，最大通信距离为 1200 m。一台驱动器可以连接 10 台接收器。

4. RS-485 串行接口标准

由于 RS-485 是从 RS-422 基础上发展而来，所以 RS-485 的许多电气规定与 RS-422 相仿，如都采用平衡传输方式，都需要在传输线上接终端电阻。RS-485 可以采用二线四线方式。二线制可实现真正的多点双向通信，其中的使能信号控制数据的发送或接收，如图 6-37 所示。

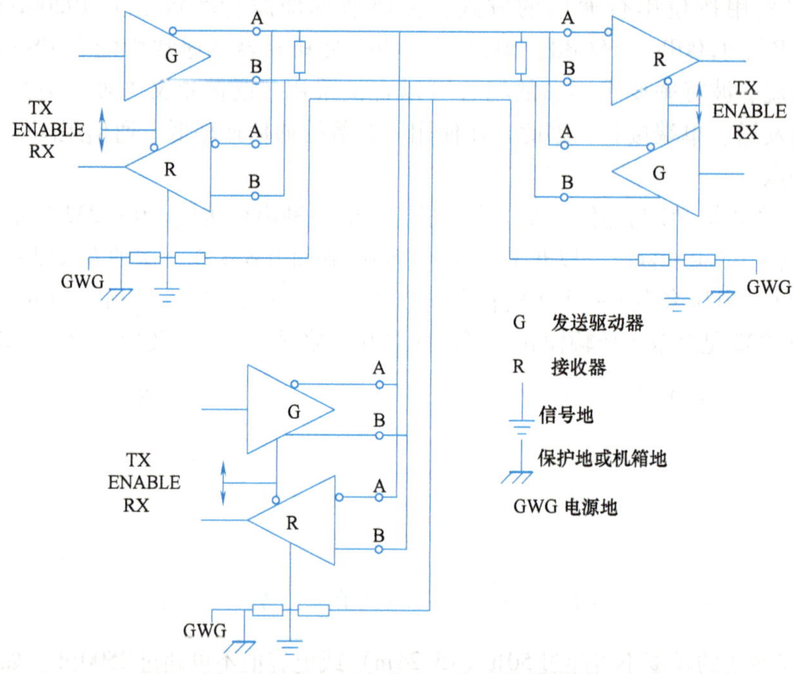

图 6-37 RS-485 多点双向通信接线图

RS-485 的电气特性：逻辑“1”表示两线间的电压差为 2~6 V，逻辑“0”表示两线间的电压差为-2~-6 V；RS-485 的数据最高传输速率为 10 Mbit/s；RS-485 接口采用平衡驱动器和差分接收器的组合，抗共模干扰能力强，即抗噪声干扰性好；它的最大传输距离标准值为 4000 ft（1219.2 m），实际上可达 3000 m。另外，RS-232 接口在总线上只允许连接 1 个收发器，只具有单站能力，而 RS-485 接口在总线上允许连接最多 128 个收发器，即具有多站能力，用户可以利用单一的 RS-485 接口建立起设备网络。RS-485 接口因具有良好的抗噪声干扰性、长传输距离和多站能力等优点而成为首选的串行接口。因为 RS-485 接口组成的半双工网络一般只需两根连线，所以 RS-485 接口均采用屏蔽双绞线传输。

5. RS-422A 和 RS-485 及其应用

在许多应用环境中，都要求用尽可能少的信号线完成通信任务。在 PLC 局域网络中的 RS-485 串行接口总线正是因此得到广泛应用。RS-485 与 RS-422A 的不同点在于：RS-422A 为全双工通信方式，RS-485 为半双工通信方式；RS-422A 采用两对平衡差分信号线，而 RS-485 只需其中一对平衡差分信号线。RS-485 对于多站互联的应用是十分方便的，这是它的明显优点。在点对点远程通信时，其电气连线如图 6-38 所示，这个电路可以构成 RS-422A 串行接口（按图中虚线连接），也可以构成 RS-485 接口（按图中实线连接）。

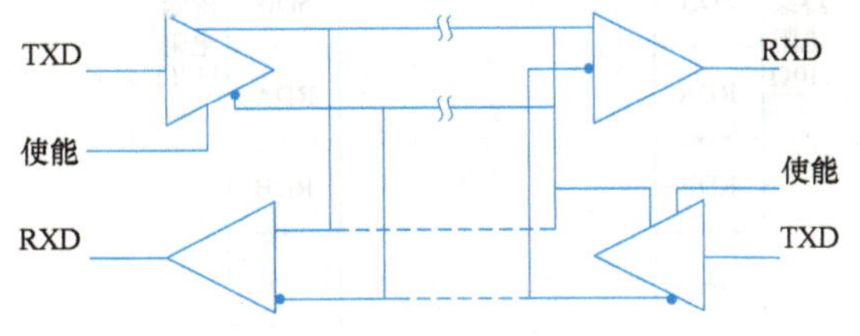

图 6-38　RS-422A/485 互联方案

需要注意的是，由于 RS-485 互联网络采用半双工通信方式，某一时刻两个站中只有一个站可以发送数据，而另一个站只能接收数据，因此，发送电路必须有使能信号加以控制。

RS-485 串行接口用于多站互联非常方便，不但可以节省昂贵的信号线，还可以高速远距离传送数据，因此，将其用于联网构成分布式控制系统非常方便。

6. 计算机、PLC、变频器及触摸屏间的通信口及通信线

1）计算机目前采用 RS-232 通信口。

2）三菱 FX 系列 PLC 目前采用 RS-422 通信口。

3）三菱 FR 变频器采用 RS-422 通信口。

4）F940GOT 触摸屏有两个通信口，一个采用 RS-232，另一个采用 RS-422/485。

计算机与三菱 FX 系列 PLC 之间通信必须采用带有 RS-232/422 转换的 SC-09 专用通信电缆；而 PLC 与变频器之间的通信，由于通信口不相同，所以需在 PLC 上配置 FX_{2N}-485-BD 特殊模块。其详细连线图如图 6-39 所示。

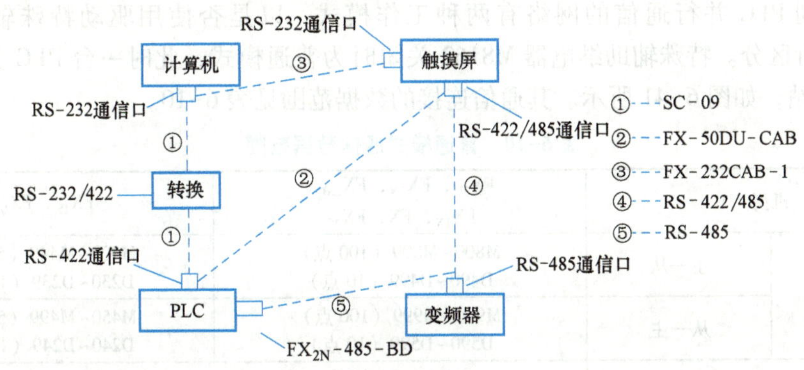

图 6-39　计算机、PLC、变频器及触摸屏间的通信口及通信线

6.3.2 FX_{3U}系列 PLC 并联连接功能的网络设置

三菱 FX_{3U}系列 PLC 支持并联连接功能网络，建立在 RS-485 传输标准上，网络中允许两台 PLC 做并行通信。使用这种网络，通过 100 个辅助继电器和 10 个数据寄存器存放可完成信息交换。如图 6-40 所示设定并联连接功能网络的硬件配置。FX_{3U}-485-BD、FX_{3U}-485ADP 内置了终端电阻，应将终端电阻的切换开关切换到相应阻值档位。

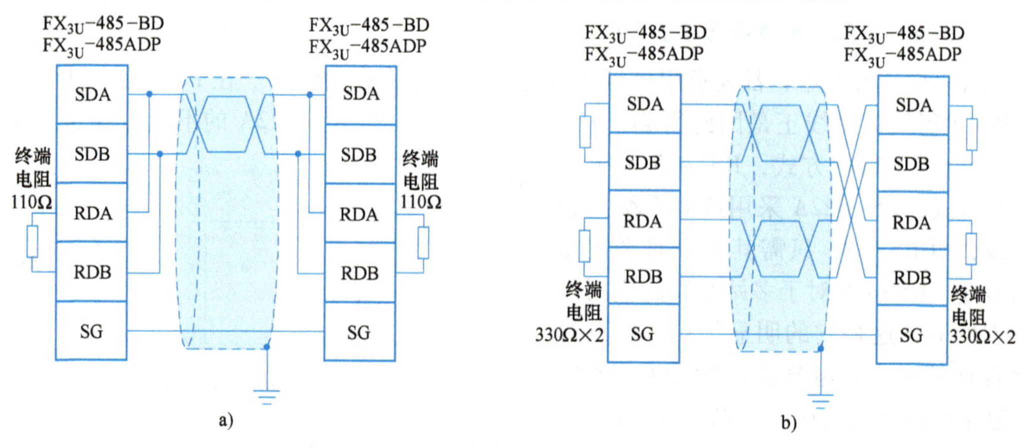

图 6-40 1:1 网络的硬件配置

a）一对导线连接 b）两对导线连接

FX_{3U}系列 PLC 并联连接功能通信网络的组建主要是通过对各站点 PLC 用编程方式设置网络参数实现的。FX_{3U}系列 PLC 规定了与并联连接功能通信网络相关的标志位（特殊辅助继电器）、存储网络参数和网络状态的特殊数据寄存器，见表 6-9。

表 6-9 特殊辅助继电器

设 备	操 作 功 能
M8070	驱动 M8070 是成为并行链接的主站
M8071	驱动 M8071 是成为并行链接的从站
M8072	当 PLC 处在并行链接操作中时为 ON
M8073	当 M8070/M8071 在并行链接操作中被错误设置时为 ON
M8162	高速并行链接模式
D8070	并行链接错误判定时间（默认：500 ms）

FX_{3U}系列 PLC 并行通信的网络有两种工作模式，以是否使用驱动特殊辅助继电器 M8162 来进行区分。特殊辅助继电器 M8162 关闭时为普通模式，此时一台 PLC 为主站，一台 PLC 为从站，如图 6-41 所示。其通信连接的数据范围见表 6-10。

表 6-10 普通模式通信数据范围

机型		FX_{3U}，FX_{2N}，FX_{2NC}，FX_{1N}，FX，FX_{2C}	FX_{1S}，FX_{0N}
通信元件	主—从	M800~M899（100 点） D490~D499（10 点）	M400~M449（50 点） D230~D239（10 点）
	从—主	M900~M999（100 点） D590~D599（10 点）	M450~M499（50 点） D240~D249（10 点）
通信时间		70（ms）+主扫描时间（ms）+从扫描时间（ms）	

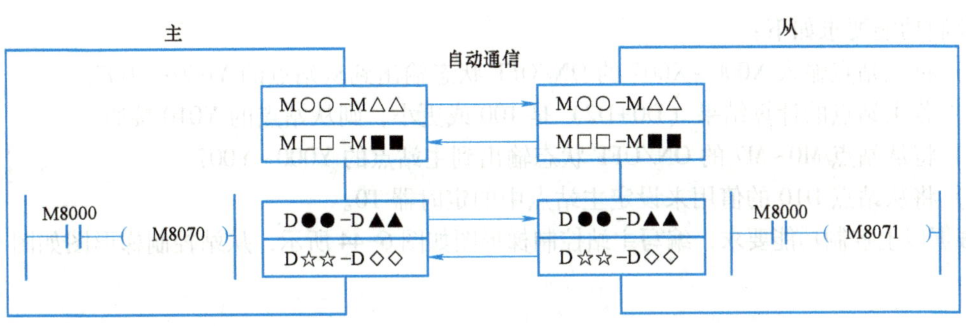

图 6-41　普通模式的并行通信

特殊辅助继电器 M8162 接通时为高速模式，此时一台 PLC 为主站，一台 PLC 为从站，如图 6-42 所示。其通信连接的数据范围见表 6-11。

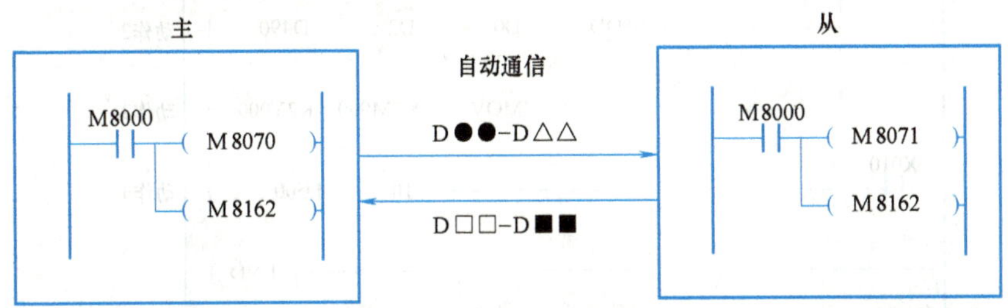

图 6-42　高速模式的并行通信

表 6-11　高速模式通信数据范围

机型		FX_{3U}，FX_{2N}，FX_{2NC}，FX_{1N}，FX，FX_{2C}	FX_{1S}，FX_{0N}
通信元件	主—从	D490，D491（2 点）	D230，D231（2 点）
	从—主	D500，D501（2 点）	D240，D241（2 点）
通信时间		20（ms）+主扫描时间（ms）+从扫描时间（ms）	

6.3.3　实例：并联连接功能网络控制应用

两台 FX_{3U}系列 PLC 并联连接功能网络的硬件结构如图 6-43 所示。

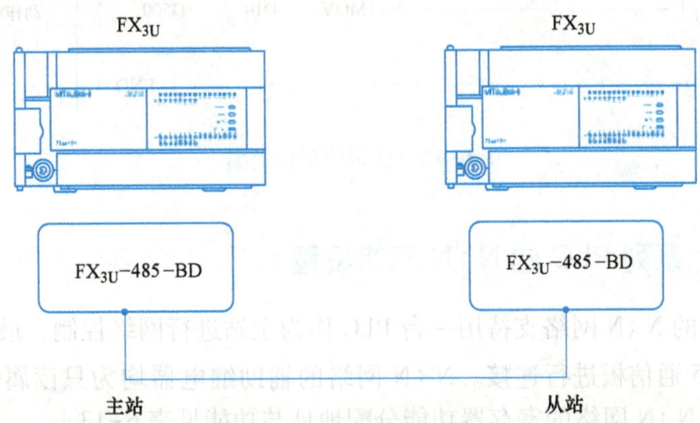

图 6-43　系统硬件结构

控制功能要求如下：

1）将主站点输入 X000～X007 的 ON/OFF 状态输出到从站点的 Y000～Y007。

2）若主站点的计算结果（D0+D2）是 100 或更小，则从站点的 Y010 接通。

3）将从站点 M0～M7 的 ON/OFF 状态输出到主站点的 Y000～Y007。

4）将从站点 D10 的值用来设定主站点中的定时器 T0。

根据以上控制功能要求，编写主站控制梯形图如图 6-44 所示，从站控制梯形图如图 6-45 所示。

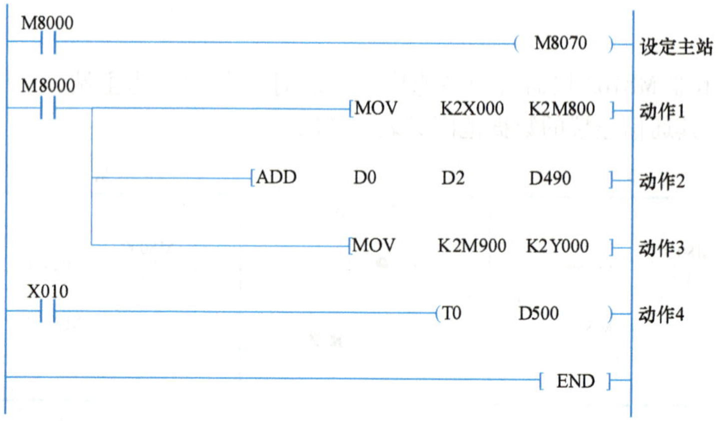

M8000 —(M8070)— 设定主站
M8000 —[MOV K2X000 K2M800]— 动作1
—[ADD D0 D2 D490]— 动作2
—[MOV K2M900 K2Y000]— 动作3
X010 —(T0 D500)— 动作4
—[END]—

图 6-44 主站控制梯形图

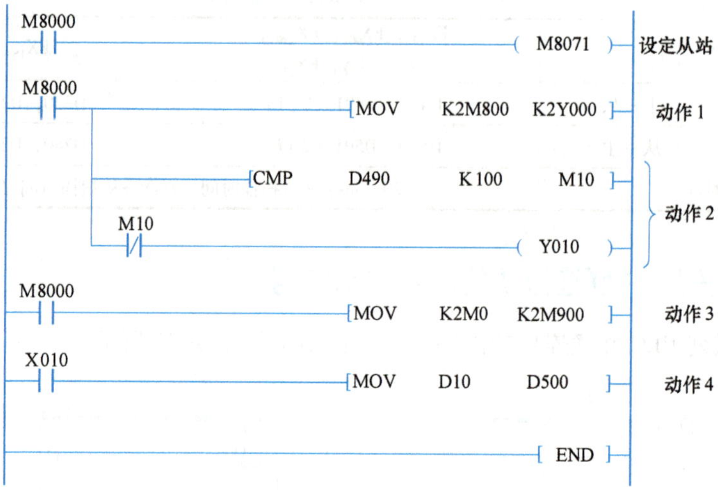

M8000 —(M8071)— 设定从站
M8000 —[MOV K2M800 K2Y000]— 动作 1
—[CMP D490 K100 M10]— 动作 2
M10 —(Y010)—
M8000 —[MOV K2M0 K2M900]— 动作 3
X010 —[MOV D10 D500]— 动作 4
—[END]—

图 6-45 从站控制梯形图

6.3.4 FX_{3U}系列 PLC 的 N : N 网络设置

FX_{3U}系列 PLC 的 N : N 网络支持用一台 PLC 作为主站进行网络控制，最多可连接 7 个从站，并通过 RS-485 通信板进行连接。N : N 网络的辅助继电器均为只读属性，其分配地址与功能见表 6-12。N : N 网络的寄存器功能分配地址与功能见表 6-13。

表 6-12　N∶N 网络的辅助继电器

辅助继电器	名　称	内　容	操作数
M8038	N∶N 网络参数设定	用于设定网络参数	主站、从站
M8183	主站数据通信顺序错误	当主站通信错误时置 1	从站
M8184～M8190	从站数据通信顺序错误	当从站通信错误时置 1	主站、从站
M8191	数据通信	当通信进行时置 1	主站、从站

表 6-13　N∶N 网络的寄存器

辅助寄存器	名　称	内　容	属性	操作数
D8173	站号设置状态	保存站号设置状态	只读	主站、从站
D8174	从站设置状态	保存从站设置状态	只读	主站、从站
D8175	刷新设置状态	保存刷新设置状态	只读	主站、从站
D8176	站号设置	设置站号	只写	主站、从站
D8177	从站号设置	设置从站号	只写	主站
D8178	刷新设置	设置刷新次数	只写	主站
D8179	重试次数	设置重试次数	读写	主站
D8180	看门狗定时	设置看门狗时间	读写	主站
D8201	当前链接扫描时间	保存当前链接扫描时间	只读	主站、从站
D8202	最大链接扫描时间	保存最大链接扫描时间	只读	主站、从站
D8203	主站数据传送顺序错误计数	主站数据传送顺序错误计数	只读	从站
D8204～D8210	从站数据传送顺序错误计数	从站数据传送顺序错误计数	只读	主站、从站
D8211	主站传送错误代号	主站传送错误代号	只读	从站
D8212～D8218	从站传送错误代号	从站传送错误代号	只读	主站、从站

通信错误不包括在 CPU 错误状态、编程错误状态或停止状态内。从站号与寄存器序号保持一致。例如：从站 1 对应 M8184，从站 2 对应 M8185，……，从站 7 对应 M8190。

当控制器得电时或程序由编程状态转到运行状态时，网络设置才会生效。在特殊寄存器 D8176 中可以设置 0 表示主站号，1～7 表示从站号，即从站 1～7。在特殊寄存器 D8177 中可以设置 1～7 表示从站号，即从站 1～7。在特殊寄存器 D8178 中可以设置模式 0～2，其功能见表 6-14～表 6-17。

表 6-14　刷新设置 D8178

通信寄存器	刷新设置		
	模式 0	模式 1	模式 2
位寄存器（M）	0 点	32 点	64 点
字寄存器（D）	4 点	4 点	8 点

表 6-15　模式 0 时位寄存器与字寄存器分配

站　号	寄存器序号	
	位寄存器（M）	字寄存器（D）
	0 点	4 点
NO. 0	—	D0~D3
NO. 1	—	D10~D13
NO. 2	—	D20~D23
NO. 3	—	D30~D33
NO. 4	—	D40~D43
NO. 5	—	D50~D53
NO. 6	—	D60~D63
NO. 7	—	D70~D73

表 6-16　模式 1 时位寄存器与字寄存器分配

站　号	寄存器序号	
	位寄存器（M）	字寄存器（D）
	32 点	4 点
NO. 0	M1000~M1031	D0~D3
NO. 1	M1064~M1095	D10~D13
NO. 2	M1128~M1159	D20~D23
NO. 3	M1192~M1223	D30~D33
NO. 4	M1256~M1287	D40~D43
NO. 5	M1320~M1351	D50~D53
NO. 6	M1384~M1415	D60~D63
NO. 7	M1448~M1479	D70~D73

表 6-17　模式 2 时位寄存器与字寄存器分配

站　号	寄存器序号	
	位寄存器（M）	字寄存器（D）
	64 点	8 点
NO. 0	M1000~M1063	D0~D7
NO. 1	M1064~M1127	D10~D17
NO. 2	M1128~M1191	D20~D27
NO. 3	M1192~M1255	D30~D37
NO. 4	M1256~M1319	D40~D47
NO. 5	M1320~M1383	D50~D57
NO. 6	M1384~M1447	D60~D67
NO. 7	M1448~M1511	D70~D77

在特殊数据寄存器D8178中，可以改变设置值（从0~10）。对于从站可以不要求设置。如果主站与从站通信次数达到设定值（或超过设定值），就会出现通信错误。

在特殊数据寄存器D8179中，可以改变设置值（从5~255）。设定值乘以10（ms）就是实际看门狗定时的时间。看门狗时间是主站与从站之间通信驻留时间。

N:N网络参数通过编程进行设置，如图6-46所示。

图6-46 N:N网络参数通过编程进行设置

应确保用于N:N网络参数设置的程序从第0步开始，如果处于其他位置，程序将不被执行，在这个位置上系统就会自动运行。

6.3.5 实例：N:N联网编程实例

三台FX_{3U}系列PLC联成N:N网络的硬件结构如图6-47所示。要求刷新设置：64点的位寄存器和8点的字寄存器，其模式为2，重试次数为5，看门狗定时为70ms。

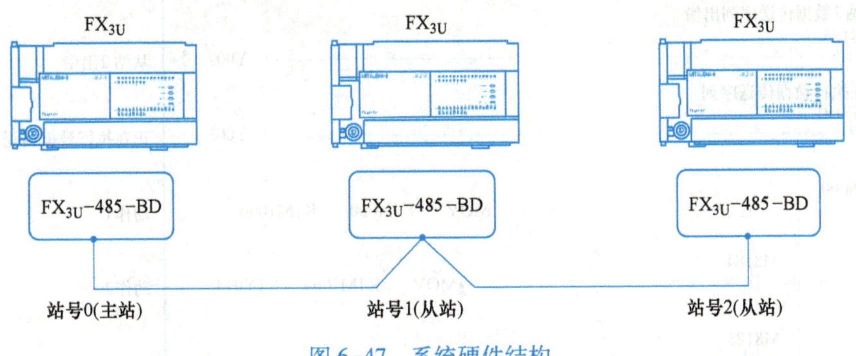

图6-47 系统硬件结构

控制功能要求如下：

1）主站中输入点X000~X003（M1000~M1003）可以被输出到从站1和从站2中的Y010和Y013。

2）从站1中输入点X000~X003（M1064~M1067）可以被输出到主站和从站2中的Y014到Y017。

3）从站 2 中输入点 X000～X003（M1128～M1131）可以被输出到主站和从站 1 中的 Y020 到 Y023。

4）将主站中的数据寄存器 D1 指定为从站 1 中计数器 C1 的设置值。计数器 C1 接通时的状态（M1070）控制主站中的输出点 Y005 的通断。

5）将主站中的数据寄存器 D2 指定为从站 2 中计数器 C2 的设置值。计数器 C2 接通时的状态（M1140）控制主站中输出点 Y006 的通断。

6）将从站 1 中数据寄存器 D0 所存储的数值与从站 2 中数据寄存器 D20 所存储的数值在主站中进行相加，然后把结果存储在数据寄存器 D3 中。

7）将主站中数据寄存器 D10 所存储的数值与从站 2 中数据寄存器 D20 中所存储的数值在从站 1 中进行相加，然后把结果存储在数据寄存器 D11 中。

8）将主站中数据寄存器 D0 所存储的数值与从站 1 中数据寄存器 D10 中所存储的数值在从站 2 中进行相加，然后把结果存储在数据寄存器 D21 中。

根据以上控制功能要求，主站控制程序如图 6-48 所示，从站 1 控制程序如图 6-49 所示，从站 2 控制程序如图 6-50 所示。

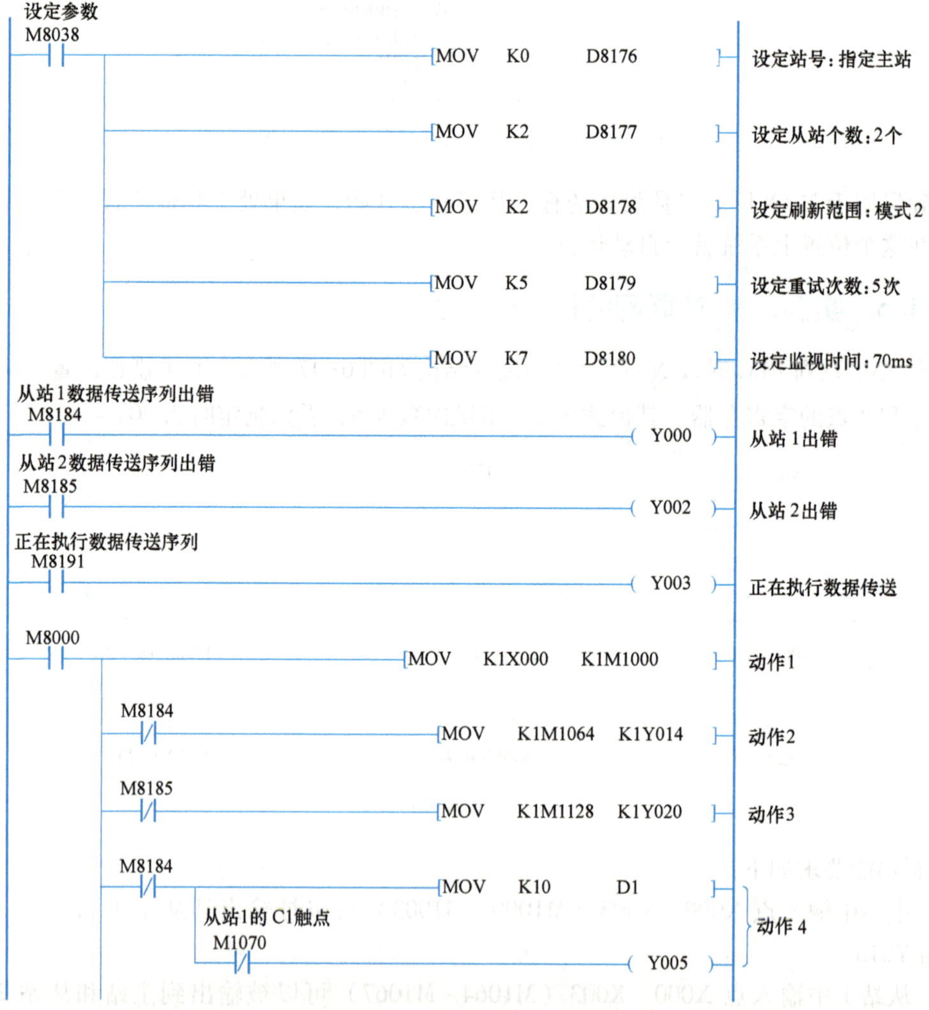

图 6-48　主站控制程序

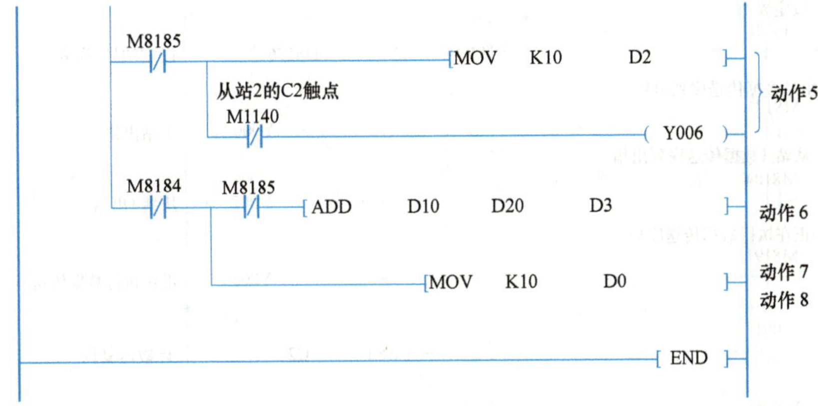

图 6-48　主站控制程序（续）

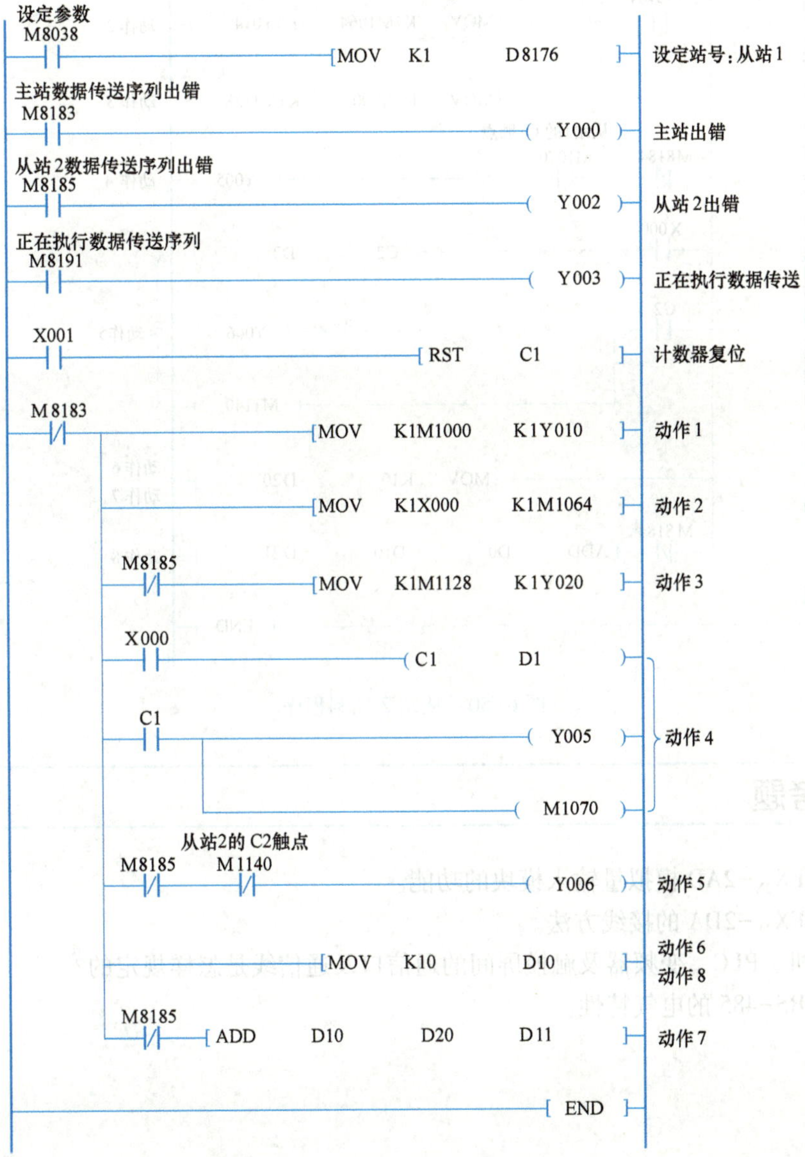

图 6-49　从站 1 控制程序

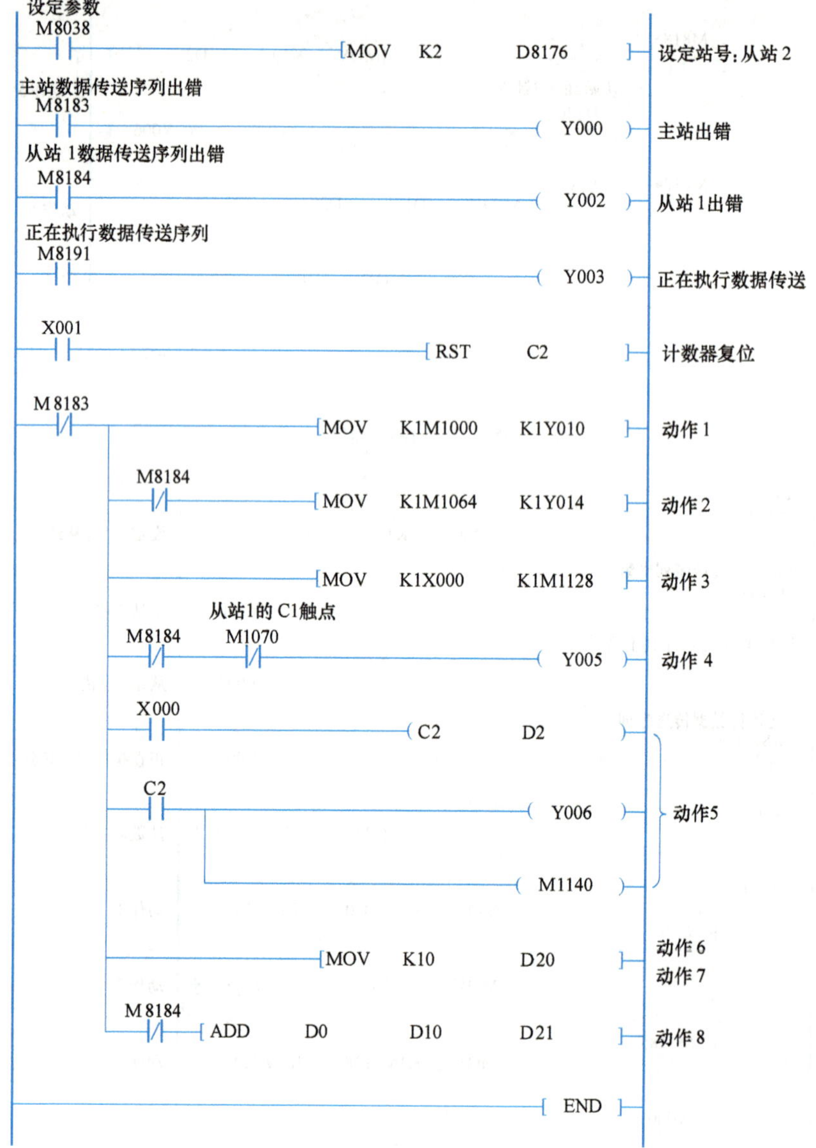

图 6-50 从站 2 控制程序

6.4 思考题

1. 简述 FX_{2N}-2AD 模拟量输入模块的功能。
2. 简述 FX_{2N}-2DA 的接线方法。
3. 计算机、PLC、变频器及触摸屏间的通信口及通信线是怎样规定的?
4. 简述 RS-485 的电气特性。

第 7 章　PLC 应用系统设计

7.1　PLC 应用系统的设计方法

在了解并掌握 PLC 的基本工作原理和编程技术的基础上，就可以结合实际，应用 PLC 构成实际的工业控制系统。PLC 的应用设计应该首先详细分析 PLC 应用系统的规划与设计，然后根据控制系统的控制要求选择 PLC 机型，进行控制系统的流程设计，画出较详细的程序流程图，并对输入口、输出口进行合理安排，给定编号。PLC 所有的控制功能都是以程序的形式体现的，因此大量的工作将集中在程序设计上。

7.1.1　PLC 应用系统的规划与设计

1. PLC 应用系统的规划

设计前，要深入现场进行实地考察，全面详细地了解被控对象的特点和生产工艺过程。同时要搜集各种资料，归纳出工作状态流程图，并与有关的机械设计人员和实际操作人员相互交流和探讨，明确控制任务和设计要求。要了解工艺过程、机械运动与电气执行组件之间的关系和对控制系统的控制要求，共同拟定出电气控制方案，最后归纳出电气执行组件的动作节拍表。这是 PLC 要正确实现的根本任务。

在确定了控制对象和控制范围之后，需要制定相应的控制方案。在满足控制要求的前提下，力争使设计出来的控制系统简单、可靠、经济以及使用和维修方便。控制方案的制定可以根据生产工艺和机械运动的控制要求，确定电气控制系统的工作方式（是采用单机控制就可以满足要求，还是需要采用多机联网通信的方式）。最后，综合考虑所有的要求，确定所要选用的 PLC 机型，以及其他的各种硬件设备。

在考虑了所有的控制细节和应用要求之后，还必须特别注意控制系统的安全性和可靠性。大多数工业控制现场充满了各种各样的干扰和潜在的突发状态。因此，在设计的最初阶段就要考虑到这方面的各种因素，到现场去观察和搜集数据。

在设计 PLC 控制系统时，应考虑到日后生产的发展和工艺的改进，而适当地留有一些余量，方便日后升级。

2. PLC 控制系统的设计流程

PLC 控制系统的设计流程图如图 7-1 所示，具体步骤如下：

1）分析被控对象，明确控制要求。

根据生产和工艺过程分析控制要求，确定控制对象及控制范围，确定控制系统的工作方式，例如全自动、半自动、手动、单机运行、多机联合运行等。还要确定系统应有的其他功能，例如故障检测、诊断与显示报警、紧急情况的处理、管理功能、联网通信功能等。在分析被控对象的基础上，根据 PLC 的技术特点，与继电器控制系统、集散控制系统（DCS）、微机控制系统进行比较，优选控制方案。

2）确定所需要的 PLC 机型以及用户输入/输出设备，据此确定 PLC 的 I/O 点数。

选择 PLC 机型时应考虑厂家、性能结构、I/O 点数、存储容量、特殊功能等方面。选择过程中应注意：CPU 功能要强，结构要合理，I/O 控制规模要适当，输入/输出功能及负载能力要匹配，以及满足对通信、系统响应速度的要求，还要考虑电源的匹配等问题。如果是单机自动化或机电一体化产品，可选用小型机；若控制系统较大，输入/输出点数较多，控制要求比较复杂，则可选用中型或大型机。

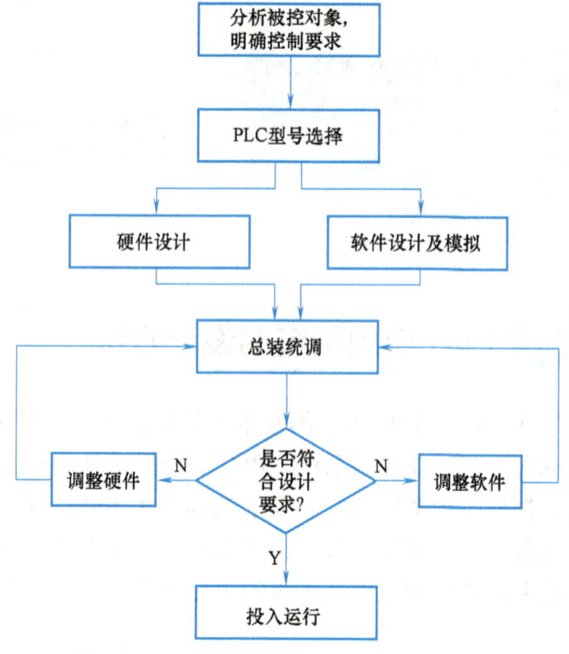

图 7-1　PLC 控制系统的设计流程图

根据系统的控制要求，确定系统的输入/输出设备的数量及种类，如按钮、开关、接触器、电磁阀和信号灯等；明确这些设备对控制信号的要求，如电压及电流的大小、直流还是交流、开关量还是模拟量和信号幅度等。据此确定 PLC I/O 设备的类型、性质及数量。但具体要确定 PLC 控制系统 I/O 点数时，则要按实际 I/O 点数再加上 20%～30%的方式留有备用量。PLC 的存储容量选择通常采用以下公式：

存储容量(字节)= 开关量 I/O 点数×10+模拟量 I/O 通道数×100

另外，在对存储器容量进行选择的同时，应注意对存储器类型的选择。

3）分配 PLC 的输入/输出点的地址，设计 I/O 连接图。

根据已确定的输入/输出设备和选定的 PLC，列出输入/输出设备与 PLC 的 I/O 点的地址分配表，以便编制控制程序、设计接线图及安装硬件。

4）可同时进行 PLC 的硬件设计和软件设计。

硬件设计是指电气线路设计，包括主电路及 PLC 外部控制电路、PLC 输入/输出接线图、设备供电系统图、电气控制柜结构及电器设备安装图等。软件设计包括状态表、状态转换图、梯形图、指令表等。控制程序设计是 PLC 应用系统中最关键的问题，也是整个控制系统设计的核心。

5）进行总装统调。

一般先要进行模拟调试，即不带输出设备的情况下，根据输入/输出模块的指示灯显示进行调试。若发现问题及时修改，直到完全满足设计要求。此后就可联机调试，先连接电气柜而不带负载，各输出设备的调试正常后，再接上负载运行调试，直到完全满足设计要求为止。

6）修改或调整软、硬件设计，使之符合设计的要求。

7）完成 PLC 控制系统的设计，投入实际使用。总装统调后，还要经过一段时间的试运行，以检验系统的可靠性。

8）技术文件的整理。

技术文件包括设计说明书、电气原理图和安装图、器件明细表、状态表、状态转换图、梯形图及软件使用说明书等。

7.1.2　PLC 选型与硬件系统设计

1. PLC 选型

机型选择基本原则：在功能满足的前提下，寻求最好的性价比，并有一定的可升级性。首先，按实际控制要求进行功能选择：是单机控制还是要联网通信；是一般开关量控制，还是要增加特殊单元；是否需要远程控制；现场对控制器响应速度有何要求；控制系统与现场是分开还是在一起等。然后，根据控制对象的多少选择适当的 I/O 点数和信道数；根据 I/O 信号选择 I/O 模块，选择适当的程序存储量。在具体选择 PLC 的型号时可考虑以下几个方面：

（1）功能的选择

对于以开关量为主，带少量模拟量控制的设备，一般的小型 PLC 都可以满足要求。对于模拟量控制的、具有很多闭环控制的系统，可视控制规模的大小和复杂程度，选用中档或高档机。对于需要联网通信的控制系统，要注意机型统一，以便其模块可相互换用，便于备件采购和管理。功能和编程方法的统一有利于产品的开发和升级，有利于技术水平的提高。对有特殊控制要求的系统，可选用有相同或相似功能的 PLC。选用有特殊功能的 PLC 可不必添加特殊功能模块。配备上位机后，可方便地控制各独立的 PLC，也可以连成一个多级分布的控制系统，相互通信，集中管理。

（2）基本单元的选择

PLC 基本单元的选择应考虑的要素包括：响应速度、结构形式和扩展能力。对于以开关量控制为主的系统，一般 PLC 的响应速度足以满足控制的需要。但是对于模拟量控制的系统，则必须考虑 PLC 的响应速度。在小型 PLC 中，整体式比模块式的价格便宜，体积也较小，只是硬件配置不如模块式的灵活。在排除故障所需的时间上，模块式相对来说用时比较短。同时应该多关注可扩展单元的数量、种类以及扩展所占用的信道数和扩展口等。

（3）编程方式

PLC 的编程方式有在线编程和离线编程。

1）在线编程 PLC：有两个独立的 CPU，分别在主机和编程器上。主机 CPU 主要完成控制现场的任务，编程器 CPU 处理键盘编程命令。在扫描周期快结束时，两 CPU 会互相通信，编程器里的 CPU 会把改好的程序传送给主机，主机将在下一扫描周期按照新的程序进行控制，完成在线编程的操作。在线编程 PLC 由于增加了软、硬件，价格较高，但应用范围比较宽广。

2）离线编程 PLC：主机和编程器共享一个 CPU。在同一时刻，CPU 要么处于编程状态，要么处于运行状态，可通过编程器上的“运行/编程”开关进行选择。由于减少了软、硬件开销，其价格比较便宜，中、小型 PLC 多采用离线编程的方式。

2. PLC 硬件系统设计

PLC 硬件系统设计时需要完成系统流程图的设计，详细说明各个输入信息流之间的关系，具体安排输入和输出的配置，以及对输入和输出进行地址分配。

在对输入进行地址分配时，可将所有的按钮和限位开关进行集中配置，相同类型的输入点尽量分在一个组。对每一种类型的设备号，按顺序定义输入点的地址。如果有多余的输入点，可将每一个输入模块的输入点都分配给同一台设备。将那些噪声大的输入模块尽量插到远离 CPU 模块的插槽内，以避免交叉干扰。

在进行输出配置和地址分配时，也要尽量将同类型设备的输出点集中在一起。按照不同类型的设备，顺序地定义输出点地址。如果有多余的输出点，可将每一个输出模块的输出点都分配给同一台设备。另外，对彼此有关联的输出器件，如电动机的正转和反转等，其输出地址应连续分配。

在进行上述工作时，也要结合软件设计以及系统调试等方面的考虑进行合理地安排配置，便于日后的软、硬件设计以及系统调试。

7.1.3 PLC 软件设计与程序调试

1. PLC 软件设计

PLC 软件设计包括：完成参数表的定义、程序框图的绘制、程序的编制和程序说明书的编写。参数表为编写程序做准备，对系统各个接口参数进行规范化的定义，不仅有利于程序的编写，也有利于程序的调试。参数表的定义包括输入信号表、输出信号表、中间标志表和存储表的定义。参数表的定义和格式因人而异，但总的原则是便于使用。

程序框图描述了系统控制流程走向和系统功能。它以功能单元的结构形式来表示应用程序，据此可以了解所有控制功能在整个程序中的位置。一个详细合理的程序框图有利于程序的编写和调试。

软件设计的主要过程是编写用户程序，它是控制功能的具体实现过程。

程序说明书是对整个程序内容的注释性的综合说明，应包括程序设计依据、程序基本结构、各功能单元的详细分析、所用公式原理、各参数来源以及程序测试情况等。

2. PLC 程序调试

用装在 PLC 上的模拟开关来模拟输入信号的状态，用输出点的指示灯模拟被控对象，检查程序无误后便可把 PLC 接到系统中进行调试。

首先对 PLC 外部接线进行仔细检查，外部接线一定要准确、无误。如果用户程序还没有送到机器里去，可用自行编写的试验程序对外部接线进行扫描式通电检查，以查找接线故障。为了安全可靠起见，常常将主电路断开进行预调，当确认接线无误后再接主电路，将模拟调试好的程序送入用户存储器进行调试，直到各部分的功能正常，并能协调一致成为一个完整的控制系统为止。

7.2 节省输入/输出点数的方法

在设计 PLC 控制系统或对老设备进行改造时，往往会遇到输入点数不够或输出点数不够而需要扩展的问题，一般可以通过增加 I/O 扩展单元或 I/O 模块来解决，但 PLC 的每个 I/O 点的平均价格高达几十元甚至上百元，因此节省所需 I/O 点数是降低系统硬件费用的主要措施。

7.2.1 节省输入点的方法

1. 组合输入法

对于不会同时接通的输入信号，可采用组合编码方式输入。其硬件接线图如图 7-2 所示，3 个输入信号 SB0~SB2 只占用两个输入点，其内部可采用辅助继电器配合使用，其对应的梯形图如图 7-3 所示。

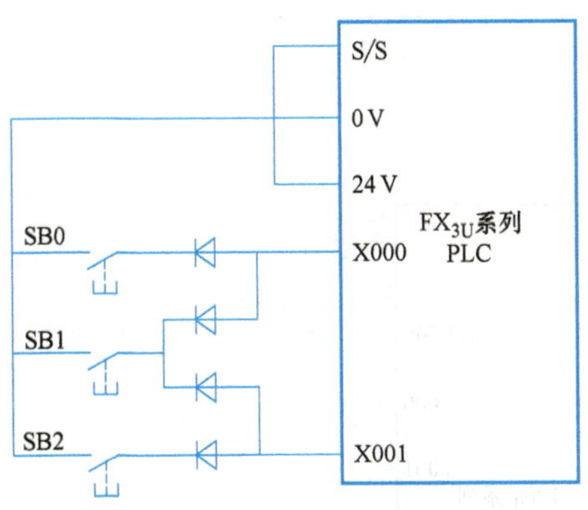

图 7-2　组合编码方式输入的硬件接线图

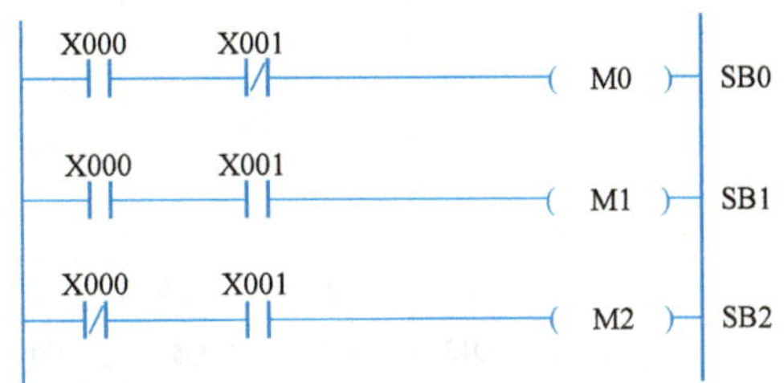

图 7-3　组合编码方式输入的梯形图

2. 分组输入法

一般控制系统都存在多种工作方式，但各种工作方式又不可能同时运行。因此可将这几种工作方式分别使用的输入信号分成若干组，PLC 运行时只会用到其中一组信号。该方法一般常用于有多种输入方式的场合。

如果系统有“手动”和“自动”两种工作方式。用 X0 来识别使用“自动”还是“手动”操作信号，“手动”时输入信号为 SB0~SB3，如果按正常的设计思路，那么需要 X000~X007 一共 8 个输入点，若按图 7-4 所示的方法实际上只需要 X001~X004 一共 4 个输入点。图中的各开关串联二极管后，切断了寄生回路，避免了错误的产生。

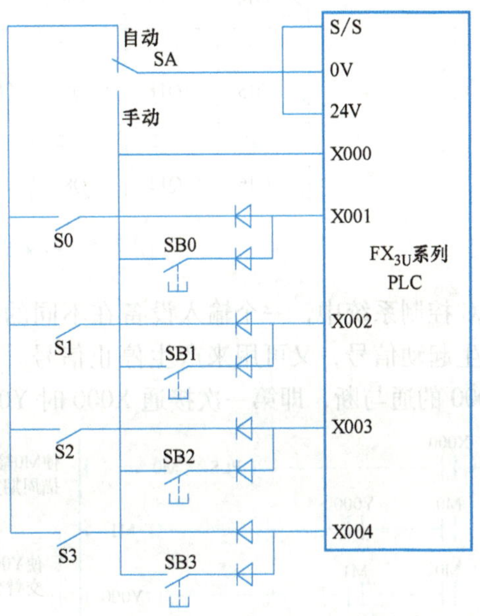

图 7-4　分组输入法的硬件接线图

3. 矩阵输入法

图 7-5 所示为 4×4 矩阵输入电路，它使用 PLC 的 4 个输入点 X000~X003 来实现 16 个输入点的功能，特别适合 PLC 输出点多而输入点不够的场合。将 Y000 的常开点与 X000~X003 串联，当 Y000 导通时，X000~X003 接收的是 Q1~Q4 送来的输入信号；将 Y001 的常开点与 X000~X003 串联，当 Y001 导通时，X000~X003 接收的是 Q5~Q8 送来的输入信号；将 Y002 的常开点与 X000~X003 串联，当 Y002 导通时，X000~X003 接收的是 Q9~Q12 送来的输入信号；将 Y003 的常开点与 X000~X003 串联，当 Y003 导通时，X000~X003 接收的是 Q13~Q16 送来的输入信号。

使用时应注意：除按照上图进行接线外，还需要对应的软件来配合，以实现 Y000~Y003 的轮流导通；同时还要保证输入信号的宽度大于 Y000~Y003，以确保轮流导通一遍的时间，否则可能丢失输入信号。该方法的缺点是使输入信号的采样频率降低为原来的 1/3，而且输出点 Y000~Y003 不能再使用。

4. 输入设备的多功能化

在传统的继电器控制系统中，一个主令（按钮、开关等）只产生一种功能信号。在

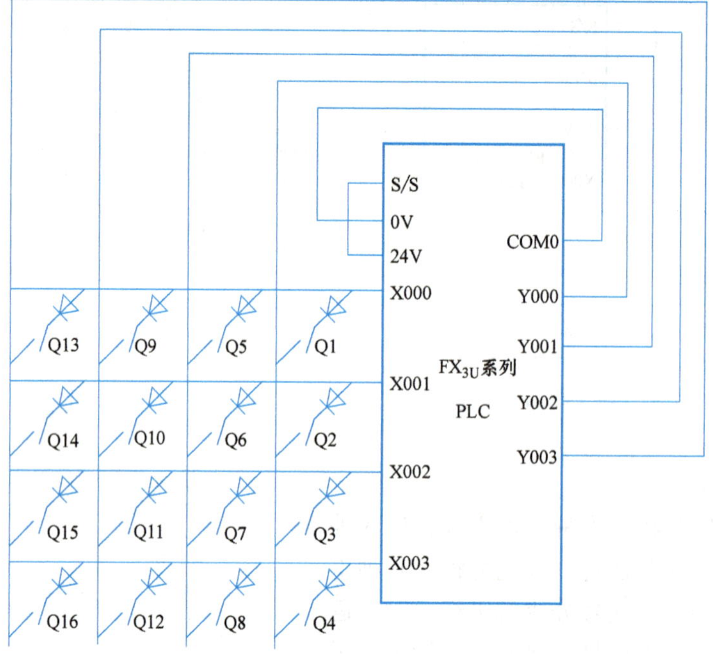

图 7-5 4×4 矩阵输入法的硬件接线图

PLC 控制系统中，一个输入设备在不同的条件下可产生不同的信号，如一个按钮既可用来产生起动信号，又可用来产生停止信号。如图 7-6 所示，只用一个按钮通过 X000 去控制 Y000 的通与断，即第一次接通 X000 时 Y000 通，再次接通 X000 时 Y000 断。

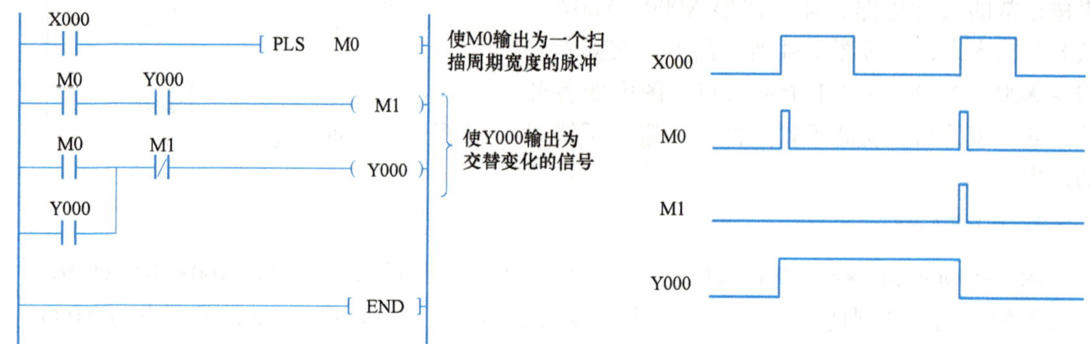

图 7-6 一个按钮产生的起动、停止信号

5. 输入触点的合并

如果某些外部输入信号总是以某种“或与非”组合的整体形式出现在梯形图中，可以将它们对应的触点在 PLC 外部串、并联后，作为一个整体输入 PLC，这样只占 PLC 的一个输入点。

如图 7-7 所示，如负载可在多处起动和停止，可以将 3 个起动信号并联，将 3 个停止信号串联，分别送给 PLC 的两个输入点。与每一个起动信号和停止信号各占用一个输入点的方法相比，该方法不仅节约了输入点，还简化了梯形图电路。

6. 将信号设置在 PLC 之外

系统的某些输入信号，如手动操作按钮提供的信号、保护动作后需手动复位的电动机热继电器 FR 的常闭触点提供的信号都可以设置在 PLC 外部的硬件电路中，如图 7-8 所示。某些手动按钮需要串接一些安全联锁触点，如果外部硬件中联锁电路过于复杂，则应考虑将有关信号送入 PLC，用梯形图实现联锁。

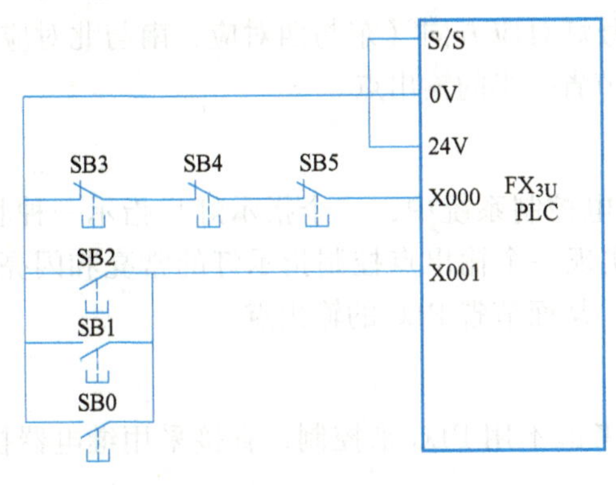

图 7-7　输入触点的合并的硬件接线图　　图 7-8　将信号设置在 PLC 之外的硬件接线图

7.2.2　节省输出点的方法

1. 分组输出

如图 7-9 所示，当两组负载不同时工作时，可通过外部转换开关或受 PLC 控制的电器触点进行切换，使 PLC 的一个输出点可以控制两个不同时工作的负载。

2. 矩阵输出

图 7-10 中采用 8 个输出组成的 4×4 矩阵，可接 16 个输出设备。要使某个负载接通工作，只要控制它所在的行与列对应的输出继电器接通即可。要使负载 KM1 得电，必须控制 Y0 和 Y4 输出接通。在程序中使某一负载工作，应使其对应的行与列输出继电器都要接通。因此 8 个输出点就可控制 16 个不同控制要求的负载。

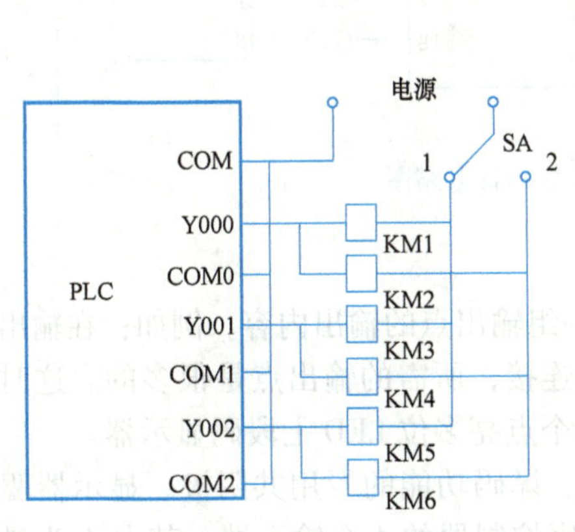

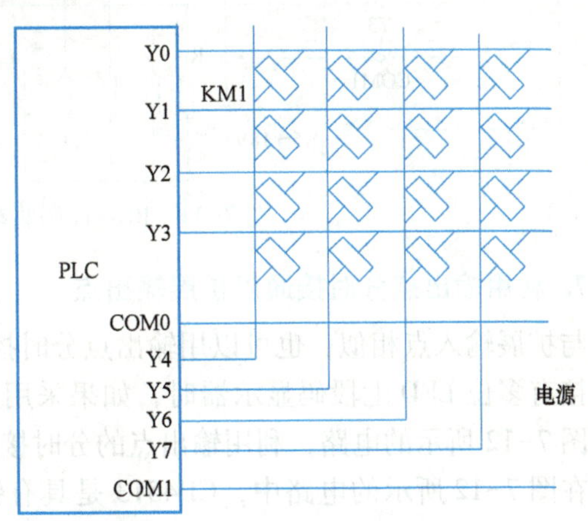

图 7-9　分组输出的硬件接线图　　图 7-10　4×4 矩阵输出的硬件接线图

当只有某一行对应的输出继电器接通，各列对应的输出继电器才可任意接通；或者当只有某一列对应的输出继电器接通，各行对应的输出继电器才可任意接通，否则将会出现错误接通负载。因此，采用矩阵输出时，必须要将同一时间段接通的负载安排在同一行或同一列中，否则无法控制。

3. 并联输出

通断状态完全相同的负载，可以并联后共用 PLC 的一个输出点（要考虑 PLC 输出点的负载驱动能力）。例如：如果 PLC 控制的交通信号灯对应方向（东与西对应、南与北对应）灯的通断规律完全相同，将对应的灯并联后可以节省一半的输出点。

4. 负载多功能化

一个负载实现多种用途。例如，在传统的继电控制系统中，一个指示灯只指示一种状态。在 PLC 控制系统中，利用 PLC 的软件容易实现一个输出点控制指示灯的常亮和闪亮，这样就可以利用一个指示灯表示两种不同的信息，从而节省 PLC 的输出点。

5. 直接采用继电器控制

系统中某些相对独立、比较简单的部分可以考虑不用 PLC 来控制，直接采用继电器控制即可。

6. 外部译码输出

用七段码译码指令 SEGD 可以直接驱动一个七段数码管，十分方便。电路也比较简单，但需要 7 个输出端。若采用在输出端外部译码，则可减少输出端的数量。外部译码的方法很多，如用七段码分时显示指令 SEGL，可以用 12 点输出控制 8 个七段数码管等。

图 7-11 所示是用集成电路 4511 组成的 1 位 BCD 译码驱动电路，只用了 4 点输出。如显示值小于 8 可用 3 点输出，显示值小于 4 可用 2 点输出。

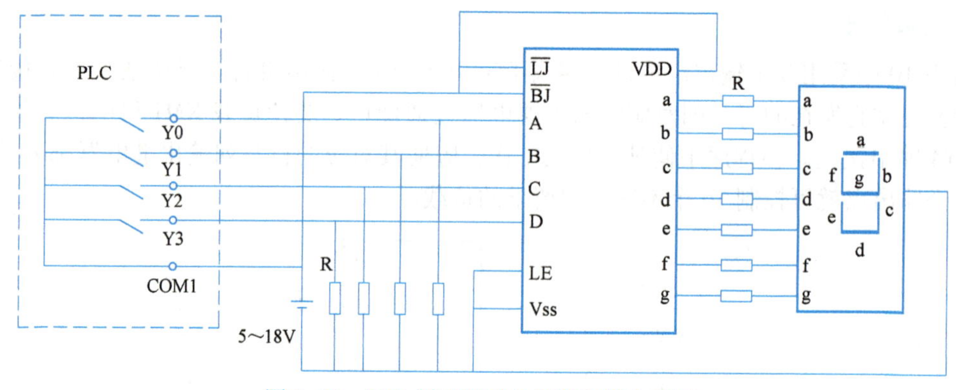

图 7-11 BCD 译码驱动七段数码管电路图

7. 利用输出点分时接通以扩展输出点

与扩展输入点相似，也可以用输出点分时控制一组输出点的输出内容。例如：在输出端口上接有多位 LED 七段码显示器时，如果采用直接连接，所需的输出点是很多的。这时可使用图 7-12 所示的电路，利用输出点的分时接通逐个点亮多位 LED 七段码显示器。

在图 7-12 所示的电路中，CD4513 是具有锁存、译码功能的专用共阴极、显示器驱动电路，两只 CD4513 的数据输入端 A～D 共用可编程序控制器的 4 个输入端，其中 A 为最低位，D 为最高位。LE 端是锁存使能输入端，在 LE 信号的上升沿将数据输入端的 BCD 数据锁存在片内的寄存器中，并将该数译码后显示出来。LE 为低电平时，显示器的数不受数据输入信号的影响。显然 N 位显示器所占用的输出点 $P=4+N$，则 Y004 及 Y005 分别接通时，输出的数据分别送到上下两片 CD4513 中。

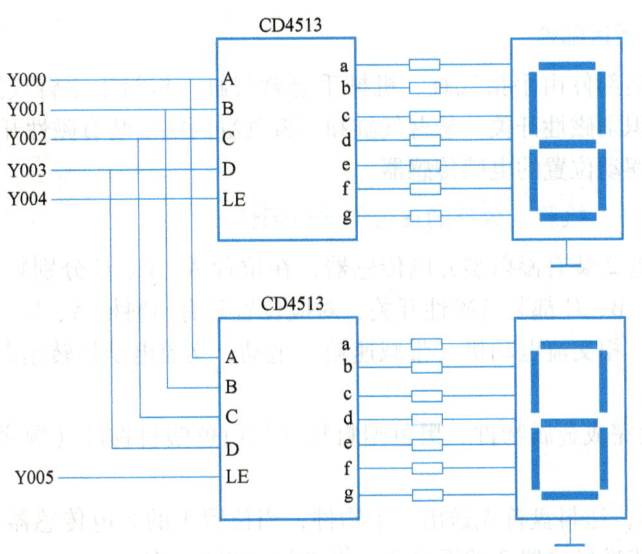

图 7-12　利用输出点分时接通以扩展输出点电路图

7.3 综合实例

7.3.1 实例：PLC 控制传送、检测与分拣系统

物件传送、检测与分拣设备如图 7-13 所示，主要由供料部件、气动机械手搬运部件和皮带传送机部件等组成。

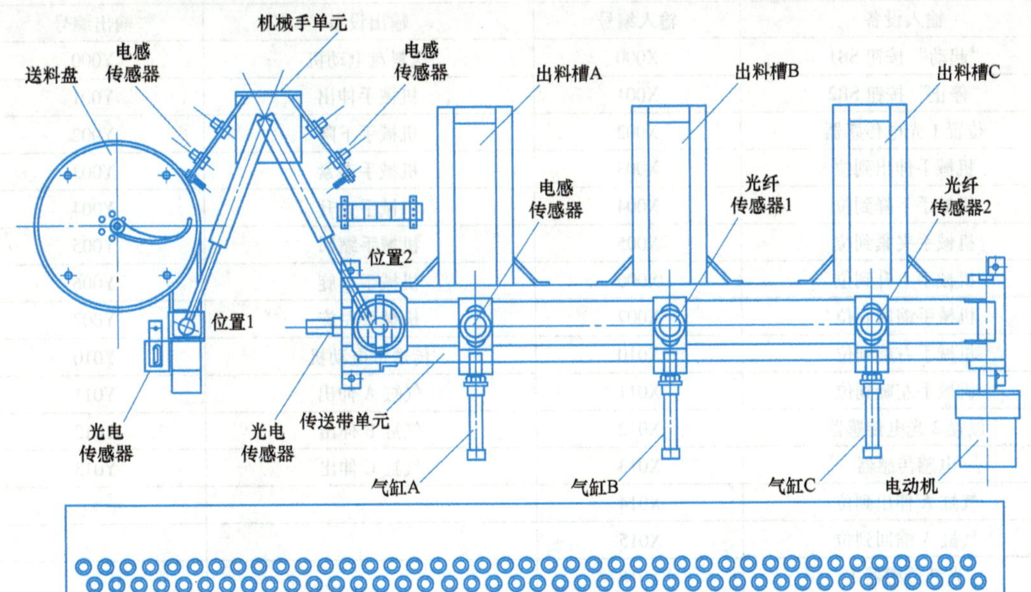

图 7-13　物件传送、检测与分拣设备

1. 供料部件

供料部件由送料盘和供料架组成。送料盘推料拨杆由直流电动机拖动，供料架由光电传感器做物件到位的检测。

2. 气动机械手搬运部件

气动机械手搬运部件由手指气缸、机械手悬臂气缸、机械手手臂气缸和摆动气缸等组成。手指装有夹紧识别磁性开关，悬臂气缸和手臂气缸两端安装有磁性开关，机械手支架的两端装有检测气缸摆动位置的电感传感器。

3. 进行物件传送、检测与分拣的皮带传送机部件

在传送带的位置 2 装有漫射型光电传感器，在位置 A、B、C 分别装有电感传感器和光纤传感器。气缸 A、B、C 都装有磁性开关，对应位置装有出料槽 A、B、C。

皮带传送机由三相交流电动机（带减速箱）拖动，交流电动机转速由变频器控制。

控制工艺要求：

1）设备能自动完成金属物件、黑色塑料物件与白色塑料物件（顺序不确定）的传送、分拣与包装。

2）系统起动后，送料盘首先送出一个物件，当位置 1 的光电传感器检测到物件后，由机械手搬运到皮带传送机位置 2 的下料孔，再进行检测和分拣。

3）若送到传送带上的物件为金属物件，则由传送带将金属物件传送到位置 A，并由气缸 A 推入出料槽 A；若送到传送带上的物件为白色塑料物件，则由传送带将白色塑料物件传送到位置 B，并由气缸 B 推入出料槽 B；若送到传送带上的物件为黑色塑料物件，则由传送带将黑色塑料物件传送到位置 C，并由气缸 C 推入出料槽 C。

解：1）控制系统的输入/输出（I/O）分配表见表 7-1。

表 7-1　输入/输出（I/O）分配表

输　入		输　出	
输入设备	输入编号	输出设备	输出编号
“起动”按钮 SB1	X000	送料盘电动机	Y000
“停止”按钮 SB2	X001	机械手伸出	Y001
位置 1 光电传感器	X002	机械手下降	Y002
机械手伸出到位	X003	机械手夹紧	Y003
机械手下降到位	X004	机械手上升	Y004
机械手夹紧到位	X005	机械手缩回	Y005
机械手上升到位	X006	机械手右旋	Y006
机械手缩回到位	X007	机械手左旋	Y007
机械手右旋到位	X010	传送带电动机	Y010
机械手左旋到位	X011	气缸 A 伸出	Y011
位置 2 光电传感器	X012	气缸 B 伸出	Y012
电感传感器	X013	气缸 C 伸出	Y013
气缸 A 伸出到位	X014		
气缸 A 缩回到位	X015		
光纤传感器 1	X016		
气缸 B 伸出到位	X017		
气缸 B 缩回到位	X020		
光纤传感器 2	X021		
气缸 C 伸出到位	X022		
气缸 C 缩回到位	X023		

2）根据工艺要求画出机械手控制部分程序的状态转移图，如图 7-14 所示。传送带控制部分程序的状态转移图如图 7-15 所示。

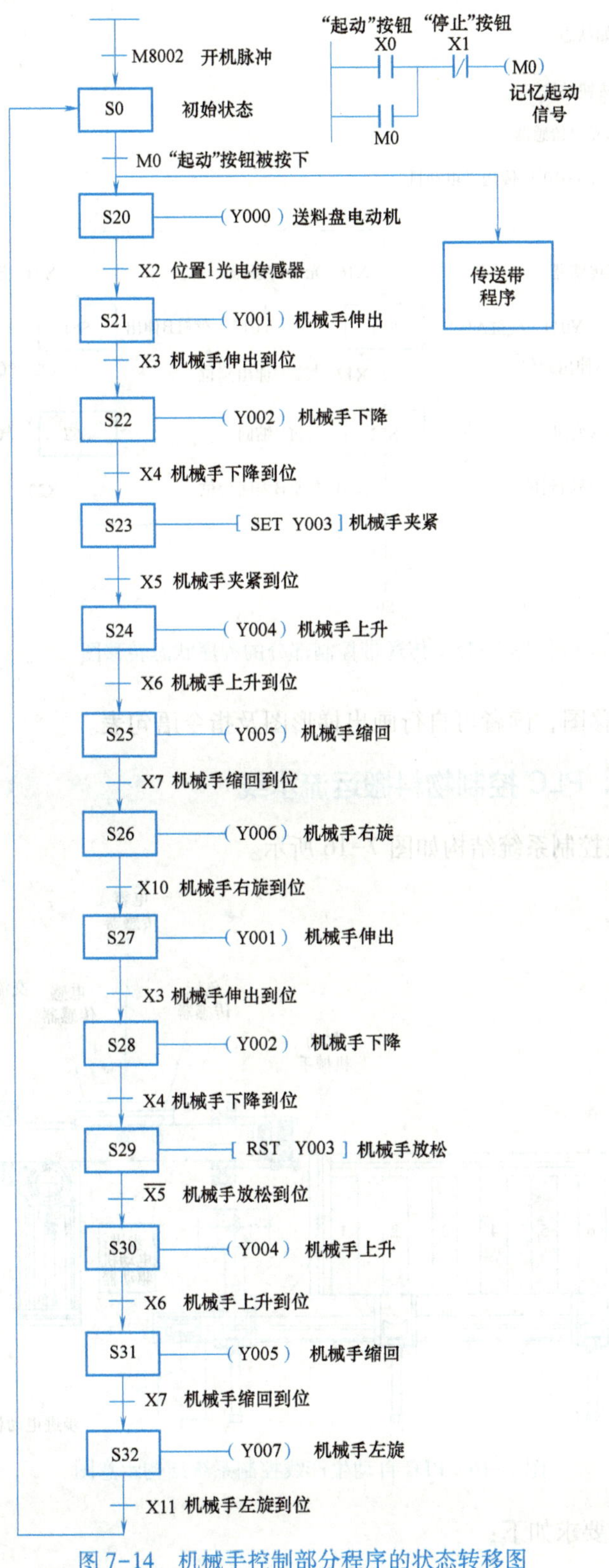

图 7-14　机械手控制部分程序的状态转移图

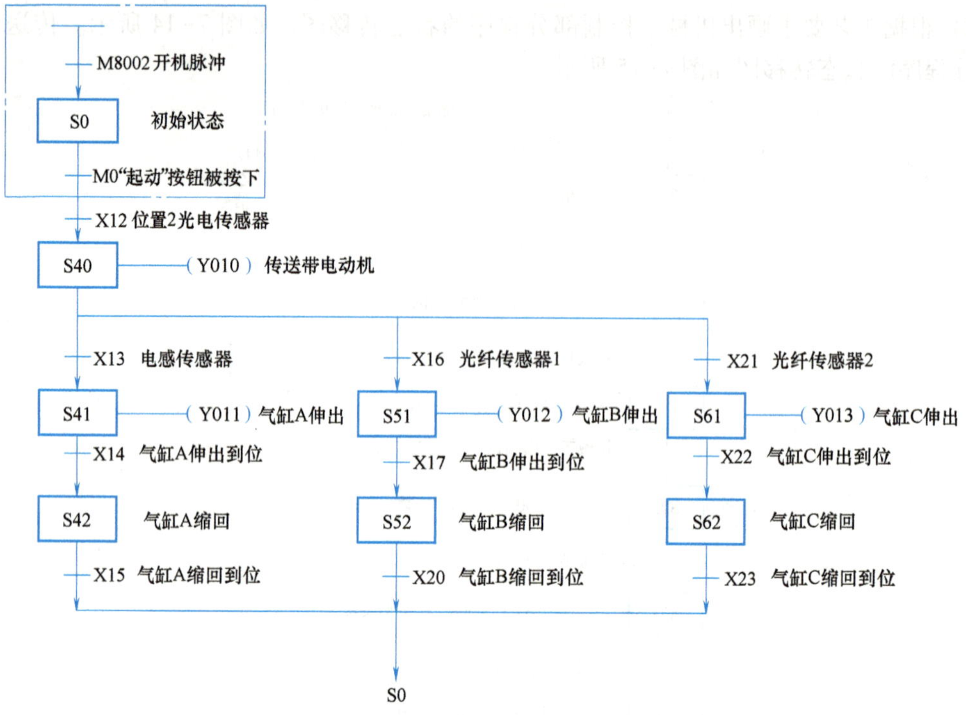

图 7-15 传送带控制部分的程序状态转移图

3）根据状态转移图，读者可自行画出梯形图及指令语句表。

7.3.2 实例：PLC 控制物料搬运流水线

PLC 自动生产线控制系统结构如图 7-16 所示。

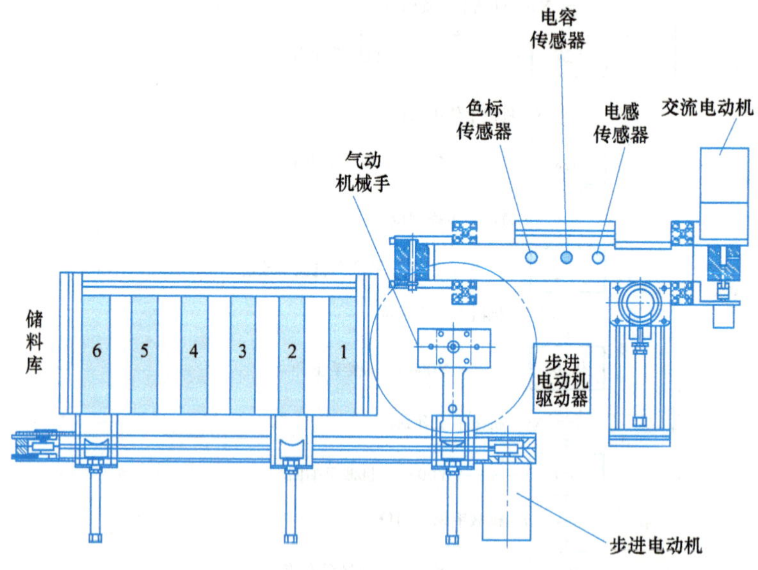

图 7-16 PLC 自动生产线控制系统结构示意图

控制系统的工艺要求如下：

1）传送站的物料斗中有物料时，在物料入口处有一个光电传感器，检测到信号后，上料气缸动作，将物料推出到传送带上，之后由电动机带动传送带运行。

2）物块在传送带的带动下，依次经过可检测出铁质物块的电感传感器；可检测出非铁质物块的电容传感器；可检测出不同的颜色且色度可调的色标传感器。传送带运行 5 s，物块到达传送带终点后自动停止，电动机停止运行。

3）在物块到达终点后，机械手将物块从传送带上夹起，放到货运台上，机械手返回并等待。机械手由单作用气缸驱动，其工作顺序为：机械手下降→手爪夹紧→机械手上升→机械手右转→机械手下降→手爪放松→机械手上升→机械手左转回到原位。

4）货运台得到机械手搬运过来的物块后，根据从传送带上 3 个传感器得到的特性参数，将物块运送到相应的仓位，并由分拣气缸将物块推到仓位内，最后使货运台回到等待位置。物料属性对应的仓储位置见表 7-2。

表 7-2 物料属性对应的仓储位置

仓储位置	物料属性检测		
	电容传感器	电感传感器	色标传感器
	非铁质金属	铁质金属	黄色
1 号仓	0	0	0
2 号仓	0	0	1
3 号仓	1	1	0
4 号仓	1	1	1
5 号仓	1	0	0
6 号仓	1	0	1

解： 1）控制系统的输入/输出（I/O）分配表见表 7-3。

表 7-3 输入/输出（I/O）分配表

输入		输出	
输入设备	输入编号	输出设备	输出编号
“起动”按钮 SB1	X000	步进电动机脉冲	Y000
“停止”按钮 SB2	X001	步进电动机方向	Y001
上料光电传感器	X002	上料气缸	Y002
上料气缸伸出到位	X003	传送带电动机	Y003
上料气缸缩回到位	X004	机械手下降	Y004
机械手下降到位	X005	机械手夹紧	Y005
机械手夹紧到位	X006	机械手右旋	Y006
机械手上升到位	X007	分拣气缸伸出	Y007
机械手右旋到位	X010		
机械手左旋到位	X011		
电容传感器	X012		
电感传感器	X013		
色标传感器	X014		

（续）

输 入		输 出	
输入设备	输入编号	输出设备	输出编号
分拣气缸伸出到位	X015		
分拣气缸缩回到位	X016		
分拣货运台原位	X017		

2）根据工艺要求画出控制程序状态转移图，如图 7-17 所示。

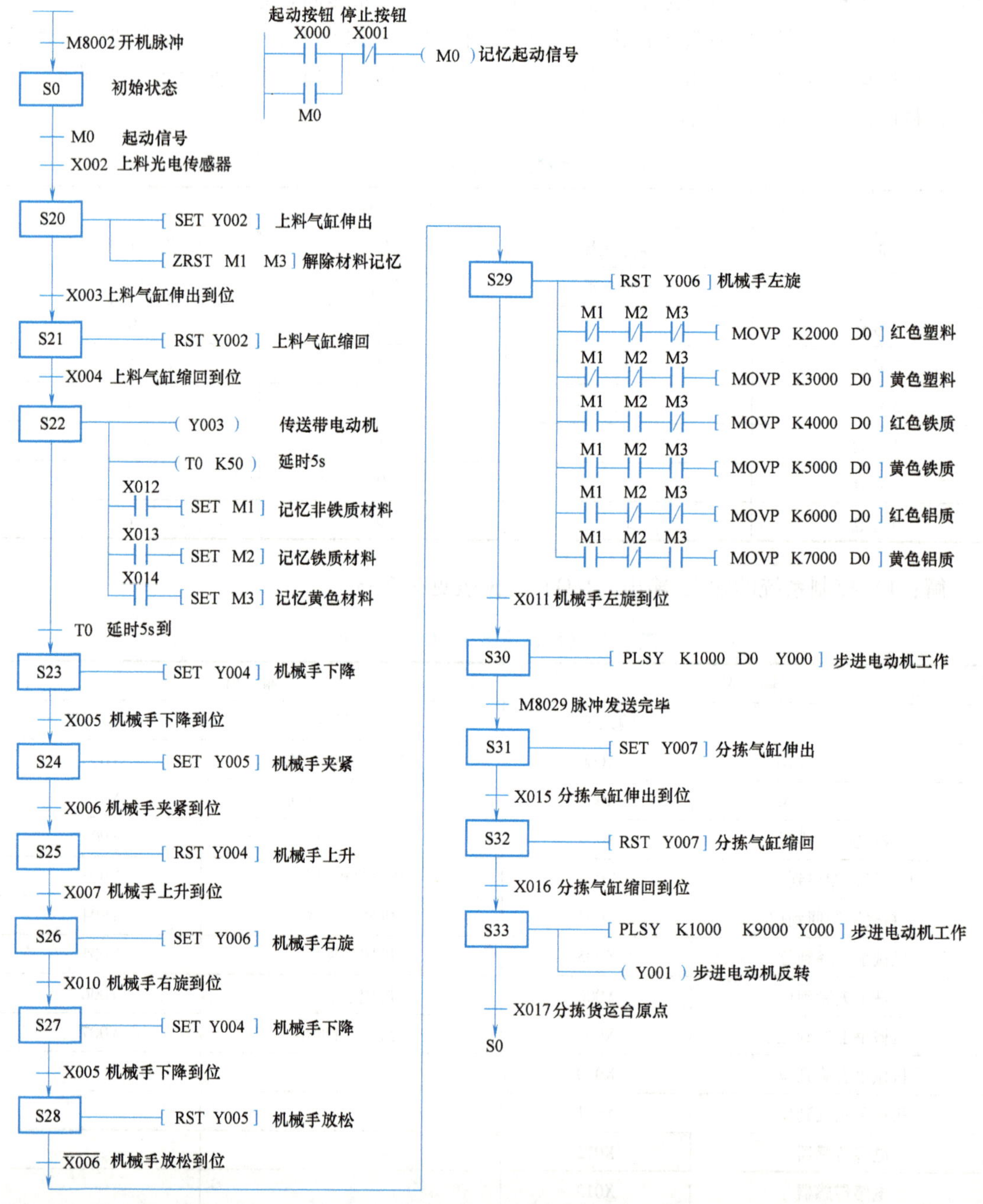

图 7-17 PLC 自动生产线控制程序的状态转移图

3）根据状态转移图，读者可自行画出梯形图及指令语句表。

7.3.3 实例：PLC控制立体仓储系统

PLC控制立体仓库系统的示意图如图7-18所示。

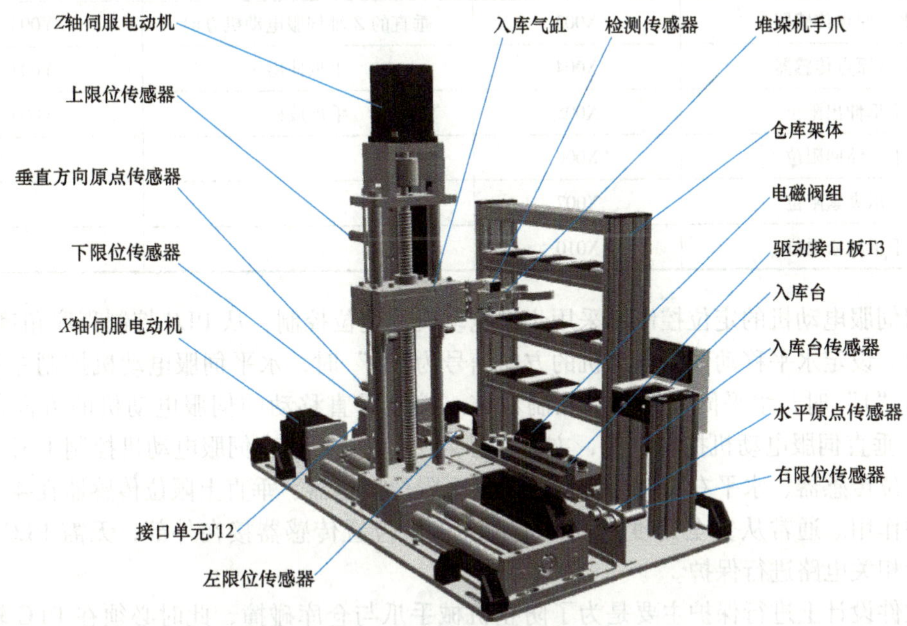

图7-18 PLC控制立体仓库系统的示意图

立体仓库单元入库平台的传感器检测到工件后，堆垛机开始进行入库操作。工件依次存放入仓位1~仓位9。仓位1~仓位9分布位置如图7-19所示。

仓位9	仓位8	仓位7
仓位6	仓位5	仓位4
仓位3	仓位2	仓位1

图7-19 仓位1~仓位9分布位置图

立体仓库存储单元堆垛机工作流程：手爪伸出→手爪夹紧→手爪缩回→堆垛机 X/Z 轴行走至指定仓格位置→手爪伸出→手爪松开→手爪缩回→堆垛机从 X/Z 轴行走状态至恢复原位。

设定输入/输出（I/O）分配表，见表7-4。

表7-4 I/O分配表

输 入		输 出	
输入设备	输入编号	输出设备	输出编号
“起动”按钮SB1	X000	水平的 X 轴伺服电动机脉冲	Y000
“停止”按钮SB2	X001	垂直的 Z 轴伺服电动机脉冲	Y001

（续）

输　入		输　出	
输入设备	输入编号	输出设备	输出编号
入库平台检测传感器	X002	水平的 *X* 轴伺服电动机方向	Y002
水平原点传感器	X003	垂直的 *Z* 轴伺服电动机方向	Y003
垂直原点传感器	X004	手爪伸出	Y004
手爪伸出限位	X005	手爪放松	Y005
手爪缩回限位	X006		
手爪夹紧限位	X007		
手爪放松限位	X010		

采用伺服电动机的定位控制与采用步进电动机的定位控制，从 PLC 控制程序角度来说，并无差异。设定水平移动伺服电动机的方向信号为“0”时，水平伺服电动机控制左移，方向信号为“1”时，水平伺服电动机控制右移。控制垂直移动的伺服电动机的方向信号为“0”时，垂直伺服电动机控制下降，方向信号为“1”时，垂直伺服电动机控制上升。此时水平左限位传感器、水平右限位传感器、垂直下限位传感器、垂直上限位传感器在 4 个限位只起保护作用。通常从安全角度出发，将 4 个极限位置传感器接在外部，无需 PLC 程序，直接切断相关电路进行保护。

从软件设计上进行保护主要是为了防止机械手爪与仓库碰撞，此时必须在 PLC 输出脉冲时随时检测手爪的缩回限位是否接通，若该限位未接通，则停发脉冲。

开机起动时为保证定位的准确性，首先应考虑机械手爪是否在原位，若发现手爪不在原位，应驱动机械手爪回原位后再开始工作。各仓位与取料平台及手爪原位的脉冲关系如图 7-20 所示。

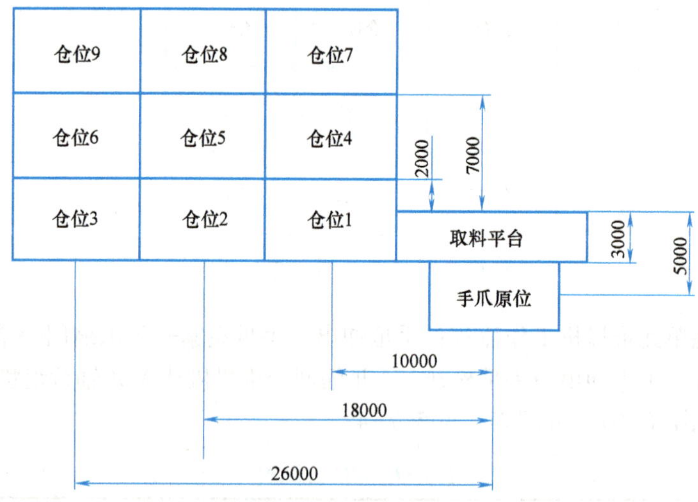

图 7-20　各仓位与取料平台及手爪原位的脉冲关系图

根据控制要求编写仓位 1 存放工件控制部分的状态转移图如图 7-21 所示。

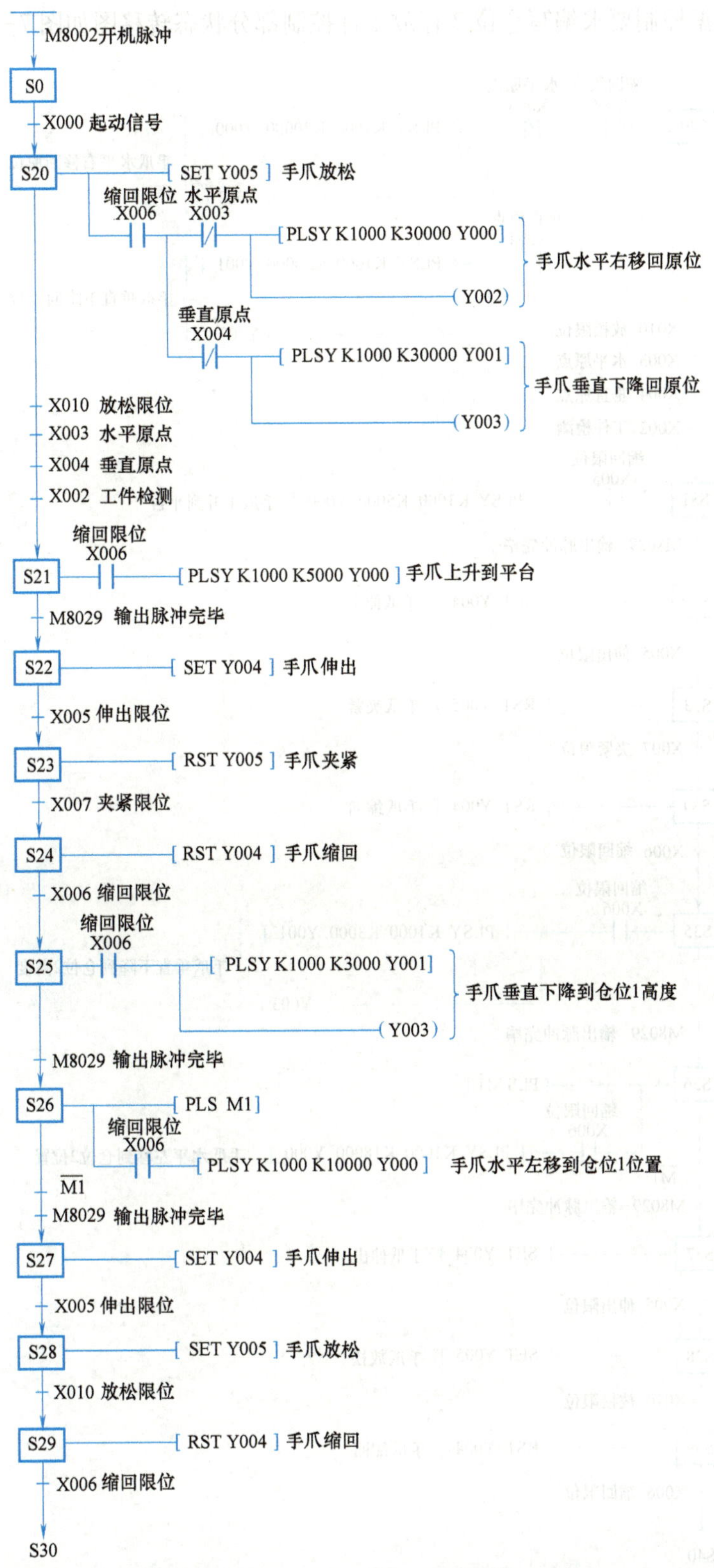

图 7-21　仓位 1 存放工件控制部分状态转移图

同理，可根据控制要求编写仓位 2 存放工件控制部分状态转移图如图 7-22 所示。

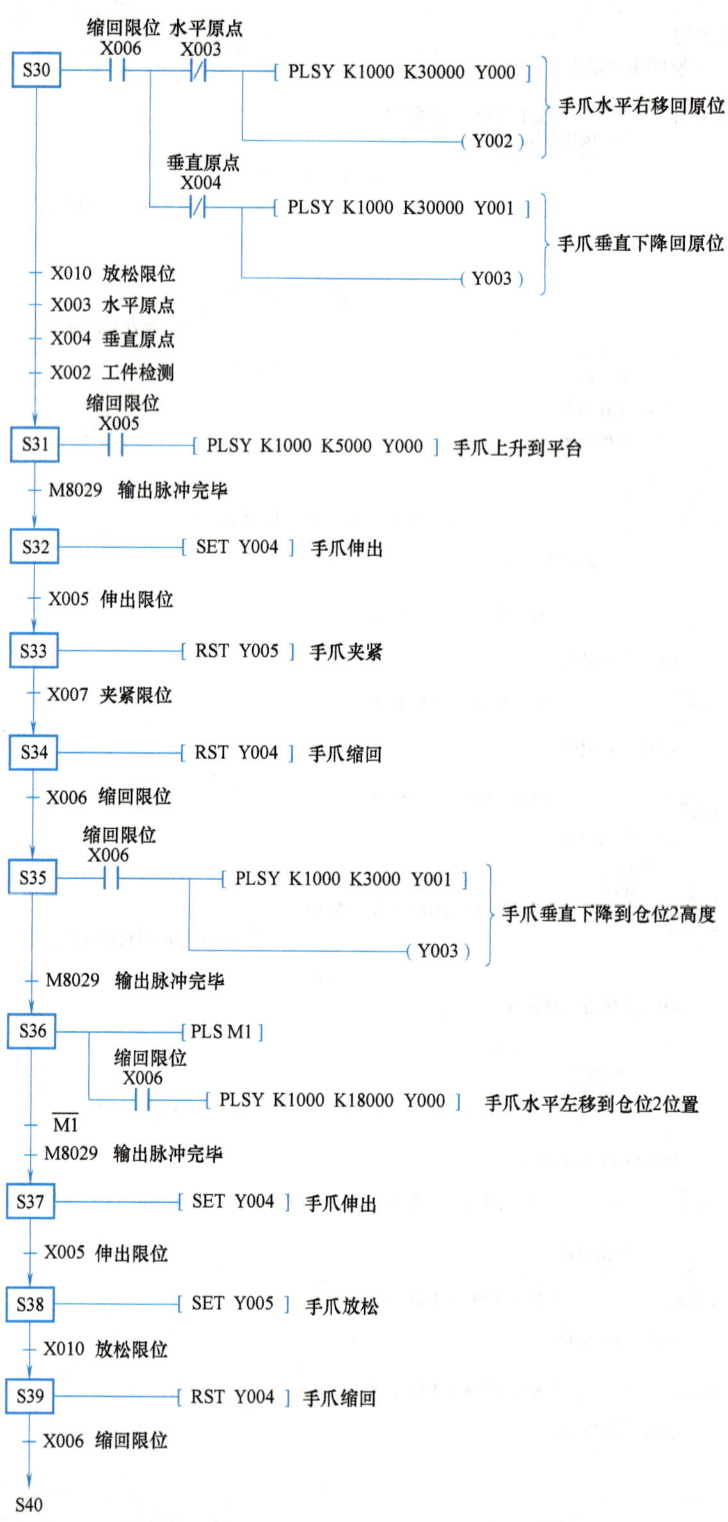

图 7-22 仓位 2 存放工件控制部分状态转移图

同理，可根据控制要求编写仓位 3 存放工件控制部分状态转移图如图 7-23 所示。

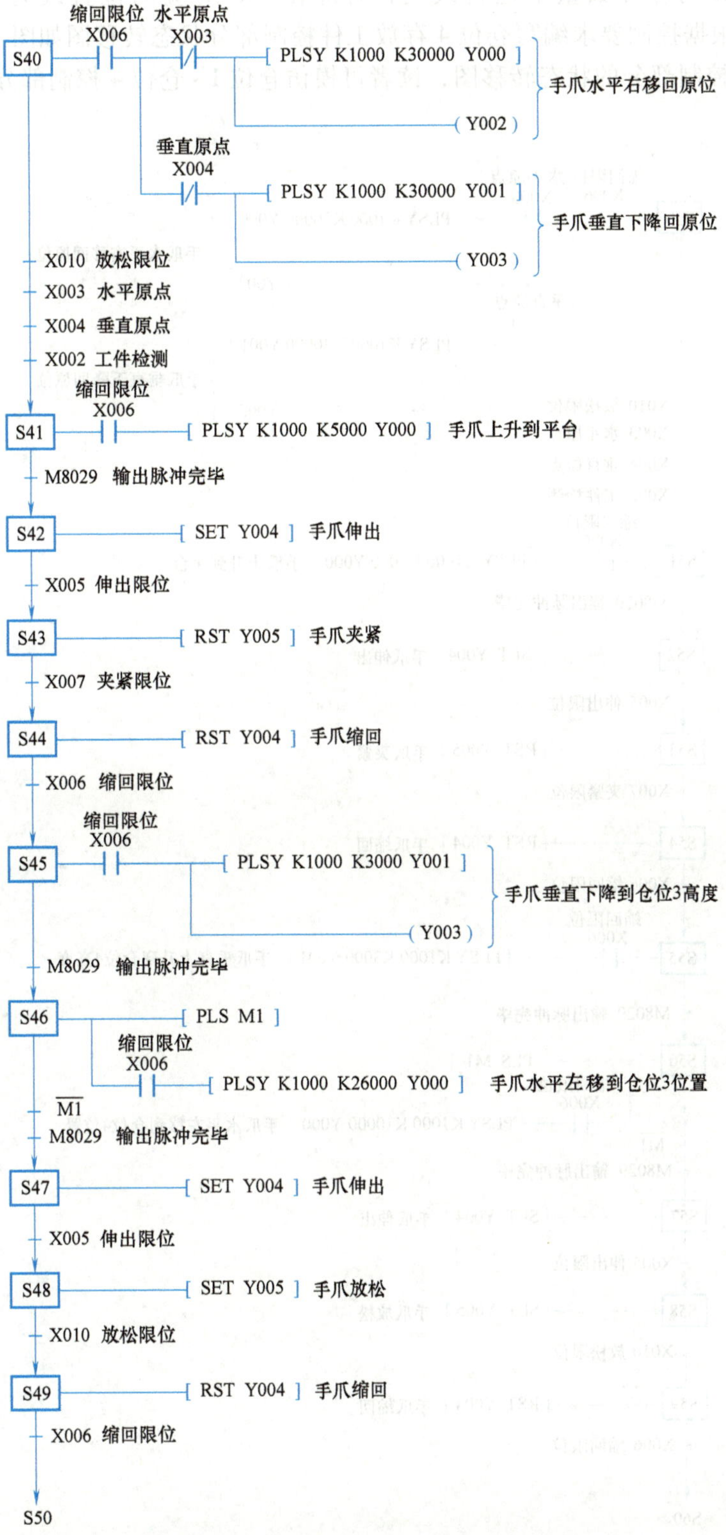

S40
缩回限位 X006　水平原点 X003 —[PLSY K1000 K30000 Y000]、(Y002)　手爪水平右移回原位
垂直原点 X004 —[PLSY K1000 K30000 Y001]、(Y003)　手爪垂直下降回原位
X010 放松限位
X003 水平原点
X004 垂直原点
X002 工件检测

S41
缩回限位 X006 —[PLSY K1000 K5000 Y000]　手爪上升到平台
M8029 输出脉冲完毕

S42
—[SET Y004]　手爪伸出
X005 伸出限位

S43
—[RST Y005]　手爪夹紧
X007 夹紧限位

S44
—[RST Y004]　手爪缩回
X006 缩回限位

S45
缩回限位 X006 —[PLSY K1000 K3000 Y001]、(Y003)　手爪垂直下降到仓位3高度
M8029 输出脉冲完毕

S46
—[PLS M1]
缩回限位 X006 —[PLSY K1000 K26000 Y000]　手爪水平左移到仓位3位置
$\overline{M1}$
M8029 输出脉冲完毕

S47
—[SET Y004]　手爪伸出
X005 伸出限位

S48
—[SET Y005]　手爪放松
X010 放松限位

S49
—[RST Y004]　手爪缩回
X006 缩回限位

S50

图 7-23　仓位 3 存放工件控制部分状态转移图

比较图 7-21~图 7-23 可知，仓位 4~仓位 9 的状态转移图与其基本一致，只需在水平移动和垂直移动脉冲数量上进行改变，另外在 S45 对应的位置改为上升（即去除 Y003）即可。根据控制要求编写仓位 4 存放工件控制部分状态转移图如图 7-24 所示。对仓位 5~仓位 9 控制部分的状态转移图，读者可模仿仓位 1~仓位 4 控制部分的状态转移图自行编写。

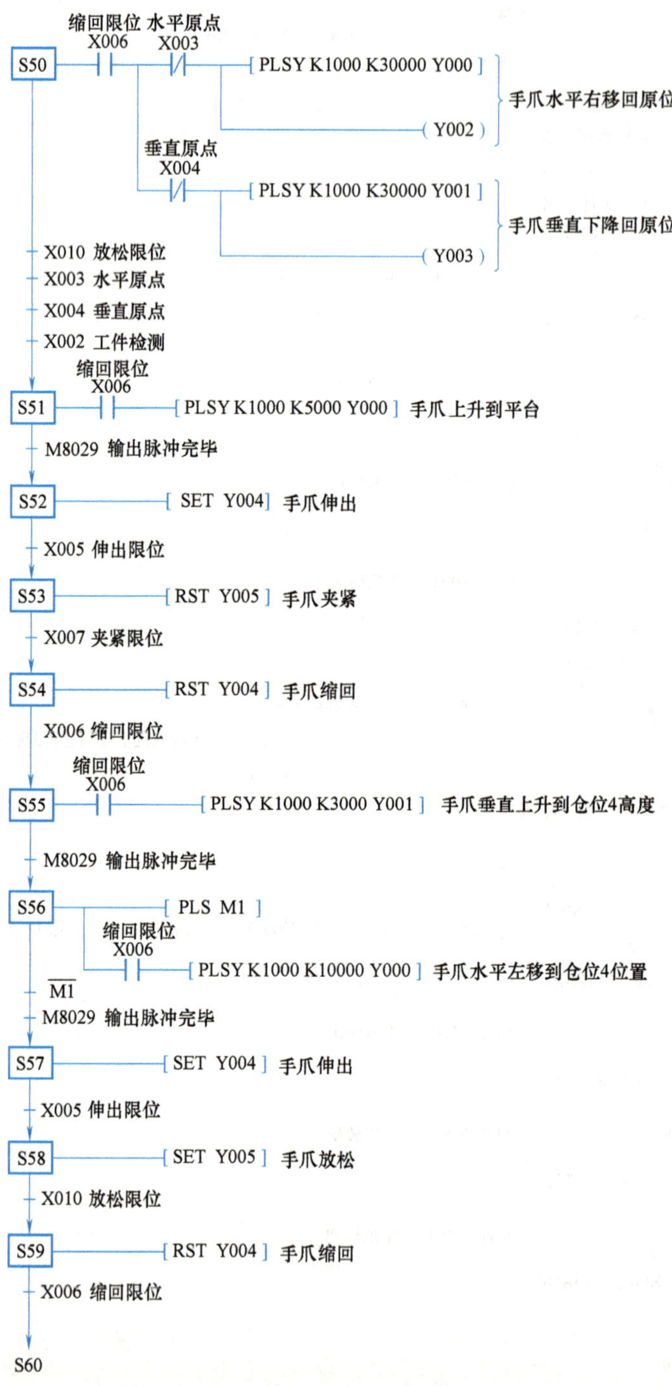

图 7-24 仓位 4 存放工件控制部分状态转移图

各程序段的连接形式如图7-25所示。

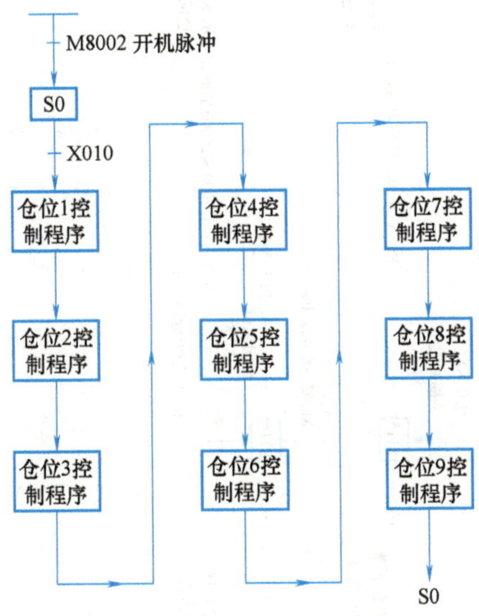

图7-25 各程序段的连接形式

由以上的分析可知若采用图7-25所示的控制结构，则程序非常庞大，而这只是9个仓位的立体仓库，其程序量就已经不少了，因此这种编程方式不可取。通过观察图7-21~图7-23发现各程序段中有大量的重复程序，可考虑将各重复程序合并，将不同的程序段保留，使用计数器进行各程序段间的切换，可省去大量程序重复。将重复程序合并后的立体仓库状态转移图如图7-26、图7-27所示。

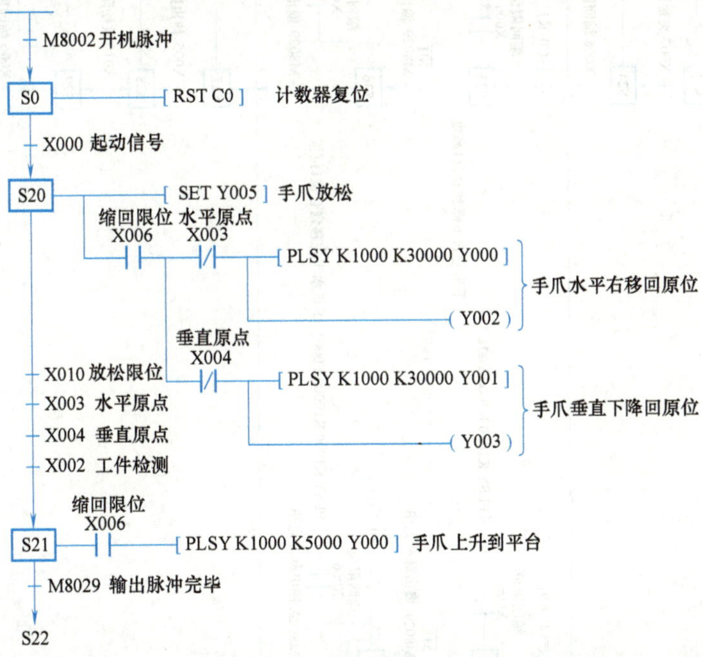

图7-26 重复程序合并后的立体仓库状态转移图一

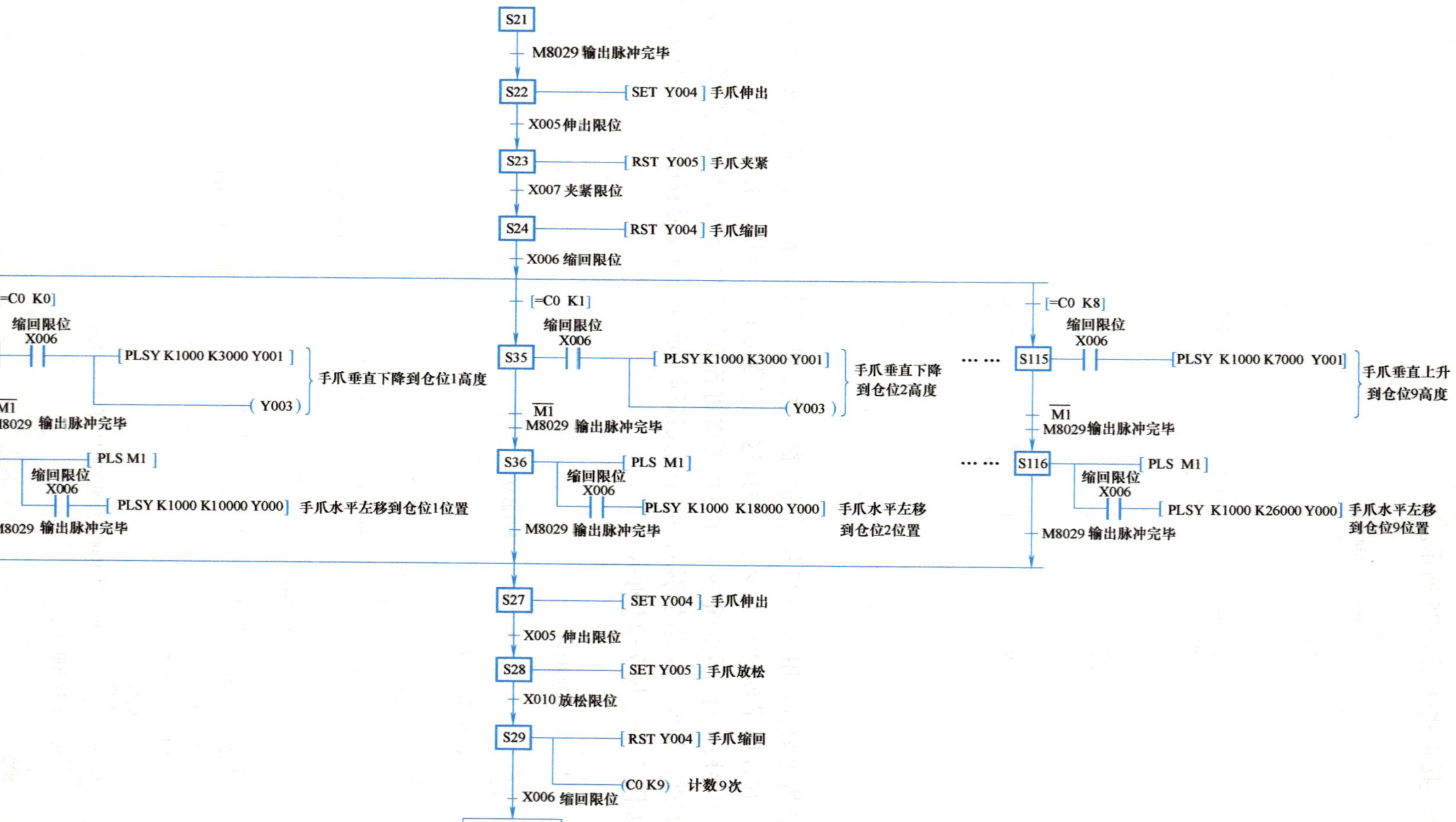

图 7-27 重复程序合并后的立体仓库状态转移图二

当然从图 7-27 中可知，还可进一步将仓位 1～仓位 3 的垂直下降程序合并，同理也可将仓位 4～仓位 6 的垂直上升程序合并，仓位 7～仓位 9 的垂直上升程序合并，使控制程序的状态进一步减少。本质上来看控制程序较复杂的原因是各仓位的脉冲数不同，若以 D0 来替代垂直移动所用的脉冲，以 D1 来替代左移所用的脉冲。采用赋值的方式来设定脉冲的数量，则程序结构会更加简洁。采用赋值方式的梯形图如图 7-28 所示，其对应的状态转移图如图 7-29 所示。

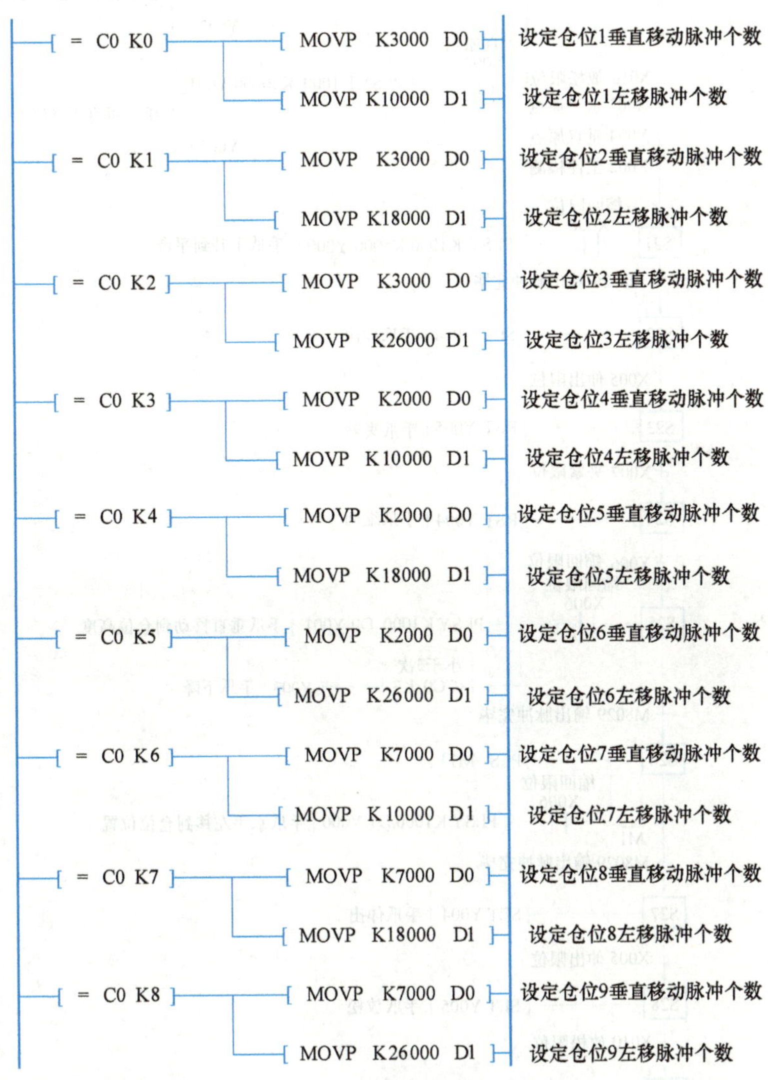

图 7-28 采用赋值方式的梯形图

当然还可进一步设定仓位 1、2、3 的垂直脉冲数相同，同理设定仓位 4、5、6 的垂直脉冲数相同，设定仓位 7、8、9 的垂直脉冲数相同，可合并使用赋值语句。而设定仓位 1、4、7 的水平脉冲数相同，设定 2、5、8 水平脉冲数相同，设定 3、6、9 水平脉冲数相同，也可合并使用赋值语句，则控制程序赋值语句也将进一步减少。采用此方法的赋值梯形图如图 7-30 所示，其对应的状态转移图不变，如图 7-29 所示。

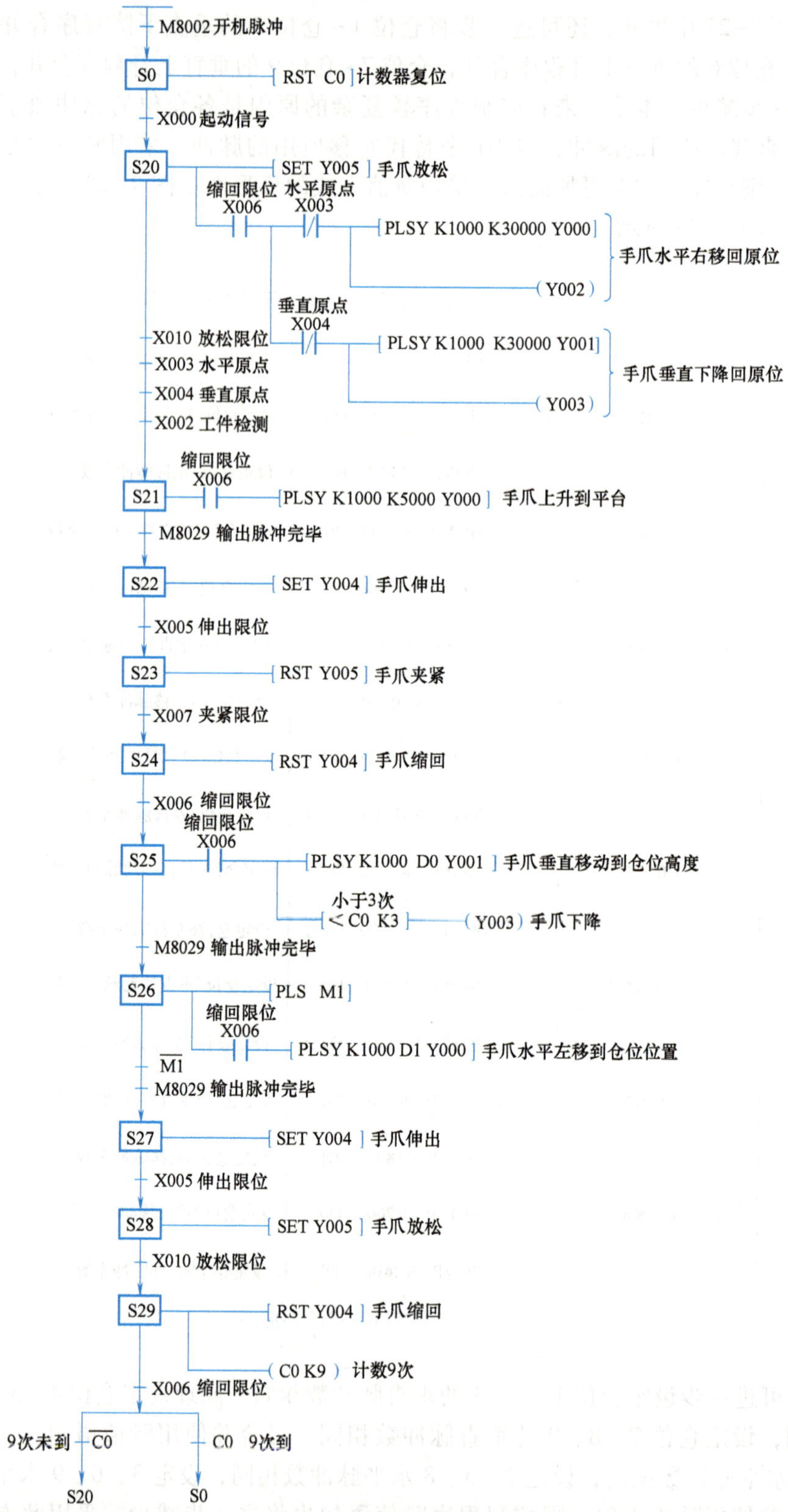

M8002 开机脉冲
S0 [RST C0] 计数器复位
X000 起动信号
S20 [SET Y005] 手爪放松
缩回限位 X006　水平原点 X003　[PLSY K1000 K30000 Y000]　(Y002)　手爪水平右移回原位
垂直原点 X004　[PLSY K1000 K30000 Y001]　(Y003)　手爪垂直下降回原位
X010 放松限位
X003 水平原点
X004 垂直原点
X002 工件检测
S21　缩回限位 X006　[PLSY K1000 K5000 Y000]　手爪上升到平台
M8029 输出脉冲完毕
S22 [SET Y004] 手爪伸出
X005 伸出限位
S23 [RST Y005] 手爪夹紧
X007 夹紧限位
S24 [RST Y004] 手爪缩回
X006 缩回限位
S25　缩回限位 X006　[PLSY K1000 D0 Y001] 手爪垂直移动到仓位高度
小于3次 [< C0 K3]　(Y003) 手爪下降
M8029 输出脉冲完毕
S26 [PLS M1]
缩回限位 X006　[PLSY K1000 D1 Y000] 手爪水平左移到仓位位置
$\overline{M1}$
M8029 输出脉冲完毕
S27 [SET Y004] 手爪伸出
X005 伸出限位
S28 [SET Y005] 手爪放松
X010 放松限位
S29 [RST Y004] 手爪缩回
(C0 K9) 计数9次
X006 缩回限位
9次未到 $\overline{C0}$　　C0 9次到
S20　　S0

图 7-29　采用赋值方式的状态转移图

图 7-30　简化后的赋值语句梯形图

7.4 思考题

1. 简述 PLC 控制系统的设计步骤。
2. 如何进行 PLC 的机型选择？
3. 简述 PLC 程序调试的方法。
4. 简述节省 PLC 输入点的方法。
5. 简述节省 PLC 输出点的方法。

码 7-1　知识拓展 1-潮汐车道控制监控系统

码 7-2　知识拓展 2-潮汐车道控制系统

码 7-3　知识拓展 3-中控节能智能车库

码 1　大国工匠陈永伟事迹⊖

码 2　大国工匠张路明事迹

码 3　上海工匠吴敏霞

码 4　弘扬科学精神，引领创新之路

码 5　上海科创发展

码 6　上海科创中心建设成果丰硕

码 7　世界顶尖科学家论坛，助推上海科创建设

码 8　探路半导体领域的“启明灯”王启明

码 9　信息与通信网络技术专家-余少华

码 10　做实现科学家梦想的工程总师-王建宇

⊖ 码 1~码 10 的视频均来自官方信息。

参 考 文 献

[1] 刘建华，张静之．三菱 FX_{2N} 系列 PLC 应用技术［M］．2 版．北京：机械工业出版社，2018.

[2] 张静之，刘建华．PLC 编程技术与应用［M］．北京：电子工业出版社，2015.

[3] 李金城．三菱 FX_{2N} PLC 功能指令应用详解［M］．2 版．北京：电子工业出版社，2018.

[4] 郑凤翼．三菱 FX_{2N} 系列 PLC 应用 100 例［M］．2 版．北京：电子工业出版社，2017.

[5] 赵全利，秦春斌．PLC 基础及应用教程：三菱 FX_{2N} 系列［M］．2 版．北京：机械工业出版社，2023.

[6] 廖常初．FX 系列 PLC 编程及应用［M］．3 版．北京：机械工业出版社，2020.

[7] 阳胜峰，谭凌峰．三菱 FX/Q 系列 PLC 快速入门手册［M］．北京：中国电力出版社，2015.

[8] 李林涛．三菱 FX3U/5U PLC 从入门到精通［M］．北京：机械工业出版社，2022.

[9] 胡学明．三菱 FX3U PLC 编程一本通［M］．北京：化学工业出版社，2020.

[10] 张豪，王琪冰，肖刚．三菱 PLC 编程 100 例详解［M］．北京：中国电力出版社，2022.

[11] 公利滨．图解三菱 PLC 编程 108 例［M］．北京：中国电力出版社，2017.

[12] 刘建华，郑昊．S7-1500 PLC 技术及应用［M］．北京：机械工业出版社，2023.

[13] 赵春生．活学活用 PLC 编程 190 例：三菱 FX 系列［M］．北京：中国电力出版社，2020.

[14] 刘建华，张静之．西门子 S7-300/400 系列 PLC 编程与应用［M］．北京：冶金工业出版社，2024.

[15] 李方园．微课学三菱 FX3U/Q 系列 PLC 编程［M］．北京：机械工业出版社，2022.

[16] 李方园．三菱 FX/Q 系列 PLC 从入门到精通［M］．北京：电子工业出版社，2019.